U0172343

辽宁科协资助
LIAONING KEXIE ZIZHU
辽宁省优秀自然科学著作·2020年

3D打印前沿技术丛书

丛书顾问◎卢秉恒　　丛书主编◎史玉升

激光沉积成形
增材制造技术

赵吉宾　赵宇辉　杨　光◎著

JIGUANG CHENJI CHENGXING

ZENGCAI ZHIZAO JISHU

华中科技大学出版社
http://www.hustp.com
中国·武汉

内 容 简 介

　　本书基于作者近20年的研究成果,主要对激光熔化沉积技术的工艺、形性调控、软件及装备等相关内容进行研究和论述。主要包括激光沉积组织凝固理论基础、主要工艺及核心设备、专用软件系统、工艺开发及优化方法、过程仿真、过程检测、精度和质量控制方法及无损检测等内容。

　　本书适合作为高等学校增材专业、机械专业学生,以及增材制造/修复技术相关领域研究人员的参考用书。

图书在版编目(CIP)数据

　激光沉积成形增材制造技术/赵吉宾,赵宇辉,杨光著. —武汉:华中科技大学出版社,2020.12
(3D打印前沿技术丛书)
　ISBN 978-7-5680-6744-7

　Ⅰ.①激…　Ⅱ.①赵…　②赵…　③杨…　Ⅲ.①立体印刷-印刷术　Ⅳ.①TS853

中国版本图书馆 CIP 数据核字(2020)第 244555 号

激光沉积成形增材制造技术　　　　　　　　　　　　赵吉宾　赵宇辉　杨　光　著
Jiguang Chenji Chengxing Zengcai Zhizao Jishu

策划编辑:张少奇
责任编辑:李梦阳
封面设计:原色设计
责任校对:刘　竣
责任监印:周治超
出版发行:华中科技大学出版社(中国·武汉)　　　电话:(027)81321913
　　　　　武汉市东湖新技术开发区华工科技园　　　邮编:430223
录　　排:武汉楚海文化传播有限公司
印　　刷:湖北新华印务有限公司
开　　本:710mm×1000mm　1/16
印　　张:26.5　插页:4
字　　数:552千字
版　　次:2020 年 12 月第 1 版第 1 次印刷
定　　价:118.00 元

3D 打印前沿技术丛书

顾问委员会

主 任 委 员　卢秉恒(西安交通大学)
副主任委员　王华明(北京航空航天大学)
　　　　　　聂祚仁(北京工业大学)

编审委员会

主任委员　史玉升(华中科技大学)
委　　员　(按姓氏笔画排序)
朱　胜(中国人民解放军陆军装甲兵学院)
刘利刚(中国科学技术大学)
闫春泽(华中科技大学)
李涤尘(西安交通大学)
杨永强(华南理工大学)
杨继全(南京师范大学)
陈继民(北京工业大学)
林　峰(清华大学)
单忠德(机械科学研究总院集团有限公司)
宗学文(西安科技大学)
赵吉宾(中国科学院沈阳自动化研究所)
贺　永(浙江大学)
顾冬冬(南京航空航天大学)
黄卫东(西北工业大学)
韩品连(南方科技大学)
魏青松(华中科技大学)

赵吉宾 工学博士,研究员,博士生导师,中国科学院机器人与智能制造创新研究院特聘研究员,中国科学院沈阳自动化研究所工艺装备与智能机器人研究室主任,辽宁省激光3D打印工艺及装备重点实验室主任。国家科学技术奖励评审专家,国家重点研发计划"增材制造与激光制造"指南编写专家,中国自动化学会机器人专业委员会委员,中国机械工程学会增材制造(3D打印)技术分会委员,全国增材制造标准化技术委员会委员,辽宁省机械工程学会增材制造分会理事长。研究领域包括增材制造与激光加工、精密加工、视觉测量等。发表学术论文200余篇,其中EI收录130余篇,SCI收录50篇;发明专利50余项和软件注册版权20项。

赵宇辉 工学博士,副研究员,硕士生导师,中国科学院青年创新促进会成员,辽宁省机械工程学会增材制造分会副秘书长,中国机械工程学会增材制造(3D打印)技术分会委员,《真空》杂志编委,辽宁省激光3D打印工艺及装备重点实验室技术负责人。承研了国家重点研发计划项目、国家自然科学基金项目、国家973计划项目、中国科学院重点部署项目、总装预研基金项目及横向项目等10余项。研究领域包括激光增材制造/增材修复、激光表面处理等。发表学术论文50余篇,其中EI收录15篇,SCI收录10篇;发明专利20余项。

杨光 工学博士,沈阳航空航天大学教授,博士生导师。辽宁省高性能金属增材制造工程研究中心主任,全国激光修复技术标准化技术委员会委员,中国机械工程学会增材制造(3D打印)技术分会委员,辽宁省机械工程学会增材制造分会秘书长,辽宁省优秀科技工作者。承研了国家重点研发计划项目、国家重大科技专项、国家自然科学基金项目、总装重点基金项目、总装共性技术项目、国防基础科研项目等10余项。研究领域包括航空大型整体结构增材制造技术等。发表SCI/EI论文50余篇;发明专利13项。

总序一

"中国制造2025"提出通过三个十年的"三步走"战略,使中国制造综合实力进入世界强国前列。近三十年来,3D打印(增材制造)技术是欧美日等高端工业产品开发、试制、定型的重要支撑技术,也是中国制造业创新、重点行业转型升级的重大共性需求技术。新的增材原理、新材料的研发、设备创新、标准建设、工程应用,必然引起各国"产学研投"界的高度关注。

3D打印是一项集机械、计算机、数控、材料等多学科于一体的,新的数字化先进制造技术,应用该技术可以成形任意复杂结构。其制造材料涵盖了金属、非金属、陶瓷、复合材料和超材料等,并正在从3D打印向4D、5D打印方向发展,尺度上已实现8 m构件制造并向微纳制造发展,制造地点也由地表制造向星际、太空制造发展。这些进展促进了现代设计理念的变革,而智能技术的融入又会促成新的发展。3D打印应用领域非常广泛,在航空航天、航海、潜海、交通装备、生物医疗、康复产业、文化创意、创新教育等领域都有非常诱人的前景。中国高度重视3D打印技术及其产业的发展,通过国家基金项目、科技攻关项目、研发计划项目支持3D打印技术的研发推广,经过二十多年培养了一批老中青结合、具有国际化视野的科研人才,国际合作广泛深入,国际交流硕果累累。作为"中国制造2025"的发展重点,3D打印在近几年取得了蓬勃发展,围绕重大需求形成了不同行业的示范应用。通过政策引导,在社会各界共同努力下,3D打印关键技术不断突破,装备性能显著提升,应用领域日益拓展,技术生态和产业体系初步形成;涌现出一批具有一定竞争力的骨干企业,形成了若干产业集聚区,整个产业呈现快速发展局面。

华中科技大学出版社紧跟时代潮流,瞄准3D打印科学技术前沿,组织策划了本套"3D打印前沿技术丛书",并且,其中多部将与爱思唯尔(Elsevier)出版社一起,向全球联合出版发行英文版。本套丛书内容聚焦前沿、关注应用、涉猎广泛,不同领域专家、学者从不同视野展示学术观点,实现了多学科交叉融合。本套丛

I

书采用开放选题模式,聚焦 3D 打印技术前沿及其应用的多个领域,如航空航天、工艺装备、生物医疗、创新设计等领域。本套丛书不仅可以成为我国有关领域专家、学者学术交流与合作的平台,也是我国科技人员展示研究成果的国际平台。

近年来,中国高校设立了 3D 打印专业,高校师生、设备制造与应用的相关工程技术人员、科研工作者对 3D 打印的热情与日俱增。由于 3D 打印技术仅有三十多年的发展历程,该技术还有待于进一步提高。希望这套丛书能成为有关领域专家、学者、高校师生与工程技术人员之间的纽带,增强作者、编者与读者之间的联系,促进作者、读者在应用中凝练关键技术问题和科学问题,在解决问题的过程中,共同推动 3D 打印技术的发展。

我乐于为本套丛书作序,感谢为本套丛书做出贡献的作者和读者,感谢他们对本套丛书长期的支持与关注。

西安交通大学教授
中国工程院院士

2018 年 11 月

总序二

3D打印是一种采用数字驱动方式将材料逐层堆积成形的先进制造技术。它将传统的多维制造降为二维制造,突破了传统制造方法的约束和限制,能将不同材料自由制造成空心结构、多孔结构、网格结构及功能梯度结构等,从根本上改变了设计思路,即将面向工艺制造的传统设计变为面向性能最优的设计。3D打印突破了传统制造技术对零部件材料、形状、尺寸、功能等的制约,几乎可制造任意复杂的结构,可覆盖全彩色、异质、功能梯度材料,可跨越宏观、介观、微观、原子等多尺度,可整体成形甚至取消装配。

3D打印正在各行业中发挥作用,极大地拓展了产品的创意与创新空间,优化了产品的性能;大幅降低了产品的研发成本,缩短了研发周期,极大地增强了工艺实现能力。因此,3D打印未来将对各行业产生深远的影响。为此,"中国制造2025"、德国"工业4.0"、美国"增材制造路线图",以及"欧洲增材制造战略"等都视3D打印为未来制造业发展战略的核心。

基于上述背景,华中科技大学出版社希望由我组织全国相关单位撰写"3D打印前沿技术丛书"。由于3D打印是一种集机械、计算机、数控和材料等于一体的新型先进制造技术,涉及学科众多,因此,为了确保丛书的质量和前沿性,特聘请卢秉恒、王华明、聂祚仁等院士作为顾问,聘请3D打印领域的著名专家作为编审委员会委员。

各单位相关专家经过近三年的辛勤努力,即将完成20余部3D打印相关学术著作的撰写工作,其中已有2部获得国家科学技术学术著作出版基金资助,多部将与爱思唯尔(Elsevier)联合出版英文版。

本丛书内容覆盖了3D打印的设计、软件、材料、工艺、装备及应用等全流程,集中反映了3D打印领域的最新研究和应用成果,可作为学校、科研院所、企业等单位有关人员的参考书,也可作为研究生、本科生、高职高专生等的参考教材。

　　由于本丛书的撰写单位多、涉及学科广,是一个新尝试,因此疏漏和缺陷在所难免,殷切期望同行专家和读者批评与指正!

华中科技大学教授

2018 年 11 月

前　言

　　目前,金属增材制造技术已经成为航空航天、核电及轨道交通领域的常备工艺之一,相关应用案例越来越多。随着"增材制造产业发展行动计划(2017—2020年)""中国制造 2025"及国家重点研发计划"增材制造与激光制造"等相关规划及重大项目的逐步实施,我国增材制造技术进入了快速发展阶段。金属增材制造技术是增材制造技术中最具前景的热点技术,其应用越来越广泛。在这种大背景下,如何提高激光熔化沉积成形技术的质量稳定性和工艺一致性越来越成为我国学术界和工业界的研究热点。

　　本书介绍了激光熔化沉积成形技术的历史和发展、原理和特点;研究了激光沉积组织凝固理论基础,包括光粉作用原理、快速凝固理论等;研究了激光沉积制造工艺设备的构建方法和开发过程;介绍了增材专用软件系统,包括核心算法及软件开发过程;提出了激光沉积制造工艺开发及优化方法,包括工艺规划设计方法、最佳工艺优化和获取、熔覆层及整体构件的质量判断标准、后处理工序及设计原则等;分析了激光沉积制造过程仿真技术;研究了激光沉积制造的过程,包括温度场、应力场及变形的检测方法、检测流程及关键参数的过程控制方法等;研究了激光沉积制造过程精度控制方法;分析和论述了激光沉积制造组织、性能及粉末材料;分析了面向金属增材结构的无损检测技术。可以说,本书对激光熔化沉积技术各个环节进行了较为全面的介绍,为激光熔化沉积成形的形性调控问题提供了创新、系统的解决方案和途径,具有较为重要的学术及应用价值。

　　在国内,从事金属增材制造技术研究的科研机构越来越多,从业人员也呈几何指数增加。但目前,与激光熔化沉积技术相关的参考资料和学习材料主要以离散的论文或专利为主,以知识体系式呈现的专业书籍较为缺乏,急需一本全面论述激光熔化沉积技术装备、工艺及软件技术发展的专业书籍来支持学科发展。本书可为提升我国增材制造产业的整体技术水平和市场竞争力提供重要的理论与实践指导。

　　此外,本书提出的理论方法和实现技术也可应用于航空航天、核电、兵器、轨道交通等领域。本书可为 3D 打印工程、机械工程、工业工程、材料工程等相关领域高校的研究生和科研人员提供理论知识,还可为激光增材制造领域的从业人员提供生产指导。

著　者

2020 年 9 月

目　　录

第1章 绪 论

1.1 增材制造技术的发展

1.1.1 增材制造技术的定义与发展历史

增材制造(additive manufacturing,AM)技术是一种利用 CAD 设计数据并通过材料逐层累加的方式来制造三维实体零部件的技术,相比于传统的材料去除(车、铣、刨、磨、钻)技术,是一种"由下而上"的材料累加制造方法。自 20 世纪 80 年代以来,随着 AM 技术的发展,其名称也在不断变化,如材料累加制造、快速原型、分层制造、实体自由制造、3D 打印技术等。这些名称分别从不同的侧面表达了该技术的特点。

1.1.2 金属增材制造技术工艺

1. 选择性激光熔融

选择性激光熔融(selective laser melting,SLM)技术由德国弗劳恩霍夫研究所于 1995 年首次提出,其工作原理与选择性激光烧结(selective laser sintering,SLS)技术的工作原理相似。SLM 技术将激光的能量转化为热能使金属粉末成形,与 SLS 技术的主要区别在于:SLS 技术在制造过程中,金属粉末并未完全熔化,而 SLM 技术在制造过程中,金属粉末被加热到完全熔化后成形。SLM 技术工艺原理如图 1-1 所示。

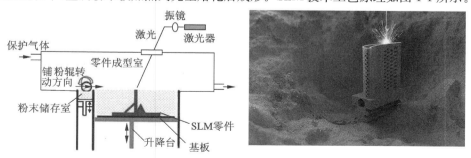

图 1-1 SLM 技术工艺原理

2. 电子束熔融

电子束熔融(electron beam melting，EBM)技术是一种金属增材制造技术，最早由瑞典 Arcam 公司研发。EBM 技术的工艺原理与 SLM 技术的工作原理相似，都是金属粉末完全熔化后成形，但主要区别在于：SLM 技术使用激光来熔化金属粉末，而 EBM 技术使用高能电子束来熔化金属粉末。EBM 技术工艺原理如图 1-2所示。

图 1-2　EBM 技术工艺原理

3. 激光沉积制造

激光沉积制造(laser deposition manufacturing，LDM)技术利用激光使沉积区域产生熔池并持续熔化粉末或丝状材料，通过逐层沉积生成三维物件。LDM 技术由美国桑迪亚国家实验室(Sandia National Laboratory)于 20 世纪 90 年代研发，随后美国 Optomec 公司对 LDM 技术进行商业开发和推广。LDM 技术又称为激光近净成形技术，美国密歇根大学将其称为直接金属沉积(direct metal deposition，DMD)技术，英国伯明翰大学将其称为激光直接制造(directed laser fabrication，DLF)技术，中国西北工业大学黄卫东教授将其称为激光快速成形(laser rapid forming，LRF)技术。美国材料与试验协会(ASTM)将该技术统一规范为金属直接沉积制造(directed energy deposition，DED)技术的一部分。LDM 技术工艺原理如图 1-3 所示。

图 1-3　LDM 技术工艺原理

1.2 激光沉积制造技术的原理和特点

1.2.1 激光沉积制造技术的原理

激光沉积制造技术是一种增材制造技术,是在激光快速成形和激光熔覆成形技术的基础上发展起来的一种先进制造技术。激光沉积制造技术根据预先设定的成形轨迹,将激光束作用于基材表面,使基材表面形成熔池,以合金粉末为原料,以粉末同步送进为特征,通过激光熔化/快速凝固逐层沉积制造,形成与基体金属冶金结合且稀释率很小的新金属层,反复重复这一过程直至完成零件的制造和修复。

通常,激光沉积制造系统由多轴运动系统、激光器、送粉和送气系统组成。激光沉积制造技术的原理如图 1-4 所示,在高功率激光束的作用下,基板由于吸收能量熔化为熔池。同时金属粉末在惰性保护气的牵引作用下,经同轴送粉头聚焦注入熔池中熔化。激光束向前移动时,熔池在液体表面张力的作用下开始随着激光束移动。激光束后方的熔池由于无能量输入迅速冷却,凝固为致密的冶金结合体。激光束移动的轨迹决定了沉积层形成的轨迹,因此通过设计激光束运动轨迹,可以逐层累积的方式制造不同形状的零件。

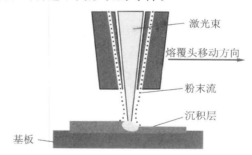

激光束
熔覆头移动方向
粉末流
沉积层
基板

图 1-4 激光沉积制造技术的原理

激光沉积制造技术工艺流程可分为数据处理阶段和制造阶段两个阶段,如图 1-5 所示。大致为,加工过程中执行机构按照 CAD 模型分层后的设定轨迹做往复扫描运动,这样就可在基材上面逐道、逐层地沉积制造不同形状的 3D 金属实体零件,如图 1-6 所示,该技术实质上是 3D 激光熔覆技术。

图 1-7 所示为激光沉积制造技术原理示意图,该技术是一种典型的热加工技术,高功率激光束提供热源。它利用高功率激光束将金属材料的表面局部熔化为熔池,与此同时把金属粉末送入熔池中,使其凝固为新的金属层。

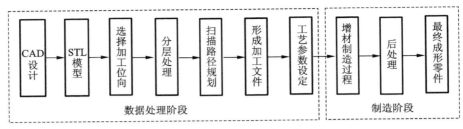

图 1-5　激光沉积制造技术工艺流程

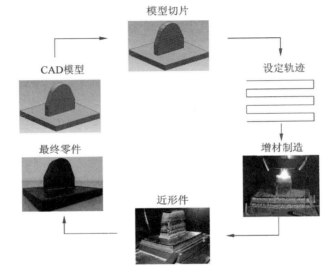

图 1-6　金属激光直接沉积增材制造过程

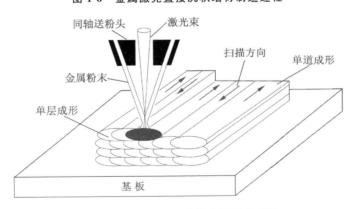

图 1-7　激光沉积制造技术原理示意图

通过分析激光沉积制造技术原理,不难看出,该技术具有传统加工技术不能相比的优点。该技术基本不受被加工的金属零件结构的制约,可以快速制造出具有悬垂结构、倾斜薄壁、复杂空腔及内流孔道等复杂形状、结构的金属零件或者模具,而且成形出的近净成形件只需少量的后续加工,节能环保。高功率激光束和金属材料相互作用时的快速熔化与凝固,能够使金属材料实现致密度很高的冶金结合,而且致密细小的材料内部组织提高了材料的力学性能。激光沉积制造技术使用金属或合金材料直接制造零件或近形件,实现了材料的冶金过程和成形过程的统一,增大了零件的制造速度,缩短了产品的开发周期,降低了产品的制造成本。该技术还可以对报废产品的破损、失效等部位进行修复、改造,能够有效避免资源浪费,延长产品的使用寿命。另外,该技术还可以对金属零件或者模具进行表面改性或者涂层处理,从而提高其力学性能。

1.2.2 激光沉积制造技术的特点

激光沉积制造过程是一个快速加热与冷却的过程,与传统的制造工艺(机械加工、锻造、铸造等)相比,具有以下特点。

(1)可以直接制造金属零件。它可以直接制造具有大型结构,以及具有倾斜薄壁、悬垂结构等复杂形状、结构的金属零件或模具,由此得到的金属零件或模具不需要或仅需少量的后续加工即可使用。

(2)可以方便、灵活地沉积异质材料零件。目前航空航天装备、核反应堆、生物工程、电气和电子等行业对功能梯度材料有着大量且非常迫切的需求。激光沉积制造技术是实现材料梯度、组织梯度和结构梯度最有效的制造技术之一。

(3)可加工的材料范围广。由于激光沉积制造过程中激光束的能量高度集中,激光光斑的局部区域的温度可以瞬间达到几千摄氏度,而且激光束对材料的加工属于非接触加工。因此,该技术不仅可以加工普通的金属或合金材料,还可以沉积那些熔点高、加工性能差的材料。

(4)可以对零件进行三维修复与再制造。该技术可在优质、高效、节能、环保的前提下,采用其特有的成形方式,对报废产品的破损、失效等部位进行修复和改造,能够恢复、保持,甚至提高产品的技术性能,有效避免资源浪费,延长产品的使用寿命。同时,该技术还可对重要的金属零件或模具进行表面改性处理,从而提高零件的力学性能。使用高能高密度激光作为能量源,热输入少,零件修复区域的热影响区小,从而应力及变形小;零件本体和修复区界面处为致密的冶金结合,不会出现脱落、剥离等问题;修复区域材料的力学性能不低于零件本体的性能;修复区域形状和零件缺损形状接近,表面质量好,因此修复后仅需少量的处理即可使用;整个修复过程由计算机控制,无需人为干涉,零件修复的可靠性高,重复性好,而且可以进行复杂形状零件的修复。

基于以上特点,该技术不仅可以直接、快速制造具有一定机械强度、能承受较大载荷的金属零件,还可以用于修复和再制造具有复杂形状、一定深度制造缺陷、误加工或服役损伤的金属零件,可显著缩短产品研发周期、降低生产成本、提高材料的利用率、降低能耗。

1.3　激光沉积制造技术的发展历史和面临的问题

1.3.1　发展历史

由于激光沉积制造技术具有巨大的发展前景,从 20 世纪 90 年代开始,英、美等发达国家就高度重视激光沉积制造技术的开发,并且不断加大投入,在商业应用与开发方面取得了优异的成绩。与国外相比,国内的相关研究工作起步略晚,不过国内已经出现百花齐放、百家争鸣的良好局面。接下来我们对世界上该领域的主要研究机构进行简要的介绍。

20 世纪 90 年代,美国桑迪亚国家实验室(Sandia National Laboratory)同美国联合技术研究中心(UTRC)合作开发出激光工程化净成形技术(laser engineered net shaping,LENS),该技术中,激光器为 Nd∶YAG 固体激光器,系统为同步粉末输送系统。

英国的 AeroMet 公司同约翰斯•霍普金斯大学(Johns Hopkins University)与宾州州立大学(Penn State University)合作开发出激光成形技术。不同于桑迪亚国家实验室,AeroMet 公司将军事和商业领域内航空钛合金构件的激光近形制造技术作为其主要的研究内容,该公司生产的钛合金构件主要用于实际飞机,图1-8 所示为激光成形钛合金构件。

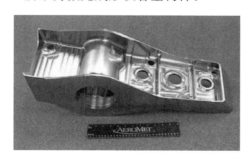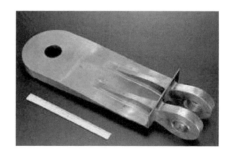

图 1-8　激光成形钛合金构件

美国洛斯阿拉莫斯国家实验室(Los Alamos National Laboratory)改善了被称为激光直接制造(DLF)技术的金属增材制造技术[1],在直接沉积增材制造方面对多种材料进行了研究。

美国密歇根大学(University of Michigan)开发出直接金属沉积(DMD)技术,该技术结合了激光、CAD/CAM 软件、冶金学、传感器、数控平台等多种技术,能够制造出可以直接使用的金属零件。

美国斯坦福大学(Stanford University)和卡内基·梅隆大学(Carnegie Mellon University)合作开发出形状沉积制造(shape deposition manufacturing,SDM)技术[2]，该技术最大的特点是把增材制造和减材制造相结合，在增材制造过程中使用了牺牲支撑结构。

德国弗劳恩霍夫研究所开发出控制金属堆积(controlled metal buildup,CMB)技术[3]，该技术使用的原材料不是金属粉末，而是用于激光直接沉积焊接技术的金属焊接丝材，并且加入了铣切模块，从而大大改善了增材制造零件的加工精度。

加拿大国家科学院集成制造技术研究所开发出名为激光共凝固技术(laser consolidation,LC)的金属零件激光自由成形技术，该工艺成形 In625 零件表面粗糙度能达到 $1.5 \sim 1.8~\mu m$，LC 工艺成形金属零件如图 1-9 所示。

图 1-9 LC 工艺成形金属零件

西北工业大学黄卫东教授于 1995 年提出了激光立体成形(laser solid forming,LSF)技术，对金属零件激光直接沉积增材制造技术开展了系统的研究[4-10]。图 1-10 所示为 LSF 加工车间。2012 年，西北工业大学黄卫东教授课题组利用 LSF 技术成功制造出高达 3 m 的 C919 飞机中央翼缘条(如图 1-11 所示)。

图 1-10 LSF 加工车间

图 1-11 C919 飞机中央翼缘条

北京航空航天大学王华明教授提出了一种高性能金属零件的激光成形技术[11-17],该技术以金属粉末为原料,利用激光熔化/快速凝固来实现逐层沉积的"生长制造",能够由零件的 CAD 模型直接完成全致密、高性能的整体金属零件的"近净成形"。它是一种"变革性"的低成本、高性能、数字化、短周期的先进制造技术,代表着钛合金等高性能、难加工金属大型关键构件制造技术的发展方向。王华明教授及其团队瞄准国家重大战略的需求及增材制造学科的国际前沿发展方向,经 20 余年持续研究,自主创新,使我国一跃成为掌握大型整体钛合金关键构件激光增材制造技术并成功装机应用的国家,王华明教授及其团队也因此获得 2012 年度国家技术发明奖一等奖,图 1-12 所示为飞机机身钛合金整体加强框。

图 1-12　飞机机身钛合金整体加强框

北京有色金属研究总院张永忠教授团队于 1998 年开展了基于激光近净成形技术原理的金属材料激光增材制造技术的研究工作,并对多种材料的激光熔覆增材制造进行了研究[18-24]。

上海交通大学的邓琦林教授团队研究出基于 LENS 技术原理的金属材料激光增材制造工艺,并开展了高温合金粉末和不锈钢等多种材料的激光熔覆增材制造致密金属零件的工艺研究,获得了具有一定强度和精度的简单金属零件[25-31]。

中国科学院沈阳自动化研究所装备制造技术研究室早些年也开展了基于 LENS 原理的激光金属沉积成形技术(laser metal deposition shaping,LMDS)的研究工作[32-33]。图 1-13 所示为 LMDS 系统。

清华大学的钟敏霖教授团队研究出了激光快速柔性制造(laser rapid & flexi-

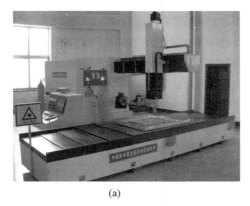

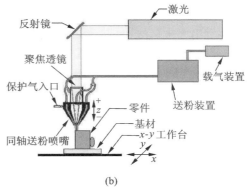

（a） （b）

图 1-13 LMDS 系统

（a）系统实物图；（b）系统示意图

ble manufacturing，LRFM）技术[34-36]，该团队在国内率先开展了激光增材制造过程中的闭环控制方面的研究，改善了增材制造零件的精度。

西安交通大学李涤尘教授团队对激光金属直接成形（laser metal direct forming，LMDF）技术进行了研究[37-40]。图 1-14 所示为 LMDF 系统，该系统按功能可分为运动控制单元、能量供给单元及粉末供给单元三大部分。此外，该系统还包括冷却装置及气氛保护装置等，图 1-15 所示为利用该技术制造的薄壁空心叶片。

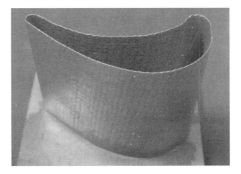

图 1-14 LMDF 系统 图 1-15 薄壁空心叶片

湖南大学激光研究所的刘继常教授团队开展了激光熔覆增材制造全密度金属零件的研究[41-45]，实验装置包括激光器、粉末供应系统和 CNC 机床及其控制系统三大部分，进行了激光熔覆增材制造金属薄壁结构的工艺实验研究和显微组织分析，建立了薄壁件成形过程中的三维温度场和应力场的数值模型，通过优化工艺过程制备了一些形状简单的金属制件。

此外，沈阳航空航天大学王维教授课题组[46-48]、南京航空航天大学沈以赴教授课题组、装甲兵工程学院薛春芳副教授课题组[49]等对激光增材制造技术也进行了研究。

1.3.2 典型应用成果

国外从事相关研究的主要机构见表 1-1。

表 1-1　国外从事相关研究的主要机构

序号	机构名称	相关研究内容	相关研究成果
1	德国弗劳恩霍夫激光技术研究所（Fraunhofer Institute for Laser Technology）	装备、工艺、监测及控制、数值模拟	核心装备研究、工艺过程数值模拟及检测方法、多种材料构型制造工艺
2	英国曼彻斯特大学（The University of Manchester）	零件组织性能、三维形貌、应力场	形成多项理论成果
3	罗尔斯·罗伊斯公司（Rolls-Royce）	航空结构激光增材制造工艺研究	实现了发动机前轴承箱制造
4	美国 OPTOMEC 公司	LENS 成套装备、成形材料开发、工艺开发	商品化多套 LENS 设备、多种合金成形工艺
5	美国波音公司（the Boeing Company）	多种型号飞机钛合金构件激光近净成形	已完成多种钛合金构件近净成形工艺开发

1.3.3 面临的问题

激光沉积制造技术在很多方面优于传统修复技术,但激光沉积制造过程是一个受多因素影响的加工过程,在实际中由于工艺和环境因素的影响及合金在熔融状态下具有的高活性,零件成形区难免存在一些缺陷,总体来看,激光沉积制造技术发展存在如下问题。

其一,激光沉积成形过程应力/应变控制。大型整体结构部件在激光沉积成形过程中的应力/应变控制是影响激光沉积成形几何性能控制的关键因素,同时对成形区和基体的结合特性具有重要影响。在激光沉积成形过程中,在经历高能激光束的长期周期性地剧烈加热和冷却、移动熔池在池底约束下的快速凝固收缩及其伴生的短时非平衡循环固态相变后,零件内部产生很大的、极其复杂的热应力、组织应力和机械约束力,从而导致其发生严重变形并且开裂。因此,需要对激光沉积成形过程中应力变化规律与变形开裂行为做进一步研究。

其二,激光沉积成形效率、精度及内部质量控制。多年来,经过各国研究人员的不懈努力,激光沉积制造技术已经得到了迅猛的发展,研究人员积累了很多成功的经验。但是,总体而言,沉积的效率低,沉积的精度还处于较低的水平,属于近净成形,仍需要后期的机加工,才能达到一定的精度。对激光沉积制造过程进行实时观察和测量是准确把握其内在机理的最有效的途径,然而激光熔池本身的特殊性为这一目标的实现带来了极大的难度。近年来,有学者在激光沉积制造过程进行实时观察和测量,虽然对于观察和测量未达到精确的程度,但是取得一些可喜的成果。

此外,在激光沉积成形过程中,主要工艺参数、外部环境、熔池熔体状态的波动、扫描填充轨迹的变换等一些不连续和不稳定现象,都可能在零件内部沉积层与沉积层之间、道与道之间、单一沉积层内部等局部区域产生各种特有的内部冶金缺陷(如层间未熔合、道间局部未熔合、气隙、卷入性和析出性气孔、夹杂物、内部特殊裂纹等),并影响最终成形零件的内部质量、力学性能和使用安全。要想实现内部质量控制,就必须对下列问题进行深入的研究:基于冶金动力学理论,激光移动熔池的快速熔凝过程及其与激光工艺参数、沉积条件等直接关系,包括凝固、形核生长、局部凝固等;移动熔池局部快速凝固行为和三维沉积零件凝固组织形成规律之间的关系;移动熔池局部凝固过程和零件特有的内部冶金缺陷形成规律间的关系。

其三,数值模拟和快速凝固理论有待进一步研究。目前国内外学者采用数值模拟方法建立了众多激光沉积过程数学模型。但大多数数值模拟方法采用预先建立沉积带(熔覆层),不考虑材料的添加,可部分反映温度场,但无法解释熔池内的传热、传质、对流和扩散等现象。为了简化分析模型,一般不考虑结晶潜热及辐射对流散热等因素,在当前的研究中,激光热源作为体热源,都是以生热率的形式来施加的,而忽略了处于运动状态的激光光斑在空间中的分布规律。此外,要想准确地把握近快速凝固条件下微观组织的形成规律并能对其进行有效控制,就必须深入研究快速凝固理论。

参 考 文 献

[1] ABBOTT D H. AeroMet implementing novel Ti process[J]. Metal Powder Report,1998,53(2):24-26.

[2] MAZUMDER J,SCHIFFERER A,CHOI J. Direct materials deposition:designed macro and microstructure[J]. Material Research Innovations,1999,3(3):118-131.

[3] NICKEL A. Analysis of thermal stresses in shape deposition manufacturing of metal parts[D]. Palo alto:Stanford University,1999.

［4］ XUE L，ISLAM M U. Free-form laser consolidation for producing metallur-gically sound and functional components［J］. Journal of Laser Applications，2000，12（4）：160-165.

［5］ 黄卫东，李延民，冯莉萍，等. 金属材料激光立体成形技术［J］. 材料工程，2002（3）：40-43.

［6］ CHEN J，ZHANG R，ZHANG Q，et al. Relationship among microstruc-ture，defects and performance of Ti60 titanium alloy fabricated by laser solid forming［J］. Rare Metal Materials and Engineering，2014，43（3）：548-552.

［7］ TAN H，ZHANG F，WEN R，et al. Experiment study of powder flow feed behavior of laser solid forming［J］. Optics and Lasers in Engineering，2012，50（3）：391-398.

［8］ 马良，林鑫，谭华，等. 基于样式表达的激光立体成形路径优化［J］. 激光与光电子学进展，2013（3）：125-130.

［9］ HUANG W D，LIN X. Research progress in laser solid forming of high-per-formance metallic components at the State Key Laboratory of Solidification Processing of China［J］. 3D Printing and Additive Manufacturing，2014，1（3）：156-165.

［10］ CAO J，LIU F C，LIN X，et al. Effect of overlap rate on recrystallization behaviors of laser solid formed inconel 718 superalloy［J］. Optics & Laser Technology，2013，45：228-235.

［11］ 王华明. 飞机钛合金大型构件激光成形工艺与装备［J］. 中国科技成果，2014（11）：17.

［12］ ZHU Y Y，LIU D，TIAN X J，et al. Characterization of microstructure and mechanical properties of laser melting deposited Ti-6.5Al-3.5Mo-1.5Zr-0.3Si titanium alloy［J］. Materials & Design，2014，56：445-453.

［13］ ZHU Y Y，LI J，TIAN X J，et al. Microstructure and mechanical proper-ties of hybrid fabricated Ti-6.5Al-3.5Mo-1.5Zr-0.3Si titanium alloy by la-ser additive manufacturing［J］. Materials Science and Engineering：A，2014，607：427-434.

［14］ ZHANG A，LIU D，WU X H，et al. Effect of heat treatment on micro-structure and mechanical properties of laser deposited Ti60A alloy［J］. Journal of Alloys and Compounds，2014，585：220-228.

［15］ LIU C M，WANG H M，TIAN X J，et al. Subtransus triplex heat treat-ment of laser melting deposited Ti-5Al-5Mo-5V-1Cr-1Fe near β titanium al-loy［J］. Materials Science and Engineering：A，2014，590：30-36.

［16］ LIANG Y J，TIAN X J，ZHU Y Y，et al. Compositional variation and microstructural evolution in laser additive manufactured Ti/Ti-6Al-2Zr-1Mo-1V graded structural material［J］. Materials Science and Engineering：A，2014，599：242-246.

［17］ LIANG Y J，LIU D，WANG H M. Microstructure and mechanical behavior of commercial purity Ti/Ti-6Al-2Zr-1Mo-1V structurally graded material fabricated by laser additive manufacturing［J］. Scripta Materialia，2014，74：80-83.

［18］ 张永忠，章萍芝，石力开，等. 金属零件激光快速成型技术研究［J］. 材料导报，2001，15(12)：10-13.

［19］ ZHANG Y Z，XI M Z，GAO S Y，et al. Characterization of laser direct deposited metallic parts［J］. Journal of Materials Processing Technology，2003，142(2)：582-585.

［20］ 刘彦涛，宫新勇，赵霄昊，等. 激光熔化沉积修复 GH4169 合金的组织与拉伸性能［J］. 金属热处理，2015，40(2)：91-98.

［21］ 宫新勇，刘铭坤，李岩，等. TC11 钛合金零件的激光熔化沉积修复研究［J］. 中国激光，2012，39(2)：79-84.

［22］ 刘彦涛，宫新勇，刘铭坤，等. 激光熔化沉积 Ti₂AlNb 基合金的显微组织和拉伸性能［J］. 中国激光，2014，41(1)：71-77.

［23］ 孙景超，张永忠，宫新勇，等. 激光熔化沉积 Ti60 合金、TiCₚ/Ti60 复合材料的高温拉伸持久寿命及断裂过程［J］. 中国激光，2012，39(1)：71-76.

［24］ 孙景超，张永忠，黄灿，等. 激光熔化沉积 Ti60 合金和 TiCₚ/Ti60 复合材料的显微组织及高温拉伸性能［J］. 中国激光，2011，38(3)：103-108.

［25］ 余廷，邓琦林，董刚，等. 钽对激光熔覆镍基涂层的裂纹敏感性及力学性能的影响［J］. 机械工程学报，2011，47(22)：25-30.

［26］ 余廷，邓琦林，张伟，等. 激光熔覆 NiCrBSi 合金涂层的裂纹形成机理［J］. 上海交通大学学报，2012，46(7)：1043-1048.

［27］ 陈殿炳，邓琦林. 激光熔覆熔池检测控制技术的研究进展［J］. 电加工与模具，2014(5)：45-49.

［28］ 余廷，邓琦林，姜兆华，等. 热处理对钽强化激光熔覆 NiCrBSi 涂层的影响［J］. 稀有金属材料与工程，2013，42(2)：410-414.

［29］ 杜竞楠，董刚，邓琦林，等. 激光熔覆 NbC/Ni60 合金复合涂层的组织与性能［J］. 应用激光，2012，32(4)：277-281.

［30］ 尚晓峰，刘伟军，王天然，等. 激光工程化净成形技术同轴送粉的研究［J］. 中国机械工程，2004，15(22)：1994-1997.

[31] 卞宏友，刘伟军，王天然，等. 激光金属沉积成形的扫描方式[J]. 机械工程学报，2006，42(10)：170-175.

[32] ZHANG K, LIU W J, SHANG X F. Research on the processing experiments of laser metal deposition shaping[J]. Optics & Laser Technology，2007，39 (3)：549-557.

[33] ZHANG K，LIU W J，SHANG X F. Characteristics of laser aided direct metal powder deposition process for nickel-based superalloy[J]. Materials Science Forum，2007，534-536：457-460.

[34] 钟敏霖，宁国庆，刘文今，等. 激光快速柔性制造金属零件基本研究[J]. 应用激光，2001，21(2)：76-78.

[35] 钟敏霖，杨林，刘文今，等. 激光快速直接制造 W/Ni 合金太空望远镜准直器[J]. 中国激光，2004，31(4)：482-486.

[36] 宁国庆，钟敏霖，杨林，等. 激光直接制造金属零件过程的闭环控制研究[J]. 应用激光. 2002，22(2)：172-176.

[37] ZHU X G，LI D C，ZHANG A F，et al. The influence of standoff variations on the forming accuracy in laser direct metal deposition[J]. Rapid Prototyping Journal，2011，17(2)：98-106.

[38] ZHU G X，LI D C，ZHANG A F，et al. Numerical simulation of metallic powder flow in a coaxial nozzle in laser direct metal deposition[J]. Optics & Laser Technology，2011，43(1)：106-113.

[39] 张安峰，李涤尘，张利锋，等. 同轴送粉喷嘴粉末汇聚特性三维数值模拟[J]. 红外与激光工程，2011，40(5)：859-863.

[40] XUANTUOI D，李涤尘，张安峰，等. 激光金属直接成形 DZ125L 高温合金柱状晶连续生长的数值模拟与实验研究[J]. 中国激光，2013，40(6)：196-202.

[41] 倪立斌，刘继常，伍耀庭，等. 基于神经网络和粒子群算法的激光熔覆工艺优化[J]. 中国激光，2011，38(2)：93-98.

[42] LIU J C，LI L J. Effects of powder concentration distribution on fabrication of thin-wall parts in coaxial laser cladding[J]. Optics & Laser Technology，2005，37(4)：287-292.

[43] LIU J C. LI L J. Study on cross-section clad profile in coaxial single-pass cladding with a low-power laser[J]. Optics & Laser Technology，2005，37(6)：478-482.

[44] LIU J C，LI L J. In-time motion adjustment in laser cladding manufacturing process for improving dimensional accuracy and surface finish of the formed

part[J]. Optics & Laser Technology，2004，36(6)：477-483.

［45］董敢，刘继常，李媛媛. 激光熔覆中同轴送粉气体-粉末流数值模拟[J]. 强激光与粒子束，2013，25(8)：1951-1955.

［46］杨光，刘伟军，王维，等. 钛合金激光快速成形工艺研究[J]. 制造技术与机床，2010(6)：50-53.

［47］钦兰云，王维，杨光. 超声辅助钛合金激光沉积成形试验研究[J]. 中国激光，2013，40(1)：82-87.

［48］杨光，王维，钦兰云，等. Ti6Al4V 合金表面激光沉积复合涂层的组织和性能[J]. 强激光与粒子束，2013，25(10)：2723-2728.

［49］薛春芳，戴耀，王丹杰，等. 金属粉末激光熔覆成形温度场的数值分析[J]. 装甲兵工程学院学报，2006，20(3)：93-96.

第 2 章　激光沉积组织凝固理论基础

2.1　激光与材料的相互作用

激光与材料的相互作用过程复杂,涉及激光物理、传热学、等离子物理学、非线性光学、热力学、气体动力学、流体力学、材料力学、固体物理学等学科领域。激光沉积制造技术是以激光为热源,以预制或同步送粉(丝)为成形材料,在快速成形技术基础上融合激光熔覆技术而形成的先进制造技术。该技术采用极高功率密度的热源,加热速度极大,冷却速度也极大。在激光束的连续扫描作用下,金属熔体的凝固过程不是静态的,而是动态的。

2.1.1　激光与材料作用的物态变化

激光加工是基于光热效应的热加工行为。随着激光功率密度的增大及激光辐照时间的增加,材料表面发生不同的物态变化,如图 2-1 所示[1-2]。

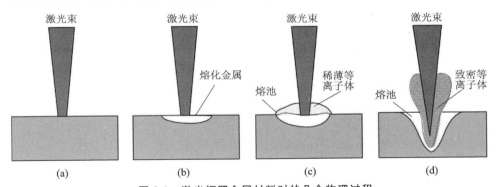

图 2-1　激光辐照金属材料时的几个物理过程

(a)固态加热;(b)表层熔化;(c)形成稀薄等离子体;(d)形成匙孔及致密等离子体

不同的激光功率密度和辐照时间使材料产生不同的物态变化,应用的领域也各不相同。当激光功率密度小于 10^4 W/cm^2,辐照时间较短时,材料温度升高、固相不变,应用于退火和硬化处理。当激光功率密度在 $10^4 \sim 10^6$ W/cm^2 之间,辐照时间较长时,材料将会熔化,应用于表面重熔、合金化、熔覆及热导型焊接。当激光功率密度大于 10^6 W/cm^2,辐照时间增加时,材料表面气化形成较稀薄的等离子云,应用于激光焊接。当激光功率密度大于 10^7 W/cm^2,辐照时间增加时,材料表面形成致密等离子体,这将减小材料对激光的吸收率,同时蒸气的反作用力使熔池形成匙孔,匙孔的存在将增大材料对激光的吸收率,应用于激光切割、打孔、深熔焊接。图 2-2 所示为激光加工技术与激光功率密度的对应关系。

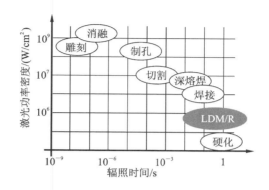

图 2-2　激光加工技术与激光功率密度的对应关系

　　激光辐照材料时,一部分激光被材料吸收,一部分激光被材料反射。当材料处于固液态时,其对激光的吸收率变化缓慢,当激光功率密度达到气化阈值时,材料对激光的吸收率急剧增大,熔深明显增大。激光为电磁波,当电磁波辐照金属材料时自由电子强迫振动而产生次波,次波造成强烈的反射和较弱的透射。由于金属材料中有大量的自由电子,因此反射强烈、透射较弱。研究表明金属材料对激光的吸收率受到波长、材料性质、温度、表面状况、偏振等的影响。激光加工时,随着激光波长的增大,吸收率将减小。金属温度上升时吸收率增大,金属温度为常温时吸收率较小,金属温度升至熔点时吸收率可达到 $40\%\sim50\%$,沸点吸收率将达到 90%。金属材料表面被氧化时吸收率将增大[1]。

2.1.2　激光与材料作用的能量平衡

　　激光辐照金属材料时,一部分能量被吸收,一部分能量被反射[1]。根据能量守恒,得

$$E_0 = E_{反射} + E_{吸收} \tag{2-1}$$

式中:E_0 为激光辐照材料表面的能量;$E_{反射}$ 为被反射的能量;$E_{吸收}$ 为被吸收的能量。上式可以转化为

$$1 = \frac{E_{反射}}{E_0} + \frac{E_{吸收}}{E_0} \tag{2-2}$$

得到

$$1 = R_1 + A \tag{2-3}$$

式中：R_1 为反射率；A 为吸收率。

$$A = 1 - R_1 \tag{2-4}$$

由郎伯定律可知，随着激光穿透深度 x 的增大，光强度 $I(x)$ 可表示为

$$I(x) = I_0 e^{-ax} \tag{2-5}$$

式中：I_0 为激光在材料表面的强度；a 为材料的吸收系数。假设光强度降至 I_0/e 时的 x 为激光穿透深度，则激光穿透深度为 $1/a$。这表明材料对激光的吸收能力受到吸收系数的影响。

而吸收系数 a 与材料的吸收指数 K 相关，其关系为

$$a = 4\pi K/\lambda \tag{2-6}$$

式中：λ 为激光的波长。

$$n_c = n + iK \tag{2-7}$$

式中：n_c 为复折射率；K 和 n 分别是复折射率 n_c 的虚部和实部。

光束在界面上的反射率为

$$R_1 = \frac{(n-1)^2 + K^2}{(n+1)^2 + K^2} \tag{2-8}$$

综上可得，材料对激光的吸收率为

$$A = \frac{4n}{(n+1)^2 + K^2} \tag{2-9}$$

2.2 激光沉积制造近快速凝固理论基础

2.2.1 固液界面稳定性

1. 成分过冷理论

凝固组织的形成是由固液界面的形态决定的，而凝固界面形态是一种典型的非平衡结构，涉及热量、质量和动量的传输及界面动力学等边界问题，一直是材料科学领域研究的重要课题。Tiller、Chalmers 等人提出的成分过冷理论认为[3-4]，由于溶质在固相和液相中的分配系数不同，凝固过程中固液界面前沿因溶质富集产生"成分过冷"，使平界面失稳，从而形成胞晶和树枝晶组织，并指出平界面失稳的判据为[5]

$$\frac{G_{tl}}{R} \geqslant \frac{m_1 \omega_{co}(1-k)}{kD_1} \tag{2-10}$$

式中：G_{tl} 为液相中的温度梯度，K/m；R 为生长速率，m/s；m_1 为液相线斜率；ω_{co} 为合金成分，%；k 为平衡分配系数；D_1 为液相溶质扩散系数，$m^2 \cdot s$。

成分过冷理论提供了一种简单、有效的界面稳定性判据。但是，该判据以热

力学平衡态为出发点,没有考虑界面动力学及表面张力的影响,不能给出平界面失稳后扰动尺度特征,单从温度梯度和溶质浓度梯度来考虑界面的稳定性,已不能完全适用于快速凝固领域。因为快速凝固时,R 的值很大,根据成分过冷理论,G_{tl}/R 的值很小,理论上更应该出现树枝晶,但实际情况是快速凝固后,固液界面反而又变得稳定,产生无特征、无偏析的组织,得到成分均匀的材料。

2. 绝对稳定理论

鉴于成分过冷理论存在的不足,1964 年,Mullins 和 Sekerka 提出了著名的界面稳定性的线性动力学理论,简称 M-S 界面稳定性理论[6]。该理论考虑了溶质浓度场和温度场、固液界面能及界面动力学的影响,确立界面稳定性与溶质边界层、温度梯度、固液界面能的关系。绝对稳定理论假定固液界面处于平衡状态,利用凝固界面存在的干扰(温度起伏、结构起伏、浓度起伏和外界的微小振动)来考察界面的稳定性。M-S 界面稳定性判据为

$$\frac{D_1^2 m_1 G_c}{R^2 k} \leqslant T_m \Gamma \tag{2-11}$$

式中:G_c 为溶质质量分数梯度;k 为曲率;T_m 为平面凝固界面的熔点,℃;Γ 为 Gibbs-Thomson 系数。

M-S 界面稳定性理论预言了高速绝对稳定现象的存在,即当生长速率达到一定值时,界面能的稳定化效应会克服溶质扩散引起的不稳定效应,固液界面将重新回到稳定状态。如果不考虑溶质沿固液界面扩散的影响,忽略界面能及固液相热物性的差异对界面稳定性的影响,M-S 界面稳定性理论等同于成分过冷理论。

M-S 界面稳定性理论虽然符合快速凝固时的平衡凝固条件,但该理论在固液界面局部平衡假设的基础上,采用平衡分配系数,把凝固速率视作常数,在推导时,假定固液界面呈正弦波形,而在快速凝固条件下,溶质在固液界面上存在显著的非平衡分配,因此,该理论还需不断完善。

2.2.2　快速凝固条件下溶质的非平衡分配

M-S 界面稳定性理论建立在界面局部平衡假设的基础上,认为在缓慢凝固条件下,尽管固相与液相中的溶质来不及扩散导致固液相的成分始终与平衡相图固液相线的成分一致,但在固液界面附近,固相和液相之间存在局部平衡并满足平衡相图的要求。

然而,在快速凝固条件下,情况截然不同。此时固液界面的移动速度有可能接近甚至超过凝固界面处溶质的扩散速度,导致凝固过程远离平衡。由于凝固界面处短程固液相原子的重构速度远大于溶质的扩散速度,因此,凝固界面前沿富集的溶质来不及充分扩散就被快速生长、移动的固液界面"捕获"而裹入固相,使得固液界面处固相的实际浓度增大,相应地,液相浓度减小,导致溶质的实际分配

系数偏离平衡分配系数,这就是所谓的"溶质捕获"(solute trapping)现象。当凝固界面的移动速度远远大于固液界面处溶质的扩散速度时,将会出现溶质完全捕获现象,导致溶质的实际分配系数明显偏离平衡分配系数。

2.2.3 非平衡强制条件下的枝晶生长

在快速凝固条件下,凝固过程远离平衡,在局部平衡条件下建立的枝晶生长模型已不起作用。鉴于此,Langer 等人提出了描述高速下枝晶定向生长行为的模型,简称 KGT 模型[7]。该模型采用 M-S 界面稳定性分析方法,将临界稳定性原理应用于枝晶尖端稳态扩散场的求解。

在快速凝固条件下,枝晶尖端的过冷度为

$$\Delta T = \Delta T_{\mathrm{c}} + \Delta T_{\mathrm{r}} + \Delta T_{\mathrm{k}} = \frac{k \cdot \Delta T_0^{\mathrm{v}} \mathrm{Iv}(\mathrm{Pe})}{f(\mathrm{Pe})} + \frac{2\Gamma}{R_{\mathrm{r}}} + \frac{V}{\mu_{\mathrm{k}}} \tag{2-12}$$

$$f(\mathrm{Pe}) = 1 - (1-k)\mathrm{Iv}(\mathrm{Pe}) \tag{2-13}$$

$$k = \frac{k_0 + V/V_{\mathrm{d}}}{1 + V/V_{\mathrm{d}}} \tag{2-14}$$

式中:ΔT_{c}、ΔT_{r}、ΔT_{k} 分别为合金的成分过冷度、曲率过冷度和动力学过冷度;ΔT_0^{v} 为平衡结晶温度间隔;Pe 为溶质 Peclet 数,$\mathrm{Pe} = V\lambda/2D_1$,$\lambda = 2\pi/\omega$,$\omega$ 为几何干扰频率;R_{r} 为枝晶尖端半径;V 为界面生长速度;μ_{k} 为动力学系数;$\mathrm{Iv}(\mathrm{Pe})$ 为 Ivantsov 函数;V_{d} 为界面溶质扩散速率,$V_{\mathrm{d}} = D_1/a_0$(a_0 为原子扩散系数),$\mathrm{kg}/(\mathrm{m}^2 \cdot \mathrm{s})$。

由临界稳定性原理可知,枝晶尖端半径 R_{r} 为

$$R_{\mathrm{r}} = 2\pi \left(\frac{\Gamma}{m_{\mathrm{v}} G_{\mathrm{c}} \xi_{\mathrm{c}} - G_{\mathrm{t}}} \right)^{1/2} \tag{2-15}$$

$$m_{\mathrm{v}} = m \left[1 + \frac{1 - k(1 - \ln k/k_0)}{1 - k_0} \right] \tag{2-16}$$

$$\Delta T_0^{\mathrm{v}} = m_{\mathrm{v}} C_0 (k-1)/k \tag{2-17}$$

$$G_{\mathrm{c}} = -\frac{(1-k)V C_1^*}{D_1} \tag{2-18}$$

$$\xi_{\mathrm{c}}(\mathrm{p_c}) = 1 - \frac{2k}{2\pi/\mathrm{p_c} + 2k} \tag{2-19}$$

$$G_{\mathrm{t}} = (\overline{K}_1 G_1)\xi_1 + \overline{K}_{\mathrm{s}} G_{\mathrm{s}} \xi_{\mathrm{s}} \tag{2-20}$$

式中:ξ_1、ξ_{s}、ξ_{c} 分别为液相、固相、组元随相关 Pelect 数变化的函数;G_{t} 为固、液相加权温度梯度,$\mathrm{K/m}$;G_{c} 为界面上液相中的浓度梯度;m 为平衡液相线斜率;m_{v} 为与速度相关的非平衡液相线斜率;C_1^* 为尖端液相溶质浓度,$\mathrm{kg/m}^3$;G_1、G_{s} 分别为液相、固相温度梯度;$\overline{K}_1 = K_1(K_{\mathrm{s}} + K_1)$,$\overline{K}_{\mathrm{s}} = K_{\mathrm{s}}/(K_{\mathrm{s}} + K_1)$,$K_{\mathrm{s}}$、$K_1$ 分别为固相和

液相导热系数。

根据 Ivantsov 解,可得

$$C_l^* = \frac{C_0}{1-(1-k)\mathrm{Iv}(\mathrm{Pe})}\tag{2-21}$$

式中:C_0 为合金名义溶质浓度。

实际上,在强制生长条件下,由于温度梯度是外界强加的,可以忽略熔化潜热,考虑固、液相热扩散系数相等,可得 $G_t = G_l$,其中 G_l 为液相温度梯度。

将上面的方程联立求解,即可得到枝晶生长的尖端半径、枝晶尖端液相温度、凝固速度 V、固液相加权温度梯度 G_t 的变化规律。根据经验,通常假定一次枝晶间距 λ_1 是尖端半径的 2~3 倍,λ_1 也可通过 Kurz-Fisher 的椭圆尖端近似获得[8]

$$\lambda_1 = \left(\frac{3\Delta T' R_r}{G_t}\right)^{\frac{1}{2}}\tag{2-22}$$

式中:$\Delta T'$ 为非平衡凝固范围,即尖端温度和非平衡固相线温度的温差。

需要指出的是,上述模型及以往的经典枝晶生长理论模型,都假设枝晶生长的特征尺度与凝固系统的当前状态,如温度梯度 G_t 和凝固速度 V 具有一一对应关系。凝固界面作为一种典型的非平衡自组织花样,其当前形态必然与其经历的路径相关[8-9],特别是在激光熔池中,与常规的强制性定向凝固中凝固控制参数基本保持恒定不同,从熔池底部到熔池顶部温度梯度 G_t 和凝固速度 V 是连续渐变的,因此在激光沉积制造过程中,枝晶生长的历史相关性对枝晶生长的特征尺度具有重要影响。但是,枝晶尖端由于尺度较小,界面能的作用使枝晶形状较为简单,晶体能够对周围环境变化作出较快的响应,因此工艺及环境状态的历史相关性较弱,晶体与凝固系统的当前状态具有较为确定的关系。一次枝晶间距由于涉及较大的空间尺度及复杂的花样演化,因此具有显著地历史相关性,也就是说,对于给定的凝固条件,枝晶间距具有一个较大的选择范围[10]。

2.2.4　温度梯度对微观组织形态的影响

在激光沉积制造过程中,能量的输入量直接影响熔池的温度梯度和冷却速度,而温度梯度和冷却速度直接与柱状晶、等轴晶转变有关。林鑫等人[11]在 Hunt[12] 对 CET(columnar to equiaxed transition)模型研究的基础上建立了一个适用于多元合金凝固的 CET 模型。激光沉积制造过程中的温度梯度如图 2-3 所示。

具体模型如下,如果凝固界面前沿的最大局域过冷度高于形核过冷度,就有可能导致形核及等轴晶生长。然而,如果等轴晶的体积分数太小,等轴晶将会被生长的柱状晶裹入,只有等轴晶的体积达到一定值,才有可能阻断柱状晶的生长,

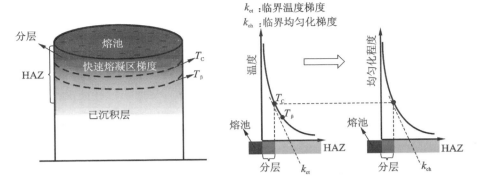

图 2-3　激光沉积制造过程中的温度梯度[13]

呈现全等轴晶生长。当等轴晶的体积分数大于 0.49 时,为全等轴晶生长,小于 0.49 时,为全柱状晶生长[12],该判据随后被 Brown 等人[14] 证实。因此,要想确定 CET 的发生,就必须首先确定等轴晶在被柱状晶裹入前生长所能达到的体积分数。

　　首先,计算在被柱状晶裹入前等轴晶生长所能达到的晶粒尺寸。z_n 为固液界面前沿液相中过冷度等于形核过冷度的位置距离固液界面的距离。因此,等轴晶生长所能达到的最大半径 r_e 为[15]

$$r_e = \int_0^{z_n} \frac{V_e(z)}{V} \mathrm{d}z \tag{2-23}$$

式中:$V_e[z]$——位置 z 处等轴晶的生长速度。

　　控制等轴晶生长的局域浓度和过冷度可由下式确定,这样就可通过上述的等轴晶生长模型获得 V_e。

$$C_i(z) = C_{0i} + (C_i^* - C_{0i}) E_1[Pe_i(2z+R)/R]/E_1(Pe_i) \tag{2-24}$$

式中:C_i^* 为枝晶尖端的组元 i 的液相溶质溶度;C_{0i} 为组元 i 的名义溶质溶度;R 为枝晶尖端半径;Pe_i 为组元 i 的溶质 Peclet 数;E_1 为指数积分函数;z 为在液相中平行枝晶轴方向离开枝晶尖端的距离。

　　考虑线性温度场,固液界面前沿的实际温度分布可表示为

$$T_q(z) = T(z) - T_q(z)' \tag{2-25}$$

　　由于形核的随机性,实际等轴晶体积分数可由 Avaraim 方程决定[16]

$$\varphi = 1 - \exp(-\varphi_e) \tag{2-26}$$

式中:φ 为实际等轴晶体积分数;φ_e 为扩展体积分数。

　　假定枝晶以球状生长,当熔体达到形核过冷时,熔体内总的形核数将迅速达到异质形核位数,则

$$\varphi_e = \frac{4\pi r_e^3 N_0}{3} \tag{2-27}$$

式中:N_0 为单位体积的异质形核位数。

同时,不同基材及其取向对熔覆层定向凝固组织外延生长的连续性有影响,一般在定向凝固基材择优晶面上进行激光熔覆试验,可以得到冶金接合良好并与基材取向一致的定向凝固熔覆层,但在非定向凝固基材表面不一定得到柱状晶熔覆层组织[17]。如果不在定向凝固基材的择优晶面上进行激光熔覆,得到的熔覆层组织取向会发生变化,一次枝晶取向与热流方向会呈一定角度,二次枝晶容易长大并不对称,并且二次臂的不对称性随热流方向与基材择优取向的夹角的增大而增大[18]。图 2-4 所示为典型的激光沉积制造显微组织,熔池底部到顶部的温度梯度逐渐降低,凝固速度逐渐增大,熔池组织由柱状晶变为等轴晶,因此熔覆层顶部倾向于形成等轴晶组织。

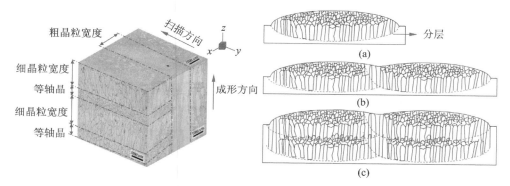

图 2-4　典型的激光沉积制造显微组织[13]

(a)单道;(b)多道;(c)多道多层

2.3　粉末与激光的相互作用

在激光沉积制造过程中,对于单组元金属粉末,考虑到即使在接近熔点的温度下,由于粉末黏度很大,也很难出现有效的黏性流动使其致密化,因此熔化-凝固机制对单组元金属粉末来说是唯一的可行机制。对于不同的金属粉末体系,成形机制不尽相同。但对于激光熔覆工艺本身而言,下列材料特性是特有的,其影响规律具有普遍性[19-20]。

1. 熔池液面润湿性

在激光熔覆过程中,液相对固相的充分润湿是成形成功的关键。如图 2-5 所示,液相对固相的润湿度与固液界面张力 $e_{s\text{-}l}$、固气界面张力 $e_{s\text{-}v}$ 及液气界面张力 $e_{l\text{-}v}$ 有关,且润湿度可以用接触角 θ 来表征,即

$$\cos\theta = \frac{e_{s\text{-}v} - e_{s\text{-}l}}{e_{l\text{-}v}}$$

(2-28)

由此可以看出,润湿度与接触角 θ 有关,而 θ 值与各界面张力的相对大小有关。若 $e_{s\text{-}v} > e_{s\text{-}l}$,$\cos\theta$ 为正值,则 $\theta < 90°$,液相能较好地润湿固相。此时,随着 θ 的

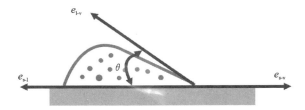

图 2-5　熔池的润湿和润湿角

减小，液相对固相的润湿度增大，且当 θ 为 0°时实现完全润湿。若 $e_{s\text{-}v} < e_{s\text{-}l}$，$\cos\theta$ 为负值，则 $\theta > 90°$，液相易"球化"，液相对固相的润湿度有限。

在激光沉积制造过程中，不仅要有良好的润湿条件，还要保证液相的黏度足够小，只有这样，液相才能成功包覆固相颗粒，因此固-液混合体系的整体流动特性对于成形质量具有重要作用。对于液相烧结而言，固-液混合体系的宏观黏度 Z 同固相颗粒体积分数 h/h_m 和基准黏度 Z_0 有关，有如下经验公式[21]

$$Z = Z_0 [1-(h/h_m)]^{-2} \tag{2-29}$$

式中：Z_0 为固相颗粒完全熔化时的液相黏度。

有文献[22]认为，颗粒熔化质量受 Z_0 的控制，只有 Z_0 足够小，才能充分包覆固相颗粒；同时，固液混合体系的宏观黏度 Z 不能太小，以防止熔覆过程中的"球化"现象。因此，在激光熔覆过程中，应综合控制固液比率及 Z_0 的大小，以获得适宜的 Z。

2. 能量吸收率

在激光沉积制造过程中，粉末材料的吸收率 A 定义为材料吸收辐热与激光入射辐热的比率。通常在实验中测量的是反射率 R，这样吸收率可以利用公式 $A = 1-R$ 计算得出。一般而言，吸收率取决于激光波长、材料特性、气氛及输入能量等因素。由于激光入射辐热只有一部分被粉末颗粒吸收，另一部分被颗粒间存在的大量孔隙吸收，且其孔隙的吸收率接近于黑体的，因此粉末材料比相应的实体材料表现出更大的吸收率。Tolochko 等人[23]研究表明，对于单组元金属粉末的激光熔覆，随着激光波长的增大，吸收率减小；而对于单组元金属氧化物粉末的激光熔覆，随着激光波长的增大，吸收率反而剧烈增大。对于双组元金属粉末的激光熔覆，吸收率可以通过以下公式近似计算

$$A = A_1 \cdot V_1 + A_2 \cdot V_2 \tag{2-30}$$

式中：A_i 和 V_i 分别为组元 i 的吸收率和体积分数，$i = 1,2$。其中 A_i 可以沿用单组元粉末的实验测量值。实验表明[23]，式(2-30)可用来近似计算任意粉末混合物的吸收率。在激光沉积制造过程中，粉末的吸收率受到粉末热物理性质的改变、颗粒重排、相变和氧化等的影响。此外，粉末吸收率越大，熔覆所需的激光能量输出就越少，基于此，在激光沉积制造过程中常加入有助于吸收激光入射辐热的金属组元或添加剂。

2.4　熔池的形成与基本特征

激光沉积制造的组织形成过程同金属焊接和激光合金化的组织形成过程有类似之处,表现为动态凝固过程,但它们之间也有明显的区别,主要表现为金属焊接的热源能量小,冷却速度极大。在激光沉积制造过程中,随着激光束的连续扫描,在熔池的前半部分,固态金属粉末不断地进入熔池形成熔体,进行着熔化过程。而在熔池的后半部分,液态金属不断地脱离熔池形成固体,进行着凝固过程。该凝固过程的特点是,成形层与已成形层必须牢固结合,扫描线间距也必须是冶金结合,只有这样才能使成形过程正常进行,并使成形零件具有一定的力学性能。

2.4.1　对流效应在形成熔池过程中的重要作用

在单组元金属粉末沉积过程中,随着粉末吸收能量的增大,表面部分熔化量增大,熔化的金属达到一定量以后形成熔池。熔池内的温度梯度引起的表面张力梯度构成了熔体流动的主要驱动力,熔体在熔池中产生对流效应。对流效应对于激光沉积制造过程中热量和物质的传递起着重要的作用。熔池中对流效应示意图如图 2-6 所示。

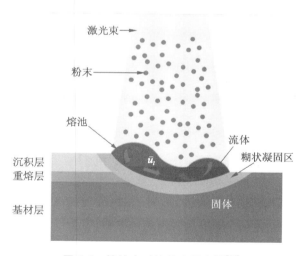

图 2-6　熔池中对流效应示意图[24]

对流机制为:

(1)当沉积粉末连续送入熔池时,在本身重力、保护气体压力、激光束压力的共同作用下,沉积粉末以较大的速度向下运动,对熔池产生冲击作用。在该过程中动量会引起对流,甚至会造成紊流,对熔体的组织、成分、结构产生重要的影响。

(2)凝固过程中熔液的温度差也会引起热对流。由于熔池形成时,沿熔池横向截面加热的温度不均匀,热膨胀的差异导致熔液密度的不同,熔液密度随温度升高而减小,因此熔池边缘密度大,熔池中心密度小,在重力场中密度较小的熔液受到浮力的作用。熔液成分的不均匀也会因密度差而产生浮力。在熔体内,垂直方向上也存在温度梯度或浓度梯度,同样会因密度差而产生浮力,这种因密度差而产生的浮力是对流的驱动力,当浮力大于熔液的黏滞力时,就会产生对流。浮力很大时,甚至会产生紊流。

(3)熔液表面张力分布与温度分布相反,表面张力随温度升高而减小,因此熔池边缘表面张力大,熔池中心表面张力小,这也会促使液体产生对流。由于表面张力的作用,阻止熔液沿基体表面铺展开。在实际沉积过程中,往往涉及多道搭接熔覆,熔池中必然要有一部分已凝固的熔覆层和连续送入的待熔粉末一起参与新的合金化过程。已凝固熔覆层与合金粉末之间在成分、黏度和密度上的差异,会影响熔池中的传热和传质过程,进而会影响熔体的对流运动。

2.4.2 粉末流对光束能量衰减作用

粉末到达熔池之前的一定距离内存在粉末流、气流和激光束的相互作用。同轴送粉情况如图 2-7 所示,其对于激光熔覆效率及熔覆质量有重要影响。其中粉末对激光的衰减率(或激光的透射率)是重要但又是难以获得的参数之一[25-29]。

图 2-7　同轴送粉情况

在激光熔覆过程中,激光器发出的光经过光纤传送至送粉头,经准直、扩束、聚焦等一系列过程从送粉头中间内环的空腔射出,送粉器输送的要熔覆的金属粉末从送粉头的中环喷出,同时送粉头外环喷出惰性气体,惰性气体兼有防止氧化和约束粉末流形状的作用。由于影响最终熔覆质量的因素很多,因此通常采取以下假设。

（1）送粉通路足够长，载粉气和粉末在进入送粉头入口时速度相同，且方向垂直于入口平面。

（2）忽略粉末之间的遮挡，即认为激光照射空间内所有的粉末均被照射，下层粉末不会处于上层粉末的阴影遮挡之下。

（3）只考虑粉末的重力、浮力及曳力，忽略粉末颗粒间的碰撞、压力、黏性等作用，忽略其他受力。

（4）认为粉末颗粒为球形，且激光束穿过粉末流时，不发生散射、衍射等作用。

（5）不考虑激光能量对气、粉的作用。

（6）不考虑激光束与基底的相对运动，认为熔池上表面在基底的投影是圆形，忽略熔覆道及熔池高度对基底表面形状的影响。

基于以上假设，在垂直于激光传播方向的任一平面内，在任意位置处粉末对于激光能量的衰减（遮挡）系数可以表达为粉末云的横截面积与光束照射面积之比，即

$$A(x,y,z)=\frac{\mathrm{d}S_\mathrm{p}}{\mathrm{d}S_\mathrm{l}} \tag{2-31}$$

式中：$\mathrm{d}S_\mathrm{l}$ 为激光照射面积微元；$\mathrm{d}S_\mathrm{p}$ 为在 $\mathrm{d}S_\mathrm{l}$ 内的粉末云的横截面积。

$\mathrm{d}S_\mathrm{p}$ 可表示为

$$\mathrm{d}S_\mathrm{p}=\mathrm{d}n_\mathrm{p}\pi\left(\frac{\overline{d_\mathrm{p}}}{2}\right)^2 \tag{2-32}$$

式中：$\overline{d_\mathrm{p}}$ 为粉末颗粒的平均直径；$\mathrm{d}n_\mathrm{p}$ 为在纵向 $\mathrm{d}z$ 长度、$\mathrm{d}S_\mathrm{l}$ 截面内的粉末颗粒个数。

$\mathrm{d}n_\mathrm{p}$ 可表示为

$$\mathrm{d}n_\mathrm{p}(z)=\frac{c(x,y,z)\mathrm{d}x\mathrm{d}y\mathrm{d}z}{\rho_\mathrm{p}\times\frac{4}{3}\pi(\overline{d_\mathrm{p}}/2)^3} \tag{2-33}$$

式中：ρ_p 为粉末颗粒密度；$c(x,y,z)$ 为粉末浓度。

在直角坐标系中，有

$$\mathrm{d}S_\mathrm{l}=\mathrm{d}x\mathrm{d}y \tag{2-34}$$

由式（2-31）～式（2-34）可得

$$A=\frac{3c}{2\rho_\mathrm{p}\overline{d_\mathrm{p}}}\mathrm{d}z \tag{2-35}$$

则总衰减率 β 可表示为

$$\beta=\frac{\iiint\limits_{\Omega}AI(x,y,z)\mathrm{d}x\mathrm{d}y\mathrm{d}z}{\int_{z}P_0\mathrm{d}z} \tag{2-36}$$

式中：$I(x,y,z)$ 为激光束的能量密度；Ω 为激光束的传播空间；P_0 为激光束的初始功率。

有基底存在时,气流场分布会发生变化,粉末会受到基底的反弹作用,使得粉末浓度增大,粉末对激光束能量的衰减率增大,并且粉末浓度在激光束传播空间内的分布趋势与无基底时的分布趋势相似。当熔池尺寸小于粉末高浓度区域尺寸时,熔池面积与衰减率成反比关系;当熔池尺寸与粉末高浓度区域尺寸接近时,熔池继续增大,将不再对衰减率产生明显影响。当粉末的浓度较小、粉末间的相互作用可忽略时,送粉率与衰减率近似成线性正比关系[25]。

2.4.3　熔池特征对整体成形质量影响

在激光沉积制造过程中,激光熔池是衡量成形条件是否合理的主要因素。如果熔池过大,则先前沉积层会因熔化过多而变形甚至塌陷,从而严重影响成形质量;反之,则沉积层会因层与层之间的结合力不足而产生缝隙,从而对零件的力学性能产生恶劣影响,因此大小合适且稳定的熔池是保证成形质量的关键,如图 2-8 所示。由于熔池大小由激光输入能量决定,因此,为获得大小合适的熔池,保证成形质量,就必须使粉末具有足够高的温度,以在基体上形成熔覆层。但是粉末温度又不能过高,否则会使粉末气化,形成等离子体,干扰对激光能量的吸收,因此每单位长度熔覆层和每单位质量粉末所获得的激光能量,以及粉末与激光的交互作用便成为控制沉积质量的关键因素。

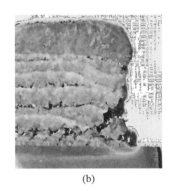

(a)　　　　　　　　　　　　　　(b)

图 2-8　熔池大小对成形的影响

(a)熔池过大烧塌;(b)熔池过小形成融合不良

参 考 文 献

[1] 陈彦宾.现代激光焊接技术[M].北京:科学出版社,2006.

[2] 杨光.钛基梯度功能材料激光快速成形技术研究[D].沈阳:中国科学院沈阳自动化研究所,2010.

［3］ TILLER W A. Foreword quantitative solidification science[J]. Materials Science and Engineering,1984,65(1):3-5.

［4］ BUTTER J W,CHALMERS B. A prismatic substructuer formed during solidification of metals[J]. Canadian Journal of Physics,1953,31(1):15-39.

［5］ 周尧和，胡壮麒，介万奇.凝固技术[M].北京:机械工业出版社,1998.

［6］ MULLINS W W,SEKERKA R F. Stability of a planar interface during solidification of a dilute binary alloy[J]. Journal of Applied Physics,1964,35(2): 444-451.

［7］ LANGER J S,MÜLLER-KRUMBHAAR H. Theory of dendritic growth—I. Elements of a stability analysis [J]. Acta Metallurgica, 1978, 26 (11): 1681-1687.

［8］ DING G L,HUANG W D,HUANG X,et al. On primary dendritic spacing during unidirectional solidification [J]. Acta Materialia, 1996, 44 (9): 3705-3709.

［9］ Lin X, HUANG W,FENG J,et al. History-dependent selection of primary cellular/dendritic spacing during unidirectional solidification in aluminum alloys[J]. Acta Materialia,1999,47(11):3271-3280.

［10］ 谭华.激光快速成形过程温度测量及组织控制研究[D].西安:西北工业大学,2005.

［11］ 林鑫,李延民,王猛,等.合金凝固列状晶/等轴晶转变[J].中国科学(E 辑), 2003,33(7):577-588.

［12］ HUNT J D. Steady state columnar and equiaxed growth of dendrites and eutectic[J]. Materials Science and Engineering,1984,65(1):75-83.

［13］ LIU C M,TIAN X J,TANG H B,et al. Microstructural characterization of laser melting deposited Ti-5Al-5Mo-5V-1Cr-1Fe near β titanium alloy[J]. Journal of Alloys and Compounds,2013,572:17-24.

［14］ BROWN S G R,SPITTLE J A. Computer simulation of grain growth and macrostructure development during solidification[J]. Materials Science and Technology,1989,5(4):362-368.

［15］ GÄUMANN M,TRIVEDI R,KURZ W. Nucleation ahead of the advancing interface in directional solidification[J]. Materials Science and Engineering: A,1997,226-228:763-769.

［16］ DAVID A. PORTER, KENNETH E. EASTERLING, MOHAMED Y. SHERIF. Phase transformations in metals and alloys[M]. 3rd ed. Boca Raton:CRC Press,2009.

［17］ 胡滨,胡芳友,管仁国,等.DZ22 激光定向熔覆结晶取向与性能[J].中国有色

金属学报,2013,23(7):1969-1976.

[18] 冯莉萍,黄卫东,林鑫,等.基材晶体取向对激光定向凝固单晶显微组织的影响[J].应用激光,2004,24(3):135-138.

[19] 顾冬冬,沈以赴,潘琰峰,等.直接金属粉末激光烧结成形机制的研究[J].材料工程,2004(5):42-48.

[20] SIMCHI A,PETZOLDT F,POHL H. Direct metal laser sintering:material considerations and mechanisms of particle:rand tooling of powdered metal parts[J]. International Journal of Powder Metallurgy,2001,37(2):49-61.

[21] 果世驹.粉末烧结理论[M].北京:冶金工业出版社,1998.

[22] AGARWALA M,BOURELL D,BEAMAN T,et al. Direct selective laser sintering of metals[J]. Rapid Prototyping Journal,1995,1(1):26-36.

[23] TOLOCHKO N K,KHLOPKOV Y V,MOZZHAROV S E,et al. Absorptance of powder materials suitable for laser sintering[J]. Rapid Prototyping Journal,2000,6(3):155-161.

[24] THOMPSON S M,BIAN L,SHAMSAEI N,et al. An overview of direct laser deposition for additive manufacturing:part Ⅰ:transport phenomena, modeling and diagnostics[J]. Additive Manufacturing,2015,8:36-62.

[25] 靳绍巍,何秀丽,武扬,等.同轴送粉激光熔覆中粉末流对光束能量的衰减作用[J].中国激光,2011,38(9):67-72.

[26] 李会山.激光再制造的光与粉末流相互作用机理及试验研究[D].天津:天津工业大学,2004.

[27] LIU C Y,LIN J. Thermal processes of a powder particle in coaxial laser cladding[J]. Optics and Laser Technology,2003,35(2):81-86.

[28] LIU J C,LI L J,ZHANG Y Z,et al. Attenuation of laser power of a focused Gaussian beam during interaction between a laser and powder in coaxial laser cladding[J]. Journal of Physics D:Applied Physics,2005,38(10):1546-1550.

[29] PINKERTON A J. An analytical model of beam attenuation and powder heating during coaxial laser direct metal deposition[J]. Journal of Physics D:Applied Physics,2007,40(23):7323-7334.

第3章 激光沉积制造工艺设备

3.1 激光沉积制造系统方案设计

　　激光沉积制造系统由激光器系统、光路系统、运动执行机构、送粉系统、气氛保护系统、控制系统等构成。激光沉积制造系统构成及布局如图 3-1 所示。

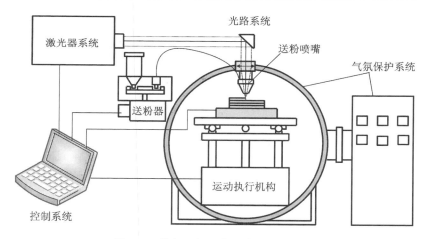

图 3-1　激光沉积制造系统构成及布局

　　激光器是激光沉积制造系统的能量供给单元,激光波长、输出功率、空间分布特性、时间特性和使用寿命等在激光沉积修复过程中起着非常重要的作用。根据工作物质的不同,激光器可以分为气体激光器、固体激光器、液体激光器、半导体激光器和光纤激光器。在激光材料加工领域中应用比较多的是气体激光器中的 CO_2 激光器、固体激光器中的 Nd:YAG 激光器和光纤激光器。其中大功率 CO_2 激光器、大功率 Nd:YAG 激光器和光纤激光器在大型工件的激光沉积制造过程中应用较广。

　　运动执行机构是使激光束与工件之间产生相对运动的装置。运动执行机构按照控制指令给出的运动轨迹,由伺服系统带动激光头(或工件)运动,使工件表面形成移动的熔池。熔池这一点的移动形成线,线集成面,面累成体。根据结构形式的不同,运动执行机构可分为直角坐标式机床和关节式机器人。

　　物料输送通过送粉系统实现,送粉系统一般由送粉器、分粉器、送粉喷嘴及其管路组成。送粉器一般分为负压式送粉器和重力式送粉器,负压式送粉器不受安装位置、空间及输送距离的限制而应用广泛。送粉喷嘴是将金属粉末输送到激光熔池中的主要构件。

金属材料在熔融状态下极易被氧化,因此气氛保护系统在激光沉积修复过程中是必不可少的配置,一般采用惰性气体保护的方式。一种形式是将气氛保护装置与送粉喷嘴设计成一体,即在送粉器出口的外面再设计一个环形吹气孔,使惰性气体与送粉载气一同在熔池上面形成惰性气帘,隔绝金属熔池与空气,从而防止金属材料被氧化。另一种形式是将运动执行机构及送粉喷嘴封闭在一个密闭箱体中,箱体内部充满惰性气体,箱体外部的净化系统使用化学或物理方法循环过滤箱体内部的氧化性气体,以在激光修复区域持续地营造惰性气体保护氛围,从而高性能地修复零件。

控制系统一般由控制软件、数控系统及伺服系统组成。控制软件的主要功能是三维模型导入、分层切片、扫描填充、运动轨迹生成、工艺参数设置等。数控系统的主要功能是根据运动轨迹及工艺参数来控制伺服系统运动。伺服系统的主要功能是带动激光头或工作台运动。

3.2　激光器系统

激光器系统由激光器及辅助设施,如气体循环系统、冷却系统、充排气系统等组成,其中,激光器作为熔化金属粉末的热源,是激光沉积制造设备的核心部分。自20世纪70年代以来,固体激光器、气体激光器、半导体激光器、光纤激光器等出现,使激光沉积制造设备得到快速发展。

激光是一种有别于普通光源的高质量光源,具有较为优良的单色性、相干性和方向性,以及极高的功率密度和能量密度,这些特点使得激光广泛应用于沉积增材制造领域。同时,激光器输出特性如激光波长、输出功率、聚焦能力、光束模式等对激光沉积制造质量有重要影响。

3.2.1　激光产生原理与特性

1.激光产生原理

根据玻尔原子理论中的原子定态假设,原子只能处于一系列不连续的能量状态,原子能量的任何变化(吸收或辐射)只能发生在两个固定能级之间,这一原子能量变化行为称为跃迁。在原子周围的电子具有不连续的运行轨道,原子能量不变的稳定状态称为原子的定态,原子能量最低的状态称为基态。原子吸收能量后,电子被激发到较高能级但尚未电离的状态称为原子的激发态。

原子从一个定态 E_1 跃迁到另一个定态 E_2,频率 ν 为

$$h\nu = E_2 - E_1 \tag{3-1}$$

式中:h 为普朗克常数;ν 为光子的频率。

光与物质的相互作用主要包括受激吸收、自发辐射和受激辐射三种形式。

假设原子的两个能级分别为 E_1 和 E_2,且 E_1 为低能级,如果有满足式(3-1)频率关系的光子辐照,原子就会吸收该光子,并从低能级 E_1 跃迁到高能级 E_2,此过程为原子的受激吸收过程,如图 3-2(a)所示。

处于高能级的激发态原子是不稳定的,即使没有外界的影响,激发态原子也可能自发地向低能级跃迁,同时辐射出能量为 $h\nu$ 的光子,此过程为原子的自发辐射过程,如图 3-2(b)所示。自发辐射过程辐射出的各个光子相位的分布是无规则的,偏振方向与传播方向也并不一致,因此自发辐射的光是非相干光。

除自发辐射外,处于高能级的原子在自发辐射之前,在频率为 ν 的外来辐射场作用下受激发向低能级跃迁,并辐射出一个能量为 $h\nu$ 的光子,该光子与外来光子的频率、相位、方向和偏振态都相同,此过程为原子的受激辐射过程,如图 3-2(c)所示。经过往复的受激辐射过程,频率为 ν 的光子的数量呈指数增大,原子系统可以获得大量状态特征完全相同的光子,这一现象称为光放大。受激辐射引起的光放大是激光产生的物理基础,其能够使原子系统辐射出与入射光同频率、同相位、同传播方向、同偏振态的大量光子,即全同光子。

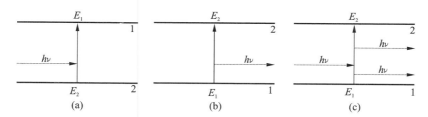

图 3-2　受激吸收、自发辐射、受激辐射

(a)受激吸收;(b)自发辐射;(c)受激辐射

通常,在热平衡状态下,各能级上的粒子数分布服从 Boltzmann 统计规律

$$\frac{N_1}{N_2} = \exp\left(\frac{E_2 - E_1}{kT}\right) \tag{3-2}$$

式中:N_1 为处于低能级 E_1 的粒子数;N_2 为处于高能级 E_2 的粒子数;T 为平衡凝固时的绝对温度;k 为 Boltzmann 常数。

由于 $E_2 > E_1$,因此 $N_1 > N_2$,即在热平衡状态下,低能级的粒子数始终大于高能级的粒子数。若有一束频率为 ν 的光通过物质,原子受激吸收的概率远大于受激辐射的概率,光的能量只会衰减不会增强。为使原子体系中受激辐射占主导地位,需采取措施使粒子数在能级上的分布倒转过来,即处于高能级的粒子数小于

低能级的粒子数,实现"粒子数反转"。然而,当外界向系统内提供能量时,系统中较多的粒子吸收能量后从能低能级跃迁到高能级,从而使物质处于非平衡状态,即可实现粒子数反转,这一过程称为"激励"或"泵浦"。激励一般分为光激励、气体放电激励、化学激励、核能激励等。

在实现了"粒子数反转"的工作物质内,受激辐射占主导地位,但是这种光放大以一个辐射光子产生一个受激辐射光子的单次放大为主,不能形成连续的光放大激光。在工作物质两端安装相互平行的反射镜,两个反射镜构成了一个光学谐振腔,其中一个为全反射镜,另一个是部分反射镜。在沿各向发射的光中,只有沿轴向发射的光不断得到放大,在光学谐振腔内被无数次反射振荡,每反射一次,光都会与工作物质进行一次受激辐射,因此光被迅速放大,经过充分放大的光通过光学谐振腔内的一个部分反射镜,向外输出激光。值得注意的是,虽然光振荡使得光强增大,但两个反射镜及工作物质内的吸收、偏折等也会导致光强减小。因此,只有当增益大于损耗时,才能输出激光,这是激光产生的阈值条件。

2. 激光的特性

由激光产生原理可知,激光的发光机理不同于普通光源的,这也使得激光具有普通光源所不具备的特性。激光的特性主要包括以下几个方面。

1)单色性好

描述光源单色性的物理量为 R,其表达式为

$$R = \frac{\Delta\nu}{\nu} = \frac{\Delta\lambda}{\lambda} \tag{3-3}$$

式中:ν 为光频率;$\Delta\nu$ 为光的频率宽度;λ 为光波长;$\Delta\lambda$ 为光的波长分布范围。

光源发射光的谱线宽度越小,其颜色越单纯,则光源的单色性越好。

普通光源发射的光子的频率是各不相同的,其谱线宽度较大,因此单色性较差;而激光发射的光子的频率几乎是相同的,激光的频率宽度 $\Delta\nu$ 和波长分布范围 $\Delta\lambda$ 均极小,因此激光的单色性极为优良。例如,在激光出现前,单色性最好的普通光源为氪灯,其波长分布范围 $\Delta\lambda$ 为 0.47×10^{-3} nm;而单模氦氖激光器发出的激光波长分布范围 $\Delta\lambda$ 小于 10^{-9} nm,其单色性远优于氪灯的单色性。

2)方向性好

光束的方向性常用光束偏离轴线的发散角 θ 评价,θ 越小,光束的发散性越小,方向性越好。由激光的产生原理可知,在传播介质均匀的条件下,激光的发散角 θ 仅受限于衍射极限,其表达式为

$$\theta \approx \theta_{\text{衍}} = 1.22\frac{\lambda}{D} \tag{3-4}$$

式中:λ 为激光波长;D 为光束直径。

假设光束沿轴向的传播距离为 L,对应位置的光束直径 ω_1 可表示为

$$\omega_1 = L\theta = 1.22\frac{L\lambda}{D} \qquad (3\text{-}5)$$

式中:L 为传播距离;D 为光源处光束直径。例如,将聚焦较好的激光束射向月球表面,月球表面的光斑直径仅为 1 km,其发散角约为 10^{-6} rad 量级,比一般光束的发散角(约为 10 rad 量级)小几个数量级。值得注意的是,激光器发射激光的方向性与工作物质类型、光学谐振腔长度、激励方式等有关,不同类型激光器的方向性差别较大。

良好的方向性能够使激光传输较远的距离,同时能够保证优良的聚焦特性,得到较大的功率密度,是实现工业激光制造的重要前提。

3)相干性好

光为一种电磁波,光同样具有波的特征,即相干性,光的相干性分为时间相干性和空间相干性。

光产生相干现象的最长时间间隔称为相干时间 t_c,相干时间与光源单色性之间存在如下关系

$$t_c = \frac{1}{\Delta\nu} \qquad (3\text{-}6)$$

式中:$\Delta\nu$ 为频率宽度。由于激光的频率宽度极小(单色性高),因此激光的相干时间 t_c 较长,时间相干性较好。

在相干时间内,光传播的最远距离叫作相干长度 L_c,其用于表征光波的空间相干性,表达式为

$$L_t = t_c c = \frac{c}{\Delta\nu} \qquad (3\text{-}7)$$

式中:c 为光速。由此可知单色性高的激光同样具有较长的相干长度。

在普通光源中,光子主要由自发辐射产生,各光子在频率、发射方向及初相位上都不尽相同,不具备相干性。而激光由受激辐射产生,其光子在相位上一致,再利用光学谐振腔的选模作用,使得激光束横截面上各点均具有固定的相位关系,因此激光的相干性很好。

4)亮度高(能量密度大)

亮度高是激光的另一突出特点,一般情况下,光源的单色量 B_λ 定义为

$$B_\lambda = \frac{P}{\Delta S \Delta\Omega \Delta\nu} \qquad (3\text{-}8)$$

式中:P 为激光功率;ΔS 为单位发光面积;$\Delta\Omega$ 为光源辐射立体角。激光由于频率宽度和辐射立体角极小,因此具有极高的单色亮度。利用锁模技术和脉宽压缩技术得到的飞秒甚至阿秒量级脉宽激光的单色亮度可达到太阳光的 100 万亿倍。

激光能量由于在极短的时间内被集中释放出来,同时可以通过光学聚焦系统聚焦到很小的面积上,因此可以获得极大的功率密度,焦平面附近能产生数千乃

至上万摄氏度的高温,这使得激光束几乎能熔化所有材料,为激光熔化沉积制造提供了先决条件。

3.2.2 激光器

3.1.1.2 基本构成

激光器的种类虽然很多,但都是通过激励和受激辐射产生激光的,因此激光器的基本构成是固定的,一般包括工作物质、激励源和光学谐振腔三大部分。激光器的基本结构如图 3-3 所示。激光器的工作机制可概括为:工作物质在外界激励源的作用下产生粒子数反转,达到阈值条件后高能级原子发生受激辐射,发射出的光子经过光学谐振腔振荡放大后输出,从而获得激光。

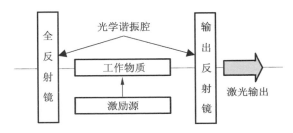

图 3-3 激光器的基本结构

1. 工作物质

激光工作物质,又称为激活介质,是激光器的核心,是被激励后能实现粒子数反转的工作介质。亚稳态能级的存在对实现粒子数反转是非常有利的。目前,可用作激光工作物质的材料有固体(主要为晶体和玻璃等)、气体(主要为原子气体、分子气体、离子气体等)、液体(主要为有机或者无机液体)、半导体等。所产生激光的波长范围为从真空紫外波段到红外波段,波长覆盖范围相当广泛。

2. 激励源

激励源,又称为泵浦源,是提供激励能源的装置,用于将低能级粒子输送到高能级,使工作物质实现粒子数反转。激励源的激励方式同样多样:采用气体放电的方法利用电子的动能来激励工作物质的激励源称为电激励;采用脉冲光源辐照激发工作物质的激励源称为光激励;采用高温加热的方式使得高能级的气体粒子增多,再使得气体由高温向低温突降,在此过程中高低能级之间会存在热弛豫时间,这种使得粒子数发生反转的方式称为热激励;利用工作物质内部发生化学反应过程来实现粒子数反转的激励方式称为化学激励。不同的激励源需要与不同的激光工作物质相匹配,通常情况下,固体激光器一般采用光激励。

3. 光学谐振腔

工作物质和激励源能够实现粒子数反转,但受激辐射强度很低,无法实现工业应用,需要通过光学谐振腔对受激辐射强度进行"放大"。光学谐振腔是形成激光振荡的关键部件,同时其对输出激光束的模式、功率和发散角等均具有较大的影响。光学谐振腔由具有一定几何形状的全反射镜和部分反射镜按照特定的方式组合而成。光学谐振腔能够使受激辐射光子在腔内多次往返以形成相干的持续振荡,同时其能够对腔内振荡光束的方向和频率进行选择,从而保证输出激光的单色性及定向性。

3.1.1.2　激光器的分类

自 1960 年世界上第一台激光器问世以来,激光器得到了迅速发展。激光器按照工作物质可分为固体激光器、气体激光器、液体激光器、半导体激光器、光纤激光器、染料激光器、自由电子激光器和化学激光器等;按照工作方式可以分为连续激光器和脉冲激光器等;按照脉冲宽度可以分为毫秒、微秒、皮秒、飞秒、阿秒等激光器。根据应用场合的不同,激光沉积制造设备所用的激光器按照工作物质主要分为 CO_2 激光器、Nd:YAG 激光器、半导体激光器和光纤激光器等。

1. CO_2 激光器

采用 CO_2 作为工作物质的激光器称为 CO_2 激光器,在该工作物质中还会掺入少量的氮气和氦气以增大激光器的增益和输出功率等,主要的输出波长为 10.6 μm。CO_2 激光器发展较早,工业应用广泛,其同样是当前研究中使用最多的一种激光器。CO_2 激光器应用广泛主要得益于以下几个特点。

(1)输出功率大,可达到 10^4 W 量级;能量转换效率高,可达到 30%～40%。

(2)光束质量好,具有优良的方向性、单色性和较好的频率稳定性。

(3)输出波段处于大气窗口,对人眼的危害较小。

国内外用于激光加工制造的大功率 CO_2 激光器,主要包括横流激光器和轴流激光器。横流激光器的气体流动方向垂直于光学谐振腔的轴线,光束质量不好,为多模输出;而轴流激光器光束质量好,为基模或准基模输出,是目前激光加工用 CO_2 激光器的主流结构,特别地,轴快流 CO_2 激光器是激光沉积制造研究中 CO_2 激光器的首选。

然而,大多数合金材料对 CO_2 的吸收率较小,使 CO_2 激光器有效加工能量利用率低;而且 CO_2 激光器输出的长波长激光无法实现光纤传输,使得激光加工系统柔性较差。此外,在结构上,CO_2 激光器由于带有真空密封和气体循环设备,体积大、维护点多,因此 CO_2 激光器的应用受到了一定的限制,而固体激光器和光纤激光器在这些方面具有较大优势。

2. Nd:YAG 激光器

固体激光器的工作物质主要为含有掺杂离子的绝缘晶体或玻璃。以 Nd:

YAG 为代表的固体激光器在材料加工领域经过多年的发展,具有较为成熟的应用基础。与 CO_2 激光器相比,Nd:YAG 激光器具有如下优点。

(1)输出波长短,更有利于金属材料对激光的吸收,提高了能量耦合率。

(2)可使用光纤传输,提高了硬件设计的柔性。

(3)激光器体积小,结构紧凑。

以上优点使得 Nd:YAG 激光器在激光沉积制造领域具有较为广泛的应用。然而,Nd:YAG 激光器存在激光转换效率低、输出平均功率不高、光束质量略差等问题。

3. 半导体激光器

随着大功率半导体激光器的发展,半导体激光器逐步被应用到激光沉积制造中。半导体激光器是指以半导体材料作为工作物质的一类激光器。半导体激光器具有体积小、重量轻、可靠性高、价格低廉、使用安全等特点。在激光沉积制造过程中,半导体激光器具有吸收率高、光电转化效率高等显著优势,而且紧凑的体积和较轻的重量使其极易与机器人相匹配,有可能成为未来激光沉积制造系统中的主流激光器。

4. 光纤激光器

光纤激光器是指以光纤作为工作物质的激光器,目前,以稀土元素(Yb、Er、Nd、Tm 等)作为掺杂材料来实现受激发射的光纤激光器发展最快。光纤激光器通常由掺杂纤芯、光学谐振腔(M_1、M_2)、耦合光学系统、LD 泵浦源和光束准直滤波系统组成,图 3-4 所示为大功率光纤激光器结构示意图。其中,掺杂纤芯是激光增益介质,通常由掺杂稀土元素的玻璃纤维制成;M_1、M_2 构成光学谐振腔,实际上光学谐振腔通常由经过抛光、镀膜的光纤的两个端面构成,端面的平行度要求较高(<1)。

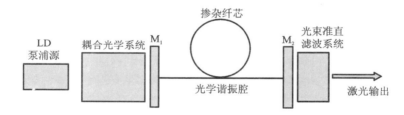

图 3-4 大功率光纤激光器结构示意图

图 3-5 所示为大功率光纤激光器中双包层光纤的结构示意图。从图 3-5 中可以看出,中心为纤芯,纤芯掺杂稀土元素,纤芯直径根据功率和输出模式的需要可大可小;纤芯的外部是内包层,内包层的折射率小于纤芯的,数值孔径要与输出光源相匹配;内包层的外部为外包层,其一般采用聚合物材质。外包层的折射率小于内包层的,数值孔径要与输入的泵浦光相匹配。双包层光纤的工作原理是:泵浦光通过耦合光学系统进入内包层,泵浦光在内包层中来回反射向前传输,不断经过中间的掺杂纤芯,纤芯中的稀土元素吸收泵浦光,使得纤芯形成粒子数反转,产生激光。双包层光纤的吸收效率是单模光纤的上百倍。

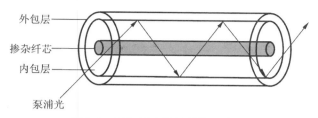

外包层

掺杂纤芯

内包层

泵浦光

图 3-5　双包层光纤的结构示意图

光纤激光器的特点主要包括以下几个方面：

（1）在低泵浦下容易实现连续运转。

（2）光纤激光器为圆柱形结构，容易与光纤耦合，与目前的光纤器件相容，可实现全光纤系统。

（3）光纤激光器产生的多余热量通过一个大面积表面散失，而无须采用水冷等系统对工作物质降温，设备维护简单。

（4）与灯泵浦激光器相比，光纤激光器消耗的电能仅约为灯泵浦激光器消耗的 1％，而其效率则是半导体激光泵浦固体 Nd：YAG 激光器效率的两倍以上。

3.3　运动执行机构

运动执行机构是实现激光沉积制造的载体，其功能和精度将直接影响激光沉积制造系统的功能和最终制造精度。目前，激光沉积制造工艺所采用的运动执行机构主要包括直角坐标机床及机器人。

3.3.1　数控激光加工机床

激光沉积制造用数控机床主要采用框架式结构，从理论上讲，激光沉积制造只需要一个三轴直角坐标数控系统即可满足"离散沉积"的加工要求，其中典型的三坐标机床结构形式如图 3-6 所示。其采用框架式的机械结构，可在较大的加工区域内提高运动精度。框架式的机械结构在各个轴上的移动距离等参数可在各坐标轴上直接读出，直观性强，定位精度高，同时其兼具控制无耦合、结构简单等优势。对于复杂曲面构件的激光沉积制造，三轴直角坐标数控系统有时无法满足实际需求，要实现具有复杂形状的零件成形至少需要五轴坐标数控系统，即在三轴直角坐标系统的基础上增加两维旋转坐标。滚珠丝杠结构将伺服电动机的旋转运动变为移动部件的直线运动。框架式数控机床的跨度较大，易产生运动力矩不同步问题，采用一台伺服电动机经中间轴同时驱动两个丝杠的方式可以有效解决这个问题。框架式数控机床具有工作行程大、工作稳定性高、定位精度高等优点，适用于大尺寸构件的激光沉积制造。但其同样具有所占空间体积较大、柔性工作能力差等缺点。

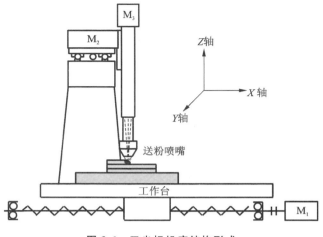

图 3-6　三坐标机床结构形式

3.3.2　柔性激光加工机器人

从机器人机构学的角度来看,机器人可以分为串联机器人、并联机器人和串并联混合式机器人。串联机器人,又称为关节型机器人,具有灵活性高、机动性高等优势,在激光沉积制造领域中应用较为广泛,机器人主要由控制器和执行机构两部分组成。

控制器是机器人的神经中枢,其主要功能为根据指令及传感器信息控制机器人完成一定动作或作业任务。在激光沉积制造过程中,控制器可以实现机器人对激光参数、运动轨迹等的控制。简单地说,机器人的主要功能就是模仿人的各种肢体动作、思维方式和控制决策能力。

按照机器人手部在空间的运动方式,机器人的控制方式分为点位控制方式和连续轨迹控制方式两种。点位控制,又称为 PTP 控制,其特点是只控制机器人手部在作业空间中某些规定的离散点上的位姿,这种控制方式的主要评价技术指标是定位精度和运动所需时间。其主要应用于只需要机器人在目标点处保持手部具有准确姿态的作业中,如点焊、搬运和在电路板上插接元器件等对定位精度要求不是特别高的场合。连续轨迹控制,又称为 CP 控制,要求机器人在整个作业过程中严格依照预定的路径和速度在一定的精度范围内运动,其特点是连续地控制机器人手部在作业空间中的位姿。连续轨迹控制方式的主要评价技术指标是轨迹跟踪精度和平稳性。通常其应用于对机器人整个动作过程的平稳性要求较高的场合,如喷漆、焊接、去毛边等。为得到稳定的加工过程,激光沉积制造技术要求机器人在整个沉积过程中时刻保持高稳定性及运行精度,因此激光沉积制造系统一般采用连续轨迹控制方式对机器人的动作进行控制。

按照机器人是否能进行反馈控制,机器人的控制方式分为非伺服型控制方式和伺服型控制方式两种。非伺服型控制方式为未采用反馈环节的开环控制方式,在这种控制方式下,机器人需要严格按照作业之前预先编制的控制程序来进行顺序动作。由于在控制过程中没有反馈信号,不能对机器人的作业进展及作业质量进行实时监测,因此,这种控制方式只适用于作业相对固定、作业程序简单、运动精度要求不高的场合。而伺服型控制方式为采用了反馈环节的闭环控制方式,通过内置传感器连续监测机器人的各项运动参数,进而反馈给驱动单元,实现作业过程的实时调节。为保证每一层均具有较高的加工稳定性,需要对激光沉积制造过程进行实时监测,因此采用伺服型控制方式。

机器人编程是指为了使机器人完成某项作业而进行程序设计。目前,在工业生产中,示教编程和脱机编程应用最广泛。

示教编程是指示教人员将机器人作业任务中要求的手的运动预先教给机器人,在示教的过程中,机器人控制系统就将关节运动状态参数存储在存储器中。当需要机器人工作时,机器人的控制系统就调用存储器中存储的各项数据,驱动关节运动,使机器人再现示教过的手的运动,由此完成要求的作业任务,如图 3-7所示。通过示教盒或者人"手把手"两种方式教机器人如何动作,控制器将示教过程记忆下来,然后机器人就按照记忆周而复始地重复示教动作。示教编程简单方便,使用灵活,不需要环境模型,可修正机械结构的位置误差,能适用于大部分小型机器人项目,因此在激光沉积制造工艺中,示教编程的方式适用于沉积路径较为简单的零件,不适用于复杂路径的逐道及逐层沉积成形;同时还具有现场示教编程效率较低、控制精度低、容易产生故障撞机或伤人、难以与其他设备相配合等缺点。

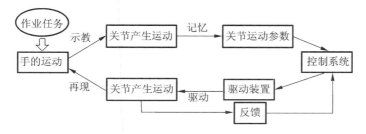

图 3-7　机器人控制的示教再现

脱机编程,又称为离线编程或预编程,是指工作人员在加工开始之前,根据加工任务及需要的运动轨迹,依据机器人语言规则进行编程设计。与示教编程相比,脱机编程具有如下优点:

(1)编程时不占用机器人的工时,提高机器人有效利用率,缩短现场工作周期;

(2)可预先优化操作方案和运行周期时间,提高机器人控制精度;

(3)能生成较复杂的轨迹,可用于具有复杂结构的零件的激光沉积制造;

(4)可以使编程者远离危险的工作环境。

如同示教编程离不开示教器,离线编程离不开离线编程软件。RobotArt、Ro-botMaster、RobotStudio、RobotWorks 等国内外知名机器人离线编程软件在具有复杂结构的零件的激光沉积制造中均得到了较广泛的应用。

示教编程和脱机编程为当前工业用机器人最为常用的两种编程方式,除此之外,机器人的编程控制方式还可以通过"自主控制"实现。"自主控制"方式是机器人中最高级、最复杂的控制方式,其要求机器人在复杂环境中具有识别环境和自主决策功能,从而模仿人类的某些智能行为。

关节型串联机器人如图 3-8 所示。这类机器人主要包括刚性连杆和运动副,机器人末端固定有夹持用机械手爪,机械手爪用于夹持各类激光沉积制造用激光头及相应的送粉喷嘴等装置。这类机器人可按人类的手臂来定义各组成部分,由机身、臂部、腕部和手部等组成。臂部关节由腰关节(Ⅰ关节)、肩关节(Ⅱ关节)及肘关节(Ⅲ关节)3 个关节组成,可进行 3 个自由度的运动。腕部结构由绕腕部自身轴旋转、腕的上下摆动及腕的左右摆动 3 个关节组成,同样具有 3 个自由度,整个机器人具有 6 个自由度。机器人的运动主要通过臂部与腕部的联动实现,臂部结构的运动用于完成主运动和决定手部的激光头及喷嘴等末端执行器在空间的位置和运动范围,为了使末端执行器能到达空间内任意位置,臂部结构应至少具有 3 个独立的转动关节;腕部结构用于调整末端执行器在空间的姿态,为了使激光头在沉积过程中具有任意姿态,腕部结构应至少具有 3 个独立的自由度。

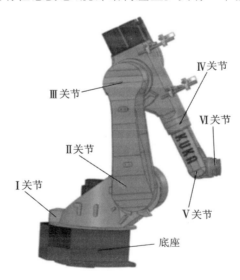

图 3-8 关节型串联机器人

虽然关节型串联机器人也有一些明显的不足,如各关节为悬臂结构,刚度比较低,承载能力差,较大载荷下加工误差大、精度低等,但是在激光沉积制造领域中,机器人末端执行器的负载较小,因此末端执行器的负载对机器人整体的工作误差影响不大,关节串联型机器人可广泛应用于激光沉积制造过程中。

3.4　送　粉　系　统

送粉系统是激光沉积制造系统的核心部分,送粉系统的性能直接决定了最终沉积零件的成形质量。送粉系统主要由送粉器、送粉喷嘴组成。

3.4.1　送粉器

送粉器的功能是按照工艺要求向激光沉积部位均匀、准确地输送粉末,因此送粉器的性能将直接影响成形件的质量。送粉器的性能不好会导致沉积层厚薄不均匀、结合强度不高等。尤其是超细粉末的大量使用,要求送粉器能均匀、连续地输送超细粉末及由超细粉末与普通粉末组成的混合粉末,并能远距离送粉。根据送粉方式的不同,送粉器主要分为螺杆式送粉器、鼓轮式送粉器、流化式送粉器和刮吸式送粉器等。

螺杆式送粉器的工作原理如图 3-9 所示。螺杆式送粉器主要由螺旋杆、料斗、粉桶、混合器和振动器组成。螺杆式送粉器是利用螺旋输送原理来实现送粉功能的。电动机带动螺旋杆转动,使粉末沿着粉桶内壁输送到混合器中,然后,载流气体将混合器中的粉末输送出去,完成送粉过程。振动器的主要作用是使粉末充满螺旋槽,从而获得精确的计量值。送粉量与螺旋杆的旋转速度成正比,调节电动机转速,即可精确控制送粉量。螺杆式送粉器具有灵敏度高、稳定可靠、送粉均匀等优点,但其不适用于比重和颗粒度相差较大的混合粉末,否则粉末容易堵塞。由于螺杆式送粉器依靠螺纹的间隙送粉,送粉量不能太小,因此较难实现精密激光沉积制造过程中要求的微量送粉。

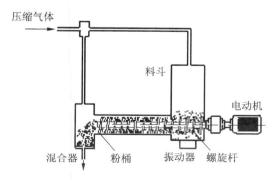

图 3-9　螺杆式送粉器的工作原理

鼓轮式送粉器的工作原理如图 3-10 所示。鼓轮式送粉依靠粉末自重并辅以微弱振动来输送粉末,工作时,粉末经粉斗依靠自重自动流进粉槽,随着送粉轮的转动,其上均匀分布的粉勺不断从粉槽舀取粉末,粉末从出粉腔流出。通过调节送粉轮的转速、漏粉孔直径等就能精确控制送粉量。鼓轮式送粉器适用于混合粉末,不会造成不同比重和不同粒度粉末的分层。不过,其对粉末的球形和流动性具有较高要求,微湿的粉末和超细粉末容易堵塞粉勺,使送粉不稳定,精度降低。由于没有载流气体,长距离送粉、侧向送粉和同轴送粉较为困难。

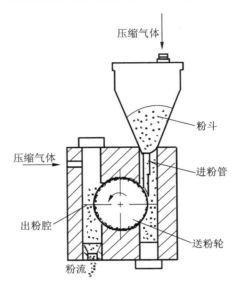

图 3-10 鼓轮式送粉器的工作原理

流化式送粉器的工作原理如图 3-11 所示。流化式送粉器主要由料斗、送粉轴和振子组成。送粉轴中空,且其圆周开有小孔,当载流气体通过送粉轴时会形成负压。在自身重力、振子和压缩空气的驱动下,送粉轴周围的粉末流化,流化的粉末通过送粉轴圆周上的小孔被吸入送粉轴,在载流气体的作用下,送粉轴将粉末

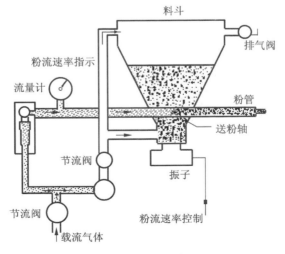

图 3-11 流化式送粉器的工作原理

输送出去,完成送粉。不同直径的送粉轴可用来输送不同粒度的粉末。

刮吸式送粉器的工作原理如图 3-12 所示,刮吸式送粉器主要由储粉仓、出粉口、进气口、吸嘴、电动机、减速器、机体、粉盘和密闭腔组成。粉盘上装有凹槽,整个装置处于密闭环境中,粉末经粉斗依靠自身重力落入粉盘凹槽,电动机带动粉盘转动,将粉末运至吸粉嘴,由进气管充入保护性气体,利用内外环境压强差将粉末压送到出粉口,粉末经出粉口进入激光加工区域。由于刮吸式送粉器具有操控简单、价格低廉、粉末输送量可调范围广等优点,因此其被广泛应用于激光沉积制造过程中。但刮吸式送粉器对球形度较小的粉末的输送效果不太好,且对粉末的干燥程度要求高,稍微潮湿的粉末会降低送粉稳定性和均匀性。

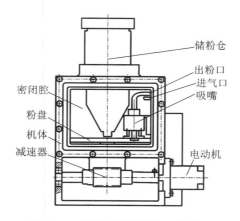

图 3-12　刮吸式送粉器的工作原理

3.4.2　送粉喷嘴

激光沉积制造技术通常采用同步送粉工艺,即通过送粉喷嘴将粉末直接输送到激光束中使粉末供给与沉积制造同步完成。送粉喷嘴的主要作用是将粉末准确、稳定地送入熔融区域内,良好的粉末输送不仅可以提高粉末利用率,而且对于成形件的质量有重要影响。因此,送粉喷嘴是整个送粉系统中最为关键的部件。

按照喷嘴与激光束之间的位置关系,送粉喷嘴大致可分为旁轴送粉喷嘴和同轴送粉喷嘴两种。

旁轴送粉工作原理如图 3-13 所示。旁轴送粉喷嘴的使用和控制比较简单,但粉末利用率低,粉末流与激光束作用区的重合度较低,加工方向单一,难以加工复杂零件,且无法在熔池附近区域形成稳定的惰性保护气氛,成形过程中抗氧化能力较低。

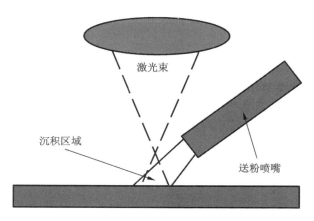

图 3-13 旁轴送粉工作原理

　　同轴送粉工作原理如图 3-14 所示。同轴送粉喷嘴一般采用气流送粉方式,主要包括粉末通道、保护气体流道、冷却水流道。同轴送粉工艺沉积成形时,激光束、粉末流及保护气体均从喷嘴内的通道进入并射出;粉末在载气作用下由粉末通道喷出,与激光束相遇并迅速升温,在保护气氛内形成熔滴,沉积在基板或已成形表面上。在整个粉末流分布均匀且粉末流与激光束完全同心的前提下,沿着层内任意方向进行粉末沉积时,粉末利用率是不变的,因此同轴送粉喷嘴没有成形方向性问题,能够完成具有复杂结构的零件的成形;同时,惰性气体包裹在熔池表面能够有效地避免成形过程中材料被氧化。因此,同轴送粉喷嘴在激光沉积制造领域得到广泛应用。

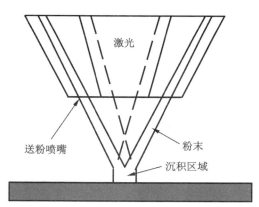

图 3-14 同轴送粉工作原理

　　图 3-15 所示为激光沉积制造技术中较为常用的一种四孔式同轴送粉喷嘴,该喷嘴中央为激光束及保护气体通道,沿中心锥孔轴向均布的四个小孔为粉末通道。由于该喷嘴末端距离激光加工工作点较近,在热积累、激光反射、熔池辐射和溅射的作用下,升温很快,严重时可能会被烧坏,堵塞粉末通道,因此该喷嘴选用紫铜来制造,主要是因为紫铜的机加工艺性较好,且导热性能良好,在冷却系统的

作用下能够保证同轴送粉喷嘴处于一个相对稳定的低温状态。

图 3-15 四孔式同轴送粉喷嘴

3.5 气氛保护系统

金属粉末在熔融状态下易发生氧化反应,特别是钛合金等高活性金属在高温下极易与氧气发生反应。良好的气氛保护能够有效防止金属粉末在激光沉积成形过程中被氧化,降低沉积层的表面张力,提高层与层之间的浸润性,因此激光沉积制造系统中的气氛保护系统具有十分重要的作用。

气氛保护方法主要包括真空保护和惰性气体保护。

真空保护是将运动执行机构完全封闭在真空箱内,激光通过窗口镜或传导光纤引入真空箱内,金属粉末通过与真空箱相连的管路引入,整个零件在真空状态完成沉积修复或制造。该方法对装置要求严格,在激光沉积制造中应用较少,而在电子束增材制造中应用广泛。

惰性气体保护在激光沉积制造/修复中应用较广泛,主要分两类:一类是局部惰性气体保护,另一类是整体惰性气体保护。

局部惰性气体保护是在激光沉积区域周围设置保护气氛环境,例如,同轴送粉喷嘴内随粉末一同射出惰性保护气,激光沉积区域覆盖刚性保护罩或柔性密封保护罩等,其具有装置及操作简单等优势,但对于活性较高的金属保护效果较差,且无法用于大型零件的激光沉积制造。

整体惰性气体保护主要是将运动执行机构及送粉喷嘴密封在一个密闭箱体内,将高纯惰性气体充入密闭箱体内,密闭箱体外设有净化系统,净化系统通过物理或化学方法循环过滤掉箱体内的活性物质,使得箱体内的水、氧的体积分数均能达到 50×10^{-6} 以下。图 3-16 所示为惰性气体保护箱。

图 3-16　惰性气体保护箱

3.6　冷 却 系 统

冷却系统是专为激光排热系统设计的制冷换热设备,冷却系统的稳定性、安全性、可靠性直接影响到激光再制造系统激光器输出功率的稳定性,是影响激光再制造产品质量的因素。

CO_2 气体激光器、固体激光器、准分子激光器一般都需要冷却系统;由于光纤激光器转换效率较高,小功率光纤激光器都不需要冷却系统,而大功率光纤激光器一般需要冷却系统。根据激光器功率的大小,小功率的 CO_2 气体激光器、固体激光器、准分子激光器可以采用内置式的风冷系统,而大功率的 CO_2 气体激光器、固体激光器、准分子激光器、光纤激光器一般都采用水冷系统。大功率激光器采用的水冷系统根据激光器激励放电方式的不同,所采用的冷水机组的结构形式一般也不相同。大功率横流激励 CO_2 气体激光器一般采用双温双控冷水机组,大功率轴流激励 CO_2 气体激光器、固体激光器、准分子激光器、光纤激光器一般采用单温单控冷水机组。根据激光加工系统使用地域的不同,在温度较低、缺水的北方一般采用具有风冷冷凝器的冷水机组,而在温度较高的南方一般采用具有水冷冷凝器的冷水机组。

国内制造激光工业冷水机的厂商主要有深圳市东露阳实业有限公司、无锡市雪海换热设备有限公司、无锡市沃尔得精密工业有限公司等,国外激光工业冷水机制造厂商一般都为激光加工系统制造厂商,如德国的 Trumpf 公司、美国的 IPG 公司、德国的 Rofin 公司等。图 3-17 所示为深圳市东露阳实业有限公司生产的大功率单温单控冷水机和无锡市雪海换热设备有限公司生产的大功率双温双控冷水机。

图 3-17　大功率激光工业冷水机

3.7　光 路 系 统

光路系统是激光加工系统的重要组成部分,一方面起到激光束传输的作用,另一方面起到激光头定位的作用。根据三维激光加工执行机构的特点和传输部件的不同,光路系统可以分为光学系统和光纤系统两类。

3.7.1　光学系统

光学系统主要是指由光学镜片组成的激光传输系统。该系统根据激光再制造的需要可以分为光学聚焦系统和匀光系统,光学聚焦系统主要用于激光快速成形、激光熔覆、激光焊接和激光切割等领域,匀光系统主要用于激光淬火、激光熔凝等领域。

1. 光学聚焦系统

虽然激光具有高方向性的特点,但是它仍然存在一定的发散角,在激光加工领域,通常要求激光束有足够大的能量密度和足够小的光斑直径(可达几微米),所以需要光学聚焦系统。光学聚焦系统根据汇聚光束原理的不同可以分为透镜聚焦系统、反射聚焦系统和倒置望远系统三类。

1)透镜聚焦系统

在激光加工系统中,当激光功率小于 3 kW 时,一般都采用透镜聚焦系统,并配备环形水冷套。工作时,透镜聚焦系统的边缘散热好、温度低,中心区域温度高,这易使透镜的曲率半径发生变化,产生"热透镜效应",所以在选择透射材料时,应选择透射率大的半导体材料。常用的半导体材料有 ZnSe 和 GaAs,因为 ZnSe 具有透可见光的特点,对波长为 10.6 μm 的激光束的透过率可达 99.1%,其热膨胀系数为 $8.5 \times 10^{-6}/℃$,导热系数为 0.18 W/(cm·℃);而 GaAs 对波长为 10.6 μm 的激光束的反射率和折射率都较大,在空气中对垂直入射的波长为 10.6 μm 的激光的反射率约为 28%,所以用 GaAs 来制作透镜时必须在两表面镀增透膜[1]。

2)反射聚焦系统

反射聚焦系统由单个或者多个反射镜组成,一般采用紫铜材料,其导热系数高,外加反射镜背面通水冷却,因此很适合 3 kW 以上的高功率激光光学系统。常用的反射聚焦系统有单球面反射镜、双球面反射镜和抛物镜。单球面反射镜结构简单,容易调整,无色差,但是存在像散,所以入射角一般在 5°以内;抛物镜将平行于光轴的激光束汇聚在焦点上,不存在像差,聚焦质量高于球面反射镜的,可以获得较小的聚焦光斑,但是其调整精度很高,不易于调整;双球面反射镜又称为卡塞格林反射聚焦系统,平行于光轴的激光束入射到小凸面反射镜,再由大凹面反射镜反发射后聚焦,如图 3-18 所示。

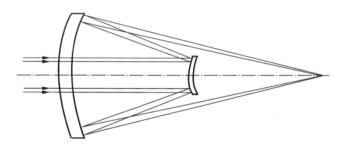

图 3-18　卡塞格林反射聚焦系统

3)倒置望远系统

倒置望远系统又称为扩束器,激光光束从望远镜的目镜入射,从物镜出射,从而起到压缩光束发散角、增大光束直径、减小聚焦光斑尺寸的作用。倒置望远系统可以分为伽利略望远系统和开普勒望远系统,如图 3-19 所示,激光系统多采用伽利略望远系统。假设物镜和目镜的焦距分别为 F' 和 F,扩束器将输入的光斑直径和发散角分别为 R 和 θ 的平行光变为输出直径和发散角分别为 R' 和 θ' 的平行光,则输出光束与输入光束的关系为[2]

$$R' = \frac{F'}{F} R$$

$$\theta' = \frac{R}{R'} \theta$$

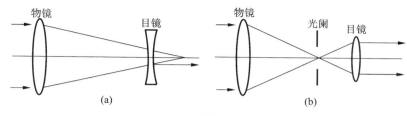

图 3-19　倒置望远系统

（a）伽利略望远系统；（b）开普勒望远系统

2. 匀光系统

匀光系统的作用是将激光束均匀、便捷、完整地照射到某一较大范围内,满足多种激光再制造的要求。例如,大面积的激光熔覆和激光淬火,都需要将激光束变换为功率密度均匀的大面积光斑,保证激光加工质量的一致性。常见的匀光系统有积分镜、光栅器件、振镜和转镜等。

1）积分镜

积分镜以球面镜为基底,由上面均匀粘贴的相同尺寸的小方镜组成。小方镜将入射的一部分平行光反射,反射的方形光束在基底球面的焦点位置重叠,尽管每个小方形光束的光强分布不均匀,但是多个小方形光束叠加后产生积分作用,便可以获得均匀的激光光斑。积分镜没有运动部件,而且简单可靠,是目前激光再制造领域,特别是激光热处理方向广泛使用的匀光系统。

2）光栅器件

光栅器件,即二元光学匀光系统,基于光学衍射原理来控制光的传播方向。其结构原理是根据要求输出的光束的结构来确定器件的复振幅反射率或者复振幅透过率函数,选择材料,确定三维结构,利用计算机辅助设计和微电子学工艺技术来制造微型相位光栅。光栅器件具有很高的衍射效率、独特的色散性能、灵活的设计自由度、宽广的材料和参数选择性等优点,可以广泛地用于光束的整形、光束的匀滑、光束的分束和合束、光束的矫正、坐标变换等。二元光学匀光系统已成功地将椭圆高斯光束变换为均匀圆光束,将圆形高斯光束变换为矩形、三角形、线形等形状的均匀光束,同时实现了改变光束形状和能量分布均匀化的功能,在国内大功率激光表面热处理、激光淬火等方面已得到应用[3]。

3）振镜和转镜

振镜和转镜也称为扫描器。振镜是机械振动式反射镜,是有两个长方形光学反射镜片的伺服控制器,在相互垂直的 X、Y 向以不同的频率扫描,光点合成的轨迹类似于电学中的李沙育图形,振镜扫描原理如图 3-20 所示。转镜是机械转动式反射镜,使用高速转动的旋转多面镜或者多棱镜来反射激光,以实现反射光在一定范围内高重复频率扫描,转镜扫描原理如图 3-21 所示。一般转镜的扫描频率比振镜的大得多,可达上万赫兹,扫描光带的功率密度分布较均匀,边缘清晰度较高。

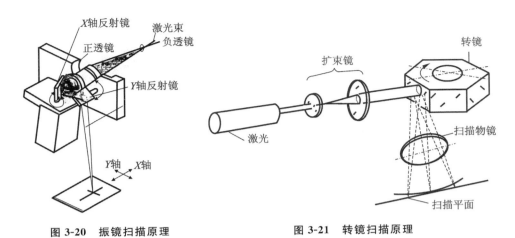

图 3-20　振镜扫描原理　　　　　图 3-21　转镜扫描原理

3.7.2　光纤系统

光纤系统是采用光纤传输激光,并引导输出激光到聚焦系统或者匀光系统的结构。与普通光纤不同,用于传输高功率激光的光纤能承受高功率密度,芯径较大,为几百至上千微米。作者认为根据激光加工的领域不同,要求的激光光束的质量不同,所采用的传输光纤的芯径也不相同。例如,激光再制造和激光热处理领域,不要求很高的光束质量,一般采用芯径为 600 μm 左右的光纤系统;大功率激光焊接和激光切割领域,一般采用芯径为 200 μm 左右的光纤系统;小功率的激光打标、激光打孔和微加工等领域,要求较高的光束质量,一般采用芯径小于 100 μm 的光纤系统。为实现激光的三维加工系统,通常采用机器人配合光纤进行光束传输,由机器人夹持着激光头完成各种复杂的三维运动,激光则通过光纤传送到激光加工头,到达工件表面,如图 3-22 所示。

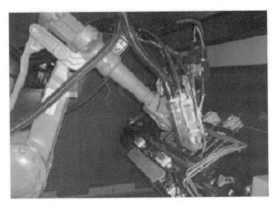

图 3-22　单通道光纤系统

　　光纤是连续介质的传输系统,光纤自身的柔性使得机器手可带动它自由变换形状,因此光纤能匹配完全的自由空间轨迹加工。光纤是波导传输,所有的激光能量都限制在直径不变的纤芯内进行传输,芯内光束大小不发生变化,光束不发散。激光束在光纤中起始阶段的光模式有耦合转化,但传播一定距离后,模式均匀化,能量分布不再发生变化,可以进行远距离传输。光纤长度超过稳模距离后,光纤运动对光束出射后的模式不造成影响,光分布保持恒定的近似矩形分布,光纤出射端的光束大小也不随光纤位置而改变,因此在这种加工系统中,光束的传输和聚焦特性不受加工位置的影响。光纤传输系统中借助外部光闸也很容易实现一台激光器输出,轮流或者同时导向多个加工部位,如图 3-23 所示。

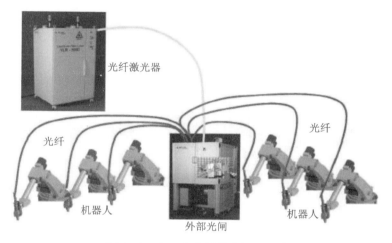

图 3-23　多工位光纤激光加工系统

3.8　金属激光熔化沉积制造系统方案确定

　　金属激光熔化沉积制造系统是一种复杂的多变量系统,而且各功能元之间关系又较为模糊,很难用一种准确的数学模型来描述,这里提出了一种基于模糊综合评价方法的金属激光熔化沉积制造系统优化设计方法[4-5]。

3.8.1　设备总体要求

　　根据金属激光熔化沉积制造实际要求及国内外激光加工设备发展情况,结合课题组以往经验,设计了金属激光熔化沉积制造系统,设备要求见表 3-1。

表 3-1　金属激光熔化沉积制造系统设备要求

设备要求名称		金属激光熔化沉积制造系统	
条件	要求	数值	重要程度
必达条件	金属激光增材制造	—	I
	扫描加工	—	I
	成形精度	<0.1 mm	I
	功率不稳定度	<2%	I
最低条件	操作方便	自动、手动控制	II
	噪声强度	<50 dB	III
	使用寿命	>1.5 万小时	II
	维修成本	每 5 年大修一次, <2 万元/年	III
期望	制造成本	<200 万元	II
	占地面积	<100 m²	III
	安全性能	激光防护系统;吸尘系统	III

3.8.2　功能分析

根据金属激光熔化沉积制造实际要求,我们可以定义一个由功能模块所组成的因素集,该因素集可表示为 $U = \{u_1, u_2, u_3, u_4\}$。其中,该因素集中的子集的定义依次为:

u_1 为经济性(激光器),激光器是所有模块中最为昂贵的模块,因此它是影响系统经济性的主要因素;

u_2 为动载性(执行机构和扫描方式),执行机构和扫描方式将直接影响系统的动载性能;

u_3 为功能性(控制器、冷却系统及送粉系统),控制器直接决定了金属激光熔化沉积制造系统的三维加工功能,送粉系统是实现稳定的、均匀的金属激光增材制造的重要因素,而冷却系统也会影响系统功能的完善性;

u_4 为使用性(激光传输方式),激光传输方式是决定系统灵活使用性的关键因素。

我们把定义的子集分解为 7 个功能元,将每个功能元进一步分解为对应的影响因素——功能元解,由此建立的金属激光熔化沉积制造形态学矩阵见表 3-2。

表 3-2　金属激光熔化沉积制造形态学矩阵

功　能　元		功 能 元 解		
		1	2	3
A	激光器	CO_2 激光器	Nd：YAG 激光器	光纤激光器
B	冷却系统	风冷机组	水冷机组	—
C	激光传输方式	光学光路	光纤	—
D	送粉系统	同轴送粉	侧向送粉	同轴和侧向送粉
E	执行机构	数控机床	机器人	—
F	控制器	PC	工控机	专用控制器
G	扫描方式	工件固定	工件运动	—

根据表 3-2 建立的金属激光熔化沉积制造形态学矩阵,可以找到能够建立金属激光熔化沉积制造系统的所有功能元解的组合方案。那么,组合方案共有

$$N＝3×2×2×3×2×3×2＝432 \qquad (3-9)$$

根据表 3-1 中的设备要求,对所有的组合方案进行优化,剔出表 3-2 中与设备要求矛盾或重复的组合方案;并结合实际经验和文献资料,从 432 种组合方案中,选择切实可行、并有价值的四组组合方案:

原理方案 1:A1—B2—C1—D1—E1—F1—G2;

原理方案 2:A3—B2—C2—D1—E2—F2—G1;

原理方案 3:A1—B2—C1—D1—E2—F3—G1;

原理方案 4:A3—B2—C2—D1—E1—F2—G2。

3.8.3　方案的模糊综合评价

在金属激光熔化沉积制造系统设计过程中,由于影响因素太多,而且各个因素之间还有二级层进关系,因此要确定最佳的组合方案,需要对该系统的设计进行二级综合评价。首先,根据构建金属激光熔化沉积制造系统的经验,建立各个因素子集的评价向量,经济性权重设为 0.3,动载性权重设为 0.2,功能性权重设为 0.3,使用性权重设为 0.2;然后对每个因素子集中的因素权重进行评价,例如在功能性因素子集中,控制器权重设为 0.6,冷却系统权重设为 0.1,送粉系统权重设为 0.3;最后,对单个因素在四种组合方案中所占的权重作出评价,建立单个因素的一级评价向量,例如,激光器在四个方案组合中的评价向量为[0.20 0.30 0.20 0.30],从而进一步建立所有因素的模糊评价集,见表 3-3。

表 3-3　模糊评价集等级

因素子集			因　素		一级评判等级（R_{ij}）			
序号	名称	权重（W_i）	名称	因素权重（W_{ij}）	方案 1	方案 2	方案 3	方案 4
u_1	经济性	0.3	激光器	1.00	0.20	0.30	0.20	0.30
u_2	动载性	0.2	执行机构	0.60	0.20	0.30	0.20	0.30
			扫描方式	0.40	0.15	0.35	0.35	0.15
u_3	功能性	0.3	控制器	0.60	0.10	0.35	0.20	0.35
			冷却系统	0.10	0.25	0.25	0.25	0.25
			送粉系统	0.30	0.25	0.25	0.25	0.25
u_4	使用性	0.2	激光传输方式	1.00	0.15	0.35	0.15	0.35

对因素子集的因素向量与因素权重作模糊变换，由此建立一级模糊综合评价矩阵 $\boldsymbol{R}_i$。

$$\boldsymbol{R}_1 = \boldsymbol{W}_{1j} \cdot \boldsymbol{R}_{1j} = [1.00][0.20\ \ 0.30\ \ 0.20\ \ 0.30] = [0.20\ \ 0.30\ \ 0.20\ \ 0.30] \tag{3-10}$$

$$\boldsymbol{R}_2 = \boldsymbol{W}_{2j} \cdot \boldsymbol{R}_{2j} = [0.60\ \ 0.40]\begin{bmatrix}0.20 & 0.30 & 0.20 & 0.30\\0.15 & 0.35 & 0.35 & 0.15\end{bmatrix} \tag{3-11}$$
$$= [0.18\ \ 0.32\ \ 0.26\ \ 0.24]$$

$$\boldsymbol{R}_3 = \boldsymbol{W}_{3j} \cdot \boldsymbol{R}_{3j} = [0.60\ \ 0.10\ \ 0.30]\begin{bmatrix}0.10 & 0.35 & 0.20 & 0.35\\0.25 & 0.25 & 0.25 & 0.25\\0.25 & 0.25 & 0.25 & 0.25\end{bmatrix} \tag{3-12}$$
$$= [0.16\ \ 0.31\ \ 0.22\ \ 0.31]$$

$$\boldsymbol{R}_4 = \boldsymbol{W}_{4j} \cdot \boldsymbol{R}_{4j} = [1.00][0.15\ \ 0.35\ \ 0.15\ \ 0.35] = [0.15\ \ 0.35\ \ 0.15\ \ 0.35] \tag{3-13}$$

因此，一级模糊综合评价矩阵为

$$\boldsymbol{R}_i = [\boldsymbol{R}_1^T\ \ \boldsymbol{R}_2^T\ \ \boldsymbol{R}_3^T\ \ \boldsymbol{R}_4^T] = \begin{bmatrix}0.20 & 0.18 & 0.16 & 0.15\\0.30 & 0.32 & 0.31 & 0.35\\0.20 & 0.26 & 0.22 & 0.15\\0.30 & 0.24 & 0.31 & 0.35\end{bmatrix} \tag{3-14}$$

将一级模糊综合评价矩阵 $\boldsymbol{R}_i$ 转置成二级模糊矩阵 $\boldsymbol{B}_i$

$$\boldsymbol{B}_i = [\boldsymbol{R}_1^T\ \ \boldsymbol{R}_2^T\ \ \boldsymbol{R}_3^T\ \ \boldsymbol{R}_4^T]^T = \begin{bmatrix}0.20 & 0.30 & 0.20 & 0.30\\0.18 & 0.32 & 0.26 & 0.24\\0.16 & 0.31 & 0.22 & 0.31\\0.15 & 0.35 & 0.15 & 0.35\end{bmatrix} \tag{3-15}$$

由 $\boldsymbol{B}_i$ 和权重集 $\boldsymbol{W}_i$ 可求解出二级模糊综合评价矩阵 $\boldsymbol{B}$

$$B = W_i \cdot B_i = \begin{bmatrix} 0.30 & 0.20 & 0.30 & 0.20 \end{bmatrix} \begin{bmatrix} 0.20 & 0.30 & 0.20 & 0.30 \\ 0.18 & 0.32 & 0.26 & 0.24 \\ 0.16 & 0.31 & 0.22 & 0.31 \\ 0.15 & 0.35 & 0.15 & 0.35 \end{bmatrix}$$

(3-16)

$$= \begin{bmatrix} 0.174 & 0.317 & 0.208 & 0.301 \end{bmatrix}$$

由上述计算结果可知,方案 2 的评价值(0.317)最大。因此,按照择优原则,方案 2 要优于其他 3 个方案,因此方案 2 为最佳方案,方案 4 可作为备选方案。

3.8.4　方案决策

通过基于模糊综合评价方法的金属激光熔化沉积制造系统的优化设计,可知方案 2(A3—B2—C2—D1—E2—F2—G1)为最优方案。根据设计方案,整个金属激光熔化沉积制造系统的功能模块组成为:激光器为 2 kW IPG 光纤激光器;冷却系统采用水冷机组;激光传输方式为光纤传输;送粉系统采用同轴送粉头;执行机构采用史陶比尔 RX160 机器人;控制器为工控机;扫描方式采用工件固定的方式,机器人带动激光束和同轴送粉头在三维空间中运动。按照该方案设计的金属激光熔化沉积制造系统如图 3-24 所示。

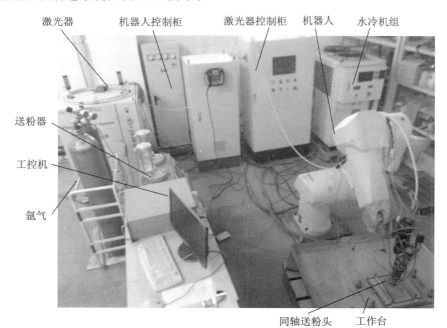

图 3-24　金属激光熔化沉积制造系统

57

参 考 文 献

［1］陶晔,陈树明,赵志超.大功率激光切割机的导光系统设计要点［J］.锻压装备
与制造技术,2004,39(5):46-47.

［2］李力钧.现代激光加工及其装备［M］.北京:北京理工大学出版社,1993.

［3］张国顺.现代激光制造技术［M］.北京:化学工业出版社,2006.

［4］邢飞.激光再制造关键技术及其工艺试验研究［D］.沈阳:中国科学院沈阳自
动化研究所,2009.

［5］孙宽.激光熔覆修复技术的研究［D］.天津:河北工业大学,2006.

第4章　增材专用软件系统研究

4.1　增材制造数据处理软件的基本流程

4.1.1　基本流程分析

（1）模型设计：利用计算机软件设计待成形零件的三维模型。

（2）模型导出：导出零件的三维模型描述文件，一般为 STL 文件。

（3）模型分层：沿某一方向对零件的三维模型进行分层离散处理，将零件的三维数据信息转换为一系列二维数据信息。

（4）截面填充：依据每一层面的轮廓几何特征，生成沉积路径信息控制文件。

（5）加工控制：加工设备依据控制信息，控制喷射装置（或激光器等）和运动控制系统，完成加工过程。

增材制造数据处理软件的基本流程如图 4-1 所示。

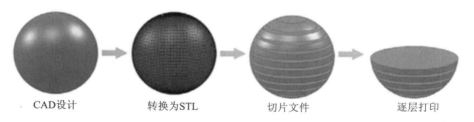

| CAD设计 | 转换为STL | 切片文件 | 逐层打印 |

图 4-1　增材制造数据处理软件的基本流程

4.1.2　分层制造软件的主要相关算法和开发方法

分层制造软件的主要相关算法包括分层计算、截面填充、后置处理、相关问题，开发方法包括直接开发和二次开发，如图 4-2 所示。

分层制造软件的开发方法如下。

1. 基于几何内核（包括 CAD 软件二次开发）

（1）优点：模型表示和计算精度较高；

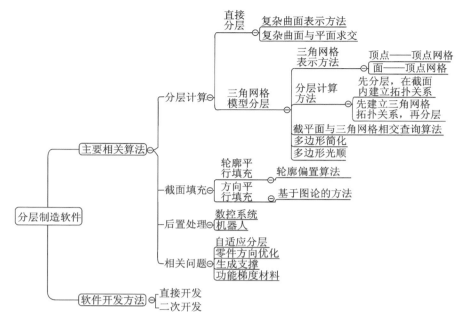

图 4-2　分层制造软件的主要相关算法和开发方法

（2）缺点：依赖于特定的软件平台；需要软件授权；运行效率不高。

2. 基于三角网格模型

（1）优点：不依赖于特定的软件开台；分层计算运行效率较高；

（2）缺点：模型表示和计算精度不高。

3. 复杂曲面直接分层

（1）优点：模型表示和计算精度较高；

（2）缺点：计算十分复杂。

4.1.3　现有几何内核

（1）ACIS：3D ACIS® Modeler（ACIS），使用的软件包括 AutoCAD、Inventor 等。

（2）Parasolid：UG、Solidworks 等软件的几何内核。

（3）CSM：Convergence Geometric Modeler，与 Dassault Systems V5、V6 紧密结合。

（4）OpenCascade：开源几何内核。

4.2　分层计算过程

1. CAD 造型实体表示方法

CAD 造型实体表示方法主要以边界表示法(R-rep)为主,主要包括:参数曲面(自由曲面、复杂曲面)和三角网格曲面两种。

2. 分层计算的过程

沿某一方向对零件的三维模型进行分层离散处理,将零件的三维数据信息转换为一系列二维数据信息,如图 4-3 所示。

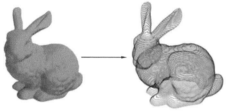

1)复杂曲面直接分层算法

(1)不经过三角网格化的处理。由于利用直接切片获得的截面轮廓多为模型曲

图 4-3　分层计算的过程

面与截平面的截交曲线(如 NUBRS),数据精确地表述了截面轮廓,因此在直接切片过程中数据精度没有下降。

(2)需要复杂的 CAD 软件环境,并难以对模型进行分割、自动加支撑等操作。

(3)需要借助几何内核才能开发出较为完善的分层计算软件。

2)离散为三角网格曲面再进行分层计算

(1) STL 文件生成简单:几乎所有商业 CAD 软件均具有输出 STL 文件的功能,同时还可以控制输出的 STL 模型的精度。

(2) 输入文件广泛:几乎任何三维模型都可以通过表面的三角化生成 STL 文件。

(3)分层算法简单:由于 STL 文件数据简单,因此分层算法要相对简单得多。

(4)模型易于分割:当成形的零件因很大而难以在成形机上一次成形时,这时应该将模型分割成多个小的部分进行分别制造,STL 文件的模型分割要相对简单得多。

(5)易实现支撑的准确添加:基于 STL 文件,便于对零件的待支撑区域进行相关定义识别,易实现支撑的准确添加。

3)三角网格分层计算算法

三角网格分层计算算法主要包括顶点-顶点网格(vertex-vertex mesh)算法和面-顶点网格(face-vertex mesh)算法。

(1)顶点-顶点网格算法。

在 STL 文件中,facet 是一个带矢量方向的三角形,STL 三维模型就是由一系列的三角形构成的。顶点-顶点网格算法本身具有一定的缺点。

(2)面-顶点网格算法。

面-顶点网格算法是指用一系列顶点和三角形索引表示物体几何外形的一种方法。面-顶点网格算法可以显式地查询三角形包含的顶点和围绕顶点的所有三角形。面-顶点三角形网格,能够以常数时间访问相邻边和相邻顶点。这些都为实现快速成型分层算法提供了便利条件。

4)截面填充

截面填充方式包括轮廓平行填充方式和方向平行填充方式。其中,方向平行填充方式不适用于薄壁件。后处理过程如图4-4所示。

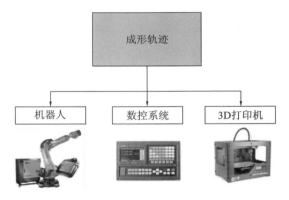

图 4-4　后处理过程

5)其他问题-支撑自动生成方法

在零件制作完成后,没有基础支撑,就无法将零件从基板上完整取下。

对于零件中的悬吊、一定角度下的倾斜面和悬臂等部位,由于激光成形加工是边送粉边熔覆,材料在融熔状态下,流动性好,若没有支撑,粉末则没有熔覆的基础,会导致制作无法顺利进行。

制作成形零件时,必须在零件的所有待支撑区域采用其他材料,以作为支撑。图4-5所示为支撑设计。

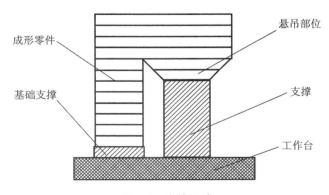

图 4-5　支撑设计

6）其他问题——异质材料零件 CAD 表达

异质材料零件（heterogeneous material part，HMP）可以分为复合材料零件（multi-material object，MMO）、功能梯度零件（functionally graded material，FGM）、嵌入器件零件（object with embedded components，OEC），如图 4-6 所示。

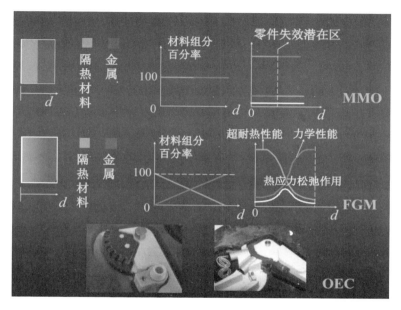

图 4-6　异质零件材料 CAD 表达

每一个体素单元相互独立，设计者单独对单一体素单元进行操作，可以设计出更理想的材料零件。模型的体素单元分层存储，便于后续的分层切片工作。用体素表示模型，使模型的其他物性计算变得很容易，为后续离散 HMP 模型的体视化方法研究提供了良好的体数据集。图 4-7 所示为基于体素模型的 HMP 表达方法。

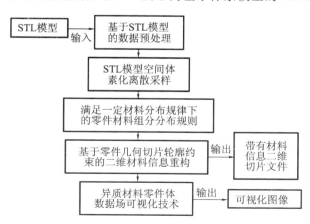

图 4-7　基于体素模型的 HMP 表达方法

63

7)其他问题——自适应分层

方法1:基于 STL 模型的自适应分层,首先按照最大允许层厚进行均匀分层得到许多厚片,然后根据表面精度要求对每个厚片再进行均匀分层得到更薄的层片,如图 4-8 所示。

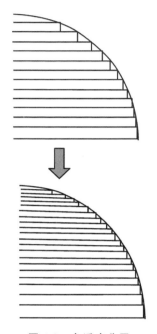

图 4-8　自适应分层

方法2:通过比较相邻两层的轮廓或重心的差异计算层厚。

方法3:对零件的不同表面根据其重要程度制定不同的尖顶高度误差要求,从而进一步提高自适应分层的效率及零件的表面精度。

4.3　三维模型分层方法研究

4.3.1　快速成形技术中现有分层方法

4.3.1.1　快速成形技术的数据来源

快速成形技术的数据来源十分广泛[1],大体可分为以下几类。

三维模型数据　这类数据来源于三维造型软件生成产品的三维 CAD 曲面模型或实体模型,然后对实体模型或表面模型进行直接分层得到精确的截面轮廓。目前,最常用的方法是将 CAD 模型先转化为三角网格模型(STL 模型),再进行分层。

逆向工程数据　这类数据来源于通过逆向工程对已有零件的复制,即利用三坐标测量仪或光学测量仪采集零件表面的数据点,形成零件表面数据的数据点云。可对数据点云进行直接分层[2-3];也可对数据点云进行三角化先生成 STL 文件[4],再进行分层处理。

数学几何数据　这类数据来源于一些实验数据或数学几何数据,然后用快速成形技术把那些用数学公式表达的曲面制作成看得见、摸得着的物理实体。

医学/体素数据　这类数据都是真三维的,即物体的内部和表面都有数据,是通过人体断层扫描(computed tomography,CT)和核磁共振(nuclear magnetic resonance,NMR)获得的。这类数据一般要经过三维重建才能进行加工[5]。

分层数据　快速成形技术的数据来源也可以采用直接获得分层或截面轮廓数据,如地形学上的等高线等。

4.3.1.2　分层算法

从实际应用来看,三维模型数据是最重要的也是应用最为广泛的快速成形技术的数据来源,现有分层算法也主要集中在对三维模型数据的分层处理研究,按照使用的数据格式可分为基于 CAD 模型的直接分层算法和基于 STL 模型的分层算法。

1. 基于 CAD 模型的直接分层算法

基于 CAD 模型的直接分层算法具有文件数据量小、精度高、数据处理时间短及模型没有错误等优点。

很多学者提出了各自的基于 CAD 模型的直接分层算法,如 Jamieson 等人[6]用 C 语言在 Unigraphics 的实体造型内核 Parasolid 上开发了第一个 CAD 模型的直接分层软件,并采用层间面积偏差的方法适应性地确定分层厚度。张嘉易[7]利用 AutoCAD 的二次开发工具包 ObjectARX 开发了一个动态链接库,将其用于 AutoCAD 的集成开发环境中,实现了三维 CSG 模型的直接分层。陈绪兵[8]研究了 PowerSHAPE 模型的直接分层方法。

为了减小台阶效应对零件精度及表面质量的影响,很多学者提出了多种适应性分层算法。Mani 等人[9]提出了用模型表面的曲率及法矢确定层厚的适应性分层算法。Hope 等人[10]提出了一种用斜边代替直边的适应性分层算法,该算法极大地提高了零件的表面质量,最大限度地减弱了台阶效应,但由于它必须适应性地调整加工头的角度,实现起来具有较大的难度。张嘉易[7]提出了基于小单元层逆向搜索的自适应分层算法,并利用该算法实现了 STL 文件的自适应分层和 CSG 实体模型的自适应分层。

无疑地,适应性分层算法能够提高零件的制造精度。但是,一方面层厚的不断改变,给成形加工的实现带来了难度;另一方面为减小层厚,需要增加加工时间。为了使制造精度和加工时间取得平衡,Ma 等人[11]提出了零件表面加工和填充加工采用不同层厚的方法,该方法在不增加零件加工时间的基础上,提高了零件的制造精度。

基于CAD模型的直接分层算法也具有明显的缺点,例如,对模型的分割和自动添加支撑较为困难,并且它需要复杂的CAD软件环境[12],数据处理软件由于不具有独立性不利于成形机系统的商品化推广。

2. 基于STL模型的分层算法

STL文件是当前所有商用RP系统广泛采用的CAD/RP的数据接口,已成为快速成形行业事实上的标准。这是因为它具有以下优点:

(1)STL文件生成简单:几乎所有商业CAD软件均具有输出STL文件的功能,同时还可以控制输出的STL模型的精度;

(2)输入文件广泛:几乎任何三维模型都可以通过表面的三角化生成STL文件;

(3)分层算法简单:由于STL文件数据简单,因此分层算法要相对简单得多;

(4)模型易于分割:当成形的零件因很大而难以在成形机上一次成形时,这时应该将模型分割成多个小的部分进行分别制造,STL文件的模型分割要相对简单得多;

(5)易实现支撑的准确添加:基于STL文件,便于对零件的待支撑区域进行相关定义识别,易实现支撑的准确添加。

因此,STL文件成为应用最为广泛的快速成形数据来源,并且在众多的分层算法中,基于STL模型的分层算法是主流研究方向。

1)从分层算法效率来看基于STL模型的分层算法的研究现状

如何提高分层算法的处理效率,以满足某些成形工艺对实时性数据处理的需要,已得到很多学者的重视。按照对三角形信息的组织形式的不同,现有分层算法可分为三类。

(1)散乱三角面片的直接分层处理算法[13]。这种算法可以克服特别大STL文件需要占有大量内存的缺点。分层过程中,不将STL文件一次读入内存,而是只将与分层平面相交的三角面片读入内存,求出交点,随即释放掉;然后读入邻接三角面片,求出交点,释放;最后得到顺序连接的封闭的轮廓。这种算法的缺点是要频繁地读硬盘,导致分层速度较小。

(2)基于三角面片的位置信息的分层处理算法[14-15]。这种算法首先将三角面片按照其顶点 z 坐标的大小进行分类和排序,排序后,在每一面片信息纪录中引入两个数据:z_{min} 和 z_{max},其中,z_{min} 为同一类面片中排列在该面片以后的面片的顶点 z 坐标的最小值,z_{max} 为同一类面片中排列在该面片以前的面片的顶点 z 坐标的最大值。分层过程中,对某一类面片进行相交关系的判断时,当分层平面的高度小于某面片的 z_{min} 时,无需对排列在该面片后面的面片进行相交关系的判断;同理,当分层平面的高度大于某面片的 z_{max} 时,无需对排列在该面片前面的面片进行相交关系的判断。这样,在分层过程中,随着分层高度的变化,不断调整各类面片中与分层高度相对应的三角面片的搜索范围,减少了与其他面片不必要的相交关系的判断,从而增大分层处理的速度。最后,将所得到的交线首尾相连,生成截面轮廓线。这种算法的缺点是三角面片的分类界限模糊,经常发生三角面片与分层平面的位置关系的无效判断;另外,在轮廓线的生成过程中,要对得到的若干离散线段进行排序。

(3)基于拓扑信息的分层处理算法[16-19]。这种算法首先建立模型的拓扑信息,将 STL 模型的三角面片用面表、边表和面表的平衡二叉树的形式或者用邻接表的形式表示。这种拓扑信息能够从已知的一个面片迅速查找到与其相邻的三个面片,这种算法的基本原理是:首先根据分层平面的 z 坐标,找到一个相交的三角面片,计算出交点;然后根据拓扑信息找到相邻的三角面片,求出交点坐标,依次追踪下去,直到回到出发点,得到一条封闭的有向轮廓线;重复上述过程,直到所有与分层面相交的三角面片都计算完毕。这种算法能够高效地进行分层处理,可直接获得首尾相连的有向封闭轮廓,不必对截交线段重新排序。其缺点是占用内存较大,当 STL 文件有错误时,无法完成正常的切片。

由上文可知,STL 文件是离散的三角面片信息的集合,要实现高效切片,必须将离散的三角面片信息组织成有序的形式。可通过对 STL 文件中离散的三角面片进行拓扑关系重建和位置划分,快速搜索到与分层截面相交的三角面片,增大分层处理速度,并且三角面片的拓扑关系重建便于后续待支撑区域的识别和支撑的自动生成,因此,为提高分层效率,基于拓扑信息的分层处理算法和基于三角面片的位置信息的分层处理算法是目前研究的热点。

2)从成形质量来看基于 STL 模型分层方法的研究现状

快速成形技术是基于分层叠加制造思想发展起来的,其本身固有的台阶效应直接地影响了其形状精度和表面精度。如何最大限度地减小台阶效应引起的原理性误差,提高成形精度,已经受到快速成形分层研究领域的广泛关注。

目前主要采用减小层厚、优化制作方向及自适应分层等算法来降低台阶效应的影响。但是,减小层厚意味着成形效率的降低、制造时间的增加、制作成本的提高;优化制作方向,对于有多种几何特征的复杂零件,会顾此失彼,而且制作方向的确定需要考虑制作效率、工件变形、支撑的结构和种类等多种因素,因此该方法具有一定的局限性。

相比之下,研究人员对 STL 模型的自适应分层算法做了较多的研究[20-23],Sabourin 等人[20]提出了一种分层次的适应性分层算法,即首先对模型以最大的分层厚度进行分层,然后根据精度需要进行细分。Tyberg 等人[21]提出了一种局部适应性分层算法,该算法主要针对模型有分支的情况,对不同的分支采用不同的分层厚度。Sabourin 等人[22]又提出了一种外部高精度、内部低精度的适应性分层算法,对模型表面采用小的分层厚度,对模型内部采用大的分层厚度,零件加工精度和加工时间需做一定的妥协。Pandey 等人[23]提出了一种通过预测表面粗糙度来决定分层厚度的适应性分层算法。图 4-9 所示为切片方法与台阶误差。

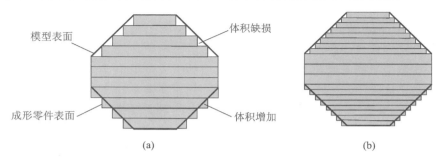

图 4-9 切片方式一与台阶误差

（a）等厚分层；（b）自适应分层

　　自适应分层的主要目的是减小台阶效应对成形零件各种性能的影响，主要体现在以下几个方面。

　　（1）增大表面光顺度：从几何角度看，对于一个 z 轴方向的柱体零件，在成形工艺许可的情况下，应尽可能增大分层厚度，避免成形零件表面产生误差，这时表面光顺度不受分层厚度大小的影响。如果模型表面与零件的制作方向有一定的倾斜角度，那么分层制造时就会产生台阶效应。模型表面法向量与零件的制作方向夹角越小，台阶效应就越强，表面光顺度就越小，这时自适应分层算法通过减小层厚来减小台阶误差，表面光顺度也相应变大。

　　（2）减小台阶效应带来的局部体积缺损（或增加）：自适应分层算法可提高零件的表面质量，最大限度地减弱台阶效应，但是对于复杂的形状，如何确定切片层厚是十分困难的，同时不同的层厚也增大了制造的难度，相应加工工艺实现较复杂甚至难以实现。对于激光金属沉积成形而言，更是如此，层厚变化则要求激光功率、扫描速度、送粉速度做实时调整，但由于设备的限制，这些还无法实现。鉴于此，大多数成形工艺实际上还是采用等层厚分层算法。

　　上文提及的研究都集中在如何减小台阶误差，但无论是采用减小层厚算法，还是采用自适应分层算法，都无法消除台阶误差。此外，单一的底面切片、顶面切片的分层算法都忽略了误差的统一性问题，即在同一个零件上经常同时出现冗余体积误差和残缺体积误差，这会使成形零件形状失真（见图 4-10），难以实现后处理。因为成形零件一般须经过热处理、表面打磨、切削等后处理，才能应用于不同的场合[24]。成形零件主要有两种用途：一种用途是直接作为功能性零件或模具，成形零件的实际尺寸应为过尺寸，即要求截面轮廓具有一致性的冗余体积误差，以保证成形零件有后续加工的余量；另一种用途是作为原型或母模来翻制模具，成形零件的实际尺寸应为欠尺寸，即要求截面轮廓具有一致性的残缺体积误差，以保证翻制出的模具预留了加工余量，满足模具进行精加工的要求。

　　因此，为便于实现对成形零件的后处理，满足成形零件的应用目标需求，要求分层获得的截面轮廓仅具有一致性的冗余体积误差或者残缺体积误差。Chiu 等

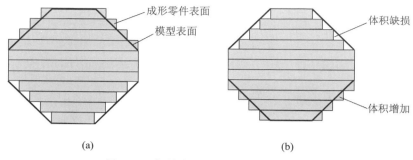

图 4-10　切片方式与成形零件形状失真
（a）底面切片；（b）顶面切片

人[25]提出了一种统一误差的分层算法，但该算法计算交点时是以三角面片的法向量为依据的，当计算同一个水平截面与同一边的交点时，常常出现在共有该边的相邻两个三角面片中所得交点不一致的问题，从而出现错误的截面轮廓。

鉴于此，我们提出了基于三角面片法向量和边法向量判断的一致性误差分层处理方法。由于三角面片的拓扑信息重建可同时实现对不同类型的三角面片的识别和标识，该方法既可实现快速分层，又便于添加后续支撑。该方法通过判断 STL 模型表面三角形的法向量或边法向量与加工位向的关系获取正确的截面轮廓，保证了截面轮廓具有一致性冗余体积误差或者残缺体积误差，进而保证了成形零件具有一致性的过尺寸或欠尺寸加工余量（见图 4-11），便于后处理。

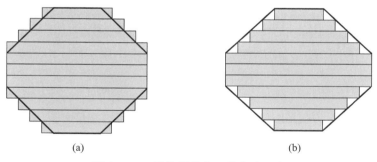

图 4-11　一致性误差分层的台阶误差
（a）冗余体积误差；（b）残缺体积误差

4.3.2　STL 文件的拓扑信息重建

4.3.2.1　STL 文件简介

STL 文件是美国 3D Systems 公司提出的一种用于 CAD 模型与 RP 设备之间数据转换的文件格式，它得名于该公司推出的光固化成形系统（StereoLithography System），现在已为大多数 CAD 系统和 RP 设备制造商接受，成为 RP 技术领域内一个事实上的准标准数据格式[26]。现在世界上主要商用 CAD 软件均带有

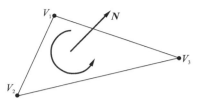

图 4-12　STL 文件的一个三角面片

STL 文件的输出功能模块,如美国 UGS 公司的 I-DEAS、PTC 公司的 Pro/Engineer 和 Autodesk 公司的 AutoCAD 等。

STL 文件是若干空间小三角面片的集合,每个三角面片由三角形的三个顶点和指向模型外部的三角面片的法向量组成(见图 4-12)。

STL 文件有两种数据格式:一种是二进制格式,另一种是 ASCII 格式。二进制格式和 ASCII 格式的 STL 文件见表 4-1。

表 4-1　二进制格式和 ASCII 格式的 STL 文件

格式:二进制			格式:ASCII	
header:	file information	……80byte	*header*:	*solid* filename
	number of facets	……4byte	……	
……		……	*a facet*:	*facet normal* x,y,z
a facet:	*normal* x	……4byte	*outer loop*	
	normal y	……4byte	*vertex* x,y,z	
	normal z	……4byte	*vertex* x,y,z	
	vertex1 x	……4byte	*vertex* x,y,z	
	vertex1 y	……4byte	*endloop*	
	vertex1 z	……4byte	*end facet*	
	vertex2 x	……4byte	……	……
	vertex2 y	……4byte	*endsolid*	
	vertex2 z	……4byte		
	vertex3 x	……4byte		
	vertex3 y	……4byte		
	vertex3 z	……4byte		
	unused	……2byte		
……		……		

二进制格式 STL 文件的前 84 个字节为头纪录,其中 80 个字节用于描述零件名、作者姓名和一些有关文件的评述;4 个字节用于说明三角面片数。接下来,对于每个三角面片,用 50 个字节来存放三角形的法向量和三个顶点的坐标值,每个坐标值占用 4 个字节,一共占用 48 个字节,最后空余 2 个字节以备特殊用途。二进制格式的 STL 文件因为尺寸小、易于传输,所以应用较为广泛。

ASCII 格式的 STL 文件可直接打开浏览,常用于检查和测试,但占用空间较大,大约是二进制格式的 STL 文件的 6 倍。ASCII 格式的 STL 文件的第一行为说明行,记录文件名。从第二行开始,记录三角面片,首先记录三角面片的法向量,然后记录环,依次给出三个顶点的坐标值,三个顶点的顺序与该三角面片的法向量符合"右手法则"。记录完毕一个三角面片后,记录下一个三角面片,直到将整个模型的全部三角面片记录完毕。

STL 文件要想正确描述三维模型,必须遵守以下规则[27]。

(1)共顶点规则。每相邻的两个三角面片只能共有两个顶点,即一个三角面片的顶点不能落在相邻的任何一个三角面片的边上。

(2)取向规则。每个小三角面片的法向量必须由内部指向外部,小三角面片三个排列顶点的顺序符合"右手法则",每相邻的两个三角形所共有的两个顶点在它们的顶点排列中都是不相同的。

(3)充满规则。STL 三维模型所有表面必须布满小三角面片。

(4)取值规则。每个顶点的坐标值必须是非负的,即 STL 模型必须落在第一象限。

STL 文件结构简单,可方便地由 CAD 系统产生,易于实现对模型的分层、支撑添加及模型的分割等后续数据处理,但是用三角形网格来描述三维几何形体,也带来了以下缺点。

(1)近似性。STL 模型只是三维曲面的一个近似描述,造成了一定的精度损失。

(2)数据冗余。STL 文件有大量的冗余数据,这是因为三角面片的每个顶点都分属于不同的三角面片,同样的一个顶点在 STL 文件中要重复存储多次。同时,三角面片的法向量也是一个不必要的信息,这是因为它可以通过顶点坐标得到。

(3)信息缺乏。STL 文件缺乏三角面片之间的拓扑信息,导致信息处理和分层的低效,同时,经过 CAD 模型到 STL 模型的转换之后,丢失了公差、零件颜色和材料等信息。

(4)错误和缺陷。STL 文件还经常会出现许多错误和缺陷,如重叠面、孔洞、法向量错误等。

针对 STL 文件存在的缺点,很多学者进行了相关的研究,其中由近似性造成的精度损失问题,可通过在 CAD 系统中输出 STL 模型时选择设定近似精度参数值来解决;对于 STL 文件中经常会出现的错误和缺陷问题,根据上述规则,很多学者在 STL 文件的缺陷分析的基础上进行了错误检测与修复研究[27-29],实现了对 STL 文件错误的检测和修复,满足其作为快速成形数据来源的需要;数据冗余和信息缺乏问题一般通过 STL 文件的三角面片拓扑信息重建来解决。

4.3.2.2　STL 文件拓扑信息分析

虽然 STL 文件作为快速成形系统的输入格式已经得到了广泛的认可,但是 STL 文件由无序三角面片组成,仅包含三角面片的顶点和其法向量坐标,缺少三角面片之间的邻接关系[30],即拓扑信息。拓扑信息重建(topology reconstruction)是网格简化、光顺、细分、碰撞检测、错误检测及修复等后处理的前提[31-34],并且便于实现模型分层和支撑添加。

STL 模型中三角面片之间的邻接关系(拓扑信息)包括以下两种。

(1)共边邻接关系:与三角面片 F 共享一条边的所有三角面片均是其共边邻

接面,正确的 STL 模型的每一个三角面片有且仅有三个共边邻接面。这种邻接关系是相互的,即 F_i 是 F_j 的邻接面,同时,F_j 是 F_i 的邻接面。如图 4-13 所示,F_1 的共边邻接面为 F_6 和 F_2。

（2）共顶点邻接关系:与三角面片 F 共享一个顶点的所有三角面片均为其共顶点邻接面。在图 4-13 中,F_1 的共顶点邻接面有 F_2、F_3、F_4、F_5、F_6、F_7、F_{13}。

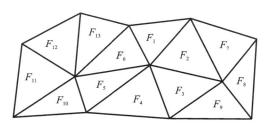

图 4-13　三角面片的邻接关系

拓扑信息重建就是要获得以下信息:

（1）已知一个面,获取组成它的三个顶点、三条边和它的邻接面;

（2）已知一条边,获取它的两个端点和它的两个邻接面;

（3）已知一个顶点,获取它的相邻顶点、以它为端点的所有相邻边和以它为顶点的所有邻接面。

4.3.2.3　拓扑重建的数据结构

因为 STL 模型拓扑信息重建的基本操作是大量几何元素之间的比较,所以好的数据结构和算法应该保证高效的搜索。对于模型分层算法,需要考虑能够快速实现以下几种主要的拓扑访问:

（1）已知三角面片获取它的 3 个顶点;

（2）已知任一边获取它的 2 个邻接面;

（3）已知三角面片获取它的所有邻接面。

另外,一般情况下,网格模型中三角面片的总数 N_F 和顶点总数 N_V 之间存在着以下关系:$N_F/N_V \approx 2$,因此,基于顶点的存储结构和拓扑关系来建立边的拓扑关系和面的拓扑关系比基于面的存储结构的操作更高效,同时对于边而言,搜索操作可以通过对点进行有效操作的算法来完成。因此本节选用平衡二叉查找树作为顶点的存储结构,选用简单的双向链表作为边和面的存储结构,相应的数据结构如下:

```
struct Vertex{
    int id_ver;
    double point_x, point_y, point_z;
    struct Face * NeiFace[200];        // 相邻面
    int NeiFaceCount;
```

```
        struct Vertex * NeiVertex[200];      // 相邻顶点
        int NeiVerCount;                      // 邻接顶点数目
        bool v_flag;
        struct Vertex * Left;                 // 左子树
        struct Vertex * Right;                // 右子树
        int BF;                               // 结点的平衡因子
};
typedef struct Vertex * VertexLink;
struct Edge{
        int id_edge;
        VertexLink s_point;                   // 顶点
        VertexLink e_point;
        struct Face * oneface;                // 相邻面
        struct Face * anoface;
        struct Edge * link;
        struct Edge * back;
};
typedef struct Edge * EdgeLink;
struct Face{
        int id_face;
        VertexLink point1,point2,point3;      // 顶点
        EdgeLink edge[3];                     // 边
        int edgecount;
        struct Face * neiface[3];             // 相邻面
        int neifacecount;
        double Normal[3];                     // 法向量
        bool f_flag;
        struct Face * link;
        struct Face * back;
};
typedef struct Face * FaceLink;
```

4.3.2.4　STL 文件拓扑信息重建的流程

STL 模型中三角面片之间的拓扑信息重建的主要流程如下。

1. 顶点的归并和拓扑关系的建立

从 STL 文件中每读入一个三角面片,将同时得到组成该面的三个顶点。对于

每个顶点,只有确认它在顶点的存储结构中不曾出现以后,才能创建并添加一个新的记录,而确认的过程就是在顶点的存储结构中查找相同顶点的过程。

如果选用简单链表来存储所有的顶点,则每次查找都必须遍历整个链表,并且这样的查找对于每个三角面片都要执行 3 次,因此简单链表不是合适的选择。

二叉查找树可以缩短查找时间。在二叉查找树中,每个节点对应实体模型中的一个顶点,顶点的 3 个坐标值作为二叉查找树的关键字(key)。顶点在二叉查找树中的位置满足 $V_1 \leqslant V_p \leqslant V_r$,其中 V_p 为父节点所对应的顶点,V_1 与 V_r 为左、右节点所对应的顶点。两个顶点的排序原则见式(4-1),$V_1 \leqslant V_2$ 当且仅当它们的 3 个坐标分量满足:

$$x_1 < x_2 \text{ 或} (x_1 = x_2 \text{ 且 } y_1 < y_2) \text{ 或} (x_1 = x_2 \text{ 且 } y_1 = y_2 \text{ 且 } z_1 \leqslant z_2)(4-1)$$

二叉查找树的查找时间取决于树的高度。但是若出现最差的情况,其复杂度与线性查找差不多。为此,本书采用平衡二叉树[35](balanced binary tree)来实现二叉查找树查找的均衡。初始时二叉查找树为空。每读入一个三角面片,在二叉查找树中查找与组成三角面片顶点坐标值相同的顶点。如果查不到,则将该顶点插入二叉查找树中,同时调整树的节点,使其保持均衡。

由于一些 CAD 软件在圆整不同的三角面片中的顶点坐标时,可能会造成顶点计算时的舍入误差,出现同一顶点不同位置的情况,这是 STL 文件中常见的错误。为了能够建立三角形之间正确的邻接关系,比较各个顶点之间的距离,当两个顶点之间的距离小于设定值 ε(如 10^{-5})时,将两个顶点视为一个顶点。具体方法为:在进行顶点合并时,先判断访问顶点 V_q 是否位于访问节点 V_n 的 ε 球形域。如果距离 $d(V_q, V_n) \leqslant ε$,则访问顶点 V_q 与访问节点 V_n 是同一个顶点,此时不添加新节点,转而访问 STL 文件的下一个顶点;如果距离 $d(V_q, V_n) > ε$,则利用式(4-1)判断访问顶点 V_q 是访问节点 V_n 的左节点还是右节点,并更新当前节点,继续进行类似上述的判断。

平衡二叉树是一种动态查找树。由于平衡二叉树上任意节点的左右子树深度都不超过 1,因此整个顶点合并过程的最坏时间复杂度为 $O(3N_F \log N_V)$,其中 N_V 为不重复的顶点个数。

在建立上述顶点树的同时,对于每个三角面片的 3 个顶点,按如下法则确定其相邻顶点:

(1)如果 3 个顶点在树中都是第一次出现,则分别将其中 2 个顶点视为剩余那个顶点的相邻顶点;

(2)如果 3 个顶点在树中有 2 个是第一次出现,则分别将其中 2 个顶点视为剩余那个顶点的相邻顶点;

(3)如果 3 个顶点在树中有 1 个是第一次出现,则将新出现的顶点添加为 2 个旧顶点的相邻顶点,并将 2 个旧顶点作为新顶点的相邻顶点;

(4)如果 3 个顶点在树中都曾出现过,则不用再进行相邻顶点的判断和添加。

2. 边和面拓扑关系的建立

每个顶点和它的任意相邻顶点所构成的边都是网格的合法边,因此,可以通过顶点树:建立边链表;生成顶点的相邻边;得到边的 2 个顶点。

在建立上述顶点树的同时,记录 STL 访问三角面片中每个顶点在顶点树中的索引,可以得到:每个三角面片的 3 个顶点;每条边的 2 个邻接面;每个顶点的邻接面;三角面片的 3 条边;每个三角面片的相邻面及三角面片的邻接链表。

因此,在读入 STL 三角面片的同时,整个网格的拓扑信息得到重建。

4.3.3　一致性误差分层方法研究

当前快速成形技术主要采用两种分层方法来获取截面轮廓:一种是自下而上的底面分层方法,即分层平面从 STL 模型的最底端(即 z 值最小处)到最顶端(即 z 值最大处)截交 STL 模型,形成一个个截面轮廓;另一种是自上而下的顶面分层方法,即分层平面从 STL 模型的最高端到最底端截交 STL 模型。对于底面分层方法而言,在模型的向上倾斜表面上,截面轮廓出现冗余体积误差,而在模型的向下倾斜表面上,截面轮廓出现残缺体积误差。对于顶面分层方法而言,在模型的向下倾斜表面上,截面轮廓出现冗余体积误差,在模型的向上倾斜表面上,截面轮廓出现残缺体积误差。

4.3.3.1　交点的计算方法

模型的分层本质上就是用一系列平行于 xOy 坐标系的平面来截交用 STL 模型表达的三维实体,截面轮廓就是分层平面与 STL 模型表面的部分三角面片相交所得交点的集合。

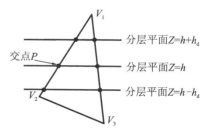

图 4-14　分层平面与三角面片的相交示意图

图 4-14 所示为分层平面与三角面片的相交示意图,分层平面 Z 与三角面片的边 V_1V_2 相交于点 P,若 V_1 和 V_2 的坐标分别为 (x_1, y_1, z_1) 和 (x_2, y_2, z_2),P 点的坐标为 (x_P, y_P, z_P),则相应的直线方程为

$$\frac{x_P - x_1}{x_2 - x_1} = \frac{y_P - y_1}{y_2 - y_1} = \frac{z_P - z_1}{z_2 - z_1} = t \,(0 \leqslant t \leqslant 1) \tag{4-2}$$

由式(4-2)可得到交点 P 的坐标,为

$$\begin{cases} x_P = \dfrac{z_P - z_1}{z_2 - z_1}(x_2 - x_1) + x_1 \\[2mm] y_P = \dfrac{z_P - z_1}{z_2 - z_1}(y_2 - y_1) + y_1 \\[2mm] z_P = h \end{cases} \tag{4-3}$$

式中:h 为分层平面的高度。

4.3.3.2 确定分层平面位置的方法

如果采用自下而上的底面分层方法来计算截面轮廓的交点,那么截面轮廓在模型的向下倾斜表面上会出现残缺体积误差,在模型的向上倾斜表面上会出现冗余体积误差。要想得到只具有残缺体积误差的零件,在计算向上倾斜的三角面片与分层平面的交点时,就应该将分层平面的高度减小一个分层厚度。同理,如果采用自上而下的顶面分层方法来计算截面轮廓的交点,那么截面轮廓在模型的向上倾斜表面上会出现残缺体积误差,在模型的向下倾斜表面上会出现冗余体积误差。要想得到只具有残缺体积误差的零件,在计算向下倾斜的三角面片与分层平面的交点时,就应该将分层平面的高度增大一个分层厚度。

在与某一高度的分层平面相交的所有三角面片中,每一个三角面片的法向量都有可能不相同,所以要想保证整个零件具有统一的误差,就必须针对不同的三角面片采用不同的分层高度。

在文献[25]中,根据不同的三角面片的法向量,确定分层方法,实际上就是针对不同三角面片调整分层平面的高度。但这种方法存在一个问题,即当与分层平面相交的两个邻接三角面片具有不同类型的法向量时,根据这两个三角面片的法向量选择不同的分层平面,会导致两面共享的一条边上出现两个交点的情况,进而导致截面轮廓出现错误的冗余交点现象,如图 4-15 所示,在两个三角形共享的边 P_1P_2 上出现了两个交点 A 和 B。出现这种现象的主要原因是:分层平面的高度仅仅是通过三角面片法向量来判断的,但求交点时,分层平面的高度是通过计算分层平面与三角面片的相应边来获得的。

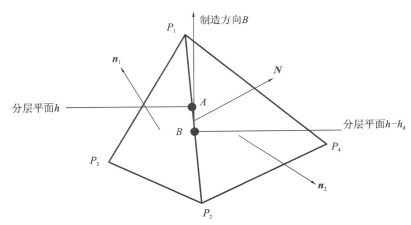

图 4-15　相邻三角面片的法向量不同导致交点不一致

为避免上述冗余交点现象出现,本节采用三角面片的法向量和边的法向量结合的判断方法来调整分层平面,进而计算分层平面与三角面片的交点,以获得正确的截面轮廓。

1. 三角形边单位法向量的计算

STL 文件是若干空间小三角面片的集合,每个三角面片由三角形的三个顶点和指向模型外部的三角面片的单位法向量组成,所以很容易得到三角形任一边的单位法向量的计算公式,为

$$N = \frac{n_1 \cdot s_1 + n_2 \cdot s_2}{s_1 + s_2} \tag{4-4}$$

$$n = \frac{N}{|N|} \tag{4-5}$$

式中:n_1、n_2 为两个共边三角面片的单位法向量;s_1、s_2 为两个共边三角面片的面积;n 为共享边的单位法向量。

这样边 P_1P_2 的单位法向量 n 可通过三角形 $P_1P_2P_3$ 和 $P_1P_2P_4$ 的单位法向量 n_1 和 n_2 计算得到。

2. 分层位置的选择

为避免因相邻三角面片的法向量类型不同而出现的冗余交点现象,现在把单纯的判断三角面片的法向量来确定分层平面高度的方法改为通过三角面片法向量和共享边的法向量结合的判断方法来调整确定分层平面。上述分层方案都假设加工位向沿 z 轴的正方向,实际上加工位向是由用户设定或者由某种优化方法优化得到。因为优化加工位向有利于减小台阶误差、减少支撑、降低零件成本[36],所以,应该是代表法向量(三角面片的法向量或邻接三角面片共享边的法向量)和分层方向共同决定分层平面的高度 D。

假设分层方向为 B,代表法向量为 N,可以得到

$$D = N \cdot B \tag{4-6}$$

式(4-6)中代表法向量 N 的确定方法如下。

(1)当相邻三角面片类型不同时,采用以下原则来确定:

①当一个是下三角面片,另一个是上三角面片时,N 为这两个三角面片共享边的法向量;

②当一个是下三角面片,另一个是垂直三角面片时,N 为下三角面片的法向量;

③当一个是上三角面片,另一个是垂直三角面片时,N 为上三角面片的法向量。

(2)当相邻三角面片类型相同时,N 为任意三角面片的法向量。其中三角面片按照其法向量与加工位向的夹角大小可分为三种类型:

①下三角面片:法向量与加工位向的夹角大于 $90°$ 的三角面片;

②上三角面片:法向量与加工位向的夹角小于 $90°$ 的三角面片;

③垂直三角面片:法向量与加工位向的夹角等于 $90°$ 的三角面片。

根据 D 值,就可以判断误差类型(见表 4-2),下面是采用自下而上分层方法的

截面轮廓误差类型情况:

(1)$D=0$ 时,分层平面与 STL 模型相交可以得到精确的截面轮廓;

(2)$D>0$ 时,截面轮廓具有冗余体积误差;

(3)$D<0$ 时,截面轮廓具有残缺体积误差。

表 4-2 不同误差下分层平面的分层高度

分层方式	自下而上		自上而下	
	$D<0$	$D>0$	$D<0$	$D>0$
冗余体积误差	$h+h_d$	h	h	$h-h_d$
残缺体积误差	h	$h+h_d$	$h-h_d$	h

注:h 为分层平面的当前高度,h_d 为分层厚度,当 $D=0$ 时,均取当前的分层高度计算交点。

根据 D 值就可以适应性调整分层平面的高度,得到具有一致性误差的截面轮廓,进而在成形加工后得到具有一致性体积误差的零件,下面以自下而上分层方法为例,如果想得到冗余体积误差的零件,适应性调整分层平面的高度的确定方法为:如果 $D=0$ 或 $D>0$,则以当前的分层平面的高度来计算交点;如果 $D<0$,将当前的分层平面的高度增大一个层厚来计算交点。

4.3.3.3 一致性误差分层算法

以自下而上的分层方法为例,以得到冗余体积误差为目标的分层算法描述如下(分层算法流程图见图 4-16)。

第一步 根据分层平面的高度,找到第一个切割的三角面片;如图 4-17 所示,假设与分层平面相交的第一个三角面片是 A。

第二步 找到当前三角面片与分层平面相交的任意一条边,进而找到共享该边的邻接面,按照上节所述方法来确定代表法向量,由式(4-6)计算 D 值,并由 D 值重新确定分层平面的高度。

第三步 计算交点坐标,同时置该三角面片为已访问标志 slice_flag=1。如图 4-17 所示,假设分层平面 L_1 与三角面片 A 的一条边 V_0V_1 相交于点 P_1。

第四步 如果邻接的三角面片还没有被访问,将其作为当前三角面片,重复第二步和第三步。如图 4-17 所示,根据共享边 V_0V_1 找到邻接三角面片 B,求出交点 P_2。

第五步 重复第四步,按截面轮廓方向一路追踪下去,直到回到第一个访问的三角面片,就完成了这一层中一个封闭的截面轮廓。

第六步 搜索 STL 文件,是否在模型高度范围之内还存在未被访问的三角面片;如果没有,转向第七步;否则,表示还有另外的完整轮廓,重复第二步到第五步,直到与分层平面相交的三角面片全部被访问过,这主要是为了处理一层中包含有多个封闭的截面轮廓的情况。

第七步　将分层平面增大一个分层厚度,同时所有三角面片的访问标志 slice _flag＝0,重复第一步到第六步,直到到达模型 z 值最大处。

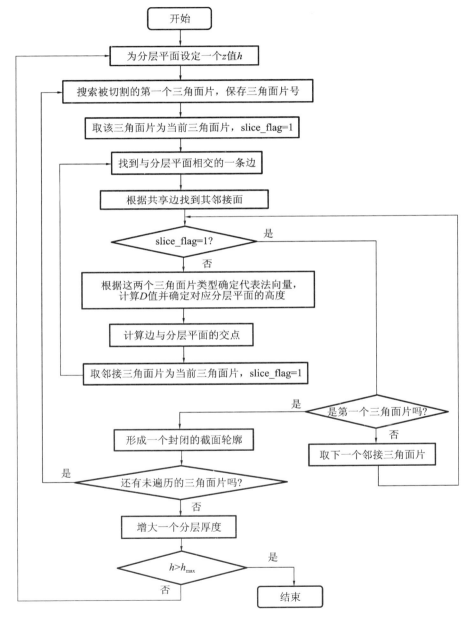

图 4-16　分层算法流程图

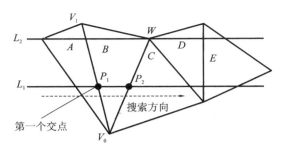

图 4-17　截面轮廓的生成

4.3.4　提高分层算法效率的方法

分层处理的速度是分层算法研究的内容之一,并且它对于快速成形制造来说十分重要,由于某些成形系统往往要求实时性分层并输送数据处理结果,因此必须研发快速分层处理算法和软件。

从分层处理的基本过程可以看出,在三角面片拓扑关系重建后进行分层时,影响分层处理速度的主要因素是:

(1)在每形成一个封闭的截面轮廓后,都要搜索与分层平面相交的第一个三角面片;

(2)在计算生成每一层的截面轮廓时,都先要分析当前三角面片的所有邻接三角面片与切平面的位置关系,若相交,则再求交线,其中可能绝大部分三角面片与切平面不相交。因此,快速搜索到任一层面轮廓起点对应的三角面片,减少该三角面片与分层平面位置关系判断的次数,是增大分层处理速度的有效途径。

4.3.4.1　首个相交三角面片的快速确定

利用建立拓扑信息的方法[16-19]可以避免在切割过程中分层平面与 STL 文件中所有三角面片作相交判断,但是在每形成一个封闭的截面轮廓后,需将所有三角面片的遍历标记重新归零,再搜索切割的第一个三角面片,仍然需要搜索整个STL 文件。

为增大分层速度,利用信息继承(又称为模型连续性)实现了快速分层[37-38]。本节先利用信息继承技术快速找到与分层平面相交的第一个三角面片 F_1,然后利用建立的拓扑信息搜索邻接三角面片。

确定第一个三角面片的基本思想是:假设与第 i 个分层平面相交的第一个三角面片是 F_i,F_{i-1} 是与第 $i-1$ 个分层平面相交的第一个三角面片,在大多数情况下,F_i 与 F_{i-1} 基本是邻近的,甚至是相同的。因此,在已知 F_{i-1} 的情况下,可直接判断 F_{i-1} 是否与第 i 个分层平面相交,如果相交,可将 F_{i-1} 当作 F_i;否则,可根据建立的邻接表在 F_{i-1} 的邻接三角面片中搜索 F_i。如图 4-17 所示,假设 A 是分层

平面 L_1 切割的第一个三角面片,同时,A 也是分层平面 L_2 切割的第一个三角面片。

这样只有在第一层第一次切割时,才搜索整个 STL 文件,找到第一个三角面片后,将该三角面片存储下来,以备下一层分层时查找。

4.3.4.2　三角面片位置信息的标识

1. 三角面片与分层平面位置特征分析

设 z 轴为分层方向,从直观上很容易理解与分层处理密切相关的三角面片的两个特征,即:

(1)三角面片在分层方向上的高度越大,与它相交的分层平面越多;

(2)三角面片距 xy 面越远,与它相交的分层平面距 xy 面越远。

在对三角面片与分层平面进行求交处理时,要充分利用这两个特征,以尽量减少进行三角面片与分层平面位置关系判断的次数。

2. 三角面片的位置特征标识

三角面片与分层平面的位置关系如下:

(1)三角面片与分层平面相交;

(2)三角面片在分层平面之下;

(3)三角面片在分层平面之上。

找出任意一个三角面片最大 z 值和最小 z 值,通过简单计算,可判断该三角面片与哪个分层平面第一次相交,以及与哪个分层平面最后一次相交(按分层面序号由小到大的顺序,标出相应序号)。假设 STL 模型的分层的初始高度为 G_{minz},假设三角面片的顶点 z 坐标的最大值为 Z_{max},最小值为 Z_{min},那么与该三角面片相交的层面序号界于 i 和 j 之间,i、j 分别由式(4-7)和式(4-8)求出

$$\mathrm{int}\,i = (Z_{min} - G_{minz})/h_d \tag{4-7}$$

$$\mathrm{int}\,j = (Z_{max} - G_{minz})/h_d \tag{4-8}$$

这样通过对三角面片进行一次位置特征标识,很容易知道当前三角面片是否与分层平面相交,避免了每次分层时都要重新判断每个三角面片的顶点坐标与分层平面高度的关系进而才能确定三角面片与分层平面是否相交的情况,也就减少了三角面片与分层平面位置关系判断的次数,进而增大了分层处理速度。

4.3.5　截面轮廓走向的确定方法

在分层切片时,所得到的截面轮廓线的走向是不确定的,因此在线宽补偿时,需要先判别截面轮廓的走向及内外边界[39]。按照几何学上的约定,对于实体的外轮廓,逆时针方向为正方向;而对于实体的内轮廓,顺时针方向为正方向,如图4-18所示。

由于 STL 文件中的每个三角面片信息包括其法向量,如果在 STL 文件的切片过程中,能够直接确定截面轮廓的走向,则可以省去实体内外轮廓的判别过程。

在分层算法描述中,可以知道,在对第一个三角面片的切割过程中,在选择三角面片的一条边后,沿着该三角面片的邻接三角面片的方向追踪下去,直到回到第一个三角面片。因此只要能正确选择第一个三角面片的边,就会得到具有正确方向的截面轮廓。如图 4-19 所示,三角面片 F 为截面轮廓的第一个被切割的三角面片,如果首先得到的交点是 P_1,那么截面轮廓的走向为 D_1;如果第一个交点是 P_2,那么截面轮廓的走向为 D_2。

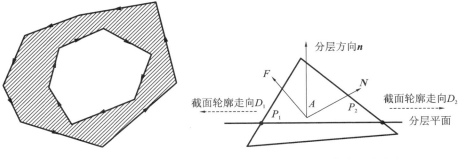

图 4-18　轮廓边界正方向　　　　图 4-19　截面轮廓走向的确定

因此,本节用下面的方法来确定截面轮廓的走向,首先计算下面的判别函数:

$$F = (N \times \overrightarrow{P_1P_2}) \cdot n \tag{4-9}$$

式中:N 是三角面片的单位法向量;n 为分层方向,即 z 轴的单位向量,$n = [0,0,1]$。

如果 $F > 0$,P_2 为交点,则截面轮廓的走向为 D_2;

如果 $F < 0$,P_1 为交点,则截面轮廓的走向为 D_1。

4.3.6　分层实例与分析结论

1. 分层实例

如图 4-20 所示,以双锥体 STL 模型为例,采用自下而上存在冗余体积误差的分层方式对该模型进行分层,其中分层厚度为 2,该模型 z 向的最小值为 5,z 向的最大值为 29。该模型各分层高度的具体数值见表 4-3。

图 4-20　一致性误差分层实例

表 4-3　冗余体积误差下的分层高度

层号	D 值	原分层高度/mm	实际分层高度/mm
1	$D<0$	5	7
2	$D<0$	7	9
3	$D<0$	9	11
4	$D<0$	11	13
5	$D<0$	13	15
6	$D=0$	15	15
7	$D=0$	17	17
8	$D=0$	19	19
9	$D>0$	21	21
10	$D>0$	23	23
11	$D>0$	25	25
12	$D>0$	27	27

2. 分析结论

采用一致性误差的分层算法,可在分层时根据零件使用目标需要确定制作零件的误差类型,通过判断三角面片法向量或共享边法向量与制作方向关系来适应性调整分层平面的高度,获取合适的截面轮廓,使成形截面轮廓具有一致性冗余体积误差或者残缺体积误差,进而保证了成形零件具有一致性的过尺寸或欠尺寸加工余量,便于后处理,满足了成形零件的应用目标需求。

4.4　平行扫描路径规划研究

4.4.1　现有扫描方式简介

对于基于分层叠加制造思想发展起来的快速成形技术而言,在零件制造过程中,最基本的步骤之一就是扫描成形零件的每一个层面,因此生成每一层的扫描路径十分重要。对于某些快速成形工艺,如 LOM 工艺,只需要将分层所得的截面轮廓数据作为驱动的加工路径数据即可。而 SLA、SLS、FDM 及 LMDS 等大多数工艺还需要对截面轮廓进行进一步的数据处理来生成扫描路径,扫描路径的生成本质上就是根据分层得到的截面轮廓数据,完成对其内部的填充。按照填充扫描路径形态的不同,扫描路径可分为平行扫描路径、环形扫描路径和分形扫描路径,如图 4-21 所示。

(1)平行扫描。这种扫描方式的扫描线为一组等距平行线,两平行线之间的距离即为扫描间距。平行扫描中应用最广泛的方法是平行往复扫描,如图 4-21

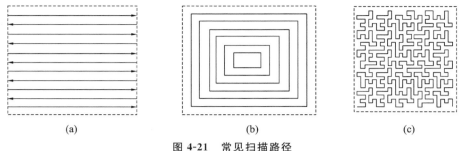

(a)　　　　　　　　　(b)　　　　　　　　　(c)

图 4-21　常见扫描路径

（a）平行扫描路径；（b）环形扫描路径；（c）分形扫描路径

（a）所示。在此基础上，为达到提高加工零件性能和扫描效率等目标，很多学者提出了平行往复扫描的不同改进形式[40-42]。

（2）环形扫描。这种扫描方式的扫描线沿平行于边界轮廓线的方向进行扫描[43-47]，即按照截面轮廓的等距线进行扫描，如图 4-21（b）所示。传统的环形扫描路径是通过层面轮廓线连续向内收缩来构造等距线生成的。

（3）分形扫描。这种扫描方式的扫描路径由短小的折线组成[48]，如图 4-21（c）所示。

目前实际应用中多采用平行扫描和环形扫描方式，但由于环形扫描路径生成十分复杂，特别是对于孔洞和凹槽区域较多的零件，有时甚至无法生成[45]。相比之下，平行扫描路径生成相对简单，因此在各种快速成形加工中平行扫描路径较多。例如，著名的 RP 加工软件系统 QuickSlicing 采用的就是平行线路径扫描方法。

有学者[12, 40-41]提出了平行扫描路径生成算法，但利用该算法生成的平行扫描路径在 LMDS 系统中进行实际扫描时，在内外环极值点和水平边处常常出现局部凸起的过熔覆现象或局部沟壑的欠熔覆现象。这些现象严重影响边界成形精度和成形质量，甚至直接影响后续成形加工；此外，该算法生成的平行扫描路径中内部填充扫描线分组后形成了不同的连续扫描区域，实际扫描时，不同子区域间需要空跳动作，而空跳距离的长短直接关系到成形效率的高低，且空跳次数决定了激光器的开关次数，直接影响成形系统的稳定性；但该算法对各扫描子区域的扫描顺序是随机生成的，没有经过优化处理，不能保证空跳距离是最短的，没有考虑如何减少空跳次数的问题。因此，为提高成形质量和效率，需进一步研究适用于 LMDS 成形的平行扫描方式。

4.4.2　现有平行扫描方式特点与问题

4.4.2.1　现有平行扫描方式特点

对于快速成形而言，由于激光的光斑（或喷嘴）具有一定的尺寸，为了保证成形零件的尺寸精度,以及获得较好的表面质量,必须根据切片的截面轮廓,使光斑的实际加工路径偏移一个光斑的半径,尤其是当激光光斑较大时,就显得更为必要。因此,从利用三维模型分层获得截面轮廓数据到生成扫描路径的基本过程为:首先以扫描半径为偏移距离,进行截面轮廓一次补偿重建,生成内外边界扫描路径;然后再以扫描直径为偏移距离,进行截面轮廓二次补偿重建,获得层面内部填充轮廓,进行填充区域扫描路径规划,生成层面内填充扫描路径。在实际扫描中,现有的平行扫描方式的实现也都包含有层面的内外边界扫描和内部平行填充扫描。

　　另外,采用 LMDS 工艺成形的金属全密度零件一般都要经过后处理之后才能应用,后处理工艺主要包括表面缺陷的修补及去除、表面质量的提高、几何特征(如孔、螺纹)的加工等。因此,在生成轮廓扫描路径时向实体区域内侧偏移还是外侧偏移取决于激光光斑的半径和后处理的余量设定值,但轮廓扫描路径本质上就是采用对截面轮廓向实体区域内侧或者外侧偏移一个偏移量的方法生成的[49]。这里补偿路径生成采用文献[12]中所述方法来实现,并且对于下文提到的生成内部填充路径的内外环轮廓是指经过分层轮廓二次补偿的层面内部填充轮廓。

　　轮廓内部平行填充扫描就是如何填充多边形区域的问题,它占用了快速成形制造中主要的加工时间[50],一直是快速成形领域内的热点问题。

　　文献[12]、[40]和[41]提出了可避免穿越孔洞和凹槽的平行扫描路径生成方法,为了便于后续区别表述,这里将它们统一称为分组平行扫描。它们的内部平行填充扫描线的获取方法是:分别以分层轮廓[12,40]或独立轮廓组[41]为规划路径的基本单位,在 y 值最小的极小值点和 y 值最大的极大值点之间按照设定的扫描间距布置扫描线,求出扫描线和截面轮廓多边形的交点,将每条扫描线上的交点排序并组合成填充线,然后对内部填充扫描线进行分组,同组的相邻填充扫描线通过过渡扫描线连接,从而形成若干可连续扫描的扫描矢量组。

　　现有平行扫描路径的分组方法可分为两种:

　　(1)当激光扫至边界即回折反向填充同一区域,据此对扫描线进行分组[12,40],如图 4-22(a)所示;

　　(2)根据扫描线上填充线段的段数变化与否来分组[41],如图 4-22(b)所示。

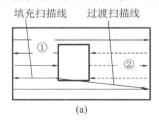
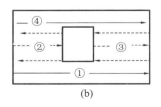

图 4-22　现有分组扫描路径示意图

(a)分组扫描 1;(b)分组扫描 2

4.4.2.2 过熔覆和欠熔覆的成因分析

利用上述扫描路径生成方法生成的平行扫描路径在 LMDS 系统中进行实际扫描时,发现存在如下问题:在内外环极值点和水平边处常常出现局部凸起的过熔覆现象或局部沟壑的欠熔覆现象,严重影响成形精度和成形质量,甚至直接导致后续成形加工无法顺利进行。为提高成形质量,保证成形加工的顺利进行,必须找到根本原因,进而找到相应的解决办法。

LMDS 的成形试验表明:相邻扫描线的实际扫描间距比设定的扫描间距偏小,会导致相邻扫描线重叠面积过大,从而出现局部凸起的过熔覆现象;相邻扫描线的实际扫描间距比设定的扫描间距偏大,会导致相邻扫描线重叠面积过小,从而出现局部沟壑的欠熔覆现象[51]。下面我们结合 LMDS 成形工艺,从扫描路径生成过程来分析过熔覆和欠熔覆现象的根本成因。

1. 特征点和特征边处扫描间距误差的成因

截面轮廓可能包含若干外环和内环,内环各点按顺时针连接,外环各点按逆时针连接;而每个外环轮廓和其所属内环构成一个独立轮廓组。在内外环轮廓中,极值点可分为平凡极值点和非平凡极值点[12]。平凡极值点称为轮廓的特征点;而非平凡极值点总是成对出现,构成了一条水平边,该水平边称为特征水平边。如图 4-23 所示,特征水平边又可分为 4 类:极小值边、极大值边、上升边和下降边。

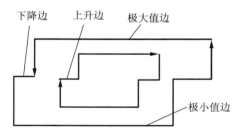

图 4-23 特征边的分类

在利用文献[12]、[40]和[41]提出的算法生成的平行扫描路径中,内部平行填充扫描线的获取方法是:在 y 值最小的极小值点和最大的极大值点之间按照设定的扫描间距布置扫描线,求出扫描线和截面轮廓多边形的交点,将每条扫描线上的交点排序并组合成填充线。因此,如图 4-24 所示,将待考察极值点和 y 值最小的极小值点之间 y 方向上的距离称为待扫描距离,对待扫描距离与设定的扫描间距 d 的比值取整即可得到该待扫描区域的扫描线数 n。以外环极大值点为例,在该点处填充扫描线间的实际扫描间距的计算公式为

$$d_{max} = y_{max} - (y_{min} + dn) \qquad (4-10)$$

$$\Delta d_{max} = |d_{max} - d| \qquad (4-11)$$

式中:y_{max}、y_{min} 为当前极值点和最小值点的 y 坐标值;d_{max} 为当前极值点与最后一

条扫描线之间的实际扫描距离；Δd_{max} 为扫描间距误差。

由上文可知，只要考察的当前极值点和 y 值最小的极小值点之间的待扫描距离与设定的扫描间距的比值不是整数，在极值点处就会出现扫描间距误差，扫描间距误差越大，过熔覆或欠熔覆现象越明显。虽然扫描间距误差会在一个设定扫描间距内，但是，由于较大的 LMDS 的光斑直径和对应的扫描间距（通常达到 1.0 mm 以上）导致扫描间距

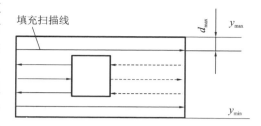

图 4-24　分组扫描路径的扫描间距误差

误差比较大，因此过熔覆或欠熔覆现象比较明显，直接影响了成形层面质量。针对上述问题，在生成扫描路径时，必须尽量减小极值点处的扫描间距误差，从而有效地消除或减小这种影响。

2. 过渡扫描线与过熔覆现象的产生

对内部填充扫描线进行分组，同组的相邻填充扫描线通过过渡扫描线连接，从而形成若干可连续扫描的扫描矢量组。在内外轮廓特征水平边区域，当相邻填充扫描线之间的过渡扫描线跨越特征边时，过渡扫描线与特征边的扫描间距常常比设定的扫描间距小，由此出现过熔覆现象。这属于不当的填充扫描线连接，因此，在扫描路径生成中应避免出现此类不当的填充扫描线连接。

4.4.3　自适应平行扫描路径规划研究

在扫描路径规划中为避免出现上述扫描间距误差和不当的填充扫描线连接的现象，我们提出一种自适应平行扫描路径生成算法。该算法的基本思想是：以各个独立轮廓组为截面轮廓的基本单位，通过识别出内外轮廓的极值特征点和特征水平边，采用适应性扫描间距布置扫描线，然后优化分组连接填充扫描线生成扫描路径。

4.4.3.1　边界线间拓扑信息建立

1. 引言

通过分层计算，我们得到了零件的各层截面轮廓，但这时仅仅是得到了截面轮廓的各构成环的数据点集合，每个轮廓环由一系列点按照一定的方向组成并且首位封闭。轮廓环又可分为外环和内环，外环顶点沿逆时针方向排列，内环顶点沿顺时针方向排列。对应零件实体表现来看，一个外环的包围区域是实体部分，一个内环的包围区域是空洞部分。如果一个外环包容且仅包容内环，那么它们共同组成的区域就是一个有空洞的实体，这是一个单连通区域；如果一个外环包容

的内环又包容外环,那么共同组成的区域是一个多连通区域。相离的一些外环都可以分为几个单连通或多连通区域。

通过分层得到的一系列轮廓环之间的相互关系是不确定的,在后续的扫描路径规划和支撑生成中进行二维图形的运算时就必须分别考虑每个轮廓环,而不能根据轮廓环相互关系简化运算,重复计算量较大;多连通区域的数据处理也比较复杂,所以我们要对这些轮廓环进行拓扑信息建立。这里的拓扑是一种研究位置关系的几何,它的创始人——彭加纳将之称为位置几何分析[7]。

轮廓环间拓扑信息建立就是指判断出层面上的这些轮廓环之间的对应关系。在此基础上,可找出截面轮廓中的若干独立轮廓组,独立轮廓组由一个仅包容内环的外环和其所属内环构成,内外环之间构成一个单连通区域。因此,对截面轮廓环进行独立轮廓组的划分也就是把整个平面区域分解成了若干单连通区域。在后续二维图形运算中就只需对单连通区域的独立轮廓组进行数据处理,从而简化运算。

2. 截面轮廓环的相互关系和存在规则

对于没有错误信息的模型分层得到的若干轮廓环而言,它们是不会相交的,只存在相离和包容的关系。轮廓环之间应该满足如下规则[52]:

(1)不被任何环所包容的轮廓环是最外层环,它肯定是一个外环,一个层面可以存在一个或一个以上的最外层环,但至少存在一个;

(2)一个内环至少被一个外环所包容,因为内环所包围的区域是空洞,而空洞不可能单独存在,它只能存在于实体中;

(3)一个单连通区域只存在一个外环,但可以存在多个内环。

3. 边界线间拓扑信息建立与独立轮廓组的划分

根据上述轮廓环间的相互关系及存在规则,对截面轮廓环进行独立轮廓组划分的详细过程如下。

(1)找出所有的外环。外环的个数有多少,则独立轮廓组的分组数就有多少。

(2)计算各轮廓环被包容的次数。由于分层得到的各轮廓环之间只存在相离和包容两种关系,如果一个轮廓环被另一个轮廓环包容,则该轮廓环上的所有点和它们之间的连线都落在另外一个轮廓环内部,因此判断轮廓环之间的包容关系时,只需判断轮廓环上的一个点是否落在另外一个轮廓环所包围的区域内部即可,而判断一个点是否落在另一个轮廓环内部可以利用射线交点计数法。如图4-25所示,在待判定轮廓环最左侧引一条射线,如果该射线与另一个轮廓环的交点个数为奇数,则该轮廓环被包容(如轮廓环 L_2 和轮廓环 L_1,轮廓环 L_2 被轮廓环 L_1 包容);如果该射线与另一个轮廓环的交点个数为偶数,则这两个轮廓环相离(如轮廓环 L_2 和轮廓环 L_3,轮廓环 L_2 和轮廓环 L_3 相离)。

设总轮廓环数为 N,初始化所有轮廓环的被包容次数为 0,按照 C++语言规则判断各轮廓环被包容次数的程序如下:

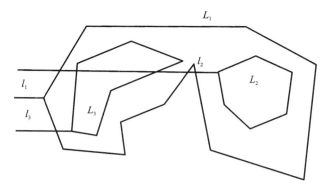

图 4-25　射线交点计数法拓扑关系判断

```
for(int m=0;m<N-1;m++)
for(int n=m+1;n<N;n++)
{
    if(环 m 被环 n 包容)
    {
        环 m 的被包容次数加 1;
    }
    else if(环 n 被环 m 包容)
    {
        环 n 的被包容次数加 1;
    }
}
```

(3)独立轮廓组的划分。根据轮廓环的存在规则和相互关系,可以知道一个单连通区域的轮廓环的被包容次数只相差 1,而且如果一个外环(或者内环)被另一个外环(或者内环)包容,那么它们的被包容次数肯定大于 1,所以,如果一个内环被一个外环包容,且内环的被包容次数比外环的被包容次数仅多 1 次,那么它们为一个独立轮廓组。

按照上述方法就将同一个分层平面的所有轮廓环划分成了若干独立轮廓组,每组只有一个外环,而且每个独立轮廓组的内外环之间所构成的区域就是一个单连通区域。

4.4.3.2　自适应平行扫描路径的生成算法

由于每个独立轮廓组的内外环之间构成一个待填充的连通子区域,因此自适应平行扫描就是以此为截面轮廓的基本单位来进行扫描路径规划的。自适应平行扫描路径的具体生成过程如下所述[53]。

1. 搜索独立轮廓组的特征水平边和特征点

假设扫描线方向为水平方向,在独立轮廓组中的内外环多边形上找到所有特征点和特征水平边的端点,按照各点 y 坐标由小到大的顺序,存入特征点数组中。

2. 适应性扫描间距布置扫描线并计算与轮廓线的交点

由上述分析可知,按设定扫描间距来布置扫描填充线不可避免地存在扫描间距误差,为减小这种扫描间距误差,基于扫描误差均匀分配的原则,提出了适应性扫描间距布置生成扫描填充线的方法,具体过程如下。

(1)适应性扫描间距确定。依次取特征点数组中相邻两个 y 坐标值不等的特征点,过这两点水平线间的轮廓内区域为待扫描区域,进而可得到两点之间 y 方向待扫描距离,将待扫描距离与设定的扫描间距的比值取整,得到扫描线数,反过来,将待扫描距离与扫描线数的比值作为该区适应性扫描间距。

(2)布置扫描线与轮廓求交。从 y 值较小的特征点开始在待扫描区域内根据实际扫描间距布置扫描线,求出每条扫描线与区域轮廓线的交点,存储在相应的扫描线链表中。当特征点或特征边落在扫描线上时,交点计入链表原则如下:

①特征点不计入;

②要将特征边包含在扫描线内,同时记录特征水平边所在扫描线的序号。具体获取交点方法为(见图 4-26):假设特征边起、终点分别为 $p_i(x_i, y_i)$ 和 $p_{i+1}(x_{i+1}, y_{i+1})$,当 $x_{i+1} \geqslant x_i$ 时,如果特征边为极小值边,将其两个端点计入,如果特征边为下降边,将起点计入,如果特征边为上升边,将终点计入;当 $x_{i+1} \leqslant x_i$ 时,如果特征边为极大值边,将其两个端点

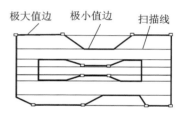

图 4-26 扫描线与特征边的交点判定

计入,如果特征边为上升边,将起点计入,如果特征边为下降边,将终点计入。将每条扫描线的交点按照 x 坐标从小到大的顺序进行排序。

3. 优化分组扫描填充矢量

(1)填充矢量的生成。取每条扫描线的相邻的两个交点的 x 坐标,与该扫描线的 y 坐标合成填充矢量,构成了扫描线上的一条填充线段。将第偶数条扫描线上的填充矢量的起点和终点位置互换,倒置矢量的方向。在此,特征水平边所在扫描线上的填充矢量称为特征填充矢量。

(2)填充矢量的分组。首先根据扫描线上填充线段的段数变化与否将扫描线分成若干组;然后对任意一组扫描线,根据填充矢量在所属扫描线上所处位置的不同,对组内所有填充矢量进行分组。

(3)扫描路径的生成。对于任意一组填充矢量,将组内的填充矢量顺次进行连接。如果该组内包含特征填充矢量,需判断该特征填充矢量与其相邻的前后填充矢量是否可连,判定方法如图 4-27 所示。

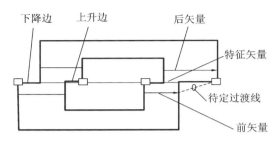

图 4-27　特征填充矢量可连性判断

因为极大值边和极小值边的上下相邻扫描线上的填充线段段数会发生变化,所以此时的特征边只能是上升边或下降边。首先可通过判断对应点 x 坐标是否相等,确定特征填充矢量和特征边是否有重合点,然后根据有无重合点情况进行填充矢量的连接。连接填充矢量的原则如下:

(1)无重合点,则正常进行矢量连接;

(2)有重合点,则特征边包含在该特征填充线段内。因为相邻两矢量之间的过渡扫描线不能在实体轮廓之外,根据实体内部点总在轮廓线的左侧的特点[12],取待定过渡扫描线的中点,判定该点在特征边的左右位置:如果在左侧,则该过渡扫描线有效,对应的两填充矢量可连;否则,两填充矢量不可连。其中,如果重合点是特征矢量起点,则取该点和前矢量终点,否则,取该点和后矢量起点,分别形成待定过渡扫描线,进行有效性判定。

图 4-28 所示是分组扫描 1 和自适应分组扫描生成的扫描路径实例,从图 4-28 中可以看出,在自适应分组扫描的扫描路径中,避免了分组扫描 1 出现的过渡扫描线的不当连接现象,并且通过误差均布原则布置生成扫描填充线,减小了分组扫描 1 在特征边处出现的扫描间距误差,有效地消除了这两种现象在成形过程中对成形质量的影响,有利于提高成形质量和保证成形加工的顺利进行。

图 4-28　扫描路径生成实例对比

(a)分组扫描 1;(b)自适应分组扫描

4. 输出扫描路径 CLI 文件

通过以上方法计算生成的截面扫描路径数据一般要保存成数据文件，以便在成形加工工艺过程中调用读取，而选择合适的文件保存类型是方便读写、方便数据交换的重要保证。

CLI(common layer interface)文件是获得普遍应用的数据格式，它是一种三维模型分层之后的数据存储格式，产生于几家欧洲汽车制造商支持的 Brite-Euram 联合项目中，其开发宗旨是数据格式必须独立于制造系统和应用程序。

CLI 文件是一种简单、高效和无二义性的 RP 系统的输入格式，有二进制和文本两种格式。每一层用层厚和轮廓线描述，轮廓线定义了实体区域的边界，它必须是封闭的，没有自相交或不能与其他轮廓线相交。填充线是一系列直线，由一个起点和一个终点定义。在 LMDS 的扫描路径规划时，要输出边界轮廓扫描和内部平行填充扫描路径的各构成点，CLI 文件可以满足这两种输出数据表达的需要，因此采用 CLI 文件作为 LMDS 的截面扫描路径数据的存储格式。当进行熔覆成形时，LMDS 成形系统读取 CLI 文件并且按照 CLI 文件中记录的数据进行轨迹扫描熔覆。

CLI 文件的结构主要由头文件和几何数据组成[54]。头文件主要记录计量单位、文件创建日期、总层数及用户数据。几何数据主要记录用于描述二维截面的层(layer)、描述多边形轮廓线的多线(polyline)和填充线(hatch)等数据单元。以下是一个 ASCII 格式的 CLI 文件的实例：

```
$$ HEADERSTART                              //文件头区的开始标志
$$ ASCII                                     //ASCII 数据格式标志
$$ Unit/1.0                                  //数据单位(mm)
$$ date/20051001                             //文件的创建日期
$$ LAYERS/7                                  //总分层数
$$ HEADEREND                                 //文件头区的结束标志
$$ GEOMETRYSTART                             //几何数据区开始标志
$$ LAYER/0.7                                 //描述层高度
$$ POLYLINE/1,1,12,10.30,41.70,…            //轮廓数据
$$ HATCHS/1,50,8.90,10.19,…                 //填充数据
……
$$ LAYER/4.9
$$ POLYLINE/1,1,12,10.30,41.70,…
$$ HATCHS/1,50,8.90,10.19,…
$$ GEOMETRYEND                               //几何数据区结束标志
```

轮廓数据描述部分 POLYLINE 的格式为：
$$ POLYLINE/id,dir,n,P_{1x},P_{1y},…,P_{nx},P_{ny}

其中,id 用于标识同一个文件中包含多个三维模型;dir 为从 Z 轴的负方向看二维轮廓的方向:0 为顺时针,1 为逆时针,2 为开口线;n 为顶点个数;P_{1x},P_{1y},$\cdots$,P_{nx},P_{ny} 是对应点的 x,y 坐标。

填充数据描述部分 HATCHS 的格式为:

$$\$\$ \text{ HATCHS } /id,n,P_{1x},P_{1y},\cdots,P_{nx},P_{ny}$$

其中,id 用于标识同一个文件中包含的多个三维模型;n 为顶点个数;P_{1x},P_{1y},$\cdots$,P_{nx},P_{ny} 是对应点的 x,y 坐标。

4.4.3.3　多区域扫描路径的优化方法

1. 空跳行程与成形效率的关系

在同一层中扫描路径大多包含多个填充扫描路径分组,在初步形成的 CLI 文件中,它们的排序是随机的。成形扫描时,同一组的填充路径构成一个可实现连续扫描熔覆的子区域,而不同子区域间需要进行空跳,在空跳行程中金属粉末不能被熔覆。因此,一个零件的成形加工时间由两部分组成:实际扫描熔覆时间和空跳时间。

实际扫描熔覆时间由各子区域内部从起点到终点的扫描距离决定,由于扫描路径已按上节所述算法生成,在此这个距离是不变的。

空跳时间则由空跳距离决定,由于对各扫描子区域的扫描顺序的排序是随机的,没有经过优化处理,因此空跳距离并不一定是最短的。空跳距离的长短直接决定着空跳距离时间,并且空跳轨迹对成形质量和粉末利用率都有较大影响。对于现有的 LMDS 系统而言,由于硬件设备的限制,激光功率不能实时调节,但该系统有电子式和机械式两种光闸,其中机械式光闸灵敏度较低,不适合频繁地快速关闭激光;电子式光闸灵敏度较高,空跳时通常采用电子式光闸来关闭激光,但由于粉末的输送还不能被实时控制,空跳时送粉器仍然持续送粉,虽然此时金属粉末不会被熔覆,但空跳轨迹处会沉积多余的粉末,如果后续该处进行扫描熔覆,则容易出现过熔覆现象。此外,空跳距离越长,浪费的粉末越多,空跳时间越长,进而导致成形效率越低。

鉴于此,我们研究如何优化各组的扫描顺序,使各子区域间的空跳距离总和最短,这是通过优化加工路径提高成形效率和质量的必要环节和根本途径。

2. 各子区域扫描顺序的优化排序算法

考虑到分组扫描的特点,每个扫描分组构成一个可连续扫描的子区域,这样每个子区域可选择两个点,分别是扫描起点和扫描终点。

令 S 为层面,则有:$S=\{R_k\}$,$1\leqslant k\leqslant n$,其中 R_k 为 S 中的第 k 个子区域(子集)。每个子集包括两个点 P_k 和 P_k^1。同文献[55]所提出的刀轨路径优化算法类似,暂设 P_k 为起点,P_k^1 为终点,并暂设 R_1 为起点,且在路径上 P^1 必须跟在 P 的后边,则最终得到一个完全图 $G_{2n}(P_1,P_1^1,P_2,P_2^1,\cdots,P_n,P_n^1)$。

求解时，文献[55]指出，首先设 G 的一条满足限制条件的哈密尔顿道路以 R_1 为起点连接各子区域的最优解为 L_1，然后分别以 R_2，$\cdots$，R_n 为起点，得到连接各子区域的最短路径 L_2，$\cdots$，L_n，比较各个解，选出一个最优解 L 即为完全图 G 的解，也就是多区域分组扫描的最优路径。

设初始扫描路径 $L = R_1$，R_2，$\cdots$，R_n 的长度为

$$D(L) = d(P_1 P_1^1) + d^1(P_1^1 P_2) + d(P_2 P_2^1) + \cdots + d^1(P_{n-1}^1 P_n) + d(P_n P_n^1)$$

$$(4-12)$$

式中：$d(P_i P_i^1)$ 为子区域内部从起点到终点的扫描距离，该距离是扫描路径优化的另一个问题，由于扫描路径已按上节所述算法生成，在此假定该距离是不变的；$d^1(P_i^1 P_{i+1})$ 为第 i 个子区域的终点到下一个子区域的起点的距离，即不同扫描分组间的空跳距离，由于下一个子区域是不确定的，因此该距离是可变的，而使总加工路径 L 最短的下一个子区域正是问题求解的实质所在。文献[55]结合贪婪法和枚举法来求取多区域间的最小距离，进而实现多区域行切路径优化，对空跳路径进行判断比较的次数较多，越不利于算法的快速实现。

由于我们是针对各个独立轮廓组（单连通区域）来生成平行扫描路径的，并且各个独立轮廓组中通常存在若干扫描矢量分组，每个扫描分组构成一个可连续扫描的子区域，并且实际扫描头一般从坐标原点（机械原点）出发进行顺次扫描，我们提出了如下两步走的扫描顺序优化算法，具体算法如下。

（1）优化排序各单连通区域内各子区域的扫描顺序。以各子区域起、终点为待定点，采用下面的多区域最小空跳距离算法，具体步骤如下：

①将各子区域起终点作为待定点，均置"未曾判定"标志；

②找到与坐标原点（机械原点）距离最小的点，以它为任意子区域的起点或终点，然后找到其对应的终点或起点，用以作为基点，同时置"已判定"标志；

③找到与基点距离最小的点，以它为任意子区域的起点或终点，然后找到其对应的终点或起点，用以作为新基点，同时置"已判定"标志；

④判断是否还有无"未曾判定"的待定点，如果还有"未曾判定"的待定点，则转向步骤③。

（2）优化排序各单连通区域的扫描顺序。以各单连通区域起、终点为待定点，采用上述的多区域最小空跳距离算法，对各区域扫描顺序进行排序。

3. 算法实例与结论

图 4-29 所示为空跳路径优化示例。其中图 4-29(a) 所示为对各子区域的扫描顺序未进行优化的空跳路径情况；图 4-29(b) 所示为对各子区域的扫描顺序进行优化后的空跳路径情况，由此可以看出，空跳距离大大减小，这有利于缩短加工时间，提高成形效率。

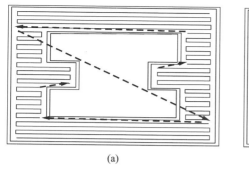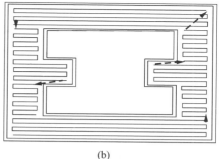

(a)　　　　　　　　　　　　　　　　(b)

图 4-29　空跳路径优化示例

(a)优化前的空跳路径；(b)优化后的空跳路径

4.4.3.4　分组平行扫描方式的实现

上文研究了基本的扫描路径生成算法，即填充矢量平行于 x 轴且扫描线传播方向沿 y 轴正方向。但单纯地采用单向扫描，容易使过熔覆或欠熔覆缺陷在每层的近乎同一处产生，造成缺陷积累，影响整体成形质量。通常采用层间变向的扫描方式，即不同层扫描路径的填充矢量有所不同，下一层扫描方向与上一层扫描方向有一定角度，可以通过试验找到合适的变化角度，使扫描方向重复得尽可能少。这种扫描方式可避免扫描线的收缩应力方向一致导致层间变形的累积，同时使缺陷位置不会总在同一个位置出现，每层缺陷相对分散，提高了成形质量。此外，对于直接金属沉积成形，层间变向的扫描方式能使热应力影响尽可能各向同性，减少各向异性的缺陷，使工件的内部组织结构合理，力学性能更优。

常见的层间变向的扫描方式的变化形式有：

(1)填充矢量平行于 y 轴；

(2)传播方向与坐标轴相反；

(3)填充矢量与坐标轴斜交。

上述变化形式相互组合，可以产生不同的扫描方式，因此要对基本算法作相应修正。

本书采用一个统一方法：

变换　→　基本算法　→　反变换

以层间变向(即相邻层截面的扫描方向之间错开一个 α 角)的扫描方式为例，一般采用正交扫描，即 α 等于 $90°$。因此，如果当前层前扫描线方向与 x 坐标轴成 α 角时，扫描路径的内部填充矢量生成步骤为：

(1)将当前截面按顺时针方向旋转 α 角；

(2)按平行于 x 坐标轴的扫描方向规划扫描路径；

(3)将所得扫描路径反向旋转 α 角。

4.4.3.5　分组平行扫描路径的对比试验分析

结合图 4-28 所示分组扫描 1 和自适应分组扫描生成的扫描路径实例,在 LMDS 成形系统中进行了对比试验,图 4-30 所示为在工艺参数一致的情况下这两种扫描路径的填充轨迹照片。

(a)　　　　　　　　　　　　　　(b)

图 4-30　填充轨迹照片

(a)分组扫描 1;(b)自适应分组扫描

注:层厚:0.6 mm;扫描间距:1.3 mm;扫描速度:5 mm/s;激光功率:900 W;送粉量: 4 g/min;成形材料:镍基金属粉末。

结合扫描路径和实际扫描轨迹,得到如下结论:

(1)基于轮廓特征点和特征边识别的适应性扫描间距的扫描填充线生成方法,减小了因扫描间距误差而导致的过熔覆或欠熔覆现象对成形质量的影响,成形层面的扫描线之间连接平滑稳定。

(2)基于过渡线中点和特征边位置关系判断优化连接填充矢量生成扫描路径的方法,避免了因扫描填充线的不当连接而出现的层面局部凸起现象,保证了成形高度的一致性,有利于后续成形加工的顺利进行。

4.4.4　分区平行扫描路径规划研究

4.4.4.1　扫描路径规划与成形质量和成形效率的关系

针对应用现有平行扫描路径生成算法生成的平行扫描路径在 LMDS 系统中进行实际扫描时,在内外环极值点和水平边处常常出现局部凸起的过熔覆现象或局部沟壑的欠熔覆现象,上文分析指出了极值点处的扫描间距误差和水平边处扫描填充线的不当连接是出现上述现象的根本原因,并且提出的自适应分组扫描路径生成方法,有效地减小了扫描间距误差和避免了扫描填充线的不当连接,解决了因扫描路径规划对成形质量产生不利影响的问题。从实际需要来看,为进一步提高成形质量和成形效率,扫描路径规划还应考虑以下问题。

内部填充扫描线分组后形成若干可连续扫描的子区域,实际扫描时,不同子区域间需要空跳动作,空跳距离的长短直接关系到成形效率的高低。虽然空跳距离可通过优化各子区域的扫描顺序来实现,但是空跳次数决定了激光器的开关次数,直接影响成形系统的稳定性和激光器的使用寿命。因此,如何减少扫描轨迹中的空跳动作次数也是扫描路径规划中的重要问题。

分组平行扫描可分为沿长边扫描和沿短边扫描,试验表明,沿长边扫描,层面翘曲变形更大,沿短边扫描,相邻扫描线间的相互浸润性好,成形效果好;而单纯地沿短边扫描,又会造成同一方向层间变形的累积,导致层面翘曲变形增大,通常采用层间变向的扫描方式,但这又会出现沿短边扫描和沿长边扫描交替的情况。此时,扫描填充路径规划需要考虑:如何在扫描方向确定的情况下,使扫描线相对变短以减小层面翘曲变形。

鉴于此,文献[56]提出一种基于截面轮廓优化单调分区的平行扫描路径生成算法,基本思想是:首先基于顶点可见性原理将层面轮廓优化分解成若干单调子区域,以减小分区数量;然后针对各个子区域内部采用适应性扫描间距的平行路径填充。

4.4.4.2　基本理论

由分层得到的截面轮廓是由若干封闭的外环和内环组成的,另外每个环的复杂程度不一,可能是凸多边形,也可能是凹多边形。每个外环和其所属内环形成一个独立轮廓组,独立轮廓组的识别见上文。

首先给出几个定义。为便于讨论,假设扫描方向平行于 x 轴,对于任意扫描方向,可通过坐标变换使其平行于 x 轴。

定义 4.1　极值点:如点 $P(x_i, y_i)$ 为极值点,其判别条件为

$$y_{i-1} - y_i \geqslant 0 \text{ 且 } y_{i+1} - y_i \geqslant 0 \tag{4-13}$$

$$y_{i-1} - y_i \leqslant 0 \text{ 且 } y_{i+1} - y_i \leqslant 0 \tag{4-14}$$

式中:y_{i+1} 和 y_{i-1} 分别为点 P_i 的前后相邻点的纵坐标。如图 4-31 所示,满足式(4-13)的点为极小值点(如点 P_1 和点 P_2),满足式(4-14)的点为极大值点(如点 P_6)。式(4-13)与式(4-14)不能同时取等号,如果式(4-13)与式(4-14)中各式都不取等号,则该极值点为平凡极值点(如点 P_1 和点 P_2),否则为非平凡极值点(如点 P_6)。另外根据极点凸凹性

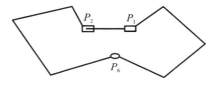

图 4-31　极值点的识别

分别称为凸(凹)极大(小)值点[57]。

定义 4.2　连接点:当用水平扫描线从下向上扫过时,连接点处将原有的两个

区域合并为一个区域。其中,外环的凹极大值点和内环的凸极大值点为连接点。

定义 4.3 分离点:当用水平扫描线从下向上扫过时,分离点将原有的一个区域分割为两个区域。其中,外环的凹极小值点和内环的凸极小值点为分离点。

定义 4.4 单调多边形:如果任意水平线穿越一个多边形,有效交点最多只有两个时(当多边形上的水平边的两个端点与水平线重合时,只记其中一点),则该多边形为单调多边形。单调多边形一定不含连接点和分离点[58]。

从上述定义可知,截面轮廓的单调分区本质上就是消除连接点和分离点。此外,由于实际扫描时不同子区域间需要空跳动作,因此单调区的数量直接决定着空跳的次数。为减小分区的数量,以非单调

图 4-32 连接点和分离点的消除

多边形的单调剖分为例,本书给出如下剖分规则(见图 4-32)。

规则 4.1 在消除分离点时,应保证插入边的另一端点比相应的分离点低,在消除连接点时,应保证插入边的另一端点比相应的连接点高,这样即可将原分离点和连接点类型的顶点改为普通顶点。

规则 4.2 对于一个非单调多边形,如果有且仅有一个连接点或分离点,则过该点分别向上或向下引一条垂线,可将该非单调多边形分割为两个单调多边形。

规则 4.3 对于一个非单调多边形,假设它只包含一个连接点和一个分离点,如果分离点的 y 坐标大于连接点的 y 坐标,且这两点在非单调多边形内彼此可见,则这两点连线将原多边形分割为两个单调多边形。

4.4.4.3 分区平行扫描路径的生成算法

由于独立轮廓组的内外环之间构成一个待填充的连通子区域,分区平行扫描就是以此为截面轮廓的基本单位来进行扫描路径规划的,因此分区平行扫描路径的生成过程包括:首先找出截面的所有独立轮廓组;然后针对每个独立轮廓组区域,基于顶点可见性原理[59-60],去除内环,将平面区域分割成若干简单多边形子区域,再将非单调简单多边形剖分成若干单调多边形子区域;最后,对各个单调多边形子区域采用适应性扫描间距进行平行扫描路径规划。

1. 去除内环算法

对于包含内环的独立轮廓组,要想将此类平面区域转化为单调多边形子区域,就要在区域内的分离点和连接点处通过插入适当的边消除这些点。由于内环上的最大 y 值点和最小 y 值点必为连接点和分离点,而它们的数量要远小于平面区域内连接点和分离点的数量。因此,提出两步走的单调分区算法,首先通过去除内环将平面区域分割成若干单调多边形子区域,然后将非单调简单多边形剖分成若干单调多边形子区域。

为使截面的分区数量减到最小,应使一个分区轮廓上包含尽可能多的端点,

这些端点为原平面图形的连接点和分离点，并将各点之间的连接线作为不同区域的直割线。因此，提出基于顶点可见性原理，以内环最大 y 值点和最小 y 值点为视点选择可见连接点的去除内环算法，如图 4-33 所示。该算法具体步骤如下所述。

第一步　找到所有内环 y 方向上的最大值点 y_{max} 和最小值点 y_{min}，将其分别存储在最大值点数组和最小值点数组中，并按各点 y 值由小到大的顺序统一存储在极值点数组中；同时找到外环的连接点和分离点，按各点 x 值由小到大的顺序分别存储在一个分离点数组和一个连接点数组中，并给各点加标识。

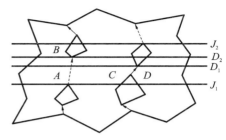

图 4-33　去除内环示意图

第二步　找到 y 值最小的 y_{max} 点确定水平线 J_1，取该水平线 J_1 以下的 x 值最小的 y_{min} 点作为视点，并依次取外环分离点数组中 y 值小于视点 y 值的分离点作为待选可见点，进行可见性判断，如果存在可见点，找到第一个可见点，用以作为连接点；否则，以该点为一端点向下发出垂直割线与外环求交，并取最近交点作为连接点；然后找到该 y_{min} 点所在内环上的 y_{max} 点，用以作为视点。

第三步　判断该视点以上是否存在 y_{min} 点，如果存在 y_{min} 点，则找到相邻的 y_{min} 点确定水平线 D_1，并取该 y_{min} 点以上相邻的 y_{max} 点确定水平线 J_2，转第四步；否则，转第六步。

第四步　这两条水平线 D_1 和 J_2 之间的 y_{min} 点按各点 x 值由小到大的顺序排列形成待选可见点数组，然后依次取待选可见点数组中的 y_{min} 点进行可见性判断，如果存在可见点，则找到第一个可见点，用以作为连接点，然后找到该可见点所在内环上的 y_{max} 点，用以作为视点，转第三步；否则，转第五步。

第五步　以该视点为一端点向上发出垂直割线与外环和其他内环求交，并取最近交点作为连接点，如果连接点在内环上，则找到该内环上的 y_{max} 点，用以作为视点，转第三步；否则，转第七步。

第六步　依次取外环连接点对应数组中的 y 值大于视点 y 值的连接点作为待选可见点，进行可见性判断，如果存在可见点，找到第一个可见点，用以作为连接点；否则，以该点为一端点向上发出垂直割线与外环求交，并取最近交点作为连接点。

第七步　将原外环剖分为左右两个外环，各点标识不变，判断是否还有未去除的内环，并将其归入对应的外环中。对于包含内环的外环，返回第一步继续去除内环，并且首先处理左外环，这样所得简单多边形按从左到右的顺序依次排列，便于后续处理，直到所有内环均被去除。

上述顶点对之间可见性判断方法与下面所述的多边形顶点可见性判断算法

同理,只是当过两点的水平线与内环相交时(见图 4-33),对 A 和 B 两点作可见性判断,过连接点 A 的水平线与其他内环存在右交点 C 和 D,此时候选区内存在内环上的待判定点,增加判断这些点与分割线 AB 位置关系的判定。判定规则是右交点之间的各待判定点不在分割线 AB 左侧,左交点之间的各待判定点不在分割线 AB 右侧,则分割线 AB 的两端点 A 和 B 可见。

2. 单调剖分算法

截面轮廓图形通过去除内环形成若干简单多边形分区图形。针对每个简单多边形,判断是否还存在分离点或连接点,如果存在分离点或连接点,则该简单多边形为非单调多边形,需要进行单调剖分,此时如果同时存在分离点和连接点,结合规则 4.1 找出待判定的点对,判断它们之间是否可见,如果存在一对可见点,则可以形成一条以这两点为端点的直割线,并由规则 4.3 可知,该直割线可将原图形分割为两个仅在割线处相交的多边形,且同时消除了一个连接点和分离点,达到减少单调分区的目的。因此,本书提出基于简单多边形连接点和分离点可见性判断的单调剖分算法,如图 4-34 所示,该算法具体步骤如下。

第一步 将简单多边形上的分离点和连接点找出来,将它们按 x 值由小到大的顺序,分别存储在一个分离点数组和一个连接点数组中。

第二步 判断连接点和分离点数组中元素的个数,如果两者都为零,表示不存在连接点和分离点,则转到第五步;如果只有一个为零,表示只存在分离点或只存在连接点,则转到第四步;如果两者都不为零,表示同时存在分离点和连接点,则转到第三步。

第三步 比较两个数组中元素的个数,以元素个数较少的数组为视点数组,另一数组为待选可见点数组,依次取视点数组中的各元素为视点,并结合规则 4.1 选择待选可见点数组中的元素为待选可见点,进行可见性判断,如果存在可见点对,则找到第一对可见点,形成分割线,将原多边形剖分成左右两个多边形,针对每个多边形,转到第一步;如果不存在可见点对,则将这两组元素按 x 值由小到大的顺序统一存储在极值点数组中,转到第四步。

第四步 从相应数组中取出第一个元素,以该点为一端点,结合规则 4.2 向上或向下发出垂直割线与多边形各边求交,并取最近交点作为连接点,形成分割线,将原多边形剖分成左右两个多边形,针对每个多边形,转到第一步。

第五步 结束。

由上述内容可知,顶点对可见性判断是单调剖分的关键环节,提出了顶点可见性判断算法。如图 4-34 所示,分别过连接点 A 和分离点 B 作水平线,与多边形边求交,可得最近左右交点(C、E、

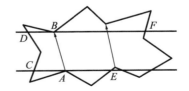

图 4-34 简单多边形的单调剖分算法示意图

D、F),两水平线之间的实体内部区域为候选区,候选区内的各点为待判定点。顶点可见性判断算法具体步骤如下。

第一步　判断左交点 C、D 之间是否存在凹点,如果不存在凹点,则转第二步;否则,判断该凹点是否在有向分割线 AB 的左侧,如果在左侧,则转第二步;否则,转第四步。

第二步　判断右交点 E、F 之间是否存在凹点,如果不存在凹点,则转第三步;否则,判断该凹点是否在有向分割线 AB 的右侧,如果在右侧,则转第三步;否则,转第四步。

第三步　顶点 A、B 可见,结束。

第四步　顶点 A、B 不可见,结束。

3. 单调子区域适应性变间距的扫描填充矢量生成算法

为避免出现上文所述分组扫描中的不等间距扫描导致的过熔覆或欠熔覆现象,提出了适应性变间距的扫描填充矢量生成算法,针对不同子区域采用适应性的扫描间距,保证均匀致密性填充扫描。该算法的实现步骤如下。

第一步　搜索单调多边形子区域的极值点:因为假设扫描线方向为水平方向,搜索单调多边形子区域,得到 y 方向上的最大值点和最小值点,同时求得该单调多边形子区域 y 方向待扫描距离,将待扫描距离与设定的扫描间距的比值取整,得到扫描线数,反过来,将待扫描距离与扫描线数的比值作为适应性的实际扫描间距。

第二步　搜索扫描线与单调多边形的交点:从最小值点处开始根据实际扫描间距布置扫描线,求出扫描线与单调多边形的交点,将求得的交点存储在相应的扫描线链表中,同时将该扫描线链表的头结点的交点数加 2。当遇到最大值点时,扫描线与单调多边形的交点数减少到零,此时扫描结束。

第三步　扫描填充矢量的生成:依次提取每条扫描线的两个交点的 x 坐标,与该扫描线的 y 坐标合成一个填充矢量。当处理第偶数条填充矢量时,应将矢量的起点和终点位置互换,倒置矢量的方向,从而形成往复填充扫描。如果该区域是第一个单调多边形子区域,按照 y 值增大的顺序提取扫描线上的填充矢量;否则搜索该区中与上一相邻单调区最后一条扫描矢量终点最近的极值点,如果是极小值,则按照 y 值增大的顺序提取扫描线上的填充矢量,如果是极大值,则按照 y 值减小的顺序提取扫描线上的填充矢量。

第四步　补偿轮廓与内部填充矢量的连接:求出每个子区域的最后一条内部填充线与补偿轮廓的交点,将内部填充矢量与补偿轮廓连接起来。

第五步　采用各扫描分区的扫描顺序优化方法,实现各分区之间有序跳转,使空跳距离最短,最后以 CLI 格式输出扫描路径文件。

4.4.4.4　分区平行扫描方式的实现

上文研究了基本的分区平行扫描路径生成算法,即填充矢量平行于 x 轴且扫描线传播方向沿 y 轴正方向。

为避免扫描线的收缩应力方向一致导致层间变形的累积,同时为减小残余应

激光沉积成形增材制造技术

力,达到减小变形提高制作精度的目的,通常采用层间变向(即相邻层截面的扫描方向之间错开一个 α 角)的扫描方式,即不同层扫描路径的填充矢量方向有所不同。层间变向一般又采用正交扫描,即 α 等于 90°。

因此,如果当前层扫描线方向与 x 坐标轴成 α 角,其内部填充路径规划采用变换与反变换方法,对基本算法进行针对性修正即可实现。

4.4.4.5 分区平行扫描路径生成实例与试验分析

1. 平行扫描路径生成实例与对比试验

为验证提出的分区平行扫描方式的有效性,我们选择了分区数量相对较小的分组扫描 1 和分区扫描,在 LMDS 系统上进行了对比试验,并记录了单层扫描成形过程中分组扫描 1 和分区扫描的若干测量结果(如表 4-4 所示)。

表 4-4　单层分组扫描和分区扫描的若干测量结果

扫描方式	扫描线总长 l_1/mm	空跳线总长 l_2/mm	光闸开关次数 N/次
分区扫描	993.3	36.68	2
分组扫描 1	1 099.3	146.7	8

图 4-35 所示为两种扫描方式下某一层的扫描路径,图 4-36 所示为在其他工艺参数一致的情况下进行分组扫描和分区扫描的填充轨迹照片,其中分组扫描是先扫描边界轮廓再进行内部填充,分区扫描是先进行内部填充再扫描分区轮廓。

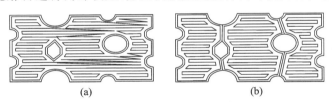

（a）　　　　　　　　（b）

图 4-35　扫描路径生成实例

（a）分组平行扫描路径;（b）分区平行扫描路径

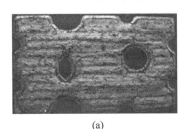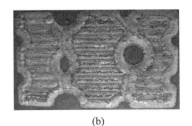

（a）　　　　　　　　（b）

图 4-36　填充轨迹照片

（a）分组扫描轨迹;（b）分区扫描轨迹

注:层厚:0.6 mm;扫描间距:1.3 mm;扫描速度:5 mm/s;激光功率:900 W;送粉量:4 g/min;成形材料:镍基金属粉末;截面尺寸:50 mm×30 mm。

2. 分析结论

结合表 4-3 的测量结果和制件实物,分析结论如下。

(1)分区扫描与分组扫描相比,扫描线总长有所减小,空跳线总长明显大幅度减小,分区扫描能够提高成形效率。

(2)分区扫描与分组扫描相比,光闸开关次数大幅度减少,在 LMDS 成形系统中有电动式和气动式两种光闸,其中气动式光闸运动振动较大,并且两者都存在光闸灵敏度问题,减少光闸开关次数有利于提高系统稳定性和零件成形精度。

(3)分区扫描的适应性变间距填充方法可避免分组扫描中出现的不等间距扫描,有效地消除了过熔覆或欠熔覆现象,成形层面的扫描线间连接平滑稳定,并且分区后使扫描线相对变短,相邻扫描线间的相互浸润性好,能够实现均匀致密性扫描,有利于提高零件成形质量。

4.5　环形扫描路径规划研究

4.5.1　现有环形扫描方式的特点和问题

从环形扫描路径的生成算法来看,采用环形扫描路径规划需要计算偏置曲线,传统的方法是利用轮廓 OFFSET 原理（轮廓连续向内收缩）来构造等距线[44],这种方法的缺点是必须对各段偏置线进行复杂的处理,去除偏置中产生的自交环,进行大量的有效性测试,算法效率不高,并且在某些情况下对自交环的判断处理是相当困难的[45]。针对该问题,为便于程序实现,任乃飞等人提出了先将层面轮廓剖分成简单多边形区域,再采用偏置方法生成分区环形扫描路径的办法[46]。陈剑虹等人提出了应用 Voronoi 图方法进行环形扫描路径规划[47]。Voronoi 图是对平面区域的一种划分,应用 Voronoi 图可计算轮廓线的等距线并能保证各段等距线的正确衔接,但 Voronoi 图的主要缺点是计算复杂,特别是对于复杂多连通区域的 Voronoi 图划分,本身算法实现就较复杂,以此来规划环形扫描路径不利于程序的快捷实现。鉴于每层轮廓都是一个任意多边形,对于这样的任意多边形可以对其进行 Delaunay 三角剖分,即将该多边形分成一个个无孔洞的三角形,因此王军杰等人提出了层面轮廓三角剖分的分区环形扫描方法[40],但如果截面轮廓比较复杂,通过三角剖分的分区必然形成数量较大的子区域,扫描头的跳转次数相应也较多,成形效率会降低。

从环形扫描成形效果来看,环形扫描的扫描线不断地改变方向,使得因收缩而导致的内引力方向分散,减小了翘曲的可能性[51];同时,环形扫描减少了扫描的空跳次数,提高了成形效率;此外,环形扫描可减少光开关开闭次数或省掉光开关,从而减小了激光能耗[40]。王军杰指出 SLA 系统中用环形扫描方式制作的零件明显好于用平行扫描方式制作的零件,成形零件表面光洁[40]。

但是,在 LMDS 成形系统中应用现有的环形扫描方式进行扫描试验时[51],常常会出现以下问题。

(1)在内外环偏置的过渡区域常常出现局部凸起的过熔覆现象或局部沟壑的欠熔覆现象,导致成形层面不平整,直接对成形质量产生不利影响。出现这种现象的根本原因是(见图 4-37):现有的环形扫描路径是按照设定的扫描间距对层面的内外轮廓的偏置而形成的,因此在内外环偏置的过渡区域的两条扫描线之间无法保证稳定单一扫描间距,即与设定的扫描间距相比出现扫描间距误差。虽然扫描间距误差只会在一个设定扫描间距内,但是由于 LMDS 的光斑直径较大(通常达到 1.0 mm 以上),对应的扫描间距也通常达到 1.0 mm 以上,因此,扫描间距误差导致的过熔覆或

图 4-37　环形扫描路径中扫描间距误差

欠熔覆现象十分明显(见图 4-38),这严重影响了成形层面质量,必须在生成扫描路径时尽量减小这种扫描间距误差,进而减小或消除这种不利影响。

(a)　　　　　　　　　　　　　　(b)

图 4-38　扫描轨迹照片

(a)环形扫描轨迹照片;(b)分组扫描轨迹照片

(2)如图 4-38 所示,环形扫描和分组平行扫描的对比试验表明[51],环形扫描相邻扫描线间的相互浸润性远不如分组平行扫描的。原因是:环形扫描的扫描线较长,相邻扫描线间的热影响效应变弱,导致相互浸润性降低;而分组平行扫描的扫描线较短,激光扫描回到上一条相邻扫描线附近只需要相对很短的时间,上一条扫描线还残存有较高的温度,扫描线间浸润性大大提高。此外,相关试验表明[41]:在同一待成形层面,沿短边方向扫描比沿长边方向扫描成形效果好。因此,环形扫描路径规划需要考虑:如何使环形扫描线变短来提高扫描线间的相互浸润性,进而提高成形层面质量,这也是新型环形扫描路径规划研究的主要目标。

鉴于此,有学者提出了一种新的基于层面轮廓凸分解的分区环形扫描方式及其扫描路径生成算法[61]。该算法的主要过程为:首先基于顶点可见性原理,对分

层轮廓进行去除内环、凹多边形凸分解等处理,获得若干形态质量较好的凸多边形子区域;然后对各凸多边形子区域进行 Voronoi 图划分进而实现环形扫描路径规划。

4.5.2　层面轮廓的凸分解算法

4.5.2.1　引言

由分层得到的截面轮廓是由若干封闭的外环和内环多边形组成的,每个环用其顺序相连的顶点形成的链表来表达,并包含表明该环为内外环的信息。截面轮廓可能含有一个或多个外环,并且每个外环可能含有多个属于自己的内环或不包含任何内环;另外每个内环或外环的复杂程度不一,可能是凸多边形,也可能是凹多边形。

由于分层得到的一系列轮廓环之间的相互关系是不确定的,通过采用上文所述的内外轮廓边界线间拓扑信息建立方法,将一个平面的所有轮廓环分成了若干独立轮廓组,每组只有一个外环,而且每个独立轮廓组的内外环之间所组成的区域就是一个单连通区域,以此独立轮廓组作为数据处理的基本单位可简化计算,因此我们就是以独立轮廓组作为截面轮廓的基本单位来进行层面轮廓的凸分解分区等数据处理的。

定义 4.5　多边形极限顶点:是指多边形中所有在其外接矩形四条边上的多边形顶点。对于外接矩形同一边上存在两个以上的极限顶点的情况,取其中的 $x(y)$ 值最小的点为参考极限顶点,分别定义为 LeftV、RightV、HighV、LowV,定义外接矩形长为:Length $=(X\text{RightV}-X\text{LeftV})$,宽为:Width $=(Y\text{HighV}-Y\text{LowV})$,如图 4-39 所示。

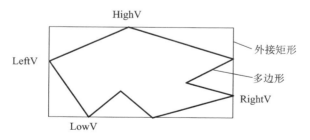

图 4-39　多边形极限顶点

凹多边形的凸分解是计算几何学中的一个基本问题,并广泛应用于计算机图形学、模式识别、图像处理、计算力学的有限元网格剖分等领域[62-63]。

从凹多边形的凸分解方法来看[64],Schachter 利用 Delaunay 思想对简单多边形进行凸分解;Chazelle 等人通过构造 xk 型凹点串实现了尽可能少的凸分解;Keil 利用基凸多边形合并的思想进行凸分解。肖忠晖等人[65]根据凹点与其前后相邻点的位置关系,将凹点进行编码分类,然后根据凹点对的编码情况选择剖分策略;王钲旋等人[66]在可见点对之间建立一种权函数来进行剖分,尽可能地减少了凸多边形,该算法改进了文献[65]中的算法,但该算法的不足是所给的权函数需要计算反三角函数,效率较低。张玉连[62]进一步对其中的权函数作了改进,建立了不需要计算反三角函数的相关权函数,提高了运行效率。金文华等人提出了运行效率高于 Rogers 算法的基于顶点可见性的使用辅助点的局部剖分算法[64]。王博等人[63]结合有限元网格子域剖分的目标,重新给出权函数定义,引进了为加大不同角度之间的权重差别的相关系数,提高了剖分的质量,但其函数是用角度来表达的,计算效率相对不高。

总之,采用在可见点对之间建立一种权函数来计算相应的权值,比较权值的大小来引导剖分的凹多边形的凸分解方法,可达到提高剖分效率和凸多边形形态质量的目的[62-63],是一种应用广泛的凹多边形的凸分解方法。

可见点对的判断选择如图 4-40 所示,以多边形的凹点 P_i 为视点,P_{i-1} 和 P_{i+1} 是它的前后两个邻点,有向线段 $P_{i-1}P_i$ 和 P_iP_{i+1} 所在直线将平面分为 4 个区域:A 区、B 区、C 区、D 区。可见点只可能存在 A 区、B 区和 C 区中,寻找剖分连接点的目标是在可见点中找到可见点 P_j,使 P_iP_j 作为剖分线所得的剖分角 α 和 β 的大小相等或接近相等,保证剖分所得的多边形形态质量较好。此外,当可见点 P_j 正好在 $P_{i-1}P_i$ 或 P_iP_{i+1} 的延长线上时,如果该点作为剖分连接点,则可减少一个环形扫描的拐点,由于在拐点处扫描加工时一般需要进行相应差补和扫描速度的加减速,减少拐点有利于提高成形效率,因此将该点定义为特征点,并将其归类在 A 区内。

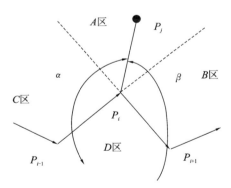

图 4-40　视点的可见分区

从凹多边形凸分解的剖分质量来看,一般人们总希望剖分所得内角应尽量在 30°～150°范围内,避免出现狭长或畸变的凸多边形[63]。相对于剖分所得的凸多边形数量和质量而言,快速成形扫描更关注的是剖分所得的凸多边形是否具有更好的形态质量,即剖分时应避免出现狭长的凸多边形,因为在狭长的凸多边形的尖角处扫描时,对于 LMDS 系统而言,容易出现过熔覆现象,这会直接影响成形精度。但是畸变凸多边形即剖分所得的有两条相邻边在一条线上的多边形,反而可以减少环形扫描的拐点,应加以利用。

鉴于此,对于包含内环独立轮廓组的单连通子区域,我们提出基于顶点可见性原理的两步走的凸分区算法,首先以内环极限顶点为视点,选择最佳可见连接点,去除内环,将单连通子区域分割成若干简单多边形子区域,然后以凹多边形中的凹点为视点,选择最佳可见连接点,将凹多边形子区域剖分成若干凸多边形子区域。

4.5.2.2　去除内环算法

针对含有内环的外环需要通过去除内环剖分为若干不含内环的简单多边形的情况,我们提出的基于多边形极限顶点可见性原理[59-60]的搭桥连接法,保证了剖分所得的简单多边形具有更好的形态质量。

去除内环算法具体步骤如下。

第一步　找出外环多边形的参考极限顶点,并求出其外接矩形长 Length 与宽 Width。

第二步　当 Length＞Width 时,采用下列步骤来选择搭桥连接点对。

(1)找出所有内环的 HighV 和 LowV 参考极限顶点,用以作为待选的搭桥起点;

(2)找出 y 值最小的 LowV,用以作为视点,基于顶点可见性原理在外环上找到对应可见点串,采用凹多边形凸分解算法中的第三步或第四步来选择最优连接点;

(3)取该 LowV 所在内环上的 HighV 作视点,将外环顶点和其他内环上的 LowV 纳入待选可见点范围内,基于顶点可见性原理找出视点对应的可见点串,采用凹多边形凸分解算法中的第三步或第四步来选择最优连接点;

(4)如果连接点为内环上的 LowV,则返回(3)继续寻找搭桥连接点;

(5)如果连接点为外环上的点,此时将原外环剖分为两个外环,判断其是否包含内环,对于包含内环的外环,返回第一步开始去除内环,直到所有内环均被去除。

第三步　当 Length＜Width 时,找出所有内环的 LeftV 和 RightV 参考极限顶点作为待选的搭桥起点,寻找对应连接点过程与第二步所述过程同理。

图 4-41 所示为包含两个内环的截面轮廓去除内环的简单多边形分区结果。

图 4-41　去除内环实例

4.5.2.3　凹多边形的凸分解算法

分层切片过程中,切片的凸多边形界面应该具有更好的形态质量,剖分时应避免出现狭长的凸多边形情况,同时应利用可减少环形扫描的拐点的畸变凸多边形情况。

鉴于此,我们提出一种基于正负法搜索凹点对应的可见点的新算法,首先利用该算法找出凹点的可见点串,然后结合所提出的适用于快速制造中扫描分区的剖分准则,选择确定最佳剖分点,保证了剖分所得凸多边形的形态质量。

1. 凹多边形的凸分解算法

算法的输入是有 n 条边的简单多边形 P 的顶点按逆时针方向排列的序列 $P_0,P_1,\cdots,P_{n-1}$,采用双向链表结构存储;输出是剖分这个简单多边形所得的凸多边形,各个凸多边形顶点采用双向链表结构存储,各链表头存储在动态数组中。凹多边形的凸分解算法具体步骤如下。

第一步 找出凹点,用以作为当前视点。多边形凹点的判断采用文献[57]中所述方法,按照给出简单多边形 P 的顶点序列的次序依次取各点,求得其相邻边在指定射影直线上的映射点,即可得到映射点间的位置关系,结合对应的判断规则,可得出该点的凹凸性。

第二步 搜索当前视点在 A 区内的可见点串 SA,同时找到 B 区内最后一点和 C 区内的第一点。

第三步 采用以下规则来确定剖分连接点:

规则一:如果 SA 中存在特征点,则可减少一个环形扫描的拐点,有利于提高成形效率。即如果存在对应 $F(x,y)=0$ 的点,则优先将该点作为剖分连接点。

规则二:如果 SA 中无特征点,但有凹点,则优先将凹点作为待定剖分点,结合视点与可见点之间的彼此可视原则并利用权函数判定最优剖分点,可实现一次剖分去掉两个凹点,提高剖分效率。具体判定过程如下。

首先,判断视点 P_i 是否在某几个可见凹点的 A 区中,如果视点 P_i 确实在某几个可见凹点的 A 区中,则将这些凹点放入数组 SZ 中。如果视点 P_i 不在任何一个可见凹点的 A 区中,则将凹点都放入数组 SP 中。

然后,如果 SZ 不为空,采用文献[62]中建立的权函数计算 SZ 中各点与视点 P_i 组成可见点对的权值,取权值最小的点为剖分连接点 L_i;但如果 SZ 为空,则同理在 SP 中的各点选择剖分连接点。

规则三:如果 SA 中只存在可见凸点,则结合剖分内角判定原则,利用权函数优选凸点,用以作为最优剖分点,保证了剖分后的多边形的形态质量。通过实践,本书选择剖分所得的内角(最小为 $30°$),可满足快速成形选区环形扫描制造的分区要求。具体判定过程如下。

首先依次取各个可见点,其与视点 P_i 形成的剖分线所得的剖分角,如果出现满足 $\cos\alpha > \cos30°$ 或 $\cos\beta > \cos30°$ 的情况,则该凸点为无效凸点,反之为有效凸点。搜索完毕后,如果存在有效凸点,则先判断有效凸点中是否存在对应 $F(x,y)=0$ 的点,如果存在,则优先将该点作为剖分连接点;否则取各有效凸点计算对应的权值,取权值最小的点为剖分连接点 L_i。如果不存在有效凸点,即出现了剖分内角较小的情况,则判断有效凸点的邻边中哪条边与 A 区平分线相交并求取交点,将交点作为剖分连接点 L_i,如图 4-42 所示。

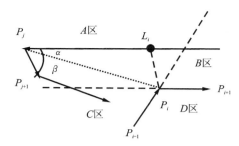

图4-42　凸点处对应剖分角较小时添加辅助点示意图

规则四：如果 SA 为空，即 A 区无任何可见点，此时如文献［64］指出的，点 $\mathrm{BV}_{\mathrm{end}}$ 和点 $\mathrm{CV}_{\mathrm{begin}}$ 必在多边形的同一条边上，求线段（$\mathrm{BV}_{\mathrm{end}}$，$\mathrm{CV}_{\mathrm{begin}}$）与 A 区平分线的交点，该交点即为所求的剖分连接点 L_i，这样剖分后的多边形的形态质量更好。

第四步　根据上面所求得的视点 P_i 和剖分连接点 L_i，从 P_i 至 L_i 引剖分线，将多边形剖分为两个多边形，各多边形顶点按逆时针排列。对新产生的两个多边形按上述步骤递归进行凹多边形凸分解处理，直到所有的多边形都为凸多边形为止。

2. 凹点的可见点判断算法

上述算法中凹点在 A 区内的可见点串 SA 的判定搜索是关键步骤，搜索凹点在 A 区内的可见点的经典代表算法有两种：文献［67］中提出的算法是对一个顶点，通过扫描求出它的所有可见点；文献［68］中提出的可见点快速搜索算法采取先用射线法求取第一个可见点，再进行相关六大规则及螺旋状态的处理规则的判断，进而完成对应可见点的搜索。第二种算法运行效率较高，但判断规则比较复杂。

本书提出一种简单有效的基于正负法判断搜索凹点所对应的可见点串的新算法，即先找到凹点 A 区内的点串，再进一步判断这些点是否与凹点构成可见点对。

1）判定点所属区域

所谓正负法划分区域的基本原理是：任意一条直线 $F(x,y)=0$ 可以把平面划分为三个区域，从而使平面形成三个点集：

（1）满足 $F(x,y)=0$ 的点的集合，即直线上各点；

（2）满足 $F(x,y)>0$ 的点的集合，成为 F^+ 区；

（3）满足 $F(x,y)<0$ 的点的集合，成为 F^- 区。

设已知线段的起点为 $A(x_a,y_a)$，终点为 $B(x_b,y_b)$，当前待判定点为 $P(x,y)$，则所求的判断函数为

$$F(x,y)=x(y_b-y_a)+y(x_a-x_b)+y_ax_b-x_ay_b \qquad (4\text{-}15)$$

因此可通过 $F(x,y)$ 的正负判断点与直线的位置关系，研究表明，当观察者沿着直线从起点向终点前进时，F^- 区总是在观察者的左边，F^+ 区总是在观察者的右边。

设从 P_0 出发搜索到的第一个凹点为 $P_i(x_i,y_i)$，将 P_i 作为视点，$P_{i-1}(x_{i-1},y_{i-1})$ 和 $P_{i+1}(x_{i+1},y_{i+1})$ 是它的前后两个邻点，有向线段 $P_{i-1}P_i$ 和 P_iP_{i+1} 所在直线将平面分为 4 个区域：A 区、B 区、C 区、D 区，如图 4-40 所示。设当前待判定点为 $P_j(x,y)$，相关的判断函数分别为 $F_{i-1}(x,y)$ 和 $F_{i+1}(x,y)$，则该点所处区域的判定规则见表 4-5，这里将满足 $F(x,y)=0$ 的点列为 A 区内的点，如果该点作为最终的剖分连接点，此时剖分连接线与视点所在的一边出现了共线的情况，对快速成形而言，此处减少一个环形扫描的拐点，成为有利的特殊情况。

表 4-5　点所处区域的判定规则

$P_j(x,y)$在 A 区	$P_j(x,y)$在 B 区	$P_j(x,y)$在 C 区	$P_j(x,y)$在 D 区
$F_{i-1}(x,y)\leqslant0$	$F_{i-1}(x,y)>0$	$F_{i-1}(x,y)<0$	$F_{i-1}(x,y)>0$
$F_{i+1}(x,y)\leqslant0$	$F_{i+1}(x,y)<0$	$F_{i+1}(x,y)>0$	$F_{i+1}(x,y)>0$

判定点所属区域的具体步骤如下。

第一步　为增大搜索速度，从 P_{i+1} 的逆时针方向的下一点开始，依次取各点，判断 $F_{i-1}(x,y)$ 的正负，当 $F_{i-1}(x,y)$ 为负或等于零时，记录该点 AV_{begin}，同时将该点顺时针方向的下一点标记为 BV_{end}；同理从 P_{i-1} 的顺时针方向的下一点开始，依次取各点，判断 $F_{i+1}(x,y)$ 的正负，当 $F_{i+1}(x,y)$ 为负或等于零时，记录该点 AV_{end}，并将该点逆时针方向的下一点标记为 CV_{begin}。当 $F_{i+1}(x,y)$ 或 $F_{i-1}(x,y)$ 等于零时，对应点作标识。

第二步　沿逆时针方向，从 AV_{begin} 开始直到 AV_{end} 点，依次取各点，同时计算 $F_{i-1}(x,y)$ 和 $F_{i+1}(x,y)$。如果 $F_{i-1}(x,y)$ 和 $F_{i+1}(x,y)$ 都小于等于零，则该点为待定可见点，将其放入待定可见点数组 P_{SA} 中；如果 $F_{i-1}(x,y)$ 为正，此时将该点与按顺时针方向至点 AV_{begin} 之间的任意点同视点 P_i 连线都会出现与多边形边相交的情况，故将该点之前放入可见点数组 SA 中的各点均置为无效待定可见点，然后依次取下一点判断是否为待定可见点。

2）选择确定凹点的可见点串 SA

从待定可见点数组 P_{SA} 中第一点开始依次取各点作为待定可见点，将其与视点 P_i 形成待定剖分连线，利用正负法判断该点之前的所有点是否都在待定剖分连线左侧，如果其余各点确实在连线左侧，则该点为可见点，并将其放入可见点数组 SA 中；如果出现有一点在待定剖分连线右侧的情况，则同样基于正负法判定待定剖分连线的两个端点是否在这一点所在邻边的同侧，如果在同侧，则该邻边不会与待定剖分线相交，确认待定可见点为可见点，如果在异侧，则该邻边与待定剖分线相交，此时确认这一点和待定可见点之间各点和待定可见点为无效可见点；取下一待定可见点继续判断，直至找出所有可见点并将其放入可见点数组 SA 中。

3. 可见点对间权函数的建立

采用文献[62]中建立的权函数来计算权值的大小，凹点处相应的剖分角表达如图 4-40 所示，凸点处的分区和剖分角表达与图 4-40 中凹点处的分区和剖分角

表达同理。对于多边形中任意一个顶点 P_i，从点 P_i 发出的剖分线可以取得的权值 W_i 为

$$W_i = \begin{cases} f(\alpha,\beta) = |\cos\alpha - \cos\beta|，若点\ P_i\ 为凹点 & (4\text{-}16) \\ g(\alpha,\beta) = |\cos\alpha - \cos\beta|，若点\ P_i\ 为凸点 & (4\text{-}17) \end{cases}$$

可以规定一组可见点对点 P_i 和点 P_j 应取得的权值为

$$W_{ij} = W_i + W_j \qquad (4\text{-}18)$$

4. 凹多边形凸分解的计算实例分析与结论

图 4-43 和图 4-44 所示分别为利用文献[66]算法和利用本书算法对同一多边形进行剖分处理的实例，从图 4-44 中可以看出，在利用本书算法所得的剖分结果中，未出现因剖分而产生的尖角，从而避免了狭长凸多边形的出现，剖分所得的多边形的形状质量较好；同时有效地利用了剖分时出现的多边形的相邻边共线这一所谓畸变的特殊情况。

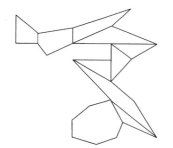 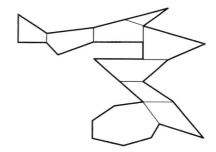

图 4-43　利用文献[66]算法所得的剖分结果　　图 4-44　利用本书算法所得的剖分结果

4.5.2.4　层面轮廓的凸分解算法

综上所述，层面轮廓的凸分解算法的一般步骤如下。

第一步　根据分层后的截面轮廓所包含的信息，重建内外环的拓扑关系，形成若干独立轮廓组的单连通子区域。

第二步　对于包含内环的独立轮廓组，采用去除内环方法，形成若干不包含内环的简单多边形。

第三步　对这些简单多边形进行凹凸性判断，从而将这些简单多边形分类为凹多边形或凸多边形。

第四步　对凹多边形进行凸分解处理，从而获得若干凸多边形。

第五步　对凸多边形进行形态质量判断，并对形态质量较差的凸多边形进行优化拆分，以获得若干形态质量好、适合快速成形扫描的凸多边形子区域。

图 4-45 所示为包含两个内环的截面轮廓的凸分解结果。由此可以看出，采用我们提出的凸分解算法，未出现因剖分而产生的尖角；并且利用了剖分后多边形的相邻边共线这一所谓畸变的特殊情况，剖分形状质量较好，满足了快速成形扫描的分区要求。

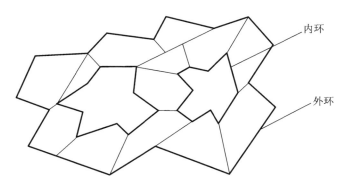

图 4-45　截面轮廓的凸分解结果

4.5.3　凸多边形子区域的环形扫描路径生成算法

4.5.3.1　凸多边形的 Voronoi 图划分

本书对周培德等人[69]提出的生成凸多边形中轴的算法作了进一步改进,实现了凸多边形 Voronoi 图划分,具体算法步骤如下。

第一步　构造所有顶点角的角平分线,即求到该角两边距离相等的点的轨迹,以点到边的距离 d 为参数构造相应的方程,具体求解过程参见文献[70]。

第二步　计算所有相邻角平分线的交点,找出点到对应偏置边的距离 d 最小的点,该点称为新 Voronoi 图节点 q_1,将节点以结构形式存放,使其包含 x、y 和 d 的信息,将其存入 Voronoi 图节点动态结构数组中,同时对偏置边的两个端点 P_{i-1} 和 P_i 加标记,P_{i-1} 为左定义边的起点,P_i 为右定义边的起点。

第三步　以新 Voronoi 图节点为起点,以左定义边的起点沿顺时针方向所在边为左定义边,以右定义边的起点沿逆时针方向所在边为右定义边,构造一条新等分线,如图 4-46(a)所示。

第四步　分别计算新等分线与相邻左角平分线(从左定义边终点发出的角平分线)、右角平分线(从右定义边终点发出的角平分线)的交点,并取两交点到新等分线起点距离较小的点为新的 Voronoi 图节点,将其存入 Voronoi 图节点数组中,并将其对应的凸多边形顶点加标识。如果该点是左角平分线的交点,则原左定义边终点变成新左定义边的起点,右定义边的起点不变;反之如果该点是右角平分线的交点,则原右定义边终点变成新右定义边的起点,左定义边的起点不变,如图4-46(b)所示。

第五步　重复第三步到第四步,直到新等分线与相邻左右角平分线的交点为同一个点为止,完成凸多边形的 Voronoi 图划分。

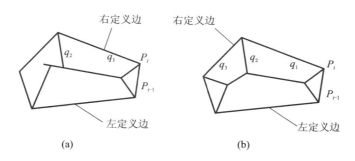

图 4-46　凸多边形 Voronoi 图划分

（a）新等分线形成过程；（b）角平分线示意图

4.5.3.2　分区适应性环形扫描路径的生成

对凸多边形进行 Voronoi 图划分后,我们采用如下环形扫描路径生成算法实现了分区适应性环形扫描路径的规划,具体算法步骤如下。

（1）搜索凸多边形的内点。遍历 Voronoi 图节点数组各元素,找到偏置距离最大的节点,该节点为凸多边形的内点,对其和对应的凸多边形顶点加以标记;将该偏置距离作为待扫描距离,将待扫描距离与设定的扫描间距的比值取整,得到扫描线数,反过来,将待扫描距离与扫描线数的比值作为适应性的实际扫描间距。

（2）生成等距线。把边界线偏移某一确定的距离 d 即可得到我们所需的等距线,针对各个 Voronoi 图分区,根据实际扫描间距确定并逐次改变偏置距离 d,将 d 代入相应的等分线参数方程即可得到等距线节点（等距线与相应等分线的交点）。

（3）组成扫描环。将各个 Voronoi 图分区内同一偏置距离的等距线节点按逆时针方向头尾相连,形成一条扫描环。

（4）生成扫描路径。为产生连续的扫描路径,必须在相邻扫描环之间搭桥。本书采用等分线连接策略,即从内点开始沿内点与对应凸多边形顶点连接的等分线向外出发,找到最内层的扫描环,从该等分线上的节点开始,沿逆时针方向前进,直到回到该点,然后再沿等分线向外扩展寻找下一环,依此类推,直至完成凸多边形边界线作为最外层扫描环的轨迹规划。每个凸多边形的扫描路径形成一个链表,各个扫描起点作为链表头存放在动态数组中。依次完成每个截面轮廓中各个凸多边形的环形扫描路径规划,最终形成扫描路径 CLI 文件输出。

图 4-47 所示为采用基于截面轮廓凸分解的分区环形扫描路径生成算法生成的一个分层截面的扫描路径规划实例,环间采用直线连接。

图 4-47　分区环形扫描路径生成实例

4.5.4　分区环形扫描路径生成实例和试验分析

4.5.4.1　扫描路径生成实例与试验

图 4-48 所示为采用基于截面轮廓凸分解的分区环形扫描路径生成算法生成的一个分层截面的扫描路径规划实例,环间采用端点偏置的过渡连接。图 4-49 所示为分区环形扫描轨迹照片,此时为空跳时没有关闭激光的情况,LMDS 成形参数为:层厚:0.6 mm;扫描间距:1.3 mm;扫描速度:5 mm/s;激光功率:910 W;送粉量:4 g/min;成形材料:镍基金属粉末。

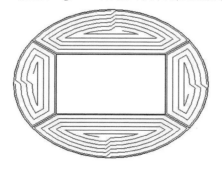

图 4-48　分区环形扫描路径生成实例

图 4-49　分区环形扫描轨迹照片

4.5.4.2　分析结论

观察成形试验的制件实物,可以看出基于截面轮廓凸分解的分区环形扫描具有以下优点。

(1)将截面轮廓剖分为若干凸多边形,便于实现分区的环形扫描路径规划;同时分区后各环形扫描线变短,扫描线间浸润性提高,能够实现均匀致密性扫描。

(2)截面轮廓凸分区后,各子区域只有一个内点,以该内点为基准,采用适应性扫描间距的生成环形扫描路径,减小了现有环形扫描中内外环过渡区域容易出现的扫描间距误差,有效地避免了过熔覆或欠熔覆现象,成形层面的扫描线间连接平滑稳定,提高了成形层面质量。

参 考 文 献

[1] KAI C C,JACOB G G K,MEI T. Interface between CAD and rapid prototyping systems. Part 2:LMI-an improved interface[J]. International Journal of Advanced Manufacturing Technology,1997,13(8):571-576.

[2] WU Y F,WONG Y S,LOH H T,et al. Modeling cloud data using an adap-

tive slicing approach[J]. Computer-Aided Design，2004，36(3)：231-240.

［3］孙玉文，贾振元，王越超，等.基于自由曲面点云的快速原型制作技术研究[J].机械工程学报，2003，39(1):56-59.

［4］CHEN Y H，WANG Y Z. Genetic algorithms for optimized re-triangulation in the context of reverse engineering[J]. Computer-Aided Design，1999，31(4)：261-271.

［5］冯裕强，宁汝新.基于断层切片图像三维重构的切片间轮廓配准[J].机械科学与技术，2003，22(4):563-565.

［6］JAMIESON R，HACKER H. Direct slicing of CAD models for rapid proto-typing[J]. Rapid Prototyping Journal，1995，1(2):4-12.

［7］张嘉易.面向快速制造的数据处理关键技术研究[D].沈阳:中国科学院沈阳自动化研究所，2005.

［8］陈绪兵，叶献方，黄树槐.快速成形领域中的直接切片研究[J].中国机械工程，2002，13(7):605-607.

［9］MANI K，KULKARNI P，DUTTA D. Region-based adaptive slicing[J]. Comput-er-Aided Design，1999，31(5)：317-333.

［10］HOPE R L，ROTH R N，JACOBS P A. Adaptive slicing with sloping layer surfaces[J]. Rapid Prototyping Journal，1997，3(3)：89-98.

［11］MA W Y，HE P. An adaptive slicing and selective hatching strategy for lay-ered manufacturing[J]. Journal of Materials Processing Technology，1999，89(90)：191-197.

［12］赵吉宾.紫外光固化快速成型中的工艺规划方法研究[D].沈阳:中国科学院沈阳自动化研究所，2004.

［13］CHOI S H，KWOK K T. A tolerant slicing algorithm for layered manufac-turing[J]. Rapid Prototyping Journal，2002，8(3)：161-179.

［14］胡德洲，李占利，李涤尘，等.基于 STL 模型几何特征分类的快速分层算法研究[J].西安交通大学学报，2000，34(1):37-38.

［15］TATA K，FADEL G，BAGCHI A，et al. Efficient slicing for layered manu-facturing[J]. Rapid Prototyping Journal，1998，4 (4)：151-167.

［16］马永壮，刘伟军，董遇泰.基于有向加权图递归切片算法的研究[J].中国机械工程，2003，14(14):1221-1223.

［17］谢存禧，李仲阳，成晓阳.STL 文件毗邻关系的建立与切片算法研究[J].华南理工大学学报(自然科学版)，2000，28(3):33-38.

［18］刘斌，黄树槐.快速原型制造技术中实时切片算法的研究与实现[J].计算机辅助设计与图形学学报，1997，9(6):488-493.

［19］蔡小康.智能化的快速成形切片算法[J].中国机械工程，1997，8(5):49-51.

［20］SABOURIN E，HOUSER S A，BФHN J H. Adaptive slicing using stepwise uniform refinement[J]. Rapid Prototyping Journal，1996，2(4)：20-26.

[21] TYBERG J，BΦHN J H. Local adaptive slicing[J]. Rapid Prototyping Journal，1998，4(3)：118-127.

[22] SABOURIN E，HOUSER S A，BΦHN J H. Accurate exterior，fast interior layered manufacturing[J]. Rapid Prototyping Journal，1997，3(2)：44-52.

[23] PANDEY P M，NALLAGUNDLA V R，DHANDE S G. Improvement of surface finish by staircase machining in fused deposition modeling[J]. Journal of Materials Processing Technology，2003，132(1-3)：323-331.

[24] KULKARNI P，DUTTA D. An accurate slicing procedure for layered manufacturing[J]. Computer-Aided Design，1996，28(9)：683-697.

[25] CHIU Y Y，LIAO Y S，LEE S C. Slicing strategies to obtain accuracy of feature relation in rapidly prototyped parts[J]. International Journal of Machine Tools & Manufacture，2004，44(7-8)：797-806.

[26] KUMAR V，DUTTA D. An assessment of data formats for layered manufacturing[J]. Advances in Engineering Software，1997，28(3)：151-164.

[27] LEONG K F，CHUA C K，NG Y M. A study of stereolithography file errors and repair. Part 1. Generic solution[J]. International Journal of Advanced Manufacturing Technology，1996，12(6)：407-414.

[28] LEONG K F，CHUA C K，NG Y M. A study of stereolithography file errors and repair. Part 2. Special cases[J]. International Journal of Advanced Manufacturing Technology，1996，12(6)：415-422.

[29] 刘斌，黄树槐. 快速成形技术中数据模型的自动诊断与修复[J]. 华中理工大学学报，1996，24(9)：61-63.

[30] HATTANGADY N V. A fast，topology manipulation algorithm for compaction of mesh/faceted models[J]. Computer-Aided Design，1998，30(10)：835-843.

[31] 夏仁波. 面向快速成型的医学图像三维重建关键技术[D]. 沈阳：中国科学院沈阳自动化研究所，2005.

[32] EI-SANA J，VARSHNEY A. Topology simplification for polygonal virtual environments[J]. IEEE Transactions on Visualization and Computer Graphics，1998，4(2)：133-144.

[33] JUN C S，KIM D S，PARK S. A new curve-based approach to polyhedral machining[J]. Computer-Aided Design，2002，34(5)：379-389.

[34] 张必强，邢渊，阮雪榆. 面向网格简化的 STL 拓扑信息快速重建算法[J]. 上海交通大学学报，2004，38(1)：39-42.

[35] 严蔚敏，吴伟民. 数据结构(C 语言版)[M]. 北京：清华大学出版社，2007.

[36] ALEXANDER P，ALLEN S，DUTTA D. Part orientation and build cost determination in layered manufacturing[J]. Computer-Aided Design，1998，

30(5)：343-358.

[37] 朱君,郭戈,颜永年.快速成形制造中基于模型连续性的快速分层算法研究[J].中国机械工程,2000,11(5):549-554.

[38] 李占利,梁栋,李涤尘,等.基于信息继承的快速分层处理算法研究[J].西安交通大学学报,2002,36(1):43-46.

[39] 刘斌,肖跃加,韩明,等.快速原型制造技术中的线宽自动补偿研究[J].中国机械工程,1996,7(6):43-46.

[40] 王军杰,李占利,卢秉恒.激光快速成型加工中扫描路径的研究[J].机械科学与技术,1997,16(2):303-305.

[41] 史玉升,钟庆,陈学彬,等.选择性激光烧结新型扫描方式的研究及实现[J].机械工程学报,2002,38(2):35-39.

[42] ASIABANPOUR B,KHOSHNEVIS B. Machine path generation for the SIS process[J]. Robotics and Computer-Integrated Manufacturing,2004,20(3):167-175.

[43] TARABANIS K A. Path planning in the proteus rapid prototyping system [J]. Rapid Prototyping Journal,2001,7(5):241-252.

[44] 刘斌,张征,孙延明,等.快速成型系统中 OFFSET 型填充算法[J].华南理工大学学报(自然科学版),2001,29(3):64-66.

[45] 李仲阳,谢存禧.CAD 模型截面的 Voronoi 图生成与分层面的等距线填充[J].计算机工程与应用,2002(2):86-88.

[46] 任乃飞,马涛,高传玉,等.基于 SLS 快速成形工艺的分区域扫描路径研究[J].中国机械工程,2003,14(16):1371-1373.

[47] 陈剑虹,马鹏举,田杰谟,等.基于 Voronoi 图的快速成型扫描路径生成算法研究[J].机械科学与技术,2003,22(5):728-731.

[48] YANG J,BIN H,ZHANG X,et al. Fractal scanning path generation and control system for selective laser sintering(SLS)[J]. International Journal of Machine Tools & Manufacture,2003,43(3):293-300.

[49] 刘斌,肖跃加,韩明,等.LOM 技术中激光光斑半径的自动补偿算法[J].华中理工大学学报,1996,24(10):26-29.

[50] ALEXANDER P,ALLEN S,DUTTA D. Part orientation and build cost determination in layered manufacturing[J]. Computer-Aided Design,1998,30(5):343-356.

[51] 尚晓峰.金属粉末激光成形技术研究[D].沈阳:中国科学院沈阳自动化研究所,2005.

[52] 蔡道生,史玉升,黄树槐.快速成形技术中轮廓环的分组算法及其应用[J].华中科技大学学报,2004,32(1):7-9.

[53] 卞宏友,刘伟军,王天然.快速成形自适应扫描路径的研究与实现[J].仪器仪

表学报,2006,27(6):486-488.

[54] 孙玉文,贾振元,王越超,等. 基于自由曲面点云的快速原型制作技术研究[J]. 机械工程学报,2003,39(1):56-59.

[55] 赵元伟,周雄辉. 多区域行切加工路径优化[J]. 模具技术,2004(6):14-16.

[56] 卞宏友,刘伟军,王天然,等. 激光金属沉积成形的扫描方式[J]. 机械工程学报,2006,42(10):170-175.

[57] 吴春福,陆国栋,张树有. 基于拓扑映射的多边形顶点凸凹判别算法[J]. 计算机辅助设计与图形学学报,2002,14(9):810-814.

[58] 陈鸿,程军,祖静. 激光变长线快速成型系统中的图形分区算法[J]. 计算机辅助设计与图形学学报,2001,13(6):545-548.

[59] SCHNEIDER P J, EBERLY D H. 计算机图形学几何工具算法详解[M]. 周长发,译. 北京:电子工业出版社,2005.

[60] 孙家广,等. 计算机图形学[M]. 3版. 北京:清华大学出版社,1998.

[61] 卞宏友,刘伟军,王天然,等. 基于层面轮廓凸分解的光固化选区环形扫描路径的生成算法[J]. 高技术通讯,2005,15(7):35-39.

[62] 张玉连. 改进的加权剖分简单多边形为凸多边形的算法[J]. 燕山大学学报,2001,25(1):76-79.

[63] 王博,李笑牛,李华. 一种加权剖分简单多边形为三角形和凸四边形子域的算法[J]. 中国图象图形学报,2002,7(5):486-490.

[64] 金文华,饶上荣,唐卫清,等. 基于顶点可见性的凹多边形快速凸分解算法[J]. 计算机研究与发展,1999,36(12):1455-1460.

[65] 肖忠晖,卢振荣,张谦. 简单多边形凸单元剖分的编码算法[J]. 计算机学报,1996,19(6):477-480.

[66] 王钲旋,李文辉,庞云阶. 一个加权剖分简单多边形为凸多边形的算法[J]. 计算机学报,1998,21(3):229-233.

[67] CHEN L T, DAVIS L S. A parallel algorithm for the visibility of a simple polygon using scan operations[J]. CVGIP: Graphical Models and Image Processing. 1993,55(3):192-202.

[68] 金文华,何涛,唐卫清,等. 简单多边形可见点问题的快速求解算法[J]. 计算机学报,1999,22(3):275-282.

[69] 周培德,周忠平. 确定任意多边形中轴的算法[J]. 北京理工大学学报,2000,20(6):708-711.

[70] 张大卫,闫兵,倪雁冰,等. 平面连通域 VORONOI 图的算法[J]. 计算机辅助设计与图形学学报,1997,9(5):427-435.

第5章 激光沉积制造工艺开发及优化方法

5.1 工艺规划设计

激光沉积制造是一个由"线"到"面"再到"体"的过程,"线"的增材制造是"面"的增材制造的基础,而"面"的增材制造又是"体"的增材制造的基础。它们具有不同的工艺特征:"线"作为最基础的单元,其增材制造质量的优劣主要受到激光功率、扫描速度、送粉速度等工艺参数的影响;"面"是由多条"线"构成的,"线"与"线"之间存在搭接或者堆积的情况,因此在"面"的增材制造中,多了搭接率、Z向增量、能量累积效应等影响因素;"体"的获得是增材制造的最终目标,它除了受到上述工艺参数或因素的影响以外,还存在扫描路径的问题。为了便于对上述问题进行系统研究,这里将激光沉积制造归类为"单道单层成形工艺研究""多道单层搭接成形工艺研究""单道多层堆积成形工艺研究""单道多层偏移堆积成形工艺研究""单道多层扭转堆积成形工艺研究"及"多道多层搭接堆积成形工艺研究"。本章将对各个工艺类型进行深入研究。

图 5-1 所示为激光沉积制造工艺参数及其交互作用对零件性能的影响,这里激光沉积制造零件性能主要是指零件的形状、表面平整度、内部缺陷、残余应力、变形和开裂。从图 5-1 中可以看出,影响零件性能的因素错综复杂,不仅各因素单独对零件性能产生影响,而且因素间交互作用也对零件性能产生影响。

5.1.1 光束的选择

激光器为激光沉积制造系统提供能量,是激光的输出装置。激光器的功率、波长、空间分布和使用寿命等特性在激光沉积制造过程中会对加工质量产生关键性的影响[1]。因此,激光器的选择至关重要。

根据工作物质的不同,激光器可以分为固体激光器、气体激光器、半导体激光器、液体激光器及光纤激光器等。其中,在激光加工领域应用较多的是气体激光器中的 CO_2 激光器、固体激光器中的 Nd:YAG 激光器、准分子激光器及稀土掺杂光纤激光器。其中,大功率的 CO_2 激光器、大功率的 Nd:YAG 激光器及掺镱光纤

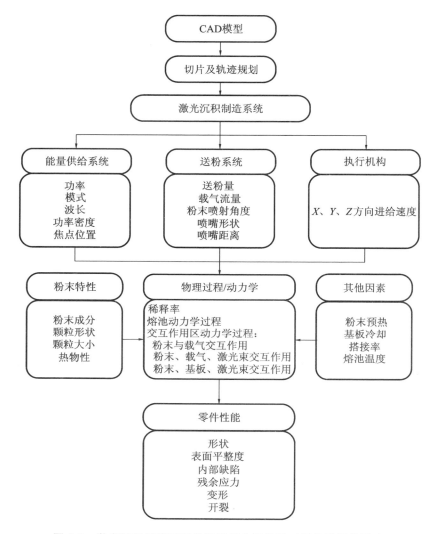

图 5-1　激光沉积制造工艺参数及其交互作用对零件性能的影响

激光器多用于大型工件的激光加工,准分子激光器则多用于冷加工和微细加工。

在确定激光沉积制造系统后,激光器作为能量供给系统的核心组成部分即被确定,那么激光波长、模式为确定量,不可改变。

5.1.2　送粉方式的选择

激光沉积制造过程中粉末流是影响直接制造零件质量的重要因素之一,因此送粉系统是激光沉积制造系统的一个重要组成模块。送粉系统由送粉喷嘴和送粉器两部分组成。根据送粉位置和结构的不同,送粉喷嘴可以分为侧向送粉喷嘴和同轴送粉喷嘴,根据粉末输送原理的不同,送粉器可以分为气动式送粉器和重力式送粉器。送粉系统性能的稳定与否将直接影响成形零件的最终质量。送粉系统要保证其提供的粉末流均匀稳定,要保证粉末流具有良好的汇聚性能,要保证汇聚点的距离(离焦量)是合适的。

送粉系统的确定,使得粉末喷射角度、喷嘴形状等随之确定。由于激光沉积制造技术的工艺研究通常是对特定粉末材料进行的研究,因此,粉末特性是确定的,即粉末成分及颗粒大小、形状、热物性等均为定值。

5.1.3　表面预处理方式

表面预处理的目的是除掉再制造装备及其零件表面熔覆部位的污垢和锈迹,使零件表面状态满足后续的粉末预置激光沉积制造或者同步送粉激光沉积制造的要求。送粉方式不同,表面预处理方式也不同。本书给出了粉末预置激光沉积制造和同步送粉激光沉积制造方法。

1. 粉末预置前预处理

为了获得更好的熔覆效果,再制造部位表面需要进行去油、除锈和喷砂等预处理。去油一般用加热法,即将基材表面加热到 $300\sim450℃$ 去油,也可用清洗剂去油,常用的清洗剂包括碱液、三氯乙烯、二氯乙烯等;除锈是指用稀硫酸或者稀盐酸混合液去除表面的锈迹;喷砂是为了除掉基材表面的锈迹,并使其毛化,从而有利于金属粉末的附着。经过表面预处理的零件,不宜长久放置于空气中,以免再次受到污染,应该马上进行激光成形。

2. 同步送粉前预处理

采用同步送粉时,零件表面也必须进行去油和除锈预处理,但对毛化的要求不如热喷涂表面那样要求严格,也可以考虑把加工部件放在稀硫酸中进行活化。图 5-2 所示为某紫铜件经过去油、除锈、活化和毛化等预处理后的照片。

图 5-2　某紫铜件经过去油、除锈、活化和毛化等预处理后的照片

5.1.4　预热处理

在激光沉积制造过程中,熔覆层吸收的大部分热量都是通过基体传导的。基体热容量越大,冷却速度越大,熔覆层的开裂倾向也越大。采用预热处理是避免基体产生裂纹的有效措施。预热是指首先将基材整体或者表面加热到一定的温

度,然后在热的基材上进行激光沉积制造的一种处理工艺,其作用就是防止基材的热影响区发生马氏体相变,从而避免熔覆层产生裂纹。因此,通过预热基体,可适当减小基材与熔覆层之间的温差,减小热应力对熔覆层的影响;同时,预热可以增加激光沉积制造过程中熔池液相的滞留时间,从而有效地减少熔覆层内的气泡,提高造渣物质的排除能力。

在激光沉积制造的实施操作中,常采用预热的方法消除或减少熔覆层的裂纹,特别是对于易开裂的基材必须进行预热。在熔覆层裂纹倾向较小的情况下,预热也可以降低熔覆层应力,提高熔覆层质量。笔者开展了在 10 mm 厚紫铜板表面对 XS-130 镍基合金粉末进行预热和不进行预热的激光沉积制造的研究,图 5-3 所示为未预热时 XS-130 镍基合金粉末熔覆铜基材截面形貌,工艺参数为激光功率 $P=4$ kW、扫描速度 $V_s=5$ mm/s、送粉速度 $V_p=9$ g/min、搭接率为 50%、光斑直径 $D=2.4$ mm;图 5-4 所示为预热到 480℃时 XS-130 镍基合金粉末熔覆铜基材截面形貌,工艺参数为激光功率 $P=1.8$ kW、扫描速度 $V_s=4$ mm/s、送粉速度 $V_p=9$ g/min、搭接率为 46%、光斑直径 $D=3$ mm。从图 5-3 和图 5-4 中可以看出,预热后的同一种粉末的熔覆性能得到很大提高,不仅生成的熔覆层的功率密度明显减小,而且制备的熔覆层与基材冶金结合较好,结合处没有砂眼和裂纹,同时熔覆层内部也没有明显的缺陷。因此在实际激光沉积制造过程中,最好采取一定的预热措施,以得到质量和性能更好的熔覆层。

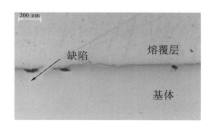

图 5-3　未预热时 XS-130 镍基合金粉末熔覆铜基材截面形貌

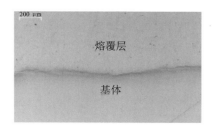

图 5-4　预热到 480 ℃时 XS-130 镍基合金粉末熔覆铜基材截面形貌

5.1.5　扫描路径规划

激光沉积制造系统是先进的生产加工系统,采用数字化信号对激光加工的运动过程和加工过程进行控制。运动执行机构用于控制激光束与工件的相对移动,使激光头或者工作台按照设定的轨迹运动,因此,运动执行机构是激光沉积制造系统的一个重要组成模块,直接决定激光沉积制造产品的质量。根据工业应用中实际的结构设计,运动执行机构可以分为数控机床和柔性机器人。

在多道多层搭接堆积成形工艺中,高能激光束熔化金属粉末,从而在基板或者已成形层中形成熔池,如果将熔池看作一个点,那么在运动执行机构的带动下,这个点将按照一定的路径进行扫描,由点成线,由线搭接形成面,进而由不同的面堆积为三维零件,这种工艺方法称为点扫描成形加工方法。在该方法中,扫描路径的规划与实现是至关重要的。

5.1.6　后处理

激光沉积制造的后处理包含缓冷处理和机械加工处理。缓冷处理是一种保温处理,用于消除或减小熔覆层的残余应力,消除或减小熔覆层产生的有害热影响。缓冷处理通常采用恒温炉来保温,经过充分的保温后,随恒温炉冷却或降到某一温度后,出炉,在空气中自然冷却,其中加热温度、保温时间和冷却方式,要视缓冷处理的目的、基材和熔覆层的特性而定。激光沉积制造后熔覆层的表面粗糙度一般在 $0.1\sim0.5$ mm 之间,需要进行机械加工处理才能满足实际生产的要求。机械加工处理主要根据加工件熔覆层的材料,选择合适的机械加工方式,对于硬度高于 40HRC 的熔覆层材料,一般采用磨床加工;也可以根据加工零件的形状,设计合适的磨具,对于硬度稍微低一些的熔覆层材料,可以采取精铣、车、镗等方式。

5.2　单道单层成形工艺研究

在激光沉积制造过程中,单道单层成形是最小的成形制造单元,其特征尺寸直接决定着零件精度,所以研究工艺参数对单道单层成形截面尺寸的影响规律并获得最佳工艺参数组合是提高激光沉积制造零件精度的基础。本节将通过试验的方式研究激光功率、扫描速度、送粉速度等工艺参数对单道单层成形截面宽度和高度的影响规律,并提出预测模型。

5.2.1　试验方法与过程

图 5-5 所示为单道单层成形截面示意图,其中 w 为单道单层成形截面宽度,h 为单道单层成形截面高度。试验中,基板尺寸为 75 mm×150 mm,单道成形长度为 50 mm,试验前首先对基板进行打磨、抛光,以去除表面的氧化皮层并增大其表面的光洁度,然后用丙酮对基板做进一步的清洗处理,在 120 ℃ 真空环境下对金属粉末进行干燥,以去除粉末中的水分,提高粉末流动性及传递时的均匀性[2-4]。

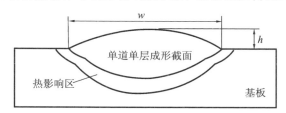

图 5-5　单道单层成形截面示意图

在激光沉积制造过程中,为了消除已成形的单道单层样件对未成形样件的热影响,一方面控制两单道间间距≥15 mm,成形时间间隔≥5 min;另一方面,在基板冷却系统上进行成形,以保证基板内的热量及时散去。试验中涉及的工艺参数见表 5-1。根据表 5-1 中工艺参数设计正交试验,试验顺序及对应参数见表 5-2。

表 5-1　单道单层成形主要工艺参数

激光功率 P/W	扫描速度 $v/(mm/s)$	送粉速度 $f/(g/min)$	光斑直径 D/mm	喷嘴距离 L/mm	载气流量 $q/(mL/h)$	保护气流量 $Q/(mL/min)$
1 600,1 800,2 000	4,6,8	10,20,30	3	16	450	300

表 5-2　单道单层成形正交试验表

试验号	因素		
	激光功率(LP)	扫描速度(SS)	送粉速度(PFR)
1	1 600	4	10
2	1 600	6	20
3	1 600	8	30
4	1 800	4	20
5	1 800	6	30
6	1 800	8	10
7	2 000	4	30
8	2 000	6	10
9	2 000	8	20

5.2.2　试验结果与分析

单道单层成形样件如图 5-6 所示。利用游标卡尺对各样件进行测量,为了保证测量的准确性,对每个样件均测量三处,计算均值,将均值作为测量结果。单道单层成形正交试验结果见表 5-3。

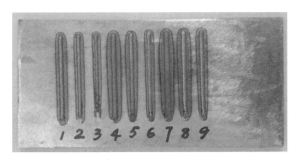

图 5-6　单道单层成形样件

表 5-3　单道单层成形正交试验结果

试验号	因素			结果							
	LP	SS	PFR	w_1	w_2	w_3	w	h_1	h_2	h_3	h
1	1 600	4	10	2.56	2.60	2.46	2.54	1.28	1.38	1.18	1.28
2	1 600	6	20	2.22	2.26	2.12	2.20	1.14	0.92	1.08	1.05
3	1 600	8	30	1.78	1.58	1.58	1.65	0.58	0.60	0.62	0.60
4	1 800	4	20	3.12	2.98	3.10	3.07	1.80	1.78	1.82	1.80
5	1 800	6	30	2.66	2.56	2.46	2.56	1.30	1.50	1.54	1.45
6	1 800	8	10	2.28	2.12	2.02	2.14	0.42	0.50	0.42	0.45
7	2 000	4	30	3.22	3.32	3.20	3.25	2.30	2.74	2.72	2.59
8	2 000	6	10	2.76	2.88	2.78	2.81	0.84	0.98	1.12	0.98
9	2 000	8	20	2.78	2.52	2.44	2.58	0.88	0.98	0.92	0.93

5.2.2.1　直观分析

1. 均值及极差计算

为便于计算和分析,记各试验中单道单层成形截面宽度为 x_i($i=1, 2, 3, \cdots, 9$),各试验中单道单层成形截面高度为 y_j($j=1, 2, 3, \cdots, 9$),接下来分别计算出 K_1、$\overline{K}_1$、K_2、$\overline{K}_2$、K_3、$\overline{K}_3$ 及 R。下面以单道单层成形截面宽度为例说明它们的计算方法。第 1 列的 K_1、K_2、K_3 为

$$K_{1LP}=x_1+x_2+x_3=2.54+2.20+1.65=6.39 \quad (5-1)$$
$$K_{2LP}=x_4+x_5+x_6=3.07+2.56+2.14=7.77 \quad (5-2)$$
$$K_{3LP}=x_7+x_8+x_9=3.25+2.81+2.58=8.64 \quad (5-3)$$

式中:K_{1LP}、K_{2LP}、K_{3LP} 分别为 LP 取 1、2、3 水平时的试验结果的总和。这里为了便于比较 LP 在不同水平时的优劣而引入 $\overline{K}$:

$$\overline{K}_{1LP}=K_{1LP}/3=6.39/3=2.13 \tag{5-4}$$

$$\overline{K}_{2LP}=K_{2LP}/3=7.77/3=2.59 \tag{5-5}$$

$$\overline{K}_{3LP}=K_{3LP}/3=8.64/3=2.88 \tag{5-6}$$

式中:$\overline{K}_{1LP}$、$\overline{K}_{2LP}$、$\overline{K}_{3LP}$分别为 LP 相应水平的平均单道单层成形截面宽度。

极差 R 为

$$R=\overline{K}_{3LP}-\overline{K}_{1LP}=2.88-2.13=0.75 \tag{5-7}$$

其余两列的 K_1、$\overline{K}_1$、K_2、$\overline{K}_2$、K_3、$\overline{K}_3$ 及 R 的计算方法与第 1 列的计算方法相同,单道单层成形截面高度的相应计算同单道单层成形截面宽度的相同,具体计算结果见表 5-4。

表 5-4　单道单层成形正交试验结果分析

试验号		因　素			
	LP	SS	PFR	w	h
1	1 600	4	10	2.54	1.28
2	1 600	6	20	2.20	1.05
3	1 600	8	30	1.65	0.60
4	1 800	4	20	3.07	1.80
5	1 800	6	30	2.56	1.45
6	1 800	8	10	2.14	0.45
7	2 000	4	30	3.25	2.59
8	2 000	6	10	2.81	0.98
9	2 000	8	20	2.58	0.93
w	K_1	6.39	8.86	7.49	
	K_2	7.77	7.57	7.85	
	K_3	8.64	6.37	7.46	
	$\overline{K}_1$	2.13	2.95	2.50	
	$\overline{K}_2$	2.59	2.52	2.62	
	$\overline{K}_3$	2.88	2.12	2.49	
	R	0.75	0.83	0.13	
h	K_1	2.93	5.67	2.71	
	K_2	3.70	3.48	3.78	
	K_3	4.50	1.98	4.64	
	$\overline{K}_1$	0.98	1.89	0.90	
	$\overline{K}_2$	1.23	1.16	1.26	
	$\overline{K}_3$	1.50	0.66	1.55	
	R	0.52	1.23	0.65	

2. 均值分析

直观起见,因素的水平作横坐标,结果的平均值作纵坐标,绘制均值主效应图如图 5-7 所示。接下来,结合图 5-7 具体分析各工艺参数对单道单层成形截面宽度及高度的影响。

1）激光功率对单道单层成形截面宽度的影响

单道单层成形截面宽度主要受熔池宽度的影响,较大的能量输入能够产生较宽的熔池,因此,激光功率增大使熔池宽度增大,激光功率与单道单层成形截面宽度的关系为正相关关系。

2）扫描速度对单道单层成形截面宽度的影响

激光沉积制造中线能量密度 E 的表达公式为 $E = LP/SS$,线能量密度 E 表示单位时间单位长度上能量的大小。如上文所述,能量输入越大,熔池宽度越大,单道单层成形截面宽度就越大,而扫描速度与线能量密度的关系为负相关关系,因此,单道单层成形截面宽度随扫描速度的增大而减小。

3）送粉速度对单道单层成形截面宽度的影响

从图 5-7 中可以看出,送粉速度对单道单层成形截面宽度的影响甚微,这是因为单道单层成形截面宽度受到熔池宽度的限制,由文献[5]可知,送粉速度对熔池宽度没有显著影响,因此送粉速度对单道单层成形截面宽度的影响最小。

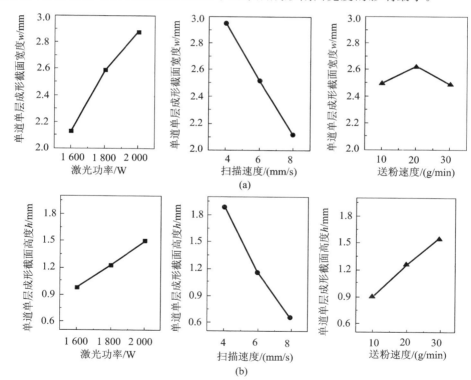

图 5-7　工艺参数对单道单层成形截面宽度及高度的影响

(a)工艺参数对单道单层成形截面宽度的影响；(b)工艺参数对单道单层成形截面高度的影响

4）激光功率对单道单层成形截面高度的影响

单道单层成形截面高度随激光功率的增大而增大,这是因为激光功率增大会使熔池面积增大,从而有更多的金属粉末进入熔池中,这有利于增大单道单层成形截面高度。事实上,由文献[5]可知,激光功率对单道单层成形截面高度的影响是双重的,当激光功率过大时,熔池深度增大,而当液态金属所承受的表面张力无法与其重力平衡时,液态金属就会沿两侧向下流出,直到熔池变宽、变浅,以使二者达到新的平衡状态,这样会导致单道单层成形截面高度变小。

5)扫描速度对单道单层成形截面高度的影响

扫描速度增大导致单道单层成形截面高度减小,这是因为随着扫描速度的增大,单位时间内能够进入熔池的金属粉末减少,导致单道单层成形截面高度减小。

6)送粉速度对单道单层成形截面高度的影响

送粉速度对单道单层成形截面高度的影响恰恰与扫描速度对单道单层成形截面高度的影响相反,这是因为送粉速度增大意味着单位时间内有更多的粉末进入熔池,导致单道单层成形截面高度增大。

3. 极差分析

根据表 5-4 中所列极差大小对各因素进行排序。对于 w,各因素由主到次的顺序为:SS、LP、PFR;对于 h,各因素由主到次的顺序为:SS、PFR、LP。

通过极差分析,可以看出,扫描速度对 w 和 h 影响最明显,因此在激光沉积制造中合理选择扫描速度是至关重要的。

5.2.2.2 回归分析

为便于预测不同工艺参数下激光沉积制造中单道单层成形截面宽度和高度,借助 Minitab 软件对各因素常系数进行计算,得到的线性回归模型为

$$w=0.413+0.001\,87LP-0.207SS-0.000\,5PFR \tag{5-8}$$
$$h=0.083+0.001\,31LP-0.307SS+0.032\,2PFR \tag{5-9}$$

为了验证上述线性回归模型的准确性,按照表 5-5 所示参数进行验证试验,并将试验结果记录在表中。线性回归方程验证试验样件如图 5-8 所示。

表 5-5 线性回归方程验证

LP	SS	PFR	w			h		
			测量值	预测值	相对误差	测量值	预测值	相对误差
2 000	4	20	3.28	3.315	1.07%	2.25	2.119	5.82%

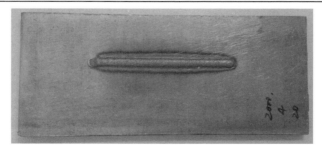

图 5-8 线性回归方程验证试验样件

试验结果显示,单道单层成形截面宽度和高度的预测值与测量值相对误差分别为 1.07％ 和 5.82％,由于激光沉积制造过程非常复杂,误差在 8％ 以内均可接受,因此,上述线性回归模型是有效的。

5.3　多道单层搭接成形工艺研究

多道单层搭接成形是激光沉积制造的基础,其质量的优劣直接影响三维零件的成形质量。搭接率是激光沉积制造技术中一个非常关键的工艺参数,它的大小直接影响成形表面的平整度和精度。如果搭接率设定不当,成形表面将凹凸不平,成形表面的不平整度会随着加工过程的层层沉积而增大,严重时甚至导致加工过程无法进行下去。所以,合理设定搭接率对于成形质量的控制至关重要,搭接率过小或者过大都无法获得平整的表面[6]。

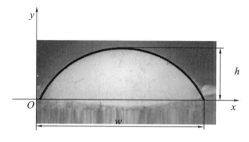

图 5-9　激光沉积制造单道成形截面金相照片

根据文献及实际经验,可以将单道成形截面曲线近似为抛物线[7],如图 5-9 所示。

在多道单层搭接成形过程中,根据搭接率的不同,成形截面可能会出现以下三种情况[8]。

(1)如果搭接率设定过小,则两相邻轨迹之间存在较明显的凹陷区域,但是两相邻轨迹的高度相同,如图 5-10(a)所示。

(2)如果搭接率设定比较合适,则相邻的两条增材制造轨迹之间高度相同,表面平整度较好,如图 5-10(b)所示。

(3)如果搭接率设定过大,则后一条轨迹受前一条轨迹的影响较大,如图 5-10(c)所示。

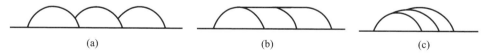

　　　　(a)　　　　　　　　　　　(b)　　　　　　　　　　(c)

图 5-10　不同搭接率下的多道单层截面形状

(a)搭接率设定过小;(b)搭接率设定比较合适;(c)搭接率设定过大

在图 5-10 所示的三种情况中,图 5-10(b)所示的情况是最为理想的情况,在该情况下得到的多道单层搭接成形表面平整,各轨迹的高度基本一致,相邻轨迹之间没有明显的凸起或者凹陷,三维立体增材制造时相邻成形层之间不易出现气孔缺陷;图 5-10(a)所示的情况要差于图 5-10(b)所示的情况,各轨迹的高度总体一致,多道单层搭接成形表面总体来说还算平整,但相邻轨迹之间的凹陷容易导致相邻成形层之间出现气孔、夹杂等缺陷,大大降低了成形零件的致密度,严重时会导致层间开裂;对于图 5-10(c)所示的情况,从稳定成形的角度考虑,这种情况一定要避免,这是因为该种情况下成形表面出现较大的斜坡,随着成形层数的增大,成形表面倾斜的角度将因熔池内金属液体的流动而逐渐增大,最终导致成形表面的尺寸精度无法保证。

5.3.1 最佳搭接率的理论计算

图 5-11 所示为道间偏移量为 λ 的多道单层搭接成形件在与扫描方向垂直方向上的截面示意图,此时搭接率 η 可由式(5-10)求得。图 5-11 中 Δh 表示表面平整度,为成形层中表面凸起处与凹陷处高度之差。平整度越小表示成形件表面质量越好,在最佳搭接率下得到的成形件应该满足 $\Delta h=0$。接下来结合图 5-11 计算最佳搭接率。

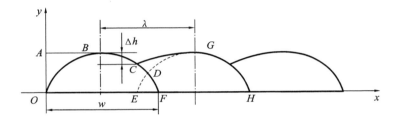

图 5-11　多道单层搭接成形件截面示意图

$$\eta=\frac{w-\lambda}{w}\times100\%$$
(5-10)

在图 5-11 中,曲线 OBF、EGH、CG 均为抛物线,三者的方程分别用 $f_1(x)$、$f_2(x)$、$f_3(x)$ 表示,点 C 为 $f_1(x)$ 与 $f_3(x)$ 的交点,点 D 为 $f_1(x)$ 与 $f_2(x)$ 的交点。很明显,在多道单层搭接成形中,由于搭接的存在,第一道以后的各道成形均受前一道成形的影响。为便于分析计算,这里假定各道单层搭接成形中粉末使用率是等同的,则 $S_{CDG}=S_{DEF}$。此外,结合图 5-9,点 A 的坐标为 $(0,h)$,点 B 的坐标为 $(w/2,h)$,点 D 的横坐标为 $(w+\lambda)/2$,点 E 的坐标为 $(\lambda,0)$,点 F 的坐标为 $(w,0)$,点 H 的坐标为 $(w+\lambda,0)$。

由上文可知,$\Delta h=0$ 时的搭接率为最佳搭接率,因此应求出 Δh 的表达式。由图 5-11 可知,如果点 C 的坐标记为 (u,v),那么 $\Delta h=h-v$,因此问题转化为求点 C 的坐标 (u,v)。

由图 5-11 可知

$$f_1(x)=h\left[1-4\left(\frac{x-\frac{w}{2}}{w}\right)^2\right]$$
(5-11)

$$f_2(x)=f_1(x-\lambda)$$
(5-12)

假设抛物线 GC 延长后与 x 轴相交于一点，该点的坐标为 $(m,0)$，即 $f_3(m)=0$，进一步可得

$$f_3(x)=h\left[1-\left(\frac{x-\lambda-\frac{w}{2}}{m-\lambda-\frac{w}{2}}\right)^2\right] \tag{5-13}$$

$$
\begin{aligned}
S_{CDG} &= \int_u^{\frac{w+\lambda}{2}}\left[f_3(x)-f_1(x)\right]\mathrm{d}x+\int_{\frac{w+\lambda}{2}}^{\lambda+\frac{w}{2}}\left[f_3(x)-f_2(x)\right]\mathrm{d}x\\
&= \int_u^{\frac{w+\lambda}{2}}\left[f_3(x)\mathrm{d}x-\int_u^{\frac{w+\lambda}{2}}f_1(x)\right]\mathrm{d}x+\int_{\frac{w+\lambda}{2}}^{\lambda+\frac{w}{2}}f_3(x)\mathrm{d}x-\int_{\frac{w+\lambda}{2}}^{\lambda+\frac{w}{2}}f_2(x)\mathrm{d}x\\
&= \int_u^{\lambda+\frac{w}{2}}f_3(x)\mathrm{d}x-\int_u^{\frac{w+\lambda}{2}}f_1(x)\mathrm{d}x-\int_{\frac{w-\lambda}{2}}^{\frac{w}{2}}f_1(x)\mathrm{d}x\\
&= \int_u^{\lambda+\frac{w}{2}}f_3(x)\mathrm{d}x-\int_u^{\frac{w+\lambda}{2}}f_1(x)\mathrm{d}x-\int_{\frac{w}{2}}^{\frac{w+\lambda}{2}}f_1(x)\mathrm{d}x
\end{aligned}\tag{5-14}
$$

$$S_{DEF}=2\int_{\frac{w+\lambda}{2}}^{w}f_1(x)\mathrm{d}x \tag{5-15}$$

$$S_{CDG}=S_{DEF} \tag{5-16}$$

将式(5-14)和式(5-15)代入式(5-16)中，得

$$\int_u^{\lambda+\frac{w}{2}}f_3(x)\mathrm{d}x-\int_u^{\frac{w+\lambda}{2}}f_1(x)\mathrm{d}x-\int_{\frac{w}{2}}^{\frac{w+\lambda}{2}}f_1(x)\mathrm{d}x=2\int_{\frac{w+\lambda}{2}}^{w}f_1(x)\mathrm{d}x \tag{5-17}$$

$$\int_u^{\lambda+\frac{w}{2}}f_3(x)\mathrm{d}x=\int_u^{w}f_1(x)\mathrm{d}x-\int_{\frac{w}{2}}^{w}f_1(x)\mathrm{d}x \tag{5-18}$$

$$h\left[\lambda+\frac{w}{2}-u+\frac{\left(u-\lambda-\frac{w}{2}\right)^3}{3\left(m-\lambda-\frac{w}{2}\right)^2}\right]=h\left[\frac{7}{6}w-u+\frac{4}{3w^2}\left(u-\frac{w}{2}\right)^3\right] \tag{5-19}$$

$$\lambda+\frac{\left(u-\lambda-\frac{w}{2}\right)^3}{3\left(m-\lambda-\frac{w}{2}\right)^2}=\frac{2w}{3}+\frac{4}{3w^2}\left(u-\frac{w}{2}\right)^3 \tag{5-20}$$

由

$$f_1(u)=f_3(u) \tag{5-21}$$

得

$$h\left[1-4\left(\frac{u-\frac{w}{2}}{w}\right)^2\right]=h\left[1-\left(\frac{u-\lambda-\frac{w}{2}}{m-\lambda-\frac{w}{2}}\right)^2\right] \tag{5-22}$$

$$2\left(\frac{u-\frac{w}{2}}{w}\right)=\frac{u-\lambda-\frac{w}{2}}{m-\lambda-\frac{w}{2}},\frac{w}{2}<u<\lambda+\frac{w}{2} \tag{5-23}$$

$$m-\lambda-\frac{w}{2}=-w\cdot\frac{u-\lambda-\frac{w}{2}}{2\left(u-\frac{w}{2}\right)} \tag{5-24}$$

131

将式(5-24)代入式(5-20)中,得

$$u=\frac{w}{2}\left(1+\sqrt{\frac{3\lambda-2w}{\lambda}}\right) \quad\quad (5-25)$$

进而求得

$$v=\frac{2h(w-\lambda)}{\lambda} \quad\quad (5-26)$$

表面平整度 Δh 为

$$\Delta h=h-v=h-\frac{2h(w-\lambda)}{\lambda} \quad\quad (5-27)$$

结合式(5-10),有

$$\Delta h=h-\frac{2h\eta}{1-\eta}=h\cdot\frac{1-3\eta}{1-\eta} \quad\quad (5-28)$$

取

$$\Delta h=h\cdot\frac{1-3\eta}{1-\eta}=0 \quad\quad (5-29)$$

由此求得,最佳搭接率 $\eta=33.3\%$。

5.3.2 最佳搭接率的试验验证

为了验证上述计算结果的准确性,需要进行单因素试验。单因素试验是指每次试验只改变一个因素,这里改变的因素为搭接率。

1. 试验方法

本试验中,基板尺寸为 75 mm×150 mm,基板个数为3,多道单层搭接成形长度为 50 mm,道数为 5。试验前首先对基板进行打磨、抛光,以去除其表面的氧化皮层,增大其表面的光洁度,然后用丙酮对基板做进一步的清洗处理,在 120 ℃ 真空环境下对金属粉末进行干燥,以去除粉末中的水分,提高粉末流动性及传递时的均匀性。在激光沉积制造过程中,为了消除已成形的多道单层搭接成形样件对未成形样件的热影响,一方面控制两单道间距≥15 mm,成形时间间隔≥5 min;另一方面,在基板冷却系统上进行成形,以保证基板内的热量及时散去。试验中涉及的工艺参数见表5-6。

表 5-6 多道单层搭接成形主要工艺参数

激光功率 P/W	扫描速度 $v/(mm/s)$	送粉速度 $f/(g/min)$	光斑直径 D/mm	喷嘴距离 L/mm	载气流量 $q/(mL/h)$	保护气流量 $Q/(mL/min)$	搭接率 $\eta/(\%)$
2 000	4	20	3	16	450	300	0%～55%

2. 试验结果与分析

多道单层搭接成形样件如图 5-12 所示。通过线切割机将样件切开,具体切割

方法如图 5-13 所示,切下的测量样件如图 5-14 所示。利用显微镜对样件表面平整度进行测量,为了保证测量准确性,对切下的测量样件两边分别进行测量,并且每边取三处位置进行测量,计算 6 处测量位置均值,将该均值作为测量结果。搭接率对表面平整度的影响试验结果见表 5-7,为便于观察,绘制坐标图,如图 5-15所示。

图 5-12　多道单层搭接成形样件

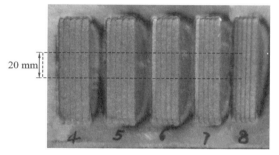

图 5-13　样件切割位置示意图　　　图 5-14　切下的多道单层搭接成形样件

表 5-7　搭接率对表面平整度的影响试验结果

试验号	$\eta/(\%)$	λ/mm	$\Delta h/\mathrm{mm}$
1	0	3.28	1.605
2	5	3.116	0.947
3	10	2.952	0.289
4	15	2.788	0.272
5	20	2.624	0.237
6	25	2.46	0.210
7	30	2.296	0.175
8	35	2.132	0.145
9	40	1.968	0.101
10	45	1.804	0.151
11	50	1.64	0.202
12	55	1.476	0.331

总体来看,当搭接率为 30%～45% 时,表面平整度最小,由此验证了上述最佳搭接率为 33.3% 的正确性。

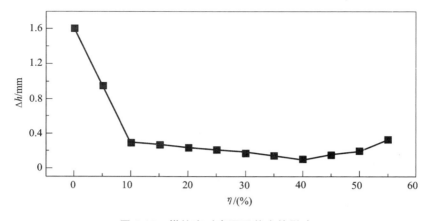

图 5-15　搭接率对表面平整度的影响

5.4　单道多层堆积成形工艺研究

单道多层堆积成形是在单道单层成形的基础上通过 z 向的不断累加得到的，是薄壁零件激光沉积制造的基础。单道多层堆积成形示意图如图 5-16 所示，机器人带动同轴送粉头沿 y 向做直线运动，运动至端点后，同轴送粉头沿 z 向运动一定距离，然后同轴送粉头沿 y 向直线返回，如此反复进行，最终得到所需高度的单道多层薄壁零件。

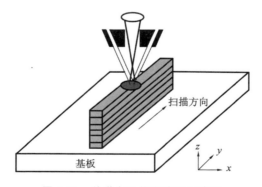

图 5-16　单道多层堆积成形示意图

5.4.1　z 向增量的理论计算

由单道多层堆积成形原理可知，单道多层堆积成形工艺不仅受激光功率、扫描速度、送粉速度等工艺参数的影响，还受 z 向增量 Δz 的影响。不同的 Δz 使同轴送粉喷嘴粉末汇聚点到熔池距离（定义为"粉末离焦量"）和聚焦镜焦点到熔池距离(定义为"激光离焦量")不同。粉末离焦量决定了熔池处粉流密度的大小,激光离焦量决定了熔池处激光能量的分布,二者对熔池尺寸有直接影响,即对成形的高度和宽度均有影响。因此,合理设定 Δz 对激光沉积制造中单道多层堆积成形具有关键意义。下面参考文献[9],通过建立 Δz 工艺模型计算 Δz。

为便于分析和计算,假设每道成形轨迹截面均为抛物线,且每道成形轨迹的曲率保持不变,每道成形轨迹粉末使用量相同。单道多层堆积成形 Δz 模型如图 5-17 所示。

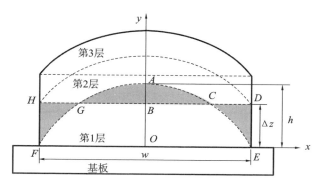

图 5-17 单道多层堆积成形 Δz 模型

单道多层堆积成形中,第一层成形在基板上,第二层之后的各层均成形在已成形层上面。根据上文所述,各层轨迹截面为抛物线,为了保证后续堆积层表面平整,各层在堆积前应该先将该层与前一层成形轨迹中重合部分(图 5-17 中曲边三角形 GAC)熔化并将其补充到两边区域(图 5-17 中曲边三角形 FGH 和 CDE)。通过分析可得

$$S_{GAC} = S_{FGH} + S_{CDE} \tag{5-30}$$

根据对称性有

$$S_{ABC} = S_{CDE} \tag{5-31}$$

即

$$S_{ABC} - S_{CDE} = 0 \tag{5-32}$$

在图 5-17 所示坐标系中,第一层截面抛物线方程为

$$f_1(x) = -\frac{4h}{w^2}x^2 + h \tag{5-33}$$

直线 HD 方程为

$$f_2(x) = \Delta z \tag{5-34}$$

假设 $f_1(x)$ 与 $f_2(x)$ 交点 C 的坐标为 (a, b),利用积分方法对面积进行求解

$$S_{ABC} = \int_0^a [f_1(x) - f_2(x)] \mathrm{d}x \tag{5-35}$$

$$S_{CDE} = \int_a^{\frac{w}{2}} [f_2(x) - f_1(x)] \mathrm{d}x \tag{5-36}$$

$$S_{ABC} - S_{CDE} = \int_0^a [f_1(x) - f_2(x)]\mathrm{d}x - \int_a^{\frac{w}{2}} [f_2(x) - f_1(x)]\mathrm{d}x$$

$$= \int_0^a [f_1(x) - f_2(x)]\mathrm{d}x + \int_a^{\frac{w}{2}} [f_1(x) - f_2(x)]\mathrm{d}x = \int_0^{\frac{w}{2}} [f_1(x) - f_2(x)]\mathrm{d}x$$

$$\tag{5-37}$$

$$= \int_a^{\frac{w}{2}} \left[-\frac{4h}{w^2}x^2 + h - \Delta z \right]\mathrm{d}x = \frac{w}{6}(2h - 3\Delta z) = 0$$

因此

$$\Delta z = \frac{2}{3}h \tag{5-38}$$

由式(5-38)可知，Δz 是单道单层成形截面高度的函数，与单道单层成形截面宽度无关。为了验证上述模型的准确性，分别采用 $\Delta z = h$ 和 $\Delta z = \frac{2}{3}h$ 进行验证试验。试验中涉及的工艺参数见表5-6。为了确定单层成形截面高度，先按照相同工艺参数进行单道单层成形试验，测量得到 $h = 2.25$ mm，接下来分别设定 $\Delta z = h = 2.25$ mm 及 $\Delta z = \frac{2}{3}h = 1.5$ mm，所得试验样件如图5-18所示。从图5-18中可以看出，当 $\Delta z = 2.25$ mm 时，单道多层成形质量较差，试验样件出现较大的波浪起伏，表面平整度很不理想，并且随着成形层数的增大，表面越来越不平整，最终不得不终止继续成形；而当 $\Delta z = 1.5$ mm 时，试验样件表面较为平整，可以连续地稳定成形。由此说明，上述模型是正确且可行的。

(a) (b)

图5-18 Δz 对单道多层成形质量的影响

(a)$\Delta z = 2.25$ mm；(b) $\Delta z = 1.5$ mm

5.4.2 能量累积效应的分析与对策

在单道多层堆积成形过程中，随着堆积层数的增大，熔池温度不断升高，熔池的热量传输方式不断变化。开始堆积成形时，由于激光汇聚点距离基板较近，大部分能量能够被基板吸收或者传递出去，只有很小一部分能量被熔池吸收。后续堆积成形时，熔池的热量传递至已成形层，再由已成形层通过热传导、对流和辐射的方式散去。在单道多层堆积成形过程中,冷却速率和散热能力会随着成形层高度的增大而降低,若采用恒定的工艺参数,在成形最初的一段过程中(能量输入与熔池散热间达到动态平衡之前),随着堆积层数的增大,熔池温度越来越高,因此熔池的体积越来越大,如此一来,进入熔池的金属粉末也会增多,从而导致后续成形层尺寸增大,使单道多层薄壁零件下细上粗,如图 5-19 所示。这就是能量累积效应,该效应对增材制造是非常不利的。

为避免发生上述情况,需要对工艺参数进行实时调整[5]。工艺参数的实时调整以维持熔池温度稳定为出发点,较易实现该目的的方法有两种:一种是调整扫描速度,另一种是调整激光功率。由于扫描速度对堆积厚度有非常明显的影响,改变扫描速度将导致各层堆积厚度不均匀,难以确定合理的 Δz,因此这里采用调整激光功率的方法来减小直接成形过程中能量累积效应对加工稳定性的影响。调整激光功率的方法大致为:在最初的几层(需根据具体情况进行试验确定)采用逐步降低功率的方式进行成形,成形到一定层数(激光能量输入与熔池散热之间达到动态平衡)后将激光功率保持在一定水平直至整个成形过程结束。图 5-20 和图 5-21 所示为采用调整激光功率方法成形的单道多层样件。图 5-20 所示为薄壁墙,稳定成形高度达 180 mm。图 5-21(a)所示为空心叶片,图 5-21(b)所示为中国科学院沈阳自动化研究所英文简称"SIA"的成形样件。

图 5-19　能量累积导致单道多层
薄壁零件下细上粗

图 5-20　激光沉积制造单道
多层薄壁墙

(a)　　　　　　　　　　　　(b)

图 5-21　激光沉积制造单道多层成形件
(a)空心叶片;(b)所标"SIA"

5.5 单道多层偏移堆积成形工艺研究

大多数金属零件都有侧壁倾斜的情况,如航空发动机尾喷管、汽轮机叶片等[10]。对于倾斜薄壁的结构,在非激光沉积制造中,可以采用添加支撑的方式制造斜壁。而对于金属零件的斜壁增材制造问题,由于成形过程受到很多因素的限制,无法采用添加支撑的方式[11]。在激光沉积制造系统中运动执行机构由机器人组成,如果在固定工作台上添加一个或者多个旋转自由度,那么可以方便地直接成形带有倾斜特征的零件。但是这样一方面提高了系统成本,另一方面当倾斜角度较小时,合理地控制工艺参数,通过改变层间偏移量即可获得质量较为理想的具有不同倾斜角度的薄壁件。本节将研究单道多层偏移堆积成形工艺,并将该工艺实际应用在带有倾斜特征零件的沉积制造方面。

在单道单层成形和单道多层成形中,熔融粉末直接竖直堆积在基板或者已成形层上,而在单道多层偏移成形中,相邻两层间有一个偏移量,熔融粉末倾斜堆积在已成形层上。由于每一层熔池中液态金属的表面张力作用,激光加工层团聚。为便于分析,这里将各成形层截面近似地看作半径为 r 的圆弧,r 可由单层成形高度和宽度确定。

图 5-22 所示为薄壁倾斜件示意图,这里假定每个成形层工艺条件和成形状态完全相同,忽略热量累积效应、液体表面张力及粉末冲击力等的影响,z 向增量 Δz 始终与单层高度匹配。图中 O_1、O_2 分别为相邻两层近似圆弧圆心,θ 为倾斜角度,δ 为层间偏移量,Δz 为单层高度。显然有

$$\tan\theta = \frac{\delta}{\Delta z} \tag{5-39}$$

由于 Δz 值受工艺参数影响,在特定的工艺环境下为定值,因此,层间偏移量 δ 直接决定着倾斜角度 θ 的大小。

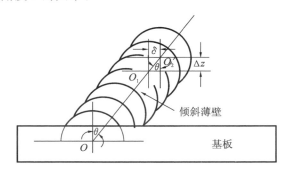

图 5-22 薄壁倾斜件示意图

激光沉积制造受多种因素交互影响,过程极为复杂,因此式(5-39)只能说明层间偏移量 δ 与倾斜角度 θ 的关系为正相关关系,并不能据其准确确定对应的数值

关系。而且,大量试验表明,层间偏移量不能过大,否则将出现成形层悬伸端塌陷的现象[12],导致连续增材加工进程被迫中断。接下来通过试验手段对倾斜角度与层间偏移量的关系及极限倾斜角度进行研究。

5.5.1　试验方法与过程

本试验中,保持其他工艺参数不变,只改变层间偏移量 δ。基板尺寸为 80 mm×110 mm,单道多层偏移堆积成形长度为 50 mm,层数为 60。试验前首先对基板进行打磨、抛光,以去除其表面的氧化皮层,增大其表面的光洁度,然后用丙酮对基板做进一步的清洗处理,在 120 ℃ 真空环境下对金属粉末进行干燥,以去除粉末中的水分,提高粉末流动性及传递时的均匀性。为消除逐层堆积中热量累积效应对成形效果的影响,在基板冷却系统上进行试验。试验中涉及的工艺参数见表 5-8。

表 5-8　单道多层偏移堆积成形主要工艺参数

参数名称	参数取值
激光功率 P/W	1 800
扫描速度 v/(mm/s)	4
送粉速度 f/(g/min)	20
层间偏移量 δ/mm	0.05,0.10,0.15,0.20,0.25,0.30
Z 向增量 Δz/mm	1.2
光斑直径 D/mm	3
喷嘴距离 L/mm	16
载气流量 q/(mL/h)	450
保护气流量 Q/(mL/min)	300

5.5.2　试验结果与讨论

不同层间偏移量成形样件如图 5-23 所示,各图中左侧图片为正面视图,右侧图片为侧面视图。由图 5-23 可知,当 $\delta \leqslant 0.20$ mm 时,单道多层偏移堆积成形样件质量较为理想,样件顶端较为平整,倾斜角度上下一致。当 $\delta=0.25$ mm 时,样件顶端开始出现较大凹凸,平整度较差,倾斜角度上大下小,对于要求不高的场合,勉强可以采用该偏移量。当 $\delta=0.30$ mm 时,样件顶端极不平整,最后几层成形中的粉末直接掉落,熔在基板上,导致顶端塌陷,实际成形中不可采用该偏移量进行激光沉积制造。下面分析层间偏移量与倾斜角度的关系。测量图 5-23 中样件的倾斜角度,结果见表 5-9。为便于直观分析,绘制坐标图,如图 5-24 所示。

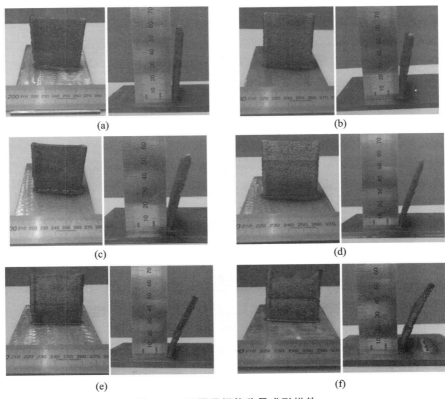

图 5-23 不同层间偏移量成形样件

(a)$\delta=0.05$ mm；(b)$\delta=0.1$ mm；(c)$\delta=0.15$ mm；(d)$\delta=0.2$ mm；(e)$\delta=0.25$ mm；(f)$\delta=0.30$ mm

表 5-9 倾斜角度与层间偏移量对应关系表

层间偏移量 δ/mm	0.05	0.10	0.15	0.20	0.25	0.30
倾斜角度 θ/(°)	5.05	11.07	16.43	20.39	27.15	28.87

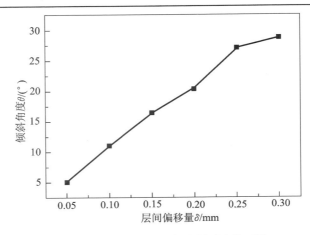

图 5-24 倾斜角度与层间偏移量对应关系图

由表 5-9 及图 5-24 可知,倾斜角度随层间偏移量的增大而增大,并且当 $\delta \leqslant$ 0.25 mm 时,二者近似为线性关系,说明 $\delta \leqslant 0.25$ mm 时成形过程较为稳定。而当 $\delta = 0.30$ mm 时,δ 增幅减小,说明此时没有正常连续成形,这和上文针对图 5-23 所作的分析是吻合的。

5.5.3　分析与改进

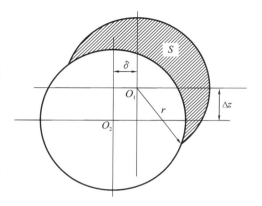

图 5-25　单层加工截面面积示意图

根据上文所述,当 δ 较大时,样件顶端极不平整,最后几层成形中的粉末直接掉落,熔在基板上,导致顶端塌陷。因此,为了确保成形过程中偏移出的无支撑熔融粉末不掉落在基板上,必须使该部分所受吸附力大于其重力。下面具体分析偏移出的无支撑熔融粉末重力与层间偏移量的关系。单层加工截面面积示意图如图 5-25 所示。

由图 5-25 可知,单层加工截面面积 S 为

$$S = \left(\pi - 2\arccos \frac{\sqrt{\delta^2 + \Delta z^2}}{2r} \right) \cdot r^2 + \frac{\sqrt{(\delta^2 + \Delta z^2)(4r^2 - \delta^2 - \Delta z^2)}}{2} \tag{5-40}$$

此外,容易求得

$$r = \frac{w^2 + 4h^2}{8h} \tag{5-41}$$

式中:w 为单道单层成形截面宽度;h 为单道单层成形截面高度,结合上文分析,这里 $w = 3.07$ mm,$h = 1.8$ mm。根据上述两式得到单层加工截面面积与层间偏移量关系曲线,如图 5-26 所示。

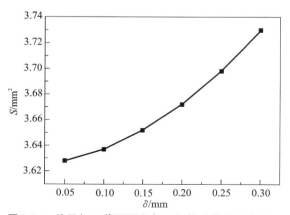

图 5-26　单层加工截面面积与层间偏移量关系曲线

　　由图 5-26 可知,单层加工截面面积随着层间偏移量的增大而增大。随着层间偏移量的增大,熔池将增大,熔池捕获金属粉末的能力将提高,熔融粉末质量将增大,因此偏移出的无支撑熔融粉末重力也将增大。当重力增大到一定程度时,偏移出的无支撑熔融粉末所受吸附力将小于其重力,此时会出现塌陷情况,导致成形不能继续进行。

　　上述分析计算是在理想情况下进行的,虽然实际成形过程中设定的层间偏移量是不变的,但是由于成形受工艺稳定性的影响,随着成形层数的增大,会出现层间偏移量变大或者变小的情况。层间偏移量变大或者变小,对稳定的倾斜成形都是不利的。偏移出的无支撑熔融粉末重力不仅与 δ 有关,还与 Δz 有关,从图 5-26 中可以看出,Δz 与 S 为正相关关系。因此为了获得较为理想的单道多层偏移倾斜件,可以灵活地对 Δz 进行调整。图 5-27 所示为单道多层偏移堆积成形样件。

图 5-27　单道多层偏移堆积成形样件

5.6　单道多层扭转堆积成形工艺研究

在航空航天领域,为了适应其工作场合,很多金属零件具有扭转特征,如航空发动机叶片。这里对单道多层扭转堆积成形工艺进行单独研究。

单道多层扭转堆积成形是指每个成形层相对于其前一成形层旋转一定角度,旋转中心位于每道成形层中心,实际成形时采用控制机器人坐标系进行旋转,具体加工程序保持不变。由于层间旋转,因此必然存在层间偏移量,而且可以知道不同旋转半径处层间偏移量是不同的,即单道多层扭转堆积成形中的层间偏移量是旋转半径的函数。可见,单道多层扭转堆积成形实际上是一种特殊的单道多层偏移成形,相对于前面分析的固定层间偏移量单道多层偏移成形,该工艺是一种变层间偏移量的成形方式,下面对其具体分析。

图 5-28 所示为单道多层扭转堆积成形示意图,O 为旋转中心,α 为层间旋转角度,AC 为单道成形宽度 w,AB 处层间偏移量为 0,DE 为旋转半径为 r 处层间偏移量 δ。

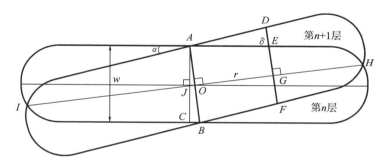

图 5-28　单道多层扭转堆积成形示意图

由图 5-28 可得

$$\delta = 2r\tan\frac{\alpha}{2} \tag{5-42}$$

由式(5-42)可知,层间偏移量与旋转半径为正相关关系,即旋转半径越大,层间偏移量越大,当 $r = l/2$(l 为成形长度)时,层间偏移量最大,即 $\delta_{\max} = l \cdot \tan(\alpha/2)$。层间偏移量增大到一定程度后,偏移出的无支撑熔融粉末吸附力将小于其重力,导致塌陷,使成形无法继续进行,所以在单道多层扭转成形中,成形长度是受限制的。式(5-42)还表明,在层间偏移量确定的情况下,成形长度与层间旋转角度成反比例函数关系,因此,在满足层间偏移量取值的情况下,可以通过调整 α 扩大成形长度的取值范围。

例如,为了成形出最大偏移量 $\delta_{\max}$ 为 0.25 mm,成形长度 l 为 50 mm 的样件,层间旋转角 α 应为 0.57°。接下来通过具体的试验说明,试验涉及的主要工艺参数见表5-10。按照表5-10中工艺参数分别成形出不同最大层间偏移量和成形长度的样件,试验结果见表5-11。

表 5-10　单道多层扭转堆积成形主要工艺参数

激光功率	扫描速度	送粉速度	Z向增量	光斑直径	喷嘴距离	载气流量	保护气流量
P/W	v/(mm/s)	f/(g/min)	Δz/mm	D/mm	L/mm	q/(mL/h)	Q/(mL/min)
1 800	4	20	1.2	3	16	450	300

表 5-11　单道多层扭转堆积成形试验结果

试验号	设定参数			试验结果
	δ_{max}/mm	l/mm	α/(°)(计算值)	
1	0.25	50	0.57	
2	0.2	60	0.38	
3	0.1	40	0.29	

从表5-11中可以看出,所得样件质量均较为可靠,说明了上述分析的正确性。

5.7　多道多层搭接堆积成形工艺研究

多道多层搭接堆积成形工艺与上文所述工艺相比最为复杂,该工艺融合了上述所有工艺手段,上述各工艺中出现的能量累积、Z向增量、搭接率、层间偏移量等在本节都会有所涉及。除此以外,该工艺也有自身特有的问题,主要是扫描策略的选择问题。在点扫描成形加工方法[13]中,扫描路径的规划与实现是至关重要的。下面对多道多层搭接堆积成形扫描路径规划(扫描方式)问题进行研究。

5.7.1　常用扫描方式分类

按照填充扫描路径的不同,扫描方式可分为三种[14]。

(1)平行扫描。该扫描方式采用一组等距离的平行线进行扫描,平行线的平行间距为扫描间距。扫描间距是该扫描方式中最重要的参数之一。平行扫描中应用最多的是平行往复扫描,如图 5-29(a)所示。

(2)轮廓扫描。该扫描方式沿着平行于边界轮廓线的方向进行扫描,即沿着截面轮廓等距线进行扫描,如图 5-29(b)所示。该扫描方式的扫描矢量的生成算法比较复杂。

(3)分形扫描。该扫描方式的扫描路径由短小的折线构成,如图 5-29(c)所示。

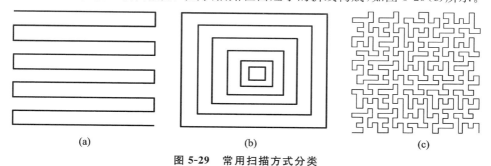

(a)　　　　　　　　　　(b)　　　　　　　　　　(c)

图 5-29　常用扫描方式分类

(a)平行往复扫描;(b)轮廓扫描;(c)分形扫描

5.7.2　平行往复扫描方式

由于平行往复扫描方式易实现,而且成形效率较高,因此本节着重探讨该扫描方式下的多道多层搭接堆积成形。因为单道多层搭接堆积成形中包含多个成形层,按照各层中扫描方式的不同,平行往复扫描方式可细分为以下三种。

(1)X 向扫描方式:各层均沿 X 向进行往复扫描,如图 5-30(a)所示。

(2)Y 向扫描方式:各层均沿 Y 向进行往复扫描,如图 5-30(b)所示。

(3)X、Y 向交错扫描方式:相邻层分别沿 X 向和 Y 向进行往复扫描,如图 5-30(c)所示。

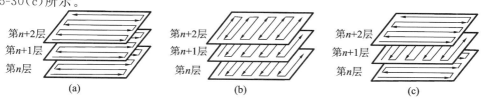

(a)　　　　　　　　　　(b)　　　　　　　　　　(c)

图 5-30　平行往复扫描方式分类

(a)X 向扫描方式;(b)Y 向扫描方式;(c)X、Y 向交错扫描方式接下来通过试验研究三种平行往复扫描方式对成形质量的影响,在其他工艺参数相同的情况下,分别采用 X 向扫描方式、Y 向扫描方式,以及 X、Y 向交错扫描方式进行多道多层搭接堆积成形试验。不同扫描方式成形样件如图 5-31 所示。

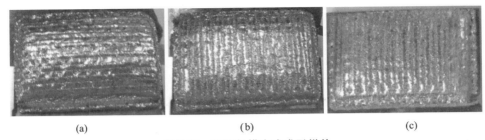

(a)   (b)   (c)

图 5-31 不同扫描方式成形样件

(a)X 向扫描方式;(b)Y 向扫描方式;(c) X、Y 向交错扫描方式

从图 5-31 中可以看出,采用 X 向扫描方式或者 Y 向扫描方式时,成形样件表面出现较为明显的 X 向或者 Y 向纹理,表面质量不理想。而采用 X、Y 向交错扫描方式,成形样件表面较为平整,没有非常明显的方向性纹理。由此看来,从改善成形质量的角度考虑,应该选择 X、Y 向交错扫描方式进行多道多层搭接堆积成形。

5.7.3 扫描方式的改进

从图 5-31 中可以看出,三种扫描方式下的成形样件均出现不同程度的轮廓塌陷(塌边)现象。这是因为,随着增材制造高度的增大,激光汇聚点逐渐远离基板,导致传热条件由开始的 3D 传热演变为 2D 传热,对于顶层成形层而言,底层成形层相当于障碍物,阻碍了迅速向底层传热的过程,所以传热效果越来越差。也就是说前面已堆积的成形层相当于预热后续成形层,从而导致后续成形层的熔池温度越来越高,熔池尺寸越来越大,进入熔池的粉末越来越多,每层堆积高度也越来越大。由搭接率概念可知,成形层宽度及高度增大,相当于搭接率间接增大,导致过搭接,所以堆积层数增大使成形样件顶端出现"外凹内凸"缺陷。

为了解决堆积层数增大使成形样件顶端凸起的问题,本节提出了一种新型的扫描方式。该扫描方式称为"2+1 轮廓交错"扫描方式,如图 5-32 所示,它实际上综合了轮廓扫描方式和 X、Y 向交错扫描方式,即在 X、Y 向交错扫描方式的基础上,成形每一层时先沿外轮廓扫描两层,而内部只扫描一层。由于外部轮廓扫描次数多于内部的,因此每一层成形结束后,外部轮廓高度将略高于内部高度,出现"外凸内凹"现象。这种"外凸内凹"恰好能够对上文提到的"外凹内凸"进行补偿,使成形样件表面平整,如图 5-33 所示。

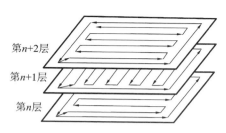

第n+2层

第n+1层

第n层

图 5-32　"2＋1 轮廓交错"扫描方式

图 5-33　"2＋1 轮廓交错"扫描方式成形样件

5.7.4　"激光空扫"工艺

从图 5-31 中不难发现,多层堆积成形样件表面很不理想,有的地方还粘有未熔化的粉末。图 5-34 所示为改进前样件切面图,成形件层间存在夹杂、熔合不良等缺陷。为了消除上述缺陷,这里提出一种新的层间成形工艺,即"激光空扫"工艺。"激光空扫"工艺是指每个成形层结束后采用一种设定的扫描方式和较小的激光功率对该层进行扫描,此时只给激光,不给送粉。通过这种改进措施所得的成形样件切面效果如图 5-35 所示,从图 5-35 中可以看出,改进效果非常明显,看不到明显的夹杂、熔合不良等缺陷。

图 5-34　改进前样件切面图

图 5-35　改进后样件切面图

结合上文的分析,采用"2＋1 轮廓交错"扫描方式和"激光空扫"工艺进行多道多层搭接堆积成形试验,图 5-36 所示为多道多层搭接堆积成形样件。

(a)

(b)

图 5-36   多道多层搭接堆积成形样件

(a)连接样件;(b)角盒样件

5.8   沉积层质量判据

5.8.1   宏观判据

宏观残余应力称为第一类残余应力。宏观残余应力在宏观区域分布,是跨越多个晶粒的平均应力。按照残余应力产生的原因,宏观残余应力可以分为以下三种。

(1)不均匀的塑性变形引起的残余应力。材料的不均匀塑性变形是指加工等因素导致材料中不同部位产生不同的塑性变形量,不同的塑性变形量导致不同部位间相对的拉伸与压缩,由此产生残余应力。

(2)热影响产生的残余应力。在对零件进行加热或者冷却的过程中,材料的内部产生温度梯度,温度梯度导致材料发生不均匀的热胀变形或者冷缩变形,从而产生热应力,以及因组织转变而引起的相变应力。热影响对材料的屈服强度产生影响,从而对应力产生影响。

(3)化学作用引起的残余应力。化学作用引起的残余应力是指通过零件的表面向零件内部传递的化学的或者物理的变化（如渗氮或者渗碳处理）引起的残余应力。

5.8.2　微观判据

微观残余应力属于显微视野范围内的残余应力，按照其作用范围，可分为两类，即第二类残余应力和第三类残余应力。第二类残余应力是指作用于晶粒或者亚晶粒之间（在 0.01～1 mm 范围内），并在此范围内的平均应力。第三类残余应力作用于晶粒内部（在 10^{-6}～10^{-2} mm 范围内）。残余应力具体分类见表 5-12。

表 5-12　残余应力具体分类

残余应力	领域的长度/mm							
	10	1	10^{-1}	10^{-2}	10^{-3}	10^{-4}	10^{-5}	10^{-6}
第一类	不均匀塑性变形引起的应力							
第二类		结构的残余应力						
第三类			晶体内的残余应力					
				位错引起的残余应力				

5.9　整体构件的质量判断标准

5.9.1　变形的产生及判据

1. 变形的产生

在激光沉积制造过程中，零件经历高能量激光的辐射、非稳态集中循环加热，其局部将形成极大的温度梯度，从而产生复杂的应力应变演化。成形结束后，零件内部产生较大的残余应力，并伴随产生严重翘曲变形，甚至开裂。

发生变形的零件在经过简单处理及修复后，即使能够完成装配，但在作为运动机构使用过程中，它的运动曲线或者传动效果等都难以满足要求，更难以实现应有的功能。

对于可接受的发生小幅度变形的零件，通过后续的减材加工工艺，其能够实现所需功能。但是随着零件的后期使用，变形问题也会逐渐暴露出来，从而缩短其使用寿命。因此，变形问题尤其是装配零件的变形问题已经成为影响零件生产周期和成本的一个重要原因。

  激光沉积制造零件的变形是绝对的,零件变形的宏观表现主要包括两种形式:整体的翘曲变形和零件的分层变形。

  在激光沉积制造过程中热应力积累到一定程度后,零件便会发生翘曲变形,当基板无法限制这种翘曲时,零件便会与基板脱离,发生整体翘曲变形。该种变形的破坏一般从零件的端部开始,裂纹不断向内部扩展,变形逐渐变大,且端部、边缘处的变形最大。

  翘曲变形会使沉积位置与喷嘴的相对位置发生变化,从而影响沉积制造过程的稳定性,进而影响成形质量。随着沉积制造过程的进行,零件的翘曲变形进一步加剧,当达到一定程度后,零件会与喷头相干涉,喷嘴损伤,导致沉积制造过程终止。

  零件的分层变形主要是内应力破坏零件内部的结合面导致的,零件从此层位置开裂,裂纹上部发生翘曲变形。

2. 变形的判据

  对于激光沉积制造零件,无论是零件与基板之间产生裂纹,还是零件分层开裂,都是不允许出现的。当零件只发生变形而未开裂时,需要对零件变形大小进行针对性测量评价。对于结构特征较为简单的零件,可以直接通过量尺、图像拍摄、激光位移传感器等测量手段,评价零件沿某一方向的变形大小;而对于结构较为复杂的零件,通常需要利用激光三坐标测量仪等,对零件的整体变形进行精准测量,从而得到沉积后零件实际形状的三维点云图及相应的数模,随后将得到的实际零件尺寸与设计数模进行对比(考虑加工余量),如果实际变形后零件形状全部包络在设计形状模型内,则零件的变形可以接受,此时,可通过后续的减材加工对前期的沉积成形变形进行补偿。相反,如果零件变形过大,零件形状超出设计形状模型,则无法通过后续减材加工对前期的沉积成形进行补偿,出现这种情况时,我们认为零件的变形超差,无法满足零件的成形要求。

5.9.2　外观缺陷种类及判据

  在金属零件激光沉积制造过程中,由于材料自身属性的不同,在沉积制造不同合金零件时,零件会出现不同的缺陷,常见的外观质量缺陷主要包括以下几种。

1. 熔化塌陷

  当激光沉积制造零件沉积到一定高度时,沉积熔池较难通过基板进行快速有效的热传导散热,尤其是对于铝合金等低熔点合金的沉积制造,沉积层过热会导致熔化塌陷产生。图 5-37 所示为铝合金在激光沉积制造过程中因工艺控制不当而产生的塌陷。塌陷会降低零件的成形精度,改变零件的加工余量,因此要根据实际后续减材加工余量的要求,对激光沉积制造过程中的熔化塌陷进行控制。

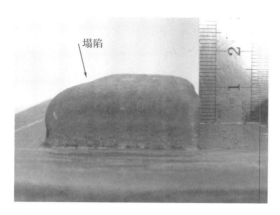

图 5-37　铝合金在激光沉积制造过程中因工艺控制不当而产生的塌陷

2. 粘粉

对于每一组激光功率和扫描速度,都有一组较佳的送粉速度与之匹配。送粉速度过大时,粉末量超过熔池的热熔极限,一部分粉末未完全熔化而粘在零件表面,如图 5-38 所示。粘粉会显著降低零件表面粗糙度与零件表面质量,并增大加工余量,对后续的减材加工过程也会造成一定影响。实际成形过程中要通过条件相应的沉积工艺参数,避免出现粘粉现象。

图 5-38　成形件表面粘粉现象

3. 表面平整度差

当沉积过程中热输入、送粉速度不稳定或道间搭接率较小时,激光沉积制造零件的表面会产生较大的起伏,已成形表面的平整度较差。表面的不平整会随激光沉积制造过程的持续进行而产生加剧复映,最终严重影响零件的成形精度。工型梁十字交叉处表面不平的现象主要是热量分布不均匀导致的,如图 5-39 所示。

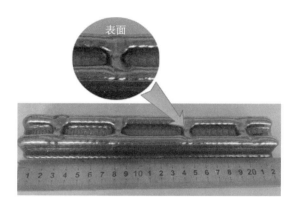

图 5-39　热量分布不均匀导致工型梁十字交叉处表面不平

4. 开裂

随着激光沉积制造零件尺寸的增大，当零件内部的热应力积累到一定程度时，零件开裂。激光沉积制造零件内部存在复杂的应力分布，不同的零件形状及沉积方式对应不同最大内应力方向，因此零件的开裂方向不尽相同。图 5-40 所示为横向应力过大导致的成形件的纵向开裂现象。有些微小裂纹较难从零件表面直接观测，而采用荧光检测可以对微小裂纹进行观测。值得强调的是，裂纹将会导致零件失效，因此裂纹在激光沉积制造零件中是不允许出现的。

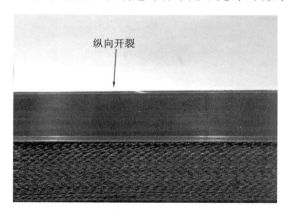

图 5-40　开裂

5. 氧化变色（富氧 α 相层）

在沉积成形钛合金等高温活性较高的金属时，成形气氛中氧含量的变化会对成形件的力学性能产生较大影响，而氧含量对成形件影响的表象为成形件表面颜色的变化。如图 5-41 所示，随着成形气氛中氧含量的增大，沉积试样表面颜色逐渐发生变化，当氧含量在 5×10^{-5} 以下时，沉积试样表面呈银白色和草黄色，零件的氧化程度较小；当氧含量增大到 $(5 \sim 9) \times 10^{-5}$ 时，沉积试样表面颜色变为深草黄色和紫色，零件的氧化程度加大；当氧含量在 $9 \times 10^{-5} \sim 1.3 \times 10^{-4}$ 之间时，沉积试样表面呈紫色和绿色,零件的氧化程度进一步加大;当氧含量在$(1.3\sim1.9)\times10^{-4}$时,沉积试样表面呈灰绿色,零件的氧化程度更大。钛合金在高温环境下与成形气氛中的氧发生反应,其表面会形成一层致密的氧化层,氧化程度不同,其显示出的颜色不同。研究表明,随着氧含量的增大,沉积试样的强度虽然小幅增大,但其塑性显著减小。因此,当氧含量保持在较低水平(氧含量$\leqslant5\times10^{-5}$)时,零件可以获得较好的综合力学性能,相应地,零件的表面应主要呈银白色。

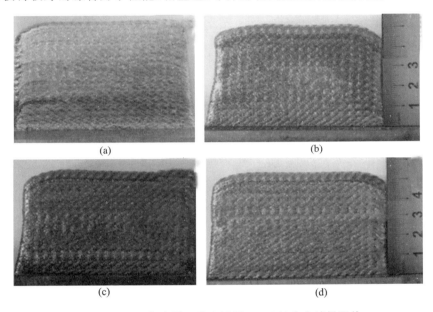

(a)　　　　　　　　　　(b)

(c)　　　　　　　　　　(d)

图 5-41　不同氧含量下激光沉积 TA15 钛合金试样照片

(a)$<5\times10^{-5}$;(b)$(5\sim9)\times10^{-5}$;(c)$9\times10^{-5}\sim1.3\times10^{-4}$;(d)$(1.3\sim1.9)\times10^{-4}$

6. 表面气孔

当激光沉积制造铝合金等对气孔敏感性较高的合金时,由于基体表面污染、粉末烘干不充分、沉积参数不当、保护气氛中含有氢等原因,熔池内溶入的氢在凝固时溶解度骤降,从而析出形成气泡。而当凝固速度较小时,熔池内形成的气泡逐渐上浮溢出,当气泡刚好上浮到熔池表面熔池即将完成凝固时,成形零件表面形成气孔。通常情况下,气孔主要形成于成形零件内部,如图 5-42 所示。成形零件表面形成气孔的情况较少,而气孔率及气孔直径的大小应该根据零件的使役性能要求进行针对性的控制。

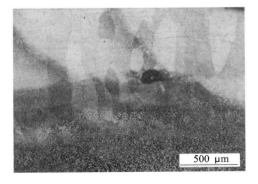

图 5-42　沉积层中的气孔

7. 熔合不良

激光沉积制造参数匹配容易导致各种类型的熔合不良：沉积层之间的熔合不良、沉积道之间局部的熔合不良、修复区和基材之间的熔合不良。如图 5-43 所示，在基体没有预热的情况下，当激光沉积制造首层时，热量更容易被基体耗散，导致沉积层表面没有足够的能量来形成熔池，从而出现熔合不良现象。其他层与层之间的熔合不良多是激光能量密度不足或者道间搭接率、高度方向 Z 向的单层行程选择不当导致的。当熔合不良较为严重时，沉积成形后，在零件表面通过肉眼或者低倍放大镜即可观测到熔合不良现象。熔合不良的零件未完全形成有效的冶金结合，因此成形后零件不允许出现熔合不良缺陷。

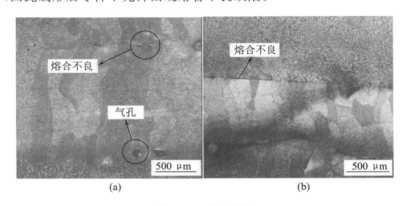

图 5-43　熔合不良

（a）气孔和局部熔合不良；（b）首层熔合不良

5.9.3　随炉测试样件设计及方向分析

为了对激光沉积成形零件的成分及各项性能进行评估，同时避免零件产生破坏损伤，需要在零件沉积制造的同时，采用相同的沉积参数、成形环境对随炉测试样件进行沉积成形。通常情况下，随炉测试样件主要用于评价零件的成分及力学性能。

力学性能主要包括拉伸性能及冲击性能。拉伸试验需要的棒材长度一般为 71 mm，最大直径约为 12 mm；而冲击试验需要的长方体的长度为 55 mm，截面是 10 mm×10 mm 的正方形。在同一沉积成形条件下，选用"两拉两冲"对随炉测试样件进行评价，即对同一沉积参数条件下的两根拉伸试样及两根冲击试样进行力学性能评价。如果两根试样中（无论拉伸还是冲击）有一根试样不符合性能要求，则需要在同样沉积参数条件下重新制备 4 根试样再次进行试验。因此，通常情况下，在一次成形过程中，为评价零件沿某一方向的拉伸性能，需要制备 6 根随炉测试样件，同样地，为评价零件沿某一方向的冲击性能，也需要制备 6 根随炉测试样件。

由于激光沉积制造的温度梯度具有较强的方向性,沉积成形后的零件具有较强的织构,因此随炉测试样件的设计还需要考虑不同的方向性。对于一般零件,通常选择扫描方向、垂直扫描方向及沉积方向分别评价零件沿不同方向的力学性能,因此针对某一力学性能评价所设计的随炉测试样件总数应为 18 根。但是对于单层内沉积不是沿某一固定方向,而是采用交错沉积的方式成形的零件,只需要选择扫描方向和沉积方向对随炉测试样件进行评价,因此对于拉伸或冲击力学性能评价所需的随炉测试样件总数可减少到 12 根。

除了力学性能,还需对随炉测试样件的元素成分进行测定。其中对于氮、氢、氧等气相元素的成分的测定,需要制备 30 mm×30 mm×30 mm 的立方体小块;对于金属固相元素的测定,需要制备直径为 4～5 mm,长度大于 50 mm 的棒材。

当成形带有筋板的框梁类等大尺寸零件时,随炉测试样件需尽量采用"随形沉积"的方式,即随炉测试样件的沉积直接填补沉积零件的剩余空间。通过采用"随形沉积"的方式,随炉测试样件的沉积成形条件与实际零件的几乎一致,如热分布等,从而能够更准确地通过随炉测试样件对实际成形零件的性能进行评价。对于无法进行"随形沉积"的零件形状,随炉测试样件应在零件附近单独沉积成形,但随炉测试样件应与零件同时成形,而非先进行零件的成形再进行随炉测试样件的成形。随炉测试样件与零件的同时成形可以使得随炉测试样件的沉积成形条件与实际零件的更为接近。沉积成形结束后,随炉测试样件应与同炉批的零件同炉热处理,采用相同的热处理制度。

5.10　后处理工序及设计原则

5.10.1　常用后处理工艺

激光沉积制造技术中材料的非平衡物理冶金过程和热物理过程十分复杂,同时,成形过程伴随着激光束同粉末与熔池的相互作用、熔化区超高温度梯度和强制约束条件下的快速凝固、构件内部组织演变、循环条件下热应力演化等。因此,激光沉积零件内容易产生各种缺陷,如热应力、变形、未熔合、气孔、夹杂、微裂纹、严重织构等,这些缺陷始终影响着激光沉积零件的内部质量、力学性能及零件服役使用安全性等。而对于大多数缺陷,较难通过控制粉末材料质量和优化沉积过程中的成形工艺进行有效消除。后处理工艺可以使已成形材料得到改性,经过适当的后处理,可以有效减少甚至消除激光沉积零件存在的缺陷。

目前,激光沉积成形件后处理流程如图 5-44 所示。激光沉积成形件成形结束后,温度下降到室温,将带有基体的成形件从成形设备中取出。通过随炉测试样件分析成形件的显微组织,若成形件内存在严重气孔或未熔合等缺陷,且零件有较高的使役要求,则首先需要对成形件进行热等静压处理;由于热等静压处理成本较高且工艺较为复杂,若成形件内的气孔或未熔合等缺陷较少,或未对零件提出较高的要求,则无需进行热等静压处理,直接对带有基体的成形件进行去应力退火热处理,以减小成形件的变形并降低成形件内部的残余应力。去应力退火结束后,需要将成形件从基体上取出,为尽量避免破坏成形件,常用的方法主要为线切割、激光切割等。从基体上取下成形件后,需要对其力学性能进行评价,并与性能需求指标相对比,如果成形件性能未达标,还需要进行固溶处理、时效处理等来提高成形件的性能,使得成形件性能达到要求指标;若成形件经过去应力退火后性能即可达标,则无需进行后续的热处理。由于激光沉积成形件的精度有限,通常情况下热处理结束后需要对成形件进行机械加工处理,去除一定的表面余量,使得成形件尺寸精度满足设计要求。最后对机加工后的零件进行表面喷砂、磨抛等表面处理,改善零件的表面质量,提高零件的抗疲劳性能,同时满足一定的粗糙度要求。

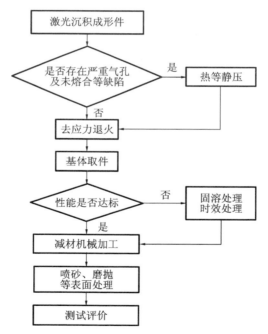

图 5-44 激光沉积成形件后处理流程

由上述激光沉积成形件后处理流程可知,激光沉积制造常用后处理工艺主要包括:热等静压、传统"4把火"热处理、减材机械加工、表面处理等工艺。对于一些成形件,还可以采用振动时效或超声波时效的方法对成形件内部的残余应力进行均匀化甚至消除,并增大成形件的局部强度。

5.10.2　热处理选用原则及设计方法

除了传统的"4 把火"热处理工艺以外,热处理工艺还包括热等静压致密化处理、真空淬火/回火处理、真空退火/正火处理、化学热处理、局部热处理等工艺。

1. 热等静压致密化处理工艺

热等静压致密化处理工艺是指将制品放到密闭的容器中,向容器内充惰性气体,在很高的温度(通常接近材料的锻造温度)和很大的压力下(通常为 100~140 MPa),制品得以烧结或致密化。对于金属材料,热等静压致密化处理工艺能够使制品致密化并消除缺陷的原因是:在高温下金属材料强度极小、塑性极好,有孔洞区域的金属受到外界气体压力的作用发生塑性变形,孔洞区域金属相互接触产生冶金结构使孔洞消失。

热等静压致密化处理工艺已经是一种成熟的热处理技术。热等静压致密化处理工艺可以消除激光沉积制造零件的内部缺陷,如气孔和未熔合缺陷等;可以改善因冷却速度过快而形成的过冷组织或者亚稳定组织。在热等静压致密化处理工艺中,通常要在非常高的温度下加热,相当于一个高温退火的过程。热等静压致密化处理工艺完全可以消除快速成形过程中因冷却速度快而形成的马氏体等组织。

热等静压致密化处理工艺的参数主要有加热温度、气体压力、保温时间和气体介质。在不同的加热温度、气体压力、保温时间下,材料会有很大的差异,主要依据材料固态相变和高温时的强度、塑性选择工艺参数。例如,TC4 钛合金热等静压致密化处理工艺通常为在(910±10)℃和 110~140 MPa 条件下保温 2~2.5 h,惰性气体采用氩气。

热等静压致密化处理工艺主要用于提高成形零件的致密度,其他热处理工艺都较难实现这种作用。然而,热等静压致密化处理工艺并不是对任何材料都有很好的效果,并且其设置不当也会造成很严重的后果,因此使用该工艺时需注意以下事项。

(1)对于从零件内部延伸至零件表面与且外界气体介质相通的开放性缺陷,无法消除,且对于裂纹和夹杂物缺陷,消除不起作用。

(2)当零件内部存在较大缺陷时,零件表面会形成凹坑,因此该工艺不适用于消除零件内部较大的缺陷。

(3)该工艺可能会导致零件发生严重变形,应提前采取防止变形的措施。

(4)参数设置不当可能会造成零件壁厚减小,严重时会导致零件晶粒严重粗大和材料性能变差,使零件报废,因此要严格控制工艺温度和压力等参数。

(5)对于合金元素熔点差异较大的合金可能会导致低熔点化学元素烧损;同时,共晶合金经热等静压致密化处理后容易形成液化裂纹,因此其不适用于共晶合金。

2. 真空淬火/回火处理工艺

广义上,淬火是指将合金在高温下所具有的状态以过冷、过饱和状态固定至室温,或使基体转变成晶体结构与高温状态下不同的亚稳状态的热处理形式。与普通淬火相比,真空淬火使工件表面光亮且不会改变工件表面碳含量,真空淬火后的工件的尺寸变化小和形状变形小。按照采用的冷却介质不同,真空淬火可分为油淬、气淬、水淬等。

真空回火的目的是将已通过淬火的沉积成形零件的优势(产品不氧化、不脱碳、表面光亮、无腐蚀污染等)保持下来,并消除淬火应力,稳定组织。实践证明,对激光沉积成形 TC4 样件,进行真空回火处理后,样件强度的变化不大,但塑性得到了显著提升。

3. 真空退火/正火处理工艺

真空退火的目的主要是改变激光沉积成形金属零件的晶体结构、细化组织,以及消除内应力、减小变形等。此外,通过真空加热还可以防止氧化脱碳、除气脱脂、使氧化物蒸发,从而进一步提高表面光亮度和力学性能。

正火既可以作为激光沉积成形金属零件的最终热处理工序,又可以作为预备处理工序。正火代替退火可提高零件的力学性能;对于一些受力不大的工件,正火可代替调制处理工序作为最终热处理工序,简化热处理工艺;也可作为用感应加热技术进行表面淬火前的预备热处理工序。

4. 化学热处理工艺

在化学热处理工艺中,渗碳/渗氮处理工艺是目前应用最广泛的热处理工艺。渗碳/渗氮介质在成形件表面产生的活性原子,经过表面吸收和扩散将碳、氮渗入成形件表层,将工件淬火和低温回火后,采用渗碳/渗氮处理工艺能够显著提高其表层硬度、强度,特别是疲劳强度和耐磨性,而芯部仍保持一定的强度和良好的韧性。

5. 局部热处理工艺

上述"4 把火"热处理工艺均在真空热处理炉中进行,且均为成形件的整体热处理手段。而以感应加热为代表的局部热处理工艺在激光沉积制造领域内的应用同样较为广泛。感应加热技术通过感应线圈中的交变电流使线圈周围产生交变磁场,此时由于电磁感应置于磁场范围内的金属零件产生涡流而发热。这种热直接产生在工件的内部,因此升温迅速、热效率高。与乙炔等加热技术相比,感应加热技术具有以下突出的优点:

(1)成本低,能量利用率高,升温效率高;

(2)直接在工件内部产生热量,升温迅速;

(3)易于调节加热过程中的温度、速度;

（4）作业环境更加环保；

（5）可以适用于多种用途，如修复前预热、修复后局部热处理。

因此，基于感应加热技术的局部热处理工艺具有操作简便、成本低、工期时间短等优势，适用于由于工件尺寸、环境条件等制约无法进行整体热处理的场合。

参 考 文 献

[1] 张国顺. 现代激光制造技术[M]. 北京：化学工业出版社，2006.

[2] LAI Y B，LIU W J，ZHAO J B，et al. Experimental study on residual stress in titanium alloy laser additive manufacturing[J]. Applied Mechanics and Materials，2013，431：20-26.

[3] LAI Y B，LIU W J，ZHAO Y H，et al. Measurement of Internal Residual Stress of the Laser Rapid Forming Parts by Incremental-step Hole Drilling Method[J]. Applied Mechanics and Materials，2013，365-366：1011-1016.

[4] 来佑彬，刘伟军，赵吉宾，等. 激光增材制造中工艺参数对残余应力的影响[J]. 中国激光，2014，41：1-4.

[5] 黄卫东，等. 激光立体成形—高性能致密金属零件的快速自由成形[M]. 西安：西北工业大学出版社，2007.

[6] 张凯. 激光直接成形金属零件的工艺研究[D]. 沈阳：中国科学院沈阳自动化研究所，2007.

[7] LI Y X，MA J. Study on overlapping in the laser cladding process[J]. Surface and Coatings Technology，1997，90(1/2)：1-5.

[8] 李延民. 激光立体成形工艺特性与显微组织研究[D]. 西安：西北工业大学，2001.

[9] 朱刚贤，张安峰，李涤尘，等. 激光金属制造薄壁零件 Z 轴单层行程模型[J]. 焊接学报，2010，31(8)：57-60.

[10] 王续跃，王彦飞，江豪，等. 圆形倾斜薄壁件的激光熔覆成形[J]. 中国激光，2014；41(1)：78-83.

[11] 尚晓峰，刘伟军，王维，等. 金属粉末激光成形零件倾斜极限[J]. 机械工程学报，2007，43(8)：97-100.

[12] 王续跃，江豪，徐文骥，等. 变 Z 轴提升量法圆弧截面倾斜薄壁件激光熔覆成形研究[J]. 中国激光，2011，38(10)：78-84.

[13] 宾鸿赞. 分形扫描路径的规划·控制·应用[M]. 武汉：华中科技大学出版社，2006.

[14] 尚晓峰. 金属粉末激光成形技术研究[D]. 沈阳：中国科学院沈阳自动化研究所，2005.

第6章 激光沉积制造过程仿真技术分析

6.1 金属增材制造与仿真

金属增材制造是在非金属材料快速原型制造成功后逐渐实现的,金属增材制造利用高能激光束将不同金属原材料熔化成形。由于能量源不同与原材料形态不同,金属增材制造方式也不同。能量源有激光、电子束和电弧等,原材料有不同粒径的粉末或丝材。金属增材制造方式有电子束铺粉或送丝、激光铺粉或送粉/丝、电弧送丝等。

激光沉积制造过程中的仿真主要分为研究型仿真与工业应用型仿真。研究型仿真多见于高校与研究院所,学者利用计算机编程来实现对粉末熔化过程、熔池形态与金属凝固过程的仿真,从而获得试验难以得到的数据和规律。工业应用型仿真是近年来逐渐发展起来的,主要见于大型软件公司或需求商、研发商,仿真过程容易掌握,是实现激光沉积制造过程优化设计的有效方式。介于两者之间,也有很多学者利用通用软件来实现激光沉积制造过程仿真,增大了激光沉积制造仿真尺寸与范围,实现了激光沉积制造的工艺参数研究、温度场和应力场研究,促进了激光沉积制造仿真工业应用。

6.1.1 仿真技术对增材制造技术发展的意义分析

1. 无处不在的仿真

增材制造技术提升了设计自由度,能够完成传统工艺无法实现的功能集成零件、材料性能的个性化控制,为产品的自由设计与创新设计提供了更大可能性,使产品设计从工艺约束的设计转变为基于性能的设计。

目前,增材制造技术并非是无所不能的。以粉末床激光金属熔融工艺为例,产品设计规则与传统金属零件的设计规则存在很大差异,在金属增材制造过程中,影响质量的变量很多,面对如此复杂的增材制造工艺,无论设计人员、工艺人员有多么丰富的经验,也无法考虑到金属增材制造过程中可能存在的所有问题,通过经验和试错优化增材制造零件的设计,是十分昂贵的过程,而通过仿真驱动增材制造设计,提升 3D 打印品质,是一种更加高效的方式。

产品上市时间的缩短、研发周期的缩短及新产品发布速度的提升使制造业用户面临着持续增长的创新压力,当今产品的复杂性和多样性也在日益提高,这给产品研发带来了压力。

通过传统试错的方法,已经无法在全球竞争中保持领先的地位,因为这种方式费力、费时并且昂贵,而通过计算机辅助工程(CAE)仿真的力量驱动设计、管理复杂性、预测潜在的问题,已成为产品设计、产品生产过程,甚至是产品运营过程中不可或缺的环节。

产品复杂性越来越高、产品上市周期短、产品品质需求越来越大是制造企业更多采用仿真技术的首要原因。仿真技术可以帮助产品创新部门推动创新,管理复杂性,缩短研发周期,降低成本,提升质量,消除风险,进而促进仿真技术的广泛使用。

如今,仿真软件除了自身在不断优化外,也正在积极与整个增材制造生态系统集成,以获得设备正确的物理参数、材料科学的指标、测试零件标准,最终确保更多的预测结果与实际结果相吻合。

2. 仿真驱动增材制造先进设计

一方面增材制造为设计带来自由度,将仿真应用于产品设计的前端,可以从设计最早期发现并消除设计缺陷,增材制造为正向设计提供了工艺基础;另一方面仿真技术能够激发增材制造的潜能。

仿真驱动增材先进设计包括结构拓扑、后拓扑设计与模型处理和设计评估。仿真软件提供了一系列面向增材制造仿真工具,例如,针对拓扑优化的三个挑战,提供相应的解决方案。

拓扑优化设计能够充分利用增材制造提供的设计自由度,从全新的设计开始不断迭代实现优化的设计,同时还可以修改零件的基本形状和尺寸。但拓扑优化设计也面临着三个挑战,即拓扑优化转换到 CAD 模型、拓扑优化与仿真流程的结合、拓扑优化设计的制造。

增材制造仿真技术的远期愿景是通过一个"打印"按钮,在给定设计空间、工程要求和打印机参数的情况下,软件能够基于物理场生成一种可以即时打印的设计。增材制造仿真技术正在向这个方向发展,增材制造设备企业、应用企业与仿真企业之间的合作使增材制造仿真技术得到不断的优化。一键实现"打印",以极小的代价成功生产金属 3D 打印零件,或许已不再是个遥不可及的目标。

3. 仿真技术赋能增材制造

仿真技术能够在生成功能设计、生成栅格结构、材料参数标定、打印过程优化、产品性能预测等各个环节赋能增材制造。金属增材制造不仅仅是一种工艺技术,更多的是一种增材思维。通过对增材工艺过程的仿真,可以预测金属部件最终的残余应力和变形,从而优化工艺参数,保证打印质量和效率以避免低效的试错过程,直至把产品制造出来。

通过模拟驱动的创新而不是物理的反复试验,这一知识被引入发展有限元分析软件,从而发挥增材制造的优势。该软件可以帮助用户实现零件公差,避免打印失败,无需进行物理实验;并且可用于查找特定增材制造机器和材料组合的最佳工艺参数。仿真与增材制造的结合能促进以下三个方面的发展。

(1)拓扑优化。拓扑优化的核心算法、拓扑优化将来的形貌优化等,可以最大限度发挥增材制造的作用,实现增材制造在减重、创新设计和新产品开发方面的优势。

(2)在金属增材制造的实现过程中找到关键技术点,助力智能制造的实现进程。目前增材制造仿真已经涵盖材料研制、前端设计、工艺参数、工艺全过程仿真(打印过程、热处理、线切割、去支撑等),在物理过程之前发现问题,找到增材制造的难点并解决问题。

(3)与高校共同开展增材制造工艺仿真,推广先进设计思想。通过高校培训计划与教育部合作,从顶层制定增材人才相应的培训标准。推出增材先进设计的课程,课程覆盖有限元分析、优化技术、增材制造工艺过程,甚至整个增材先进设计方法、思路、体系,通过高校毕业生将增材先进设计和仿真方法带入企业中。

4. 增材制造工艺仿真的价值

大多数时候,增材制造的用户并不清楚如何考虑材料的特性,以及所选材料的特性如何影响最终产品或者加工性能。用户需要花费大量的时间和金钱进行不断尝试,利用仿真技术可以帮助制造商减少失败次数,提高零件质量,因此越来越受到用户的青睐。仿真用于增材制造工艺具有以下价值。

(1)利用仿真技术,可以对增材制造工艺中的各种"假设"情况进行指导,进而对增材制造中各个环节的行为进行预测。最明显的是,当前不同的增材制造设备在工艺上就有不小的差异,借助仿真技术,可以模拟这些工艺的差异性,有利于更好地设计与制造产品。

(2)借助于仿真技术,更准确地对影响材料特性的制造、可变因素展开研究。

(3)通过模拟机器/工艺控制参数的变化,提高增材制造部件的质量。

(4)基于仿真技术所提供的"打印预览",避免可能发生的错误。例如,对于控制金属3D打印过程中的熔池行为,可以通过软件模拟热传感器对金属增材制造工艺的响应,避免可能发生的错误。

5. 增材制造工艺仿真的意义和作用

(1)快速制定工艺参数组合方案;

(2)降低试错带来的成本,缩短试制周期;

(3)避免打印过程中打印件发生翘曲变形、开裂;

(4)预测和优化打印后材料的性能及质量;

(5)通过变形补偿保证打印件的尺寸精度;

(6)通过优化支撑,降低后处理去支撑的成本,减少时间;

(7)通过模拟优化,调试材料、设备和实际打印件的工艺参数包。

图 6-1 所示为仿真效果图。

图 6-1　仿真效果图

6.1.2　主流商业仿真软件介绍

1. MSC 软件公司是全球工程生命周期管理的领军者

MSC 软件公司与许多行业合作伙伴协作开发了一整套工具,可应对增材制造中的设计挑战。其目标是:在产品制作和仿真过程中提供重要组成部分的确切定义、首选的顺序/流程,明确对数据模型/结果的辨别,以及与控制过程无缝集成的工具,可以利用所有的存储数据来指导全新产品的研发及新技术的开发。

图 6-2 所示为增材制造从设计到生产阶段的各种挑战。

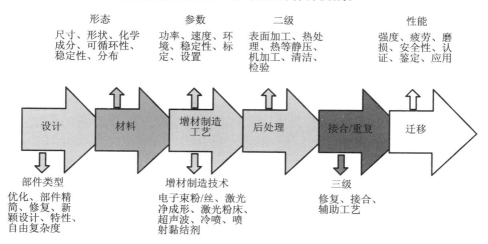

图 6-2　增材制造从设计到生产阶段的各种挑战

过去十年间,MSC 软件公司与各行业协作推出了创新的分析框架,其中包括先进的多尺度、基于多物理场的分析仿真工具。该框架集增材制造部件的功能/制造约束、成本函数及虚拟仿真于一身,旨在实现优质的生产能力。

MSC 软件公司的分析框架具备以下能力:

（1）管理生命周期各个阶段所有的客户功能需求；

（2）存储所有的仿真流程及数据（模型及结果）；

（3）存储所有材料属性、工艺及设备、加工/制作信息的中心数据库；

（4）存储与增材制造部件有关的各种类型的试验及质量控制信息；

（5）将优化出的优质形态传回 CAD 软件并对其进行几何处理，从而实现最终的制造；

（6）将所有的报告存档。

对增材制造工艺进行建模需要各种仿真能力，以应对热源形态、流体流动、微观结构相变、残余应力、变形、优化形态等。在增材制造工艺仿真中，工程师/设计师可以处理直径在 $10\sim25\ \mu m$ 级别的颗粒、长为 $40\sim80\ mm$ 的物体及长达 $1\ km$ 的激光路径。尽管热源只保持数微秒的接触时间，但整个制作过程可能历时数天。

MSC 软件公司的分析框架由一组仿真工具组成，是下一代的企业级可扩展系统。基于网络的直观界面使工程部门能够对材料或部件/机器/工艺/增材制造行为进行虚拟化。该框架可为指定部门的各个相关方提供精确的信息传输。框架/工具的重要元素说明如下。

（1）流程与数据管理：SimManager 和 MaterialCenter。

① SimManager。

SimManager 是一种仿真流程与数据管理系统（SPDM），集成了客户应用、商业工具及内部开发的程序。它拥有可靠的跟踪记录，每天可管理数百个并发用户运行的数千个仿真及操作，不仅能在企业内部的所有信息孤岛之间安全地共享信息，还能在整个产品生命周期阶段将信息进一步扩展至供应链网络。

②MaterialCenter。

MaterialCenter 是面向现在和将来材料数据及过程管理需求的完整解决方案。它能管理从实物试验到各种设计许用值的整个材料流程（整体工艺管理、自动可追溯性、强大的工作流及批准流程等）。

（2）有限元前后处理：MSC Patran 和 MSC Apex。

MSC Patran 和 MSC Apex 是业内领先的有限元前后处理器，可读取来自 CAD 管理专家（例如 PDM 系统）的 3D 增材制造部件的 CAD 数据，并进行有限元网格生成，同时对部件/总成进行必要的边界条件处理，对分析结果进行可视化的后处理。行业合作伙伴所使用的 MSC Patran/Nastran 工具包，可根据晶粒尺寸、形状、方位、纹理、空洞、晶界缺陷、多相及体积分数等自动生成 2D/3D 微观结构模型。该工具包能以较高的精度预测分布在每个晶粒中的微观应力及宏观应变。

（3）MSC 分析工具：Simufact Additive、Simufact Welding、Digimat、Marc、MSC Nastran 及 MSC Fatigue。

可利用 MSC 的分析工具(Simufact Additive、Simufact Welding、Digimat、Marc、MSC Nastran 及 MSC Fatigue)在 3D 增材制造部件的各个生命周期阶段(从概念到维护)开展各种形式的仿真工作。通过一系列的仿真及"假设"研究得到最优的设计形状及尺寸,并将信息传回 CAD 系统进行后续处理。

①Simufact Additive、Simufact Welding。

Simufact 系列产品是 MSC 软件公司中应用于金属工艺制造领域的仿真分析旗舰产品。它能仿真金属增材制造过程中的虚拟制造工艺,基于阶段性模型提供多尺度方法,同时考虑到了柔性材料的数据结构。它充分利用了 Marc 的求解器的先进技术,并可为建模、求解及结果查看提供统一的平台。

Simufact Additive、Simufact Welding 配有业内领先的常用增材制造材料(内置)数据库。其中一些金属材料为:

a. 钛合金(TiAl6V4、TiAl6Nb7 及纯钛);

b. 钴铬合金类(CoCrMo);

c. 镍合金(Inconel 625、718、939)及哈氏合金 X(Hastalloy);

d. 铝合金(AlSi10Mg、AlSi12、AlSi7Mg、AlSi9Cu3);

e. 钢类(1.2709、17-4PH、15-5PH、316L)。

②Digimat。

MSC 软件公司的 e-Xstream 工程团队在 Digimat 软件包中开发的仿真工具具有两种特定的塑料增材制造应用,具体为:

a. 选择性激光烧结(SLS);

b. 熔融沉积建模(fused deposition modeling,FDM)。

Digimat 配有 10 000 多种材料(增强塑料)属性及微机械分析特征的大型数据库。这基于多年的经验积累、实验室协作试验及由公开渠道获得的认证过/验证过的数据。

③Marc。

出于多种原因,有限元分析师采用 Marc 非线性算法来研究增材制造工艺(本章将举例进行说明),其中的原因有:

a. 处理非线性制造工艺的超强能力;

b. 加速性(DDM、性能);

c. 直接的层及单元激活(生死单元技术);

d. 直接激光扫描路径设置及参数设置;

e. 与温度相关的热-结构耦合能力及塑性模型;

f. 瞬态的热-结构耦合分析。

Marc 的最新应用为对增材制造部件的切削加工和表面处理进行仿真。

④MSC Nastran 和 MSC Fatigue。

可使用 MSC Fatigue 研究增材制造部件的疲劳问题:

a. 高周(S-N)与低周(E-N)疲劳寿命；

b. 采用 Palmgren-Miner 法则进行变形和损伤分析；

c. 采用 Paris 定律的裂纹萌生及裂纹扩展；

d. 用虚拟应变片进行试验-解析比对；

e. 采用随机载荷的振动疲劳；

f. 非比例多轴应力状态评估；

g. 多个并发载荷及多次事件；

h. 安全因子分析。

作为小总成或大总成的一部分，任何给定的增材制造部件在经过一段时间后都有可能存在配合/光洁度、公差及功能性能问题。有限元分析师可对此类问题进行仿真，并使用 MSC 软件公司的分析工具包 MSC Nastran 预测给定的增材制造部件的耐用性和噪声、振动及声振粗糙度。可将其用于以下仿真：

a. 高 Von Mises 应力区及最大变形区；

b. 增材制造部件及总成的噪声与振动效应；

c. 出现屈曲的区域；

d. 拓扑、尺寸和形貌优化。

最近，MSC Nastran 被用于对钛合金材料的航空航天发动机连接接头增材制造部件进行线性静态及屈曲行为的仿真和拓扑优化。MSC Nastran SOL 200 拓扑优化可将增材制造部件的质量减小 70%，同时保持与初始设计相同的静态(应力和变形)及屈曲表现。

MSC 软件公司的增材制造点对点仿真框架已成为解决增材制造难题的"中坚力量"。该框架不仅能应用于增材制造产品整个开发生命周期(设计、开发、仿真/样机构建、试验及售后性能)的各个阶段，还涵盖了从概念到维护过程中涉及的全部材料/机器设备/工艺/制作鉴定。

2. 3D Systems 公司推出的 3DXpert 软件

2018 年 2 月 7 日，3D Systems 公司宣布推出 3DXpert™ for SOLIDWORKS 软件。3D Systems 公司为所有 SOLIDWORKS 用户提供独特且专用的工具，把设计师所需 3D Systems 公司的 3DXpert 软件和 Dassault Systèmes 公司的 SOLIDWORKS 软件相结合。新的 3DXpert™ for SOLIDWORKS 软件方便 SOLIDWORKS 用户优化塑料及金属 3D 打印设计。

3DXpert™ for SOLIDWORKS 提供了一套新的工具，SOLIDWORKS 用户在熟悉的 CAD 环境中工作，便于优化 3D 打印设计。通过利用这种自由设计，SOLIDWORKS 用户可以创造复杂几何形状，轻量化部件，不会损坏部件强度，并可以应用表面纹理功能，实现功能性或美学效果。在增材制造环境中，复杂结构能轻松实现，产品开发速度增大，上市时间缩短，运营的总成本降低。

为了有效设计增材制造产品，设计师们必须改变他们对传统制造工艺的认识,并使用正确的设计工具,使设计成为制造工作流程中不可或缺的一部分。

设计师使用 3DXpert™ for SOLIDWORKS,将能:

(1)保持设计的完整性,通过使用本地 CAD 实体,不用将 CAD 实体转换为 STL,也不用在多个软件程序之间切换;

(2)优化结构,通过快速创建基于晶格的结构实现轻量化,应用表面纹理功能;

(3)确保高质量的打印部件,通过使用实时分析确保部件的最佳打印位置和方向;该软件还使用自动分析和设置支撑结构来帮助设计师确保表面质量,并防止部件发生变形。

(4)减少制备时间,通过采用托盘设置、估算材料使用量和打印时间等自动化功能 3D Systems 公司与达索系统公司合作,通过使用新的 3DXpert™ for SOLIDWORKS 软件,帮助用户体验 3D 打印的真实性,使 SOLIDWORKS 用户能够创造更多的形状,有更多的设计方式,并缩短产品开发周期,降低成本;为设计师们提供真正的竞争优势,同时还重新定义了设计与制造流程。

3. 达索系统 SIMULIA:以仿真技术引领制造业加速转型

达索系统自 1978 年成立以来,长期致力于仿真技术的发展与完善,通过一系列的收购整合,逐步形成了 SIMULIA 多物理场跨尺度的仿真解决方案(见图 6-3)。SIMULIA 品牌是一个集众多产品组合的仿真平台,包含很多经典产品,如多物理场有限元分析软件 ABAQUS、多学科优化软件 Isight、拓扑优化软件 Tosca、疲劳寿命软件 fe-safe、多体动力学软件 SIMPACK 等。

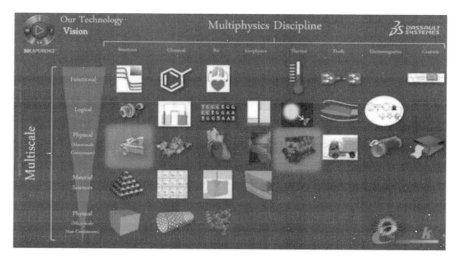

图 6-3　SIMULIA 多物理场跨尺度的仿真解决方案

达索系统将新技术引入市场来服务于生产、设计、研发,非常重视技术的积累。需要强调的是,达索系统不是一家以商务为导向的公司,而是一家以技术为导向的公司。所以即使是收购企业,达索系统也是基于技术因素而非客户,非常专注于客户技术的使用,专注于生产实践的落地。

达索系统的 3DEXPERIENCE 策略实现了产品、品牌、平台的相连,能够给客户提供从设计端到制造端的解决方案。例如,达索系统增材制造的解决方案就是集 CATIA(设计)、SIMULIA(仿真)、DELMIA(制造)三个品牌于一体,实现端到端关联的解决方案。

首先,在材料本身设计方面,以前材料是已知的,输入材料的相关参数就可以直接应用;现在使用的环境、条件是已知的,材料设计技术只有达索系统才有。BIV 专门研究原子、分子,有专业的材料设计软件。SIMULIA 和 BIV 有相当深的合作,BIV 的材料设计软件结合 SIMULIA 的力学软件,就可以完成从分子级原材料的设计到系统级产品多物理场仿真分析。

其次,应用于增材制造工艺过程的优化手段具有比较独特的优势,如增材制造采用的结构优化技术(functional generative design),它是 SIMULIA 的核心技术,属于非线性仿真单元,目前只有达索系统具备这个非线性功能。

此外,达索系统与很多厂家、单位都有深度合作,尽管很多技术已经应用于市场中,但是还没有一家企业完全实现从设计端到生产端全方位的技术应用,达索系统已经有了从设计端到生产端的解决方案,并且在这方面有很大的发展空间,例如,空中客车公司、波音公司、中国商用飞机有限责任公司、中国航天航空企业等与达索系统达成战略合作,都成立了增材制造的实验研究室。

在中国,制造业的发展路径日渐清晰,但是制造业依然面临自动化程度低、企业分布碎片化、信息化改造成本高、制造成本优势不再等方面的挑战。对于企业而言,若想实现产业升级、弯道超车,云计算是非常重要的一环。而随着产品日益复杂,仿真工作不仅需要进行多物理场跨尺度的分析,还需要大量的计算资源,以便工程师能够快速访问仿真数据,查看仿真结果。

4. ANSYS 增材制造工艺仿真套件

ANSYS 增材制造工艺仿真套件通过对增材工艺过程的仿真,预测部件最终的残余应力和变形,从而优化工艺参数,保证打印质量和效率以避免低效的试错过程。ANSYS 增材制造工艺仿真套件能用于确定部件变形并据此在打印前进行工艺补偿设计。打印完成后,初始设计在结构上可能出现很大的凸起变形,AN-SYS 增材制造工艺仿真套件基于初始几何及计算预测的变形,建立了变形补偿的 STL 文件并将其应用于 3D 打印机,最终打印出的零件精度符合设计要求。

ANSYS 仿真工具使得用户可以考虑增材工艺链的各个环节,包括拓扑优化、部件验证、打印设置、工艺过程仿真、支撑生成、打印失败预防、微观结构预测等,高质高效地完成增材制造工艺设计,省去了昂贵而耗时的试错过程。ANSYS 增材制造工艺仿真套件包括如下功能模块。

(1)拓扑优化和轻量化设计:在保证结构刚度和承载能力的条件下,优化结构材料分布,实现轻量化设计。拓扑优化面向自由形状的设计,增材制造是唯一能够满足其制造要求的工艺手段,拓扑优化输出 STL 文件格式,增材制造实现数据通信。

（2）SpaceClaim:CAD 几何造型和结构设计模块。允许用户基于任意三维 CAD 模型开展工作,或者在 STL 文件基础上基于三角面片模型进行操作,从而可以在 3D 模型或者拓扑优化的基础上进行模型清理、修复、三维造型及其他建模操作。

（3）Mechanical:设计验证的结构和热分析。

（4）AdditivePrint:增材制造工艺过程仿真,面向设计人员和 3D 打印操作人员,预测部件形状、变形和应力,自动生成最佳支撑结构和变形补偿 STL 文件,保证打印精度,避免打印失败。

（5）AdditiveScience:基于工艺仿真的材料和最优打印机参数研究,面向增材工艺专家、科研人员或者设备研发者,进行材料性能、微观结构、设备优化设计等更深入的研究。

（6）AdditivePrint 和 AdditiveScience:为金属材料增材制造工艺过程模拟,以及工艺优化、机理研究提供了无与伦比的解决方案。

ANSYS AdditivePrint 软件为金属增材制造设备操作者和设计工程师提供了易学易用、快捷、强大的 3D 打印工艺过程仿真能力。AdditivePrint 通过模拟详细研究激光粉末床熔融过程的复杂物理现象,为残余应力计算、变形分析和打印失败的预测提供了切实可行的解决方案,使得用户可以获得部件公差并避免打印失败,而无需进行试错试验。ANSYS AdditivePrint 软件自动对 STL 文件进行变形补偿以抵消部件打印过程中产生的变形,而且可以基于残余应力预测结果自动生成两种类型的支撑结构,避免用户在布置支撑结构时浪费时间和材料。基于应用自动生成的支撑结构及叶片碰撞检测功能可以避免打印失败。图 6-4 所示为 AdditivePrint 仿真效果图。

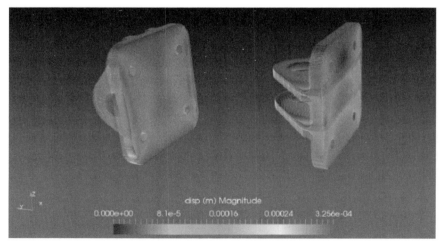

图 6-4　AdditivePrint 仿真效果图

ANSYS AdditivePrint 帮助用户详细了解增材制造特有的物理机理，提供了其他任何仿真软件供应商所没有的功能和分析选项，它读入金属打印机的打印文件采用精确的部件打印扫描矢量，进行全尺度热分析，并在此基础上为用户提供了分析预测功能。图 6-5 所示为 AdditiveScience 仿真效果图。

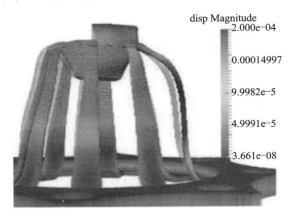

图 6-5　AdditiveScience 仿真效果图

6.2　仿真领域国内外现状分析

1. 国外的模拟研究

近年来，很多学者利用模拟的方法对增材制造过程的温度场[1-2]和应力场[3-4]进行了大量的研究。增材制造工艺的数值模拟方法得到了迅速的发展。Nelson 等人[5]在 1993 年利用一维的有限元方法，预测烧结聚碳酸酯过程的密度变化，在此基础上 Williams 等人[6]实现二维有限元模拟。Bai 等人[7]利用二维有限元模拟方法，模拟了聚合物和钼粉末按线性比例混合后进行激光烧结的过程。Patil 等人[8]则模拟了粉末成形时的温度分布情况。为了能模拟零件，Papadatos 等人[9]利用不同的三维有限元模拟方法，模拟了不定形聚合物烧结零件的温度场和密度变化情况。现在三维有限元模拟技术已经商业化，很多学者都将自己的模拟思想运用在商业软件上。Cheikh 等人[10]预测了激光熔覆过程的温度场。Alimardani 等人[11]模拟了三维激光成形 302L 的瞬态温度场和应力场的分布，并得到四层薄壁墙的成形数据。Labudovic 等人[12]则建立了直接激光粉末沉积和快速原型制造的数学模型，并利用 ANSYS 得到了单道多层薄壁墙的瞬态温度场和热应力场。Makradi 等人[13]利用 ABAQUS 建立了瞬态三维模型，以模拟成形过程的相变。Dhorajiya 等人[14]模拟了钛和聚酰亚胺的激光连接过程，并分析了温度和应力的历史曲线。Mayeed 等人[15]模拟了移动的高斯热源通过透明 PI，被 Ti 吸收，最终融化形成的 π 键。Roberts 等人[16]建立了增材制造的体积成形有限元模型，并得到温度场和残余应力场的演变规律。Jin 等人[17]通过计算提高了生物功能梯度材料的成形精度。Neela 等人[18]利用有限元分析了 LENS 过程薄壁墙监测点的温度随时间变化曲线,以及其和激光功率、扫描速度、送粉量的关系。Talukdar 等人对残余应力诱导裂纹进行了研究,利用一个热力耦合的三维有限元模型,确定沉积试样的温度历史和残余应力。Kolossov 等人[19]建立了 SLS 金属粉末成形过程中,热传导系数和比热容随温度变化,但密度不变的三维有限元模型,所得温度场与实验得到的一致。

2. 国内的模拟研究

目前,增材制造成形正朝着大型、复杂和工业化方向发展[20]。增材制造技术工艺参数多,成形过程温度梯度大,难以测量成形时的温度和热应力。利用有限元数字分析技术对增材制造工艺的各参数进行分析,目前已经涵盖不同基板预热温度、粉末预热温度、激光功率、扫描速度、扫描方式、送粉量等[21]成形参数对增材制造过程的温度场和热应力场,以及对成形质量的影响,根据数值模拟分析的结果对实际加工工艺参数进行优化[22]。孙伟民等人[23]模拟了选择性激光烧结 Al_3O_2 粉末过程的温度场,并利用高速 CCD 监测成形温度,验证了模拟温度的正确性。Yao 等人[24]对网络结构进行了研究,得出增材制造过程中六边形结构的热应力小于三边形和四边形结构的热应力的结论。王桂龙等人[25]分析了快速冷却和加热系统,并对其进行了优化,对增材制造过程基板温度的控制具有借鉴意义。冯超等人[26]对低温冰增材制造进行模拟,并得到了传热规律。赵慧慧等人[27]利用焊接方法对单层多道成形进行了模拟,得到温度和应力的演变规律。贾文鹏等人[28-29]对空心叶片进行了数值模拟,总结了成形过程的温度场、应力场和温度梯度的变化规律。王凯等人[30]利用 ANSYS 对基板进行预变形,结果表明预变形改变了成形试件的应力分布与变形量,可减小基板的变形量。通过不断研究,钟建伟等人[31-33]认为基板预热是降低热应力的有效方法。

6.3　激光沉积制造技术仿真相关的概念与算法

6.3.1　热分析

激光沉积制造技术仿真涉及的热分析包括热流、对流、传导、辐射、相变潜热等热分析,作为工艺分析的基础分析一般单独进行,或在进行过热分析后,将热分析结果作为初始条件进行热计算,以及热力耦合分析的依据。热分析计算问题多采用瞬态法求解。

热流形式可以是高斯热源、双椭球热源,也可以是等密度热源,有学者在研究初期,以单元初始温度进行加载。热流形式不同会导致求解时间和精度的不同,同时在对流、传导、辐射等边界条件和材料相变潜热共同影响下,也会导致熔池温度和形状的不同。

热的分布不均与成形过程密不可分,极大的温度梯度及金属材料本身的热胀冷缩的性质导致激光沉积制造过程中内应力大,从而使材料变形及开裂。在仿真过程中由于单元激活时间和模拟的成形路径不同,得到的不同时间的熔池温度、形状及瞬态整体温度场分布也不同,因此可提取出不同的温度、时间和空间的数值结果。

由于激光沉积制造工艺是采用 CAD 技术在计算机中绘制出三维模型的,将模型进行逐层切片并控制其加工过程,因此,建立的三维模型具有可模拟的特性。三维模型的建立也将对温度场模拟过程和结果产生重要影响。国内外的学者已经建立了一些模型来研究成形过程中的温度场演变规律。目前,用于激光沉积制造过程数值模拟的模型主要有二维模型和三维模型。二维模型主要模拟在一层扫描道上的烧结情况,建立激光表面快速熔凝条件下的二维数值模型,分析不同扫描速度条件下的熔池深度问题。然而,由于各层之间的相互影响也对成形过程温度场和应力场分布有重要影响,二维模型难以准确地反映出其热力行为,因此,建立三维模型来研究各扫描层之间的热应力状态极为重要。在直接选区激光烧结过程中相变潜热的作用下,综合考虑材料热传导、自然对流和热辐射随温度变化的情况,在此基础上建立三维有限元模型,加载移动的激光热源,以 45 号钢粉末为原材料进行数值模拟,在激光烧结形成的熔池中,前端的温度梯度高于后端的温度梯度,在一定程度上反映了熔池呈椭圆形的特点。在温度的仿真研究中还得出熔池前端的温度梯度更大、等温线更密集的结论,熔池呈不规则的椭圆形,同时可以研究加工参数对熔池温度场的影响。

6.3.2　热机耦合分析

热机分析包括热引起的应力、机械运动/动能导致的热等。在激光沉积制造仿真中的热机耦合分析是指分析由热引起的内应力。如果模拟的零件的形状复杂、尺寸较大,则应力导致的应变也将影响热传导。目前大多数激光增材制造过程的数值模拟都采用热机械分析方法,同时对该方法进行解耦,如果零件形状不复杂,则不考虑应变对热传导的影响。当采用耦合技术时,一般也只选择在温度求解结果收敛后进行应力应变求解,在应力应变求解结果收敛后进行下一个增量步温度的计算,同一个增量步内不考虑应变对温度的影响,从而增大求解速度。

目前,已有大量研究人员进行了激光沉积制造过程的热机耦合分析。利用三维热机耦合有限元模型来预测成形过程中的瞬态温度、瞬态应力、残余应力及零件的翘曲变形等。研究发现,成形材料的初始状态分别为固态和粉末态时,成形过程中的温度梯度、瞬态应力及成形后的残余应力和零件的翘曲变形存在明显不同。

模拟过程考虑材料热物性和热源高斯分布,以热传导模型来预测加工过程的温度分布,以线弹性理论进行热应力分析,得到熔池形态与温度、应力的分布云图。结合数值模拟与试验,研究了直接金属激光烧结过程中温度场与应力场的分布情况,研究结果表明,随着时间的推移,光斑中心熔池的深度随着热量累积逐渐增大,当温度场分布不均匀时就会产生热应力,一般情况是模型中部为拉应力,两端为压应力,如果扫描前对粉层进行预热,则热应力会明显减小。在模拟过程中,在粉层表面建立了有限单元网格,激光热源以热辐照的形式加载到有限单元网格上。在弹性变形阶段,已凝固部分的弹性模量是随温度变化的函数,为了简化计算,将整个区域看作是连续的,同时认为未熔化的粉末和熔化的粉末的杨氏模量较小。基于温度场变化模型,在金属粉层收缩和再凝固的条件下,可以模拟单组元和多组元金属粉末在成形过程中的热应力变化情况。

6.3.3　固有应变

焊接过程中焊缝附近的热输入使焊接区域发生热收缩、热膨胀,当应力超过弹性极限时,会产生塑性应变。在焊接完毕,构件完全冷却后,最终的残余塑性应变为温度上升时产生的压缩性塑性应变与温度下降时产生的拉伸性塑性应变之和,它就是焊接固有应变。

焊接固有应变是日本学者首先提出和应用的概念。焊接固有应变为塑性应变、温度应变和相变应变三者之和。焊件经过一次焊接热循环后温度应变为零。考虑到焊接的实际情况,焊件局部加热到很高温度时,周围温度较低的部位不能自由伸长,对加热部分的热膨胀产生约束作用,致使焊缝及其附近的高温区产生了压缩塑性变形。此外可以认为焊接固有应变仅存在于焊缝及其附近。焊接固有应变是产生残余应力和焊接裂纹的原因。如果已知固有应变,也可通过热弹塑性有限元弹性分析计算残余应力和变形。

6.3.4　像素单元

在激光沉积制造的工艺仿真过程中像素单元指的并非是图像处理中或显示器中最小图像构成单元,而是模型中的单元,大小和像素一样且排列规则。单元主要是指六面体单元。

一个像素单元是指在有限元分析中的一个个规则的六面体单元,其作为有限元分析的最小单位,就和像素是图像的最小单元一样,每一个单元都有明确的位置及边界条件,在进行分析时按照设定进行加载、计算和分析。由于激光沉积制造过程是从无到有的过程,因此以单元激活为从无到有的一个基本增量步,而像素单元是增量步中激活的最小单位。

6.3.5 自适应网格

1. 基本思想

自适应网格法是一种高效且准确的数值方法,网格结构可以随着计算的推进而动态变化。自适应网格法的基本思想是根据计算的实际需要及问题的特性动态改变计算区域内的网格结构,在物理量变化剧烈的计算区域,采用空间尺度较小的精细网格进行计算;在物理量变化缓慢的区域,采用空间尺度较大的粗网格进行计算,从而提高计算效率,也就是说自适应网格法可以动态追踪流场内的锋面运动。

2. 构造原理

自适应网格的构造原理是通过坐标变换将参数平面上的一个简单区域(如矩形区域或多个矩形所组成的区域)变换到物理平面上的计算区域,使得矩形区域的边界与计算区域的边界一一对应,内部与内部相对应。因此,有限差分方法可在参数平面上直接计算,而无需考虑真实的区域边界的形状。即使计算区域的边界是非常稳定的,该坐标的应用也应该在一个固定的等距、均匀的矩形网格系统上进行,而其边界始终与真实的区域边界相重合。这大大地简化了计算,使得边界上的值可直接用于网格点上,而不需要任何形式上的插值,从而可以准确地表达边界条件,有效地消除了等距差分网格在边界上所带来的误差。

6.3.6 迭代求解方法

迭代法又称为辗转法,是一种不断用变量的旧值递推新值的方法。跟迭代法相对应的方法是直接法(又称为一次解法),即一次性解决问题。迭代法是用计算机解决问题的一种基本方法,它利用计算机运算速度大、适合做重复性操作的特点,使计算机重复执行一组指令(或一定步骤),在计算机每次执行这组指令(或这些步骤)时,都从变量的原值推出它的一个新值。迭代法又分为精确迭代法和近似迭代法。比较典型的迭代法如"二分法"和"牛顿迭代法"属于近似迭代法。

迭代是数值分析中从一个初始估计出发寻找一系列近似解来解决问题(一般是解方程或者方程组)的过程,为实现这一过程所使用的方法统称为迭代法(iterative method)。一般可以作如下定义:对于给定的线性方程组 $x = bx + f$(这里的 x、b、f 同为矩阵,任意线性方程组都可以变换成此形式),用公式 $x_{k+1} = bx_k + f$(x_k 代表迭代 k 次得到的 x,初始时 $k = 0$)逐步带入求近似解的方法称为迭代法(或称为一阶定常迭代法)。如果 $\lim_{k \to \infty} x_k$ 存在,记为 x^*,则称该迭代法收敛。显然 x^* 就是此方程组的解,否则称该迭代法发散。

跟迭代法相对应的是直接法(或者称为一次解法),即一次性的快速解决问题。一般如果可能,直接解法总是优先考虑的。但当遇到复杂问题时,特别是在未知量很多,方程为非线性时,我们无法找到直接解法(例如,五次及更高次的代数方程没有解析解,参见阿贝耳定理),这时或许可以通过迭代法寻求方程(组)的近似解。

最常见的迭代法是牛顿法。其他迭代法包括最速下降法、共轭迭代法、变尺度迭代法、最小二乘法、线性规划、非线性规划、单纯型法、惩罚函数法、斜率投影法、遗传算法、模拟退火等。

利用迭代法解决问题,需要做好以下三个方面的工作。

(1)确定迭代变量。在可以用迭代法解决的问题中,至少存在一个直接或间接地不断由旧值递推导出新值的变量,这个变量就是迭代变量。

(2)建立迭代关系式。所谓迭代关系式,是指如何由变量的前一个值推导出其下一个值的公式(或关系)。建立迭代关系式是解决迭代问题的关键,通常可以利用顺推或倒推的方法来完成。

(3)对迭代过程进行控制。在什么时候结束迭代过程?这是编写迭代程序时必须考虑的问题。不能让迭代过程无休止地重复执行下去。迭代过程的控制通常可分为两种情况:一种是所需的迭代次数是个确定的值,可以计算出来;另一种是所需的迭代次数无法确定。对于前一种情况,可以构建一个固定次数的循环来实现对迭代过程的控制;对于后一种情况,需要进一步分析用于结束迭代过程的条件。

在激光沉积制造的模拟过程中迭代求解存在于每个增量步中,对温度求解即在温度收敛时该增量步的迭代结束。对于热机耦合分析而言,在温度迭代收敛后至少还要进行应力迭代计算直至收敛,实现一个增量步的求解。

6.4　激光沉积制造热应力数学模型与模型建立

6.4.1　数值求解方法研究与数学模型

数值求解方法决定了求解收敛,以及求解的准确性和求解速度。数值求解方式主要针对无法获得或难以获得解析解的情况,金属的激光沉积制造过程是一个包含温度、应力、应变及材料非线性的复杂求解过程,因此必须采用数值求解方法。数值求解方法随着计算机技术的发展获得了广泛的应用,目前常用的数值求解方法有:热力耦合模拟方法、等效热容和焓法、瞬态求解方法、相场法等。

6.4.2　热力耦合模拟方法

热应力问题是指仿真求解过程中热场和应力场的耦合作用关系的问题,属于耦合场的求解范畴。与其他耦合场求解方法类似,有两种方法求解热力耦合场:直接求解法和间接求解法。直接求解法采用同时具有温度自由度和位移自由度的耦合单元,同时得到温度场和应力场结果;间接求解法则先进行热传导、对流、辐射等的求解,求解结束后将求得的节点温度当作载荷添加到应力的求解中,最后得到应力场。直接求解法一般为商用软件的多物理场求解方法。本书采用直接求解法进行模拟。该方法的缺点是进行不同耦合场模拟时,只能对少数单元类型进行分析。

6.4.3　等效热容和焓法

等效热容法是进行热传导、相变潜热计算的有效方法。焓,又称为"热焓",是一个状态函数,表示能量在物质系统中的变化。计算时焓为系统的内能与压强乘体积之和,这体现了热力学的一个重要思想:在一定条件下一个热力学过程中显现的物理量,可以用某个状态函数的变化量来度量。

6.4.4　瞬态求解方法

瞬态求解方法主要利用有限元软件求解动态、无稳定状态的问题。求解时间长,求解步长对求解结果有影响。步长越短,结果越准确,但是求解时间太长,因此步长的设置和有限元网格的大小一样,在对结果的影响可以接受的范围内,尽量选用较大的时间步长。

示例　本章采用热力耦合场法,该方法适合于宏观模拟,可以描述因温度变化而产生的热应力和应变,并且用该方法来模拟激光沉积制造的动态成形过程是比较贴切的。温度不均匀会影响材料力学性能,因为材料力学性能,如泊松比、弹性模量、屈服应力和热膨胀系数等往往随温度变化。对这样的热力耦合模型进行的求解分析称为热弹塑性分析。有限元的求解过程如下所述。

位移有限元推导出单元应力 $\underline{\boldsymbol{\sigma}}$ 与节点上的等效外应力 $\underline{P}$ 之间的平衡关系为

$$\int_V \boldsymbol{B}^{\mathrm{T}} \underline{\boldsymbol{\sigma}} \mathrm{d}V = \underline{P} \tag{6-1}$$

式中: $\boldsymbol{B}^{\mathrm{T}}$ 为建立节点位移 $\underline{u}$ 和单元总应变 $\underline{\boldsymbol{\varepsilon}}$ 之间的转换矩阵,满足

$$\underline{\boldsymbol{\varepsilon}} = \boldsymbol{B}\underline{u} \tag{6-2}$$

由虎克定律可知

$$\overline{\boldsymbol{\sigma}} = \boldsymbol{D}\boldsymbol{\varepsilon} \tag{6-3}$$

式中：$\boldsymbol{D}$ 为弹性系数矩阵。对热弹塑性材料的塑性应变描述采用 J_2 流动理论，可将式(6-3)写为增量形式

$$\Delta\boldsymbol{\sigma} = \boldsymbol{D}_{\mathrm{T}}\Delta\boldsymbol{\varepsilon} - \boldsymbol{h}\Delta T \tag{6-4}$$

式中：$\boldsymbol{D}_{\mathrm{T}}$ 为依赖于温度的弹塑性系数矩阵，包含弹塑性变形的贡献；$\boldsymbol{h}$ 为热应变对应力贡献大小的张量。将式(6-1)带入式(6-2)和式(6-4)中，整理得到

$$\int_V \boldsymbol{B}^{\mathrm{T}}\boldsymbol{D}_{\mathrm{T}}\boldsymbol{B}\Delta\boldsymbol{u}\mathrm{d}V = \Delta P + \int_V \boldsymbol{B}^{\mathrm{T}}\boldsymbol{h}\Delta T\mathrm{d}V \tag{6-5}$$

式 (6-5) 等号左边的项表示材料在当前温度下切线刚度的影响，等号右边的第二项代表热应变所产生的等效热载荷。在热应力分析中，温度的影响就反映在这两项上。

热应变的变化可由结构中温度对无热应力参考温度的变化量来决定，即

$$\frac{\partial \varepsilon_{ij}^{\mathrm{th}}}{\partial t} = \alpha_{ij}(T)\frac{\partial T}{\partial t} \tag{6-6}$$

式中：$\dfrac{\partial \varepsilon_{ij}^{\mathrm{th}}}{\partial t}$ 为热应变张量的变化率；$\alpha_{ij}(T)$ 为随温度变化的瞬时热膨胀系数。

热力耦合场的求解过程是在每个增量步开始前更新几何形状，求解并更新温度场；评价材料的力学性能和热应变，迭代求解力平衡方程；如此逐步求解每个增量步，直至求解结束。

边界条件为

$$q = q_{\mathrm{l}}(r)A_a + q_{\mathrm{p}} - A_{\mathrm{h}}(T - T_0) - \sigma\varepsilon(T^4 - T_0^4) \tag{6-7}$$

式中：q 为熔池表面的能量密度；q_{l} 为激光热源的高斯分布密度；r 为光斑半径；q_{p} 为来源于加热后的粉末颗粒的多余能量；A_{h} 为热强迫对流系数；T_0 为环境温度；T 为表面温度；σ 是斯蒂芬-玻尔兹曼常数；ε 为辐射率；A_a 为吸收系数。

$$A_a = \alpha|\cos\theta|^{0.2} \qquad (\alpha = 0.1) \tag{6-8}$$

式中：α 为工件的材料吸收率；θ 为激光入射角。

$$q_{\mathrm{l}}(r) = \frac{2P}{\pi R_{\mathrm{b}}^2}\exp\left(\frac{-2r^2}{R_{\mathrm{b}}^2}\right) \tag{6-9}$$

式中：P 为激光能量的总强度；R_{b} 为激光束的有效半径；r 为激光半径。

$$q_{\mathrm{p}} = \begin{cases} v'_{\mathrm{p}}\rho_{\mathrm{l}}[c_{ps}(T_{\mathrm{m}} - T_0) + L_{\mathrm{m}} + c_{pl}(T - T_{\mathrm{m}})], & T > T_{\mathrm{m}} \\ v'_{\mathrm{p}}\rho_{\mathrm{l}}[c_{ps}(T_{\mathrm{m}} - T_0) + L_{\mathrm{m}}f_{\mathrm{l}} - f_{\mathrm{s}}L_{\mathrm{m}}], & T = T_{\mathrm{m}} \\ v'_{\mathrm{p}}\rho_{\mathrm{l}}[c_{ps}(T - T_0) - c_{pl}(T_{\mathrm{m}} - T) - L_{\mathrm{m}}], & T < T_{\mathrm{m}} \end{cases} \tag{6-10}$$

式中：v'_{p} 为熔池内粉末添加速度；ρ_{l} 为材料在液态下的密度；c_{ps}、c_{pl} 分别为固相和液相的比热容；f_{l}、f_{s} 分别为液相和固相的质量百分比；T_{m} 为熔点温度；L_{m} 为相变潜焓。

$$v'_{\mathrm{p}} = N_{\mathrm{s}}(r)v_{\mathrm{p}}\frac{4}{3}\pi r_{\mathrm{p}}^3 \tag{6-11}$$

式中：N_s 为粉末到达基板前的质量分布；v_p 为粉末添加速度；r_p 为单颗粉末半径。

模拟采用的材料为 TC4，TC4 球形粉末各组分质量百分比见表 6-1。

表 6-1   TC4 球形粉末各组分质量百分比

H	O	Al	N	C	V	Si	Fe	Ti
0.009%	0.16%	6.02%	0.027%	0.056%	4.00%	0.039%	0.15%	bal

因为激光沉积制造过程中，熔池局部被加热到很高温度，整个有限元模型的温度分布十分不均衡，所以要考虑材料的物理性能参数随温度的变化情况。TC4 热物性参数见表 6-2。

表 6-2   TC4 热物性参数

温度 $\theta/^\circ\mathrm{C}$	热导率 $\lambda/[\mathrm{W/(K \cdot m)}]$	定压比热容 $c_p/[\mathrm{J/(kg \cdot K)}]$	弹性模量 E/GPa	线膨胀系数 $\alpha_l/10^{-5}\mathrm{K}^{-1}$	泊松比 μ
20	17.0	500	120.0	0.900	0.300
200	15.0	580	110.0	0.965	0.310
400	15.0	595	88.0	1.107	0.325
600	16.0	615	70.0	1.004	0.342
1 530	20.0	760	3.5	1.005	0.38
1 650	20.5	840	3.0	1.006	0.384
2 000	21.0	730	0.1	1.008	0.390

6.4.5   热源模型

热源模型决定了热量的输入密度和分布方式，其形式是由实际加工过程中热量的输入形式决定的，研究人员根据实际的测量结果，经过理论研究，最终得到简化的、利于模拟的热源数值模型。常见的数值模型有均匀的热源模型、高斯热源模型、双椭球热源模型。在激光沉积制造的数值模拟中，最常用的是高斯热源模型，下面进行简单介绍。

其数学表达式为

$$q(x,y) = \frac{2AP}{\pi\omega^2}\exp\left[-2\frac{(x-x_0)^2+(y-y_0)^2}{\omega^2}\right] \tag{6-12}$$

式中：P 为熔池表面的能量密度；$q(x,y)$ 为高斯热源能量分布密度；ω 为光斑半径；A 为粉末对激光的吸收率；$(x-x_0)^2+(y-y_0)^2$ 为粉床任一点到光斑中心的距离。图 6-6 所示为高斯热源模型三维示意图。

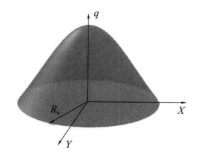

图 6-6　高斯热源模型三维示意图

6.4.6　换热模型

1. 热传导模型

热传导又称为导热。在两个接触的物体或同一物体的不同部分之间,由于温度差异,热量由高温物体向低温物体传递的现象,称为热传导。物体内温度不同的部分之间不发生传质,这是纯导热的特点。在这种情况下,热量传递仅依靠微观粒子(如分子、原子、自由电子)的热运动。由热力学基础可知,温度决定微观粒子的平均动能,即温度越高,微观粒子的平均动能越大,因此,可认为热传导是高温微观粒子将动能传给低温微观粒子造成的,其宏观表现是高温物体向低温物体导热。

傅里叶于 1822 年在其著作中引出了热传导的基本计算公式。对于大平壁,若其两侧壁面各点的温度分别保持为 T_{w1} 及 T_{w2},且 $T_{w1} > T_{w2}$,则热量将从 T_{w1} 一侧传向 T_{w2} 一侧,此时通过大平壁的热流量 Q 可表示为

$$Q = \lambda A \frac{\Delta T}{\delta} \tag{6-13}$$

则单位面积所传递的热量 q,称为热流密度。由式(6-13)可知

$$q = \lambda \frac{\Delta T}{\delta} \tag{6-14}$$

式中:A 为垂直于导热方向的截面积,m^2;δ 为平壁厚度,m;ΔT 为平壁两侧壁温之差,$\Delta T = T_{w1} - T_{w2}$,℃;$\lambda$ 为导热系数,W/(m·℃),导热系数反映物体的导热能力,通常由试验得到。

2. 辐射模型

物体发射电磁波,电磁波被其他物体吸收、转换成热能的能量交换形式称为热辐射。若物体表面温度越高、表面积越大,则单位时间内辐射的热量就越大。在工程中,通常考虑两个或者两个以上物体间的辐射,每个物体同时辐射并吸收热量。在数值计算中,通常同时考虑对流换热和辐射,将它们拟合成曲线,并作为

一个边界条件。存在辐射关系的物体之间传递的净热量可以用斯蒂芬-玻尔兹曼方程来表示

$$q = \varepsilon \sigma A_1 F_{12}(T_1^4 - T_2^4) \tag{6-15}$$

式中：q 为热流率；ε 为物体的辐射率，又称为黑度，数值区间为 $[0,1]$；σ 为斯蒂芬-玻尔兹曼常数，约为 5.67×10^{-8} W/(m² · K⁴)；A_1 为辐射面 1 的表面积；F_{12} 为由辐射面 1 到辐射面 2 的形状系数；T_1 和 T_2 分别为辐射面 1、2 的开氏温度。由式(6-15)可知，热辐射的热流率与温度 4 次方的差成正比，具有高度的非线性。

3. 热对流模型

对流换热(又称为热对流)是指流体流经固体时流体与固体表面之间的热量传递现象。对流换热是流体在流动过程中发生的热量传递现象，当流体作层流流动时，在垂直于流体流动方向上的热量传递以热传导(也有较弱的自然对流)为主要传热方式。影响对流换热的因素是影响流体流动和流体中热量传递的因素，主要有以下五个方面的因素。

(1)流体流动的起因。由于流体流动的起因不同，热对流可以分为强制对流换热和自然对流换热两大类。两种流体流动中流体的速度场有差别，因此换热规律也不一样。

(2)流体有无相变。当流体不发生相变时，对流换热中的热量交换是通过流体的显热变化来实现的；而当流体发生相变(如沸腾或凝结)时，流体的相变潜热往往起着主要作用，因此换热规律与无相变时的换热规律不同。

(3)流体的流动状态(单相流动)。层流时流体微团沿着主流方向作有规律的分层流动，而湍流时流体各部分之间发生强烈的混合，因此换热能力不同。

(4)流体的物性条件。流体的密度、动力黏度、导热率等不仅对流体的流动有影响，而且对流体中热量传递有影响，因此流体的物性条件对流体换热有着很大的影响。

(5)换热表面的几何因素。这里的几何因素是指换热表面的形状、大小、换热表面与流体运动的相对方向及换热表面的状态(光滑或粗糙)。

为了简化分析，对于影响对流换热的主要因素，在推导时作如下简化假设：

(1)流体为连续介质；

(2)流动是二维的；

(3)流体为不可压缩的牛顿流体；

(4)流体物性参数大小为常数；

(5)忽略耗散热。

根据以上假设，可以推导出对流换热微分方程

$$\frac{\partial t}{\partial \tau} + u\frac{\partial t}{\partial x} + v\frac{\partial t}{\partial y} = \frac{\lambda}{\rho c_\gamma}\left(\frac{\partial^2 t}{\partial x^2} + \frac{\partial^2 t}{\partial y^2}\right) \tag{6-16}$$

式(6-16)中左边第一项是非稳态项，表示温度随时间的变化率；第二项与第三

项是对流项,表示因流体流动而产生的热量传递;右边是扩散项,表示因流体导热而产生的热量传递。

4. 相变潜热模型

在激光沉积制造过程中,金属粉末会经历固态-液态-固态的转变,因此金属在相变过程中会产生相变潜热。相变潜热是相变过程中物质吸收或者放出的热量,对于金属晶体材料,相变潜热是不可忽略的因素。相变潜热影响熔池的温度、大小和形状。在 MSC. Mentat 中,相变潜热用焓来描述,焓用材料的密度、比热容和温度来表示,表达式为

$$\Delta H(T) = \int_{T_1}^{T_2} \rho c(T) \, \mathrm{d}T \tag{6-17}$$

式中:H 为焓;ρ 为材料的密度;T 为绝对温度;$c(T)$ 为材料的比热容,是温度的函数;T_1、T_2 分别为相变的起始温度和结束温度。

6.5　激光沉积制造有限元模型的建立

6.5.1　模型假设

在进行有限元模拟时,首先要对被模拟对象进行分析,抓住它的主要条件,忽略它的不重要条件,例如,在进行大型复杂构件的流场分析时,会将不影响流场流动的倒角、细小的结构去除,以增大网格划分速度、降低畸变、增大求解速度。激光沉积制造过程涉及:金属熔化、气化及快速凝固过程;激光与粉末的吸收与反射、激光与基体的吸收与反射,以及激光在基体、粉末、送粉头、真空箱之间的相互反射、吸收;激光功率高易使金属熔化区域生成等离子体;送粉头送出的载流气体和粉末对熔池形状和温度的影响。为了能够实现有限元的模拟和保证模拟结果的准确性,本节采用以下假设:

(1)钛合金的激光沉积制造环境温度为 20 ℃,且在模拟过程中温度保持不变;

(2)不考虑激光在基体、粉末、送粉头、真空箱之间的相互反射、吸收;

(3)基体 Z 方向为强约束:基体选择一些关键节点的 Z 方向保持不动;

(4)成形过程只考虑固相的能量传递:将液相的流动及气相、等离子体对温度的影响折算到热导率和吸收率上;

(5)加工得到的成形区域材料为各向同性。

6.5.2　建模过程

本节主要进行工艺参数模拟和典型样件模拟,因此采用自底向上的建模方

式,而非采用自上向下的建模方式。虽然与采用自上向下的方式相比,采用自底向上的方式来建模要耗费更多的时间,但是生成的模型十分规整,并且建模时可以根据自己的经验和偏好进行单元的设置和划分。并且这样建立的模型单元号排列得非常整齐,单元的数量较自动划分法更有可控性,可以在保证单元质量的前提下减小单元的数量,有利于增大求解速度。

在激光沉积制造过程中经常要对体积块和薄壁件进行加工,不可避免地会碰到曲线形式的薄壁件。曲线形式很多,如圆弧、B样条、NURBS曲线等,但是曲线上的每一点都有一般性——曲率半径。通过对某种类型叶片的激光测量,得到该叶片根部的截面外轮廓的散点图。利用圆弧拟合,圆弧之间相切,最大误差不超过 0.26 mm,如图 6-7 所示。

图 6-7　叶片的轮廓曲线

6.5.3　网格单元大小的确定

对于一个模型,网格单元的大小与网格单元的数量成反比,因此应该尽量增大网格单元,以减小网格单元的数量,这样可以增大求解速度,缩短求解时间。对于激光沉积制造的模拟,可以将有限元模型的网格划分为两个部分:一部分为成形区域,这部分网格规整,网格单元的大小要保证结果温度场不间断,且温度波动不能受生死单元激活的影响;另一部分为传热基板部分,这部分网格的畸变在允许范围内,能满足传热和应力、应变的连续要求即可。

对于成形区域,在扫描宽度为 2 mm 的扫描路径上,宽度方向上可以均匀分布有限单元,为了防止扫描路径从 X 轴转弯到 Y 轴时网格和求解精度发生变化,采用正方形柱状单元。网格单元越多,求解时间越长,但是求解精度会在网格单元达到一定数量后基本保持不变。因此在网格单元数量增大、求解时间延长而求解精度不变时的临界网格单元数量就是进行模拟的最理想网格单元数量。当然在满足一定求解精度要求时,可以选择更少的网格单元。试验发现,当边长为 2 mm 的网格单元数量大于或等于 4 时,求解精度不再发生变化,但是当网格单元数量为 3 时,求解误差不超过 5%,因此对于较大的模型,边长为 2 mm 的网格单元的数量可以为 3。

根据提取的叶片的轮廓曲线,利用有限元软件 MSC.Marc,采用自底向上的方式来建立空心叶片的有限元模型,如图 6-8 所示。

空心叶片长为 40 mm,高为 7 mm,

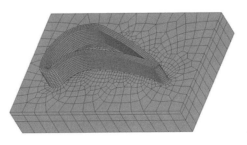

图 6-8　空心叶片的有限元模型

共 10 层,每层层高为 0.7 mm;基体尺寸为 60 mm×40 mm×10 mm。激光沉积制造成形工艺参数为:激光功率为 1 700 W,送粉量为 5 g/min,扫描速度为 3 mm/s,模拟采用的高斯热源直径为 2 mm。

6.5.4　求解步长的确定

对于瞬态求解,求解步长的确定非常重要,如果设置的不合适,求解结果将产生巨大的误差。求解步长主要影响温度场的求解和应力场的分布。通过不断地摸索及参考其他研究人员的设置,最终确定,求解步长是与网格单元的大小、扫描的速度有关的变量,即

$$t = \frac{E_1}{2v} \tag{6-18}$$

式中:t 为求解步长;v 为扫描速度;E_1 为网格单元在扫描方向上的长度。每个高斯热源前端的网络单元,在扫描速度为 v 的情况下,在下一个单元格进入高斯热源前都会经历两个增量步,即

$$\frac{E_1}{v} = 2t \tag{6-19}$$

6.5.5　模拟结果与分析

在求解完成后,要对结果进行后处理,以便提取数据、总结模拟结果、寻找内在的规律。本节主要研究激光沉积制造过程中的温度场、应力场和残余应力场,以及对成形零件的变形、开裂的预防,因此在后处理时主要针对这些特定方向进行提取和整理。

在 MSC. Mentat 界面中,可以对求解的文件进行加载,观看求解结果的瞬态演变过程。为方便保留,主要提取的结果有:温度场、热应力场、残余应力场、变形量云图;监测点温度、应力随时间变化的历史曲线;空间曲线上节点的温度、应力曲线;温度梯度、切平面上的温度、应力云图。这些结果为研究激光沉积制造过程中温度、应力的演变规律提供了有效数据,是抑制变形、避免开裂的重要前提。

图 6-9(a)所示为模拟激光沉积制造过程中第十层时的温度分布云图,图 6-9(b)所示为与图 6-9(a)对应时刻的温度变化引起的热应力分布云图,图 6-9(c)所示为激光沉积制造结束后,冷却到室温(20℃)时的热应力分布云图。参照图 6-9(a)来看图 6-9 (b),可以发现,在温度最高的热源附近,热应力基本为零,这是因为在热源附近 TC4 基本处于熔化状态。从图 6-9(c)中可以分辨出,热应力是分层的,层间结合的部位是热应力较大的部位。并且叶片的尾端既有热应力高的部位,又有热应力很低的部位,热应力分布极不均匀,因此这里是容易产生缺陷的地方。在叶片的另一端,可以看到在曲率半径最小的地方的热应力很高,并且沿 Z

向有所升高。

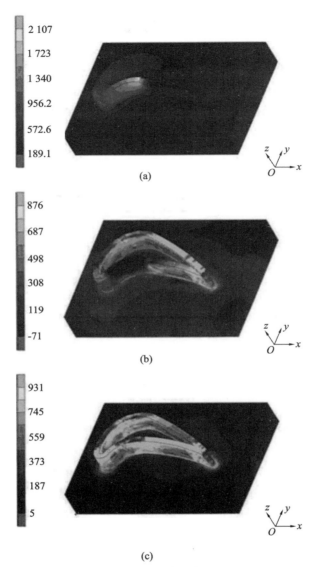

图 6-9　整体分布云图

(a)成形过程中整体温度分布云图(℃)；(b)成形过程中整体热应力分布云图(MPa)；
(c)冷却后热应力分布云图(MPa)

　　由此可见，对于大型零件，固定热源的起始位置和终止位置，会导致这些位置产生制造的缺陷。在多层加工时，可以采用随机起始位置和终止位置，以减小起始和终止对热应力集中的影响。并且在成形后应进行热处理，以降低因温度分布变化过快而产生的热应力。

6.5.6　有限元模型的试验验证

在完成有限元模拟后,必须对模拟结果进行验证,从而证明结果的准确性、规律的正确性、方法的可行性。就本书而言,可以测量的物理量有激光沉积制造过程中熔池的温度及成形结束后试件的残余应力。

对于其他物理量,测量更具难度,如成形过程中整体的温度场测量、基体或者成形区的热应力随时间变化的测量、基体变形量测量等。温度测量技术相对成熟,可以采用红外测温仪。残余应力可以利用钻孔法、压痕法、中子衍射法等来测量,由于测量过程的不可重复性,无法对误差进行估计。热应力是通过求解温度场而得到的,所以本书只采用温度验证的方法,如果温度场的误差较小,则认为应力场的计算合理。对残余应力的模拟结果与测量结果进行演变趋势对比。

6.6　基于 MSC 内核的可视化人机对话系统

激光沉积制造过程的有限元模型是进行工艺优化、参数选择的基础。本书所述的数值模拟是利用 MSC. Marc 有限元软件进行的。该软件与大家熟知的 AN-SYS 有限元软件都是通用的有限元软件。但是该软件在计算非线性问题时有其独特的特点:前处理软件 MSC. Mentat 用表单的方式进行非线性参数的设定,使用方便。但该软件无法像 ANSYS 那样用语言进行编程,导致进行复杂建模时操作复杂。进行激光沉积制造过程的模拟时,建立简单的有限元模型需要大约一天的时间,对于复杂的叶片、整体叶盘,建立有限元模型需要大约一个月的时间!另一方面,提取结果文件也相当烦琐,一般需要几天的时间。而采用 MSC. Mentat 的自带语言编程时,由于命令长,难于记忆,一旦出错很难找出问题所在,导致时间上的浪费。

针对上述建模时间长的问题,利用其他软件自动生成代码无疑是一个有效的解决方法。在深入研究生死单元技术及 MSC. Mentat 的命令流文件后,开发了用于钛合激光沉积制造过程三维有限元模拟的可视化前处理和结果提取系统。简化数值模拟的建模过程,使不了解 MSC. Mentat 操作的研究人员可以方便地进行激光沉积制造的仿真分析和结果提取。该系统主要由五部分组成:基板、工件、光源设置、材料属性及后处理。通过输入相应参数可以得到 MSC. Mentat 的命令流文件,运行该文件便可进行激光沉积制造过程的仿真。降低激光沉积制造过程的模拟难度,可以轻松地对多组参数进行模拟与对比分析。本书利用该系统进行两组参数的实例计算,并得到满意结果。

该系统基于激光沉积制造过程数值模拟,可进行如下环节的操作:成形区工件建立,基体建立及固定形式选择,材料属性设置及建立自己的材料库,扫描方式与热源形式、冷却过程设置,以及后处理部分。系统内部各部分及其与MSC. Mentat、MSC. Marc 的联系如图6-10所示。

操作步骤可总结为:

(1)设置工件几何参数,道宽参数;

(2)设置基板的热物性参数;

(3)设置热源形式与扫描路径参数;

(4)设置结果提取参数。

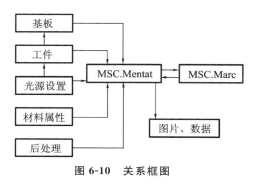

图 6-10 关系框图

6.6.1 工件有限元模型的建立

工艺参数的模拟主要是进行单道多层和多单道多层的模拟,人机对话系统通过输入成形区的四个角点的 X、Y、Z 向坐标来确定成形区截面形状,工件沿 Z 向正向生长,输入成形层数和层厚决定成形区域的高度。通过对比单道的扫描宽度和成形区截面的长、宽来确定是单道成形还是多道成形。加工的区域也可以是薄壁件,其设置方法与通用的三维软件通过草图生成薄壁件的设置方法一致。除了可以进行长方形区域的加工以外,还可以进行圆形工件的模拟,主要参数是中心点坐标,默认的高度方向为 Z 轴正向,圆形薄壁件的设置与长方体的设置一样。由于 MARC 采用的是无单位计算,因此在进行软件的操作时,操作者会拟定一个单位,括号中的单位为推荐单位。

工件 Z 向拉伸即扫描设置包括:旋转中心、旋转角度(°)、层厚、扫描层数、扫描宽度、扫描宽度单元数。而且成形区域可以逐渐旋转,以模拟复杂情况下的成形加工。工件参数输入界面如图 6-11 所示。设置好的工件将按扫描宽度单元数自动划分网格,生成六面体单元。这些单元都设置成生死单元,并且在模拟开始的时候都被"杀死",随着模拟的进行,将会按后面设置的热源移动路径逐渐激活,大大简化了生死单元的排序、激活顺序设置,多层的生死单元设置也可以自动生成,保证下层单元激活时上方的单元为"杀死"状态,否则将使成形模拟失真,甚至导致模拟不收敛。完成所有设置后可以选择确认设置按钮进入基板设置对话窗口;也可以打开以前设置过的工件文件,方便进行同样形状工件不同试验参数或不同材料的激光沉积制造对比;也可以将本次设置保存,方便以后调用;当设置错误时可以单独修改每个参数,若错误参数较多,可以点选取消设置,所有参数将变为"0",方便进行重新设置。

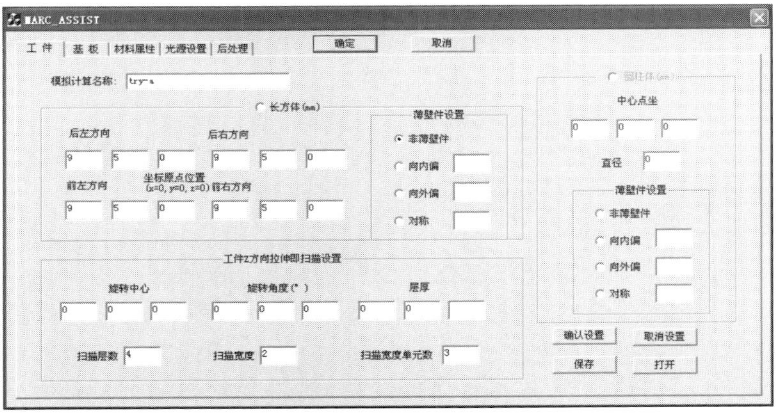

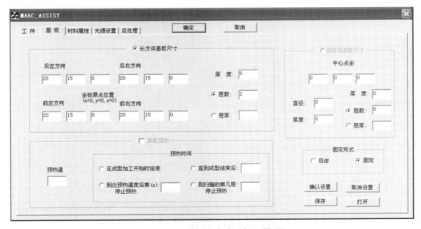

图 6-11　工件参数输入界面

6.6.2　基板有限元模型的建立

基板有限元模型的参数输入与工件有限元模型的参数输入类似,可以根据模拟的需要选择基板的形状(长方体或圆柱体),并设置基板的厚度。若选择厚度下方的层数,则层厚会等量递增;若选择厚度,则基板的每层厚度一致,且厚度除以层厚必须是整数。

在激光沉积制造过程的模拟中,有时要添加基板预热温度,以减小残余应力,所以基板预热为可选项,主要设置预热温度和预热时间。单位需自己选择,与材料属性的单位一致即可。基板的固定形式有固定和自由两个选项:固定是将基板最底端的所有点 Z 向固定,有利于计算的收敛;自由是选择性的固定底板,使底板 Z 向可以变化,比较接近实际情况,但是模拟时间较长,甚至有可能不收敛。基板参数输入界面如图 6-12 所示。

图 6-12　基板参数输入界面

187

6.6.3　有限元模型材料属性的设置

激光沉积制造过程是温度变化极为剧烈的过程,所以一般情况下选用非线性材料,但是也留有线性材料的选项。材料属性的主要参数包括:密度、泊松比、杨氏模量、辐射率、热膨胀系数、热导率、比热容及对流换热系数。材料属性的每个参数都可以是非线性的,参数名后面的数值与新建的或者表格中已有的数值相乘,可以在显示时看到总的数值,这与 Mentat 中的操作一样。基板与工件的材料可以相同,也可以不同。该系统还可供用户定义自己的材料库或者调用 Mentat 中已有的材料。材料属性的设置有很多选项,例如,创建自己的材料库,可以设置自己的材料参数,以后模拟时只需要调用即可,免去复杂的非线性设置。材料属性参数输入界面如图 6-13 所示。

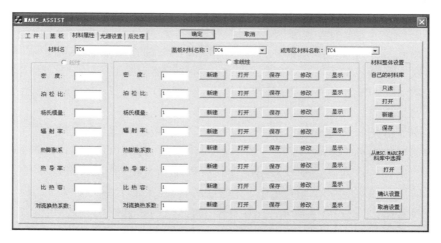

图 6-13　材料属性参数输入界面

6.6.4　有限元模型光源参数的设定

在激光沉积制造过程的模拟中,最麻烦的就是移动热源的加载及让热源按照规定的路径移动。该系统包含的热源分为高斯面热源与双托球体热源,两种热源的参数如图 6-14 所示。高斯面热源的参数比较简单,而且和激光光源比较匹配,其参数有:激光功率、吸收率、光源半径。当采用高斯面热源时,采用圆形送粉,则激活单元时可能会产生锯齿形的前端边缘,采用矩形送粉时,成形前端为一条规整的直线。双托球体热源的设置相对复杂一些,需设置的参数包括:激光功率、吸收率、宽度、深度、前长、后长。宽度是整个双托球体热源宽度的一半,深度是双托球体热源上表面到底面的距离,前长是光源中心到前端的距离,后长是光源中心到后边界的距离。此外,在激光沉积制造过程中基板上有时留有剩余粉末,如果载流气体不能将其吹走,为保证模拟的准确性,可以选择送粉提前量,即在移动热源的前端一定距离上先激活单元,以模拟粉末提前到达。扫描速度决定了光源的移动速度和生死单元的激活速度。在设置完热源后还要设置环境温度,一般为20;换热系数一般为37.5(单位由设置人员决定)。

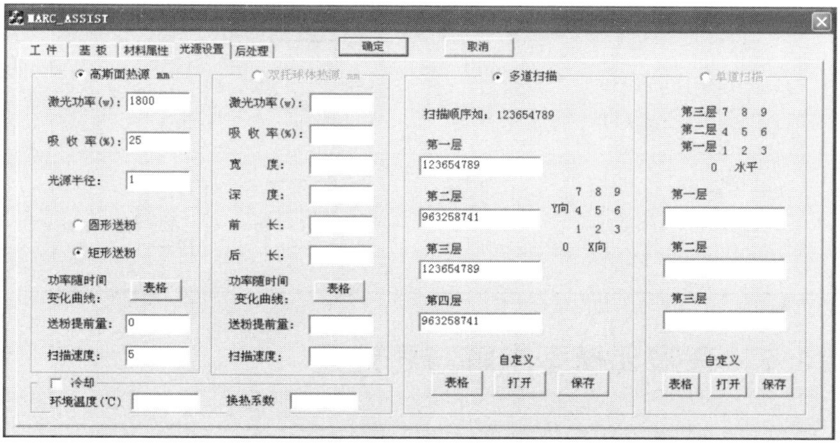

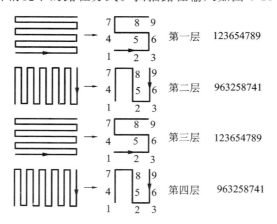

图 6-14　激光参数输入界面

扫描路径的设置采用数字编号的方式,即用线连接1～9构成的九宫格(电脑键盘的数字键区域),则由数字连接的曲线顺序为扫描顺序,如果是规则扫描,则四层必然包含各种情况下的路径方式。扫描路径输入如图6-15所示。

第一层　123654789

第二层　963258741

第三层　123654789

第四层　963258741

图 6-15　扫描路径输入

扫描顺序的下面是自定义,自定义可以通过增量法(输入起始层、最后层、增量),来决定哪些层的扫描顺序为(123654987)的方式;或者罗列层:如1,2,6,扫描顺序;还可以通过组合输入的方式,这几种扫描路径的输入方法,可以让扫描路径多元化,具体见表 6-3。

表 6-3 自定义扫描顺序

自定义输入	扫描方式
增量法 A 1 19 2 123654789 A 2 20 2 963258741	
罗列层 B 1,3,4,6,7,9 13654789 B 2,5,10-20,8 63258741	
组合输入 A 1 10 1 123654789 B 11-20 963258741	

6.6.5　有限元模型求解与后处理

后处理的主要目的是得到温度、应力、应变场分布云图,云图统一采用白背景,这里不再详细设置,因为可以生成辅助文件,在 Mentat 中设置好后,将辅助的命令流文件打开,就可以生成需要的结果。后处理参数输入界面如图 6-16 所示。

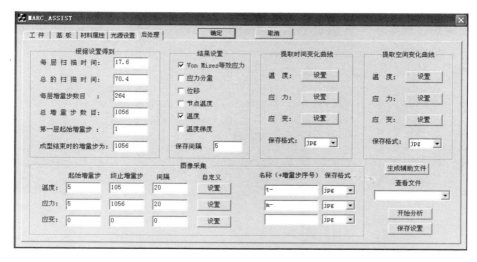

图 6-16　后处理参数输入界面

后处理参数输入界面中根据操作者设置会提供成形时间方面的一些信息。例如,第一层起始增量步在没有预热的情况下是 1,在有预热的情况下根据具体情况会是不同的数字,这可以为提取结果提供参考,让操作者正确输入起始步,从而获得正确的温度、应力、应变场图像。

结果设置包含了一些常用的结果量。一般选择 Von Mises 等效应力和温度就可以了,有时为提高精度可以选择节点温度,若要观察温度梯度,则勾选温度梯度,选择的量越多,结果文件越大,适量选择即可。

6.6.6　有限元模型的实例计算

以矩形截面工件为例进行对比仿真,选用 TC4 材料的基板和粉末,进行激光沉积制造过程的有限元仿真。仿真主要参数见表 6-4。

表 6-4   仿真主要参数

功率 /W	扫描速度 /(mm/s)	分层厚度 /mm	环境温度 /℃	层数	扫描形式
1 800	5	1	20	4	123456789 963258741
2 000	5	1	20	4	123456789 963258741

参数中只有激光功率不同,分别为 1 800 W 和 2 000 W。将生成的过程文件输入 MSC.Mentat 后,进行求解,求解结束后,软件会按命令自动提取相应结果文件。提取出的温度场和残余应力场分布云图如图 6-17 所示。

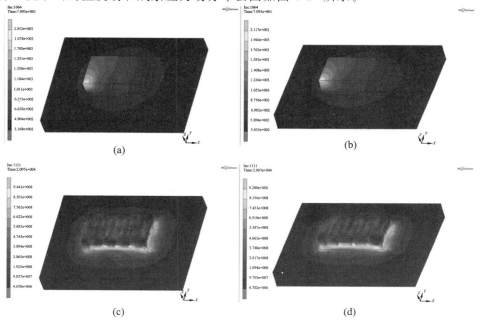

图 6-17   温度场和残余应力场分布云图
(a)1 800 W 温度场;(b)2 000 W 温度场;(c)1 800 W 残余应力场;(d)2 000 W 残余应力场

在设置中还有温度、热应力随时间变化的曲线。两个数值模拟模型结果文件的第一层上表面中间点在成形过程中的温度随时间变化的对比曲线如图 6-18（a）所示，可以确定，成形温度在钛合金熔点以上；并且若功率大，则成形过程中温度高；随着成形过程的进行，由于能量积累，最低温度逐渐升高。图 6-18（b）所示为该点的热应力随时间变化的对比曲线，可以发现，对应于图 6-18（a）中温度较低（1 800 W 参数的温度曲线）的热应力较小，这与他人的模拟结果相符。通过人机对话系统，生成过程文件后，采用自动建模、计算、提取结果的方法进行有限元分析所得的模型结果是可靠的。

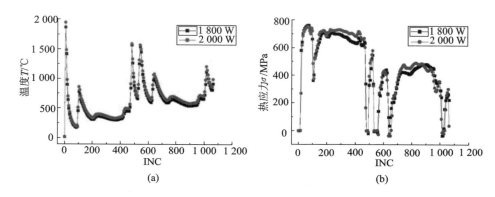

图 6-18　温度、热应力对比曲线图

（a）温度随时间变化曲线；（b）热应力随时间变化曲线

6.7　"分区成形整体连接"在数值模拟中的实现

随着激光沉积制造有限元模拟技术的不断发展，模拟的零件越来越复杂，有限元网格也越来越多，有些模拟的时间已经超出可以承受的范围。要想有限元模拟能够指导形状复杂、成形体积大的激光沉积制造零件，就要增大模拟速度。而近年来不断有学者模拟工艺参数、温度、热应力及残余应力，但是都停留在较小的试验零件模拟。为了能进行大型零件的模拟，本章采用子区域模拟的方法。这种新方法将整体的模型按照成形区域进行分解，每个部分都可以进行单独的计算。可以同时在不同的计算机上计算，也可以在一台计算机上分别计算。整体模型拆分成单个模型进行有限元模拟可以节省模拟的时间和计算机的内存使用量。在计算过程中不需要进行数据交换，当每个子区域完成计算后，将所需要的模拟结果进行线性叠加，得到整体结果。

6.7.1　主要思想和算法

1. 求解思想

为了缩短模拟时间,根据激光沉积制造成形区域将整体模型拆分为多个子区域(subarea);对这些子区域进行激光沉积制造的有限元模拟称为子区域模拟(subarea simulation)。这些子区域模拟之间相互独立,模拟过程中不需要进行数据交换,在合并结果时进行线性叠加即可得到整体结果。这种子区域模拟的方法特别适用于大型零件的激光沉积制造有限元模拟,子区域模拟的关键流程如图 6-19 所示。

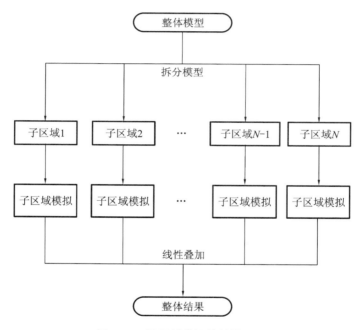

图 6-19　子区域模拟的关键流程

2. 求解算法

有限元模拟过程主要是指利用拉格朗日算法求解热力耦合场的过程。在求解之前,先设置整体的内能 U 为 0,温度 T 为 T_0 和时间 t 为 0。在每个增量步开始时将几何形状更新,在新的拉格朗日坐标系下分析温度场方程。采用非线性方程的迭代解法求解热传导方程的等效温度场递推关系式。收敛后,在同一增量步中,更新温度值、评价材料力学性质和热应变,迭代求解平衡方程,收敛后进行下一增量步的分析,直到所有增量步结束。求解主要流程如图 6-20 所示。

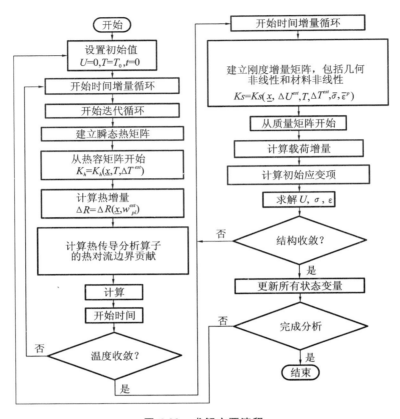

图 6-20　求解主要流程

3. 有限元模型

在总结试验需求的基础上建立了三维有限元模型。基板尺寸为 80 mm×60 mm×6 mm；对加工区域的网格进行细化，网格尺寸为 0.5 mm×0.5 mm×0.7 mm；并建立网格的过渡区，在保证求解精度的前提下减少网格，增大求解速度。图 6-21（c）所示为整体的有限元模型，而图 6-21（a）、（b）所示分别为拆分后的有限元模型。

三个模型的基板、成形区网格尺寸、过渡区形式和大小一致。为便于区分，图 6-21（a）所示的有限元模型的成形区域较长，将其命名为长模型；图 6-21（b）所示的有限元模型的成形区域较高，将其命名为高模型；图 6-21（c）所示的有限元模型为整体模型。长模型的成形区域长 60 mm、宽 2 mm、高 7 mm，拥有 15 960 个单元和 20 582 个节点；高模型的成形区域长 30 mm、宽 2 mm、高 14 mm，拥有 15 960 个单元和 20 632 个节点；整体模型的成形区域是长模型和高模型的成形区域的组合，拥有 30 000 个单元和 38 434 个节点。

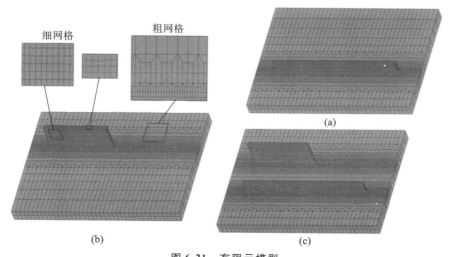

图 6-21　有限元模型

（a）长模型；（b）高模型；（c）整体模型

　　子区域的有限元模拟依然采用生死单元技术。利用该技术可以很好地模拟实际加工时材料逐渐增长的过程,高斯面热源模拟热源在成形区表面的移动过程。从图 6-22 中可以看到激光、粉末交会的区域。这里粉末受激光照射而熔化,由固态变成液态,在光源移走之后温度会迅速下降,刚刚变为液态的粉末此时会快速凝固成零件的一部分。在进行有限元模拟时利用有限元的生死单元来模拟同轴送粉,利用高斯面热源来模拟激光束;并将高斯面热源加载在单元的表面,从而模拟光粉的作用区域,如图 6-23 所示。图 6-23 中黑色的网格表面就是高斯面热源作用在激活的生死单元网格的表面区域。

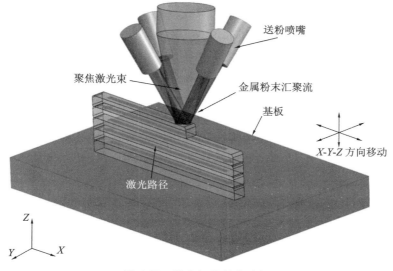

图 6-22　激光沉积制造过程

195

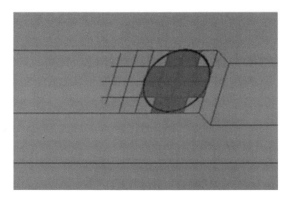

图 6-23　高斯面热源作用区域

4. 结果分析

有限元模型的单元数量和节点数量的不同,导致求解时间和求解过程中的内存使用量不同。使用联想工作站 D20 进行计算,长模型、高模型及整体模型的求解时间分别是 15 657.97 s、14 890.52 s、60 675.64 s。显然,长模型和高模型的求解时间要比整体模型的求解时间短,即使长模型和高模型的求解时间相加也比整体模型的求解时间短。如果同时在两台计算机上求解长模型和高模型,按最长求解时间 15 657.97 s(约 4.35 h)算,15 657.97 s 是整体模型的求解时间 60 675.64 s(约 16.85 h)的四分之一左右,节省了求解时间。在内存使用方面,子区域模拟的优势也很明显,长模型、高模型及整体模型的内存使用量分别是 566 M、571 M、1 227 M。由此可知,长模型、高模型的内存使用量要比整体模型的内存使用量小一半左右。

模拟时间

$$\sum_{i=1}^{n} t_i = T < T_{\text{one}} \tag{6-20}$$

式中:t_i 为第 i 次计算使用的时间;T 为 n 次求解的总时间;T_{one} 为整体模型的求解时间。

内存使用量

$$m_i < M \qquad (i = 1, 2, 3, \cdots) \tag{6-21}$$

式中:m_1 为第 i 次数值模拟的计算机内存使用量;M 为整体模型模拟时计算机内存使用量。

在整个模拟过程中,最高温度为 2 000 ℃左右,高于 TC4 的熔点(1 692 ℃),如图 6-24 所示。因此,钛合金粉末会在热源的影响下熔化。图 6-24 中的热源都是从左向右移动的,材料完成熔化凝固成形过程。图 6-25 中的材料热应力均低于TC4 的强度极限(1 100 MPa),因此直接激光沉积成形过程可以持续进行下去,不会产生裂纹。图 6-24 中的最低温度(29 ℃)高于设置的环境温度(20 ℃),同时从

图 6-25(c)中可以发现,应力区域是连接在一起的,因此可以确定长模型和高模型的成形区域的热应力相互影响。

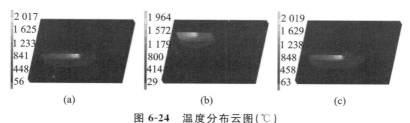

图 6-24　温度分布云图(℃)
(a)长薄壁模型;(b)高薄壁模型;(c)整体模型

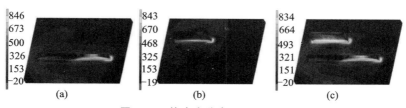

图 6-25　热应力分布云图(MPa)
(a)长薄壁模型;(b)高薄壁模型;(c)整体模型

图 6-26 所示为残余热应力分布云图。在基板上设置两条数据提取的直线,如图 6-27 所示。沿这两条曲线提取残余热应力的数值,将它们绘制在图 6-28 中。图 6-28 (a)显示图 6-27 中 Left 直线的数值,图 6-28 (b)显示图 6-27 中 Right 直线的数值。从图 6-28 中可以发现,子区域模拟的残余热应力比整体的残余热应力低,但是长模型和高模型的线性叠加模拟结果与整体模型的模拟结果相当。

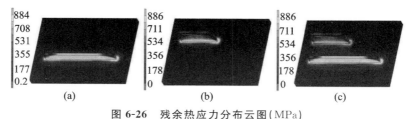

图 6-26　残余热应力分布云图(MPa)
(a)长薄壁模型;(b)高薄壁模型;(c)整体模型

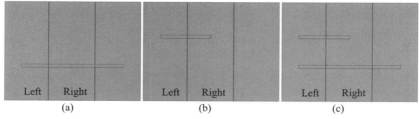

图 6-27　结果提取路径位置
(a)长薄壁模型;(b)高薄壁模型;(c)整体模型

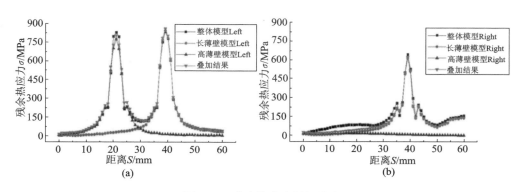

图 6-28　残余热应力叠加曲线

(a)Left 叠加曲线；(b)Right 叠加曲线

从图 6-28（a）可知，长薄壁模型在左侧曲线部分的残余热应力明显比整体模型的残余热应力低；但是这条曲线和高薄壁模型的应力曲线叠加后所得残余热应力与整体模型的残余热应力基本相同。在相互影响的区域，长薄壁模型和高薄壁模型的残余热应力都比整体模型的残余热应力低，但是长薄壁模型和高薄壁模型的应力曲线线性叠加后所得应力曲线与整体模型的应力曲线基本一致。在右侧曲线部分，高薄壁模型的残余热应力低，同样其和长薄壁模型的应力曲线叠加后所得应力曲线与整体模型的应力曲线基本重合。图 6-28（b）中在 Right 叠加曲线的左侧部分，由于高薄壁模型的影响比较小，长薄壁模型和高薄壁模型的应力曲线叠加后所得应力曲线与整体模型的应力曲线的偏差稍微大一些，但是这里是残余热应力比较低的区域，对成形零件的变形和开裂影响较小。而在右侧曲线部分利用线性叠加的方法（高薄壁模型起主要作用）所得应力曲线与整体模型的应力曲线基本重合。综合看图 6-28（a）和（b），分区应力曲线低于整体的应力曲线，这表明分区方法有利于减少变形和裂纹。另外从结果应力曲线的最大值可以发现，子区域模拟各自的最大值与整体模拟的最大值基本相同，这表明只关系某部位大致的最大残余热应力时，可以不进行应力曲线的叠加。

5. 主要结论

子区域模拟方法适用于模拟大型零件的激光沉积制造过程。该方法可以节省仿真时间和计算机内存使用量；对于一百万以上的生死单元模型，效果明显。

该方法的最大优点是在不同的计算机上可以同时计算不同的子模型，并且在计算过程中不需要进行数据交换。最后只需要在结果文件中提取相关的数据结果，将它们线性叠加就可以得到整体模型的相关结果。

当只关心某区域的最大值时，可以只对该区域进行模拟，而不叠加曲线，尤其是在已经成形的区域，不必再叠加，否则应力值大致是实际值的两倍。

各个分区模拟的残余热应力比整体模拟的低，因此也证明了激光沉积制造过程采用分区加工方法有利于减少变形和裂纹的优点。

6.7.2　槽型零件分区成形模拟

槽型零件是一种连接结构件,其形状规整,是测试激光沉积制造工艺参数稳定性和零件加工质量的理想零件。该零件适合分区成形,是进行子区域模拟、试验参数分析逐步向零件加工应用的一种典型零件,该零件实际加工的成功证明了子区域模拟结果的可信性。通过对槽型零件的子区域模拟得到其激光沉积制造过程的温度场、应力场的演化规律,可为实际加工制造提供工艺指导和理论依据。

1.建立槽型零件模型

角盒数值模型是根据实际成形加工中分区制造的思想而建立的,将分区制造的思想引入有限元建模有效地减小了单次模拟模型单元的数量,提高了模拟的效率,是大型零件有限元模拟的一种有效的解决方法。这里将角盒模型分为两个部分:底板部分和角盒连接部分,首先对底板部分的加工进行数值模拟,并假设成形结束后进行去应力退火,应力完全消除;然后在基板基础上进行角盒连接部分成形加工模拟,数值模型如图 6-29 所示。

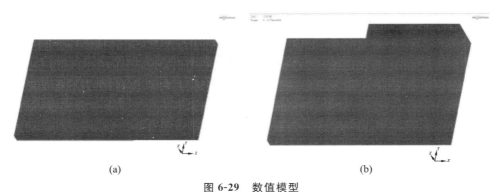

(a)　　　　　　　　　　　　　(b)

图 6-29　数值模型

(a)底板部分模型;(b)角盒连接部分模型

2.模型结果分析

图 6-30 所示为底板部分和角盒连接部分加工完成后冷却到室温的残余应力分布云图。由图 6-30 可知,底板部分残余应力分布与普通多道多层模型残余应力分布相似,层间、道间残余应力较集中;整体残余应力分布呈现中间部位残余应力均匀、四角残余应力低的状态,边缘残余应力波动剧烈,加工结束部位的残余应力显著高于其他部位的残余应力。由图 6-30(b)可知,角盒连接部分的残余应力分布也呈现层间、道间残余应力较集中的状态;但两侧壁的残余应力明显高于其他部位的残余应力;与底板部分连接部位的残余应力较集中,且转角部位残余应力分布非常不均匀,在很小的区域内同时存在残余应力较大和残余应力较小的区域;角盒连接部分对底板部分的残余应力分布有显著影响,从连接部位向外扩散,呈梯度分布。

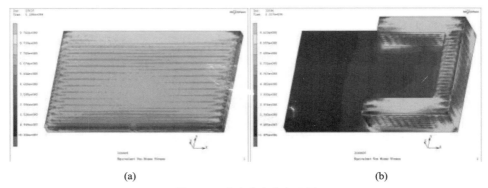

(a)　　　　　　　　　　　　　　　　　(b)

图 6-30　残余应力分布云图

（a）底板部分；（b）角盒连接部分

1）底板部分残余应力变化分析

为了充分了解底板上残余应力的分布规律，选取了底板上 3 条沿 X 方向的残余应力分布曲线、3 条沿 Y 方向的残余应力分布曲线和 25 条沿 Z 方向的残余应力分布曲线，其中，Z 方向曲线为从下到上的直线，其位置用带标号圆点表示，具体如图 6-31 所示。

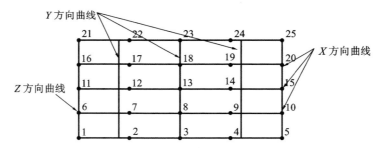

图 6-31　底板上各曲线位置图

（1）沿基板 X 方向的残余应力分布曲线。

如图 6-31 所示，3 条沿 X 方向残余应力分布曲线分别处在底板的中间偏下、中间、中间偏上的位置，这 3 条沿基板 X 方向的残余应力分布曲线如图 6-32 所示。

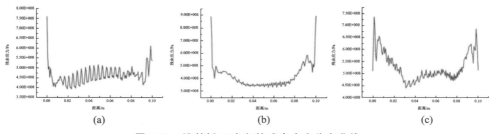

(a)　　　　　　　　　　　(b)　　　　　　　　　　　(c)

图 6-32　沿基板 X 方向的残余应力分布曲线

（a）中间偏下；（b）中间；（c）中间偏上

由图 6-32 可知,沿基板 X 方向的残余应力分布曲线整体上呈 U 形分布,即两端部位残余应力高、中间部位残余应力较低。由实际加工经验可知,底板成形后,常出现四端部位翘曲的情况。中间部位成形后冷却较慢,有利于产生塑性变形,残余应力得到释放,所以中间部位残余应力较低。两端部位为成形加工起始点位置,冷却快,残余应力相对较高。中间位置的残余应力分布曲线变化较为平缓,中间偏下和中间偏上位置的残余应力分布曲线变化很剧烈,由此可见,越靠近边缘,应力分布越不均匀,易出现加工缺陷。

(2) 沿底板 Y 方向的残余应力分布曲线。

3 条沿底板 Y 方向的残余应力分布曲线分别处在底板的中间偏左、中间及中间偏右位置,如图 6-33 所示。由图 6-33 可知,Y 向的残余应力分布曲线变化趋势与 X 向的基本一致,但 Y 方向残余应力普遍较 X 方向残余应力小,但 Y 方向的残余应力波动比 X 方向的更加剧烈。这主要是最后一层的扫描方向为 X 向导致的,在 Y 向会出现多次搭接,导致应力的波动。

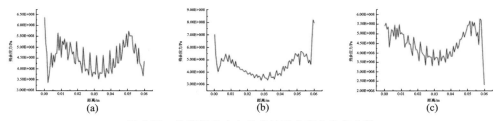

图 6-33　沿底板 Y 方向分布的残余应力分布曲线

(a) 中间偏左;(b) 中间;(c) 中间偏右

(3) 沿底板 Z 方向的残余应力分布曲线。

图 6-34 所示为 25 条沿底板 Z 方向的残余应力分布曲线,其中图 6-34(a) 所示为 Z 方向边缘部位 16 条残余应力分布曲线,分别对应图 6-31 的 1、2、3、4、5、6、10、11、15、16、20、21、22、23、24、25 点。图 6-34 (b) 所示为 Z 方向中间部位 9 条残余应力分布曲线,分别对应图 6-31 的 7、8、9、12、13、14、17、18、19 点。

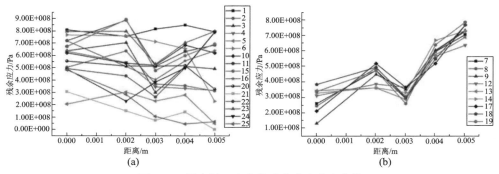

图 6-34　沿底板 Z 方向的残余应力分布曲线

(a) Z 方向边缘部位 16 条残余应力分布曲线;(b) Z 方向中间部位 9 条残余应力分布曲线

由图 6-34 (a)可知,四个端部的残余应力分布曲线(曲线 1、5、21、25)大多呈现沿 Z 方向逐渐降低的趋势,且 1 点的残余应力大于其他 3 个点的残余应力,因为 1 点是加工起始点,残余应力相对较大。四个边缘中间部位的残余应力分布曲线(曲线 3、11、15、23)大多呈现沿 Z 方向先升高后降低的趋势,可见中间部位的残余应力是最大值,4 条曲线的残余应力相差不多。其他部位的残余应力分布曲线大体呈现沿 Z 方向降低的趋势。由图 6-34(b)可知,中间区域的残余应力分布曲线整体上呈现沿 Z 方向逐渐升高的趋势,且各曲线最高残余应力和最低残余应力大体处于同一范围,说明中间部位的残余应力分布相对均匀,成形质量好。

2)角盒连接部分残余应力分析

为了解角盒连接部分的残余应力分布规律,在角盒连接部分的外壁沿高度方向取 3 条残余应力分布曲线,即图 6-35 中的 A-B-C-D-E-F 曲线。在角盒连接部分的内壁沿高度方向取 3 条残余应力分布曲线,即图 6-35 中的 A-H-G-F 曲线。在角盒连接部分中间沿高度方向取 3 条残余应力分布曲线,即图 6-35 中的 7-6-5-4-3-2-1 曲线。再在图 6-35 中的 1、2、3、4、5、6、7 点处取沿 Z 方向的残余应力分布曲线。

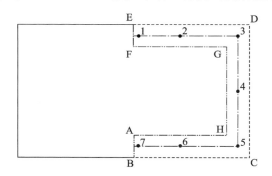

图 6-35 角盒连接部分各曲线位置图

(1)在角盒连接部分的内壁的残余应力分布曲线。

沿高度方向取 A-H-G-F 的 3 条残余应力分布曲线,如图 6-36 所示。

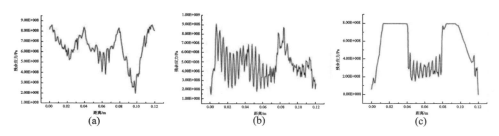

图 6-36 在角盒连接部分的内壁的残余应力分布曲线
(a)底部与底板连接位置;(b)中间;(c)顶部

横向对比图 6-36 中的 3 条曲线,由此可知,角盒左右两侧壁的残余应力较高,中间部位的残余应力较低,且转角处是残余应力峰值部位,即转角处应力较为集中,远离转角部位的直线部分热应力逐渐降低。如图 6-36(c)所示,曲线上有两处残余应力处于平稳高残余应力状态,中间部位残余应力波动较大,而这两处平稳高残余应力状态对应位置为图 6-35 中的 A-H 和 F-G 段,这两处位置与扫描路径平行。中间部位对应的位置为图 6-35 中的 G-H 段,该段与扫描路径垂直,可知残余应力分布与扫描路径有关,平行于扫描路径方向的残余应力分布较为均匀。由此可见,在金属激光沉积制造加工方式下零件的几何结构和扫描方式都会对成形件的残余应力分布产生影响。

(2)在角盒连接部分中间的残余应力分布曲线。

在角盒连接部分中间沿高度方向取 3 条残余应力分布曲线,即图 6-35 中的 7-6-5-4-3-2-1 曲线,这三条曲线的应力分布状态如图 6-37 所示。

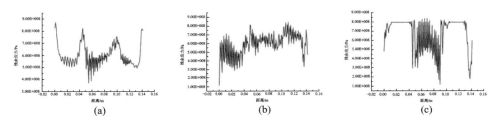

图 6-37　在角盒连接部分中间的应力分布曲线

(a) 底部;(b) 中间;(c) 顶端

图 6-37 的曲线分布状态与图 6-36 基本相同,角盒左右两侧壁的残余应力较高,中间部位的残余应力较低,转角处是残余应力峰值部位,中间部位的残余应力变化更加剧烈。

(3)在角盒连接部分的外壁的残余应力分布曲线。

在角盒连接部分的外壁沿高度方向取 3 条残余应力分布曲线,即图 6-35 中的 A-B-C-D-E-F 曲线,这 3 条曲线的残余应力分布状态如图 6-38 所示。

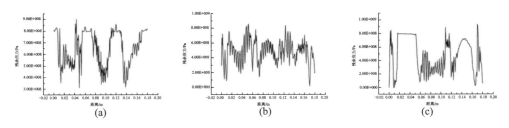

图 6-38　在角盒连接部分的外壁的应力分布曲线

(a)底部;(b)中间;(c) 顶端

由图 6-38 可知,在横坐标是 0、0.01、0.06、0.12、0.17 和 0.18 m 处残余应力出现局部峰值或谷值,而这些位置对应角盒连接部分的外壁激光沉积制造路径的起始点和转角处。可知,起始点和转角处为零件残余应力的局部极值点,残余应力易集中。以横坐标为 0.01 m 处为例,在图 6-38(a)中为局部最大值点,而在图 6-38(b)和

图 6-38(c)中为局部最小值点,可见在同一位置不同高度上,残余应力变化较为剧烈,这主要是因为随高度的提升基板约束逐渐降低,而热量逐渐积累使温度梯度减小,导致转角处残余应力分布不均匀。

(4)角盒上 Z 方向的应力分布曲线。

按照图 6-35 中的 1、2、3、4、5、6、7 点位置处取沿 Z 方向的残余应力分布曲线,这 7 条曲线的残余应力分布状态如图 6-39 所示。

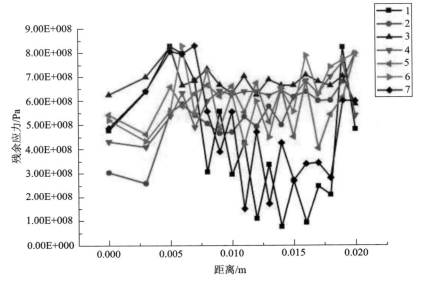

图 6-39 角盒上不同位置沿 Z 方向的残余应力分布曲线

图 6-39 中的曲线 1 和曲线 7 为角盒连接部分两侧壁的端部位置,两点对称,因此两条曲线的分布状态基本相同,均为基板残余应力从下向上逐渐增大,并在成形区靠近基板的上侧形成残余应力的最大值,之后残余应力波动下降,在成形区靠近顶部的时候残余应力突然再次增大,而后到达顶层,因为顶层之上不再有约束,所以残余应力有所下降。在图 6-39 中横坐标为 0.000～0.005 m 的范围为基板部分,0.005～0.020 m 为角盒连接部分。其中曲线 2、4、6 为角盒连接部分与两侧壁和中壁的中心位置,残余应力曲线有一定的相似之处,但是扫描方式、成形时间、热积累效应的共同影响,导致三者有少许差别,总体上基板中间位置有应力较小的点,这段残余应力曲线先降低后升高。曲线在成形区受各自成形条件的不同,出现不同情况的残余应力波动,接近顶层时残余应力再次上升。曲线 3 和 5 都是转角处的位置,这两处位置为扫描路径频繁改变的地方,所以残余应力变化较为剧烈。曲线 3 从基板底端开始逐渐升高,在离开基板到成形区后达到最大值,而后波动下降。曲线 5 的残余应力曲线在基板中间也有残余应力较小的点,残余应力曲线先下降后上升。在成形区,残余应力曲线波动剧烈,有先下降后上升的趋势,在顶层残余应力达到最大值。图 6-39 中的残余应力曲线不断地波动,但是残余应力的最大值没有超过材料的

应力极限值,所以成形加工结束后零件不会出现开裂情况。

3. 成形加工实物

依据上文的相关数值模拟结果,对角盒连接件进行了 TC4 粉末材料的激光沉积制造加工,机加角盒连接件实物图如图 6-40 所示。图中角盒底板上表面有成形缺陷,说明激光沉积制造的参数有待进一步提高,表面的机加工余量应多留一些,以保证机械加工后表面平整光洁。

图 6-40　机加角盒连接件实物图

6.7.3　叶盘样件激光沉积制造数值模拟分析

整体叶轮具有结构紧凑、体积小、重量轻、推重比大等优点,因此在现代航空发动机设计中得到了广泛应用。但是,由于整体叶轮采用了整体式结构,并带有复杂型面的扭曲叶片,因此叶轮加工制造存在难度。采用激光沉积制造的方式来加工整体叶轮可降低制造成本、缩短加工周期。本节对整体叶轮激光沉积制造加工过程进行了模拟,分析了整体叶轮激光沉积制造加工过程的温度场、应力场的演化规律,可为实际加工制造提供工艺指导和理论依据。

根据分区制造的思想,对整体叶盘激光沉积制造加工过程进行了数值建模。首先对整体叶轮的轮毂进行建模,由于轮毂模型比较庞大(30 万～40 万节点),一次成形模拟时间较长,因此对叶盘实行分区成形,将轮毂划分成四个部分:两个半圆弧和两个中间连接部分,首先分别对两个半圆弧进行模拟,然后模拟中间连接部分,进而完成整个轮毂的数值模拟;最后在轮毂上逐个成形叶片(20 片),从而完成整体叶盘激光沉积制造的加工模拟。

1. 1/4 圆弧部分数值模拟分析

1/4 圆弧的子区域有限元模型如图 6-41 所示,由于采用分区制造的方式,在 1/4 圆弧两端预留 45°坡口,以便后续圆弧的连接。由于两个 1/4 圆弧之间通过基板连接,且距离较远,因此可以认为它们互不影响,只分析一个 1/4 圆弧即可。

1/4 圆弧加工结束时的温度场和热应力场分布云图如图 6-42 所示,熔池区域加工温度为 1 820~1 996 ℃,且整体温度呈梯度分布。由图 6-42(b)可知,加工结束时的整体热应力最大值(867.6 MPa)在材料强度极限之内,不会出现断裂,满足加工要求。整体热应力分布呈现顶端和底部热应力较高、中间区域热应力较低的状态。坡口和层间热应力也较集中,易出现加工缺陷。

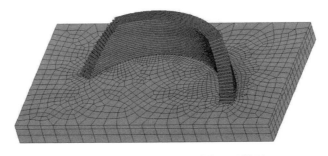

图 6-41　1/4 圆弧的子区域有限元模型

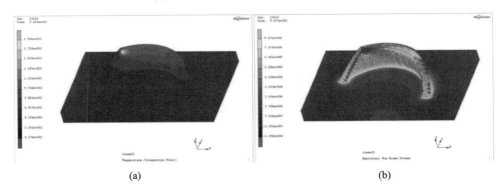

(a)　　　　　　　　　　　　　　　　　　　　　(b)

图 6-42　数值模拟结果

(a)加工结束时的温度场分布云图;(b)加工结束时的热应力场分布云图

图 6-43 所示为加工结束后冷却到室温时的残余应力分布状态云图,对比图 6-42(b)可知,冷却后零件整体残余应力升高,约为 7.4%,零件整体残余应力分布状态基本相同,但基板上的残余应力明显升高,由此可知,成形件冷却阶段是基板产生残余应力的主要时间段,与成形时相比,冷却时零件与基板相互作用更加剧烈,易发生变形和断裂。采用缓慢冷却的工艺,可以预防零件变形和开裂。

为了解半圆弧成形过程的应力场分布规律,在半圆弧上 3 个不同位置沿高度方向取 3 条冷却后残余应力分布曲线。为了解坡口处残余应力分布规律,在坡口位置沿高度方向取 2 条冷却后残余应力分布曲线。同时沿高度方向取 3 条沿圆弧分布的冷却后残余应力分布曲线,如图 6-44 所示。

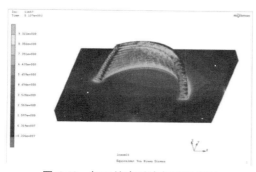

图 6-43　加工结束后冷却到室温时
的残余应力分布状态云图

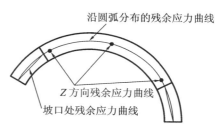

图 6-44　1/4 圆弧各残余应力曲线位置

(1)沿圆弧分布的 3 条残余应力曲线。

图 6-45 所示为 1/4 圆弧沿高度方向残余应力分布曲线。由图 6-43 可知,底端残余应力分布曲线呈现中间低、两端高的状态,因为两端是成形的起始点和终止点,温度梯度较大,易出现应力集中,中间部位在成形过程中被反复加热,整体温度较高,减小了温度梯度,所以中间部位残余应力较低。由中间部位残余应力分布曲线可知,中间部位残余应力也呈现中间低、两端高的状态,但和底端相比,状态不明显,整体残余应力分布较均匀。由顶端残余应力分布曲线可知,在顶端整体残余应力分布较均匀,无明显应力集中区域。对比图 6-45(a)、(b)、(c)可知,与基板结合的两端是残余应力较为集中的区域。

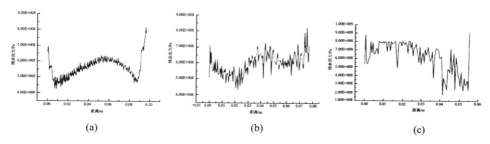

(a)　　　　　　　　　　　(b)　　　　　　　　　　　(c)

图 6-45　1/4 圆弧沿高度方向残余应力分布曲线
(a)底端残余应力分布曲线;(b)中间部位残余应力分布曲线;
(c)顶端残余应力分布曲线

(2)坡口处沿高度方向的残余应力分布曲线。

坡口处是 1/4 圆弧成形的边缘,也是整个轮毂连接处,坡口处也易出现残余应力集中和加工缺陷。图 6-46 所示为坡口处沿高度方向的残余应力分布曲线。由图 6-46 可知,沿高度方向底端坡口处残余应力较高,但是从底端到顶端的残余应力的波动越来越剧烈,波动幅度也越来越大,成形件顶端残余应力分布不均匀。在实际加工中要注意每层的成形质量,以保证后续加工质量的稳定性。

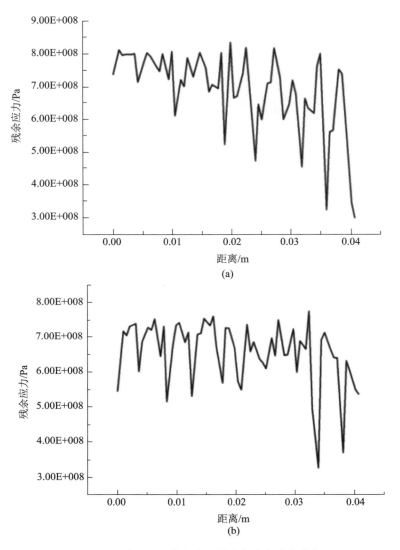

图 6-46　坡口处沿高度方向的残余应力分布曲线

(a)左侧坡口的残余应力分布曲线；(b)右侧坡口的残余应力分布曲线

(3)沿高度方向的残余应力分布曲线。

按从左到右的顺序分别取三条沿高度方向的残余应力分布曲线，如图 6-47 所示。

如图 6-47 可知，成形件顶端残余应力比底端的高，且靠近顶端的残余应力沿高度方向变化比较剧烈，靠近基板的残余应力沿高度方向变化较为平缓，残余应力也相对较低。并且左右两端的残余应力较中间的低，这说明边缘的约束相对中间的较弱，残余应力在成形过程中积累较少。但中间残余应力较高，在加工过程中要注意防止因残余应力而引起的变形。

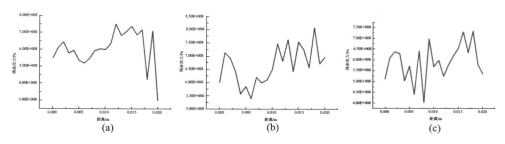

图 6-47 沿高度方向的残余应力分布曲线

（a）左端；（b）中间；（c）右端

2. 圆弧连接

完成两个 1/4 圆弧成形加工后，采用激光沉积制造的方式来连接两个 1/4 圆弧，为了解连接过程中的温度、热应力和残余应力的变化过程，进行了数值模拟。圆弧连接的有限元模型如图 6-48 所示。

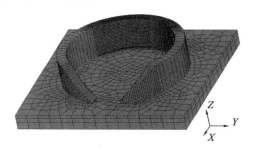

图 6-48 圆弧连接的有限元模型

圆弧连接成形最后时刻的温度场和热应力场分布云图如图 6-49 所示，熔池区域加工温度为 1 826～2 018 ℃，且整体温度呈梯度分布。由模拟结果可知，加工结束时的热应力最大值（829.0 MPa）小于材料强度极限，不会出现断裂，满足加工要求。整体热应力分布呈现顶端和底部热应力较高，中间区域热应力较低的状态。与圆弧连接部分应力分布较为集中，靠近基板的应力整体较高。进行圆弧成形连接对已成形的两个 1/4 圆弧影响不大，仅对圆弧连接部分产生了较低的应力。

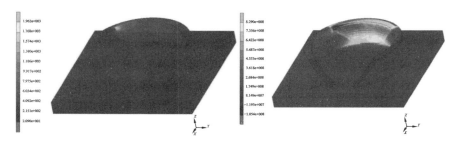

图 6-49 圆弧连接成形最后时刻的模拟结果

（a）成形最后时刻的温度场分布云图；（b）成形最后时刻的热应力场分布云图

图 6-50 所示为连接成形结束后冷却到室温时的残余应力分布状态云图,对比图 6-49(b)可知,冷却后零件整体残余应力升高,约为 13%,但与连接部位整体热应力分布状态基本相同。基板与圆弧连接处的残余应力明显升高,且残余应力的影响范围也明显加大。

为分析连接部位热应力场分布规律,在连接部位 3 个不同位置沿高度方向取 3 条冷却后残余应力分布曲线。为了解坡口处残余应力分布规律,在坡口处沿高度方向取 2 条冷却后残余应力分布曲线。同时取 3 条沿连接圆弧分布的各残余应力曲线,如图 6-51 所示。

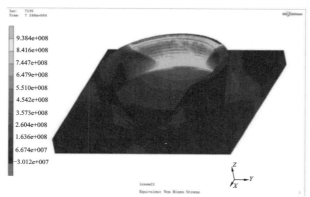

图 6-50 连接成形结束后冷却到室温时的残余应力分布状态云图

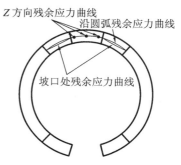

图 6-51 沿连接圆弧分布的各残余应力曲线位置

(1)沿连接圆弧分布的残余应力分布曲线。

图 6-52 所示为 3 条沿连接圆弧分布的残余应力分布曲线。由图 6-52 可知,随着高度的增大,3 条残余应力分布曲线变化越来越剧烈,且中间位置的残余应力变化最为剧烈。在最顶层时两端的残余应力达到 820 MPa 左右,说明顶端再无后续加工时残余应力没有释放,加工完应缓慢冷却,以保证加工后无开裂发生。

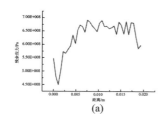
(a)

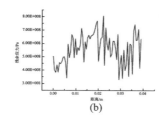
(b)

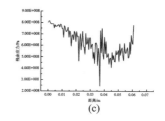
(c)

图 6-52 沿连接圆弧分布的残余应力分布曲线
(a)底端;(b)中间;(c)顶端

(2)坡口处的残余应力分布曲线。

坡口处为连接圆弧与两个 1/4 圆弧相交处,提取坡口处残余应力分布曲线,如图 6-53 所示。由图 6-53 可知,坡口处残余应力变化很剧烈,分布不均匀,最高应力和最低应力相差约为 400 MPa,且底端和顶端的残余应力较高,中间的残余应力变化最剧烈。在坡口处的残余应力最大值为 820 MPa,小于材料的应力极限,所以冷却后的残余应力不会引发裂纹。

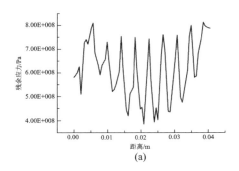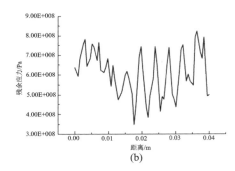

图 6-53　坡口处的残余应力分布曲线

（a）左端坡口；（b）右端坡口

（3）在连接部位沿高度方向的残余应力分布曲线。

按从左到右的顺序,在三个位置取 3 条沿高度方向的残余应力分布曲线,如图 6-54 所示。

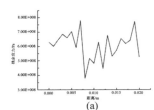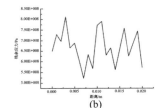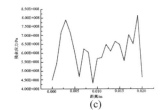

图 6-54　在连接部位沿高度方向的残余应力分布曲线

（a）左端；（b）中间；（c）右端

由图 6-54 可知,3 条曲线两端残余应力变化较剧烈,中间残余应力变化相对平缓,且两端残余应力比中间残余应力高。和图 6-47 相比,图 6-54 中 3 条曲线残余应力较1/4圆弧的高 100 MPa,因此进行连接成形时最好进行分区成形以降低残余应力,从而保证成形顺利完成。

3. 轮毂封口

完成以上数值模拟后,同样进行去应力处理,最后采用激光沉积制造的方式对轮毂封口加工过程进行数值模拟,轮毂封口处的数值模拟模型如图 6-55 所示。

轮毂封口成形最后时刻的温度场和热应力场分布云图如图 6-56 所示,

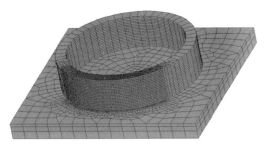

图 6-55　轮毂封口处的数值模拟模型

211

熔池区域加工温度为 1 826～2 018 ℃,且整体温度呈梯度分布。由模拟结果可知,加工结束时刻整体热应力最大值(832.0 MPa)在材料强度极限之内,不会出现断裂,满足加工要求。整体热应力分布呈现顶端和底部热应力较高、中间区域热应力较低的状态。且坡口连接处应力较为集中,与圆弧连接处子区域模拟相似,同样在靠近基板部分的应力较高。

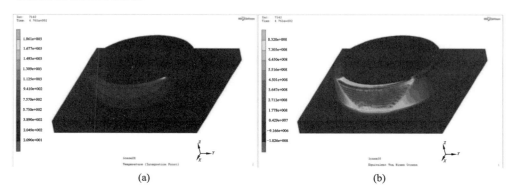

(a) (b)

图 6-56　轮毂封口处的有限元模型和结果

(a) 成形最后时刻的温度场分布云图;(b) 成形最后时刻的热应力场分布云图

图 6-57 所示为封口处冷却到室温后的残余应力分布状态云图,对比图 6-56(b) 可知,冷却后零件整体残余应力升高,约为 14.7%,但连接部位整体残余应力分布状态基本相同。基板和半圆弧处的残余应力明显升高,残余应力的最大值为 954 MPa,且残余应力的范围也明显增大,但是没有超过材料的强度极限。对比圆弧连接的最大残余应力大,因此在加工过程中要时刻注意零件的变形和成形温度。

为了解轮毂封口部位应力场分布规律,在封口部位 3 个不同位置上沿高度方向取 3 条冷却后残余应力分布曲线。为了解坡口处残余应力分布规律,在坡口位置沿高度方向取 2 条冷却后残余应力分布曲线。同时沿高度方向取 3 条沿圆弧分布的冷却后残余应力分布曲线,如图 6-58 所示。

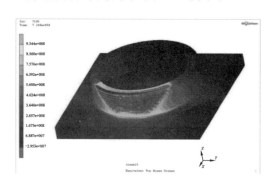

图 6-57　成形结束冷却后残余
应力分布状态云图

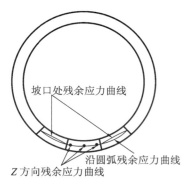

图 6-58　圆弧封口处各残余
应力曲线位置

（1）沿轮毂封口的残余应力分布曲线。

图 6-59 所示为高度方向上沿轮毂封口分布的 3 条残余应力分布曲线,3 条残余应力分布曲线与连接部位残余应力分布曲线基本相同,但是残余应力值稍大。

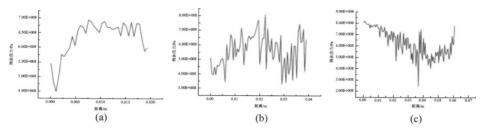

图 6-59　沿圆弧封口分布的残余应力分布曲线

（a）底端;（b）中间;（c）顶端

（2）沿轮毂封口的坡口处残余应力分布曲线。

坡口处是连接圆弧与以前成形的圆弧相交处,此处的成形质量将影响整个轮毂的成形质量。提取坡口处的残余应力分布曲线,如图 6-60 所示。对比图 6-51 可知,封口部位和连接部位的残余应力分布曲线基本相同,但残余应力值更大。对比两图可知,在封口的坡口位置的残余应力的波动范围较连接坡口的向上偏移了 100 MPa,可知封口的坡口应力值更大,更容易产生加工缺陷。

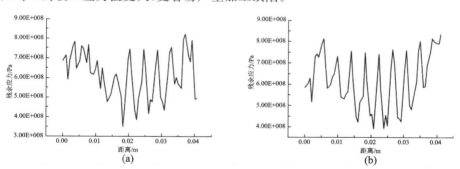

图 6-60　坡口处的残余应力分布曲线

（a）左端坡口;（b）右端坡口

（3）封口处沿 Z 向的残余应力分布曲线。

按从左到右的顺序,在三个位置分别取 3 条沿高度方向残余应力分布曲线,如图 6-61 所示。与图 6-54 相比,封口部位和连接部位的残余应力分布曲线基本相同,但残余应力曲线的左端和右端曲线被调换了,这是激光沉积制造的起始点位置变化引起的。从 Z 向的应力曲线可知,封口与连接处的残余应力基本相同,这证明在成形区形状和约束条件基本相同的情况下,不管已成形区域有多少,残余应力基本不变。这证明只要成形区域本身的残余应力不超过强度极限,则外部的成形区域对其影响不大。

213

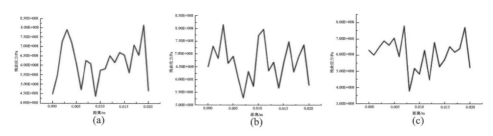

图 6-61　残余应力分布曲线图

（a）左端；（b）中间；（c）右端

4. 叶盘成形加工模拟

整体叶轮上具有复杂型面的扭曲叶片是影响叶轮性能的关键零件，也是制造的难点，本节对直接在轮毂上成形叶片的加工过程进行了数值模拟。叶片是逐个成形的，成形过程中叶盘是不对称的，所以该模拟也没有采用轴对称的简化模型。先成形第 1 个叶片，停顿一下，再成形第 2 个叶片，停顿一下，如此重复下去，直到成形第 20 个叶片，最后整体冷却。叶盘有限元模型如图 6-62 所示。

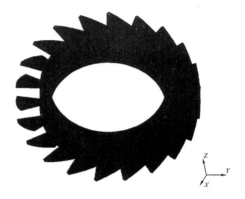

图 6-62　叶盘有限元模型

1）叶盘成形过程分析

由于轮毂上的叶片是依次进行成形加工的，因此叶片之间会相互影响。第 1 个叶片的成形加工会对第 2 个叶片的成形加工造成影响。第 2 个叶片会影响第 3 个叶片开始成形加工时的温度，依次类推，如图 6-63 所示。

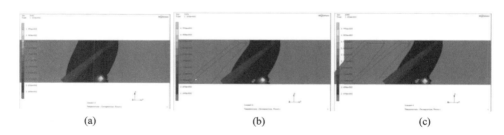

图 6-63　已加工叶片对后续叶片开始成形加工时的温度的影响

（a）第 2 个叶片成形加工时；（b）第 3 个叶片成形加工时；（c）第 4 个叶片成形加工时

由图 6-61 可知，第 2 个叶片开始成形时，由于之前成形第 1 个叶片的热积累，第 2 个叶片开始成形时所在轮毂区域的温度比第 1 个叶片的高，大约高 140 ℃左右，同理第 3 个叶片开始成形时所在轮毂区域的温度比第 2 个叶片的高，大约高 5 ℃左右，而从第 4 个叶片以后，每个叶片的成形温度基本相同。

再分析正在成形叶片对已成形叶片的影响,提取第 2、3、4 个叶片成形结束时刻温度分布云图,如图 6-64 所示。由图 6-64 可知,成形第 2 个叶片,第 1 个叶片的根部温度会保持在 100 ℃左右;成形第 3 个叶片时,第 1 个叶片的根部温度会保持在 55 ℃左右;成形第 4 个叶片时,第 1 个叶片的根部温度会保持在 33℃左右,而成形第 5 个叶片时,第 1 个叶片的根部温度接近室温(20 ℃)。成形其他叶片对第 1 个叶片的顶端和中间部位的温度影响不大。由此可见,成形后续叶片会使已成形叶片的根部温度升高,而对顶端和中间部位的温度影响较小。

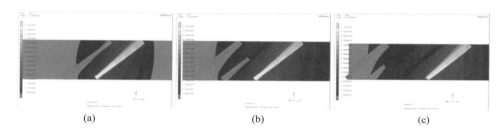

(a) (b) (c)

图 6-64　第 2、3、4 个叶片成形结束时刻的温度分布云图

(a)第 2 个叶片成形结束时刻;(b)第 3 个叶片成形结束时刻;(c)第 4 个叶片成形结束时刻

2)成形结束后

提取叶盘加工结束时刻的温度和热应力分布云图,如图 6-65 所示。

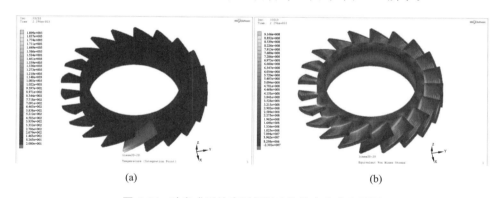

(a) (b)

图 6-65　叶盘成形结束时刻温度和热应力分布云图

(a)成形最后时刻的温度分布云图;(b)成形最后时刻的热应力分布云图

由图 6-65 可知,熔池区域加工温度为 1 820～1 940 ℃,且整体温度呈梯度分布。从模拟结果来看,加工结束时刻整体热应力最大值(916.6 MPa)在材料强度极限之内,不会出现断裂,满足加工要求。叶片根部、轮毂中间部位、叶片中间区域为应力较集中区域,各个叶片应力分布状态基本相同,但应力值逐渐增大,第 20 个叶片整体应力均值比第 1 个叶片的约大 150 MPa。

图 6-66 所示为叶盘冷却到室温时的残余应力分布状态云图,对比图 6-65(b)可知,冷却后叶盘整体残余应力增大,约为 6%,但整体残余应力分布状态基本相同。

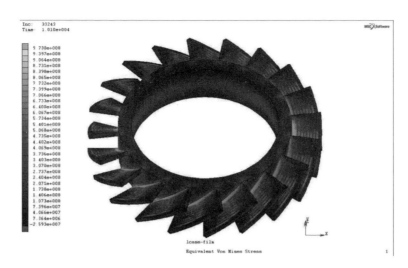

图 6-66　叶盘冷却到室温时的残余应力分布状态云图

为了解叶片的热应力场分布规律,沿叶片的根部取残余应力分布曲线,再沿叶片的生长方向在不同部位提取 3 条残余应力分布曲线,每个叶片都提取相同数量的残余应力分布曲线,如图 6-67 所示。同时为了考虑叶片对轮毂的残余应力影响,在不同高度上沿轮毂的圆周方向取 3 条残余应力分布曲线。

叶片根部　　叶片生长方向

图 6-67　叶片上残余应力曲线提取位置

3)沿叶片根部残余应力分布曲线

图 6-68 所示为逐个叶片按照成形顺序取根部的残余应力分布曲线,共 20 条。从图 6-68 中的曲线 1 可以看出,起始叶片的残余应力分布曲线和其他叶片的明显不同,整体上曲线 1 呈现左低右高的趋势,其他曲线都呈现左高右低的趋势。因为叶片是按照顺序逐次成形的,第 1 个叶片成形时其他叶片还没有开始成形,这时模型整体上没有热应力。开始成形时轮毂开始变形,残余应力有所释放,但是随着加工的进行,残余应力不能够得到释放,残余应力逐渐升高。加工到轮毂中心附近时,底部的约束对变形的限制减弱,这时残余应力有些释放,残余应力降低了一些。由于圆形的轮毂不容易发生变形,残余应力还是上升。加工到轮毂的上边时,由于其是边缘位置,约束变弱,残余应力得到释放,残余应力下降。从第 2 个叶片开始,成形开始时轮毂就已经有了热应力,加之底部约束强,所以开始时残余应力高。在远离底

部的约束时热应力逐渐下降,中间虽然有些波动,但是整体上残余应力呈下降的趋势,直到轮毂的上边,残余应力更是迅速的降低。

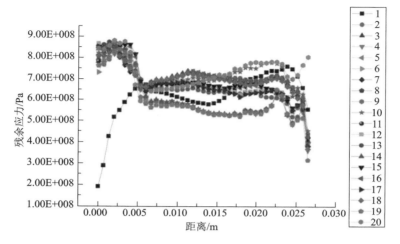

图 6-68　沿叶片根部残余应力分布曲线

对比图 6-68 中各条曲线可知,整体上曲线 1 残余应力比其他曲线的高,主要是因为开始加工时轮毂温度低,成形温度梯度大,残余应力高;加工其他叶片时,轮毂由于受到前面成形加工的热影响温度升高,成形时的温度梯度略有降低,所以整体上残余应力降低。

4)沿叶片生长方向残余应力分布曲线

为分析沿叶片生长方向残余应力分布规律,这里在 20 个叶片相同位置上,提取左中右 3 条沿叶片生长方向的残余应力分布曲线,如图 6-69 所示。

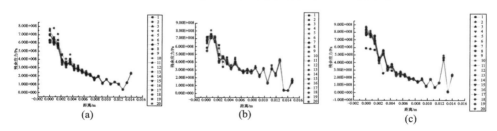

图 6-69　沿叶片生长方向残余应力分布曲线
(a)左端;(b)中间;(c)右端

由图 6-69 可知,各个位置 20 个叶片的残余应力分布曲线基本相同,三个位置的各条曲线总体上呈现出随着高度增大残余应力逐渐降低的趋势,越靠近叶片根部残余应力越高。但分析图中各条曲线可知,顶端的最后 3 层,残余应力常出现突然升高又迅速降低的过程。这主要是因为叶片底层的温度梯度大,轮毂对叶片的约束较强,所以叶片根部的残余应力较高。随着叶片成形加工的进行,叶片的整体温度逐渐升高,温度梯度逐渐减小,轮毂对叶片约束也逐渐减弱,故叶片的残余应力也逐渐降低。而在成形叶片最后一层时,由于扫描结束使温度场不再循环变化,再加上叶片形状不规则,故顶层的残余应力也较高。

5)沿轮毂的圆周方向应力分布曲线

图 6-70 所示为在不同高度沿轮毂的圆周方向取 3 条残余应力分布曲线。由图 6-70(a)可知,残余应力分布曲线有 20 个峰值点,这与 20 个叶片一一对应,这是因为顶层受 20 个叶片的成形加工热应力影响,残余应力较为集中。图 6-70(b)的残余应力平均值比图 6-70(a)的平均值要大,残余应力分布曲线波动幅度也比较大,这主要是叶片成形过程的热应力和轮毂底部对轮毂中间部分的约束共同影响所致。图 6-70(c)的残余应力分布曲线波动幅度相对较小,这主要是因为轮毂底部的固定约束对该处的影响大。在高度达到一定程度后,对固定端的残余应力影响减弱。

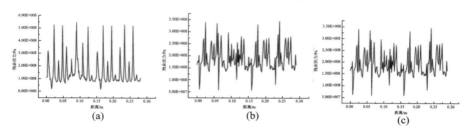

图 6-70　在不同高度沿轮毂的圆周方向取 3 条残余应力分布曲线
(a)顶端;(b)中间;(c)底端

参 考 文 献

[1] SHUAI C,FENG P,GAO C D,et al. Simulation of dynamic temperature field during selective laser sintering of ceramic powder[J]. Mathematical and Computer Modelling of Dynamical Systems. 2013,19(1):1-11.

[2] ROBERTS I A,WANG C J,ESTERLEIN R,et al. A three-dimensional finite element analysis of the temperature field during laser melting of metal powders in additive layer manufacturing[J]. International Journal of Machine Tools & Manufacture,2009,49(12):916-923.

[3] ALIMARDANI M,TOYSERKANI E,HUISSOON J P. A 3D dynamic numerical approach for temperature and thermal stress distributions in multilayer laser solid freeform fabrication process[J]. Optics and Lasers in Engineering,2007,45(12):1115-1130.

[4] NICKEL A H,BARNETT D M,PRINZ F B. Thermal stresses and deposition patterns in layered manufacturing[J]. Materials Science and Engineering A-structural Materials Properties Microstructure and Processing,2001,317(1):59-64.

［5］ NELSON J C,XUE S,BARLOW J W,et al. Model of the selective laser sintering of bisphenol-a polycarbonate［J］. Industrial & Engineering Chemistry Research，1993，32(10)：2305-2317.

［6］ WILLIAMS J,DECKARD C. Advances in modeling the effects of selected parameters on the SLS process［J］. Rapid Prototyping Journal,1998,4(2)：90-100.

［7］ BAI P K,CHENG J,LIU B,et al. Numerical simulation of temperature field during selective laser sintering of polymer-coated molybdenum powder［J］. Transactions of Nonferrous Metals Society of China,2006，16：s603-s607.

［8］ PATIL R B,YADAVA V. Finite element analysis of temperature distribution in single metallic powder layer during metal laser sintering［J］. International Journal of Machine Tools and Manufacture,2007，47(7/8)：1069-1080.

［9］ PAPADATOS A L. Computer simulation and dynamic control of the selective laser sintering process［D］. Clemson：Clemson University，1998.

［10］ CHEIKH H E,COURANT B. 3D finite element simulation to predict the induced thermal field in case of laser cladding process and half cylinder laser clad［J］. Photonics and Optoelectronics,2012，1(3)：55-59.

［11］ ALIMARDANI M,TOYSERKANI E,HUISSOON J P. A 3D dynamic numerical approach for temperature and thermal stress distributions in multilayer laser solid freeform fabrication process［J］. Optics and Lasers in Engineering,2007，45(12)：1115-1130.

［12］ LABUDOVIC M,HU D,KOVACEVICR. A three dimensional model for direct laser metal powder deposition and rapid prototyping［J］. Journal of Materials Science，2003，38(1)：35-49.

［13］ DONG L,MAKRADI A,AHZI S，et al. Three-dimensional transient finite element analysis of the selective laser sintering process［J］. Journal of Materials Processing Technology,2009，209(2)：700-706.

［14］ DHORAJIYA A P,MAYEED M S,AUNER G W，et al. Finite element thermal/mechanical analysis of transmission laser microjoining of titanium and polyimide［J］. Journal of Engineering Materials and Technology. 2010，132(1)：1-10.

［15］ MAYEED M S,LUBNA N J,AUNER G W，et al. Finite element thermal/mechanical analysis for microscale laser joining of ultrathin coatings of titanium on glass/polyimide system［J］. Journal of Materials and Applications,2011,225(4)：245-254.

［16］ ROBERTS I A,WANG C J,ESTERLEIN R，et al. A three-dimensional finite element analysis of the temperature field during laser melting of metal powders in additive layer manufacturing［J］. International Journal of Machine Tools & Manu-

219

facture,2009，49(12/13)：916-923.

[17] JIN G Q,LI W D. Adaptive rapid prototyping/manufacturing for functionally graded material-based biomedical models[J]. International Journal of Advanced Manufacturing Technology，2013,65(1/2/3/4)：97-113.

[18] NEELA V,DE A. Three-dimensional heat transfer analysis of LENSTM process using finite element method[J]. International Journal of Advanced Manufacturing Technology，2009,45(9)：935-943.

[19] KOLOSSOV S,BOILLAT E, GLARDON R,et al. 3D FE simulation for temperature evolution in the selective laser sintering process[J]. International Journal of Machine Tools and Manufacture,2004，44(2/3)：117-123.

[20] 王华明，张述泉，王向明. 大型钛合金结构件激光直接制造的进展与挑战（邀请论文）[J]. 中国激光,2009，36(12)：3204-3209.

[21] 吴伟辉，杨永强. 选区激光熔化快速成形系统的关键技术[J]. 机械工程学报，2007，43(8)：175-180.

[22] 龙日升，刘伟军，卞宏友，等. 扫描方式对激光金属沉积成形过程热应力的影响[J]. 机械工程学报，2007，43(11)：74-81.

[23] XING J,SUN W M,RANA R S. 3D modeling and testing of transient temperature in selective laser sintering (SLS) process[J]. International Journal for Light and Electron Optics,2013，124(4)：301-304.

[24] YAO W L,LEU M C. Analysis and design of internal web structure of laser stereolithography patterns for investment casting[J]. Materials & Design. 2000，21：101-109.

[25] WANG G L, ZHAO G Q, LI H P,et al. Analysis of thermal cycling efficiency and optimal design of heating/cooling systems for rapid heat cycle injection molding process[J]. Materials & Design，2010，31(7)：3426-3441.

[26] FENG C,YAN S J,ZHANG R J, et al. Heat transfer analysis of rapid ice prototyping process by finite element method[J]. Materials & Design,2007,28(3)：921-927.

[27] ZHAO H H,LI H C,ZHANG G J,et al. Numerical simulation of temperature field and stress distributions in multi-pass single-layer weld-based rapid prototyping[J]. Reviews on Advanced Materials Science,2013，33：402-410.

[28] 贾文鹏，林鑫，陈静，等. 空心叶片激光快速成形过程的温度/应力场数值模拟[J]. 中国激光,2007，34(9)：1308-1312.

[29] 贾文鹏，林鑫，谭华，等. TC4 钛合金空心叶片激光快速成形过程温度场数值模拟[J]. 稀有金属材料与工程,2007，36(7)：1193-1199.

[30] 王凯，杨海欧，刘奋成，等. 基板预变形下激光立体成形直薄壁件应力和变形

的有限元模拟[J].中国激光,2012,39(6):68-74.

[31] 钟建伟,史玉升,蔡道生,等.选择性激光烧结预热温度的自适应控制研究
[J].机械科学与技术,2004,23(11):1370-1373.

[32] 苏荣华,刘伟军,龙日升.不同基板预热温度对激光金属沉积成形过程热应力
影响的研究[J].制造技术与机床,2009(4):78-83.

[33] 梁志宏,马恩波.激光熔覆成形预热基板设计及试验研究[J].机械设计与制
造,2009(7):54-56.

第 7 章　激光沉积制造的过程检测

7.1　激光沉积制造过程常用参量分析

7.1.1　熔池温度及温度场

7.1.1.1　激光沉积制造原理

　　激光金属增材制造分为激光金属直接沉积、激光金属选区熔化和激光金属选区烧结。其中激光金属直接沉积是一种基于激光熔覆的三维固体成形技术。

　　激光沉积制造技术原理如图 7-1 所示，在高功率激光束的作用下，基板吸收能量熔化为熔池。同时金属粉末在惰性保护气的牵引作用下，经同轴送粉头聚焦注入熔池中熔化。激光束向前移动时，熔池在液体表面张力的作用下开始随着激光束移动。激光束后方的熔池由于失去能量输入迅速冷却凝固为致密的冶金结合体。激光束移动的轨迹决定了沉积层形成的轨迹，因此通过设计激光束运动轨迹，可将不同形状的零件以逐层累积的方式制造出来[1]。

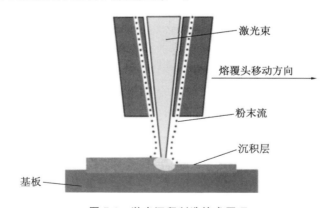

图 7-1　激光沉积制造技术原理

7.1.1.2　激光沉积制造熔池的形成

　　激光沉积制造过程是激光作用在粉状沉积材料上使之熔化后再凝固的过程。粉末被送粉喷嘴汇聚到一点，该点通常位于基材表面。在激光沉积制造过程中，激光会穿过粉斑到达基材表面,其中一部分能量被粉末和基材表面反射和散射,剩余能量使基材表面熔化为熔池[2]。

7.1.1.3　激光沉积制造热过程特点

在激光沉积制造过程中,被熔粉末及基材由于激光束的作用经历的极不均匀的急速加热并熔化、冷却并凝固的过程称为激光沉积制造热过程。

激光沉积制造热过程贯穿于整个激光沉积制造过程,是产生激光沉积残余应力的决定性因素。

激光沉积制造热过程具有以下几个主要特点[3]。

(1)激光沉积制造热过程的集中性:基材在试验过程中不是被整体加热的,激光热源只加热熔池及其附近的区域,熔池及其附近的区域以远大于周围区域的速度被加热并熔化、冷却并凝固。

(2)激光热源的移动性:激光沉积制造过程中激光热源相对于基材是移动的,基材受热的区域是不断变化的。当激光热源接近基材某一点时,该点温度急剧升高,当热源逐渐远离时,该点温度又急剧下降。

(3)激光沉积制造过程的瞬时性:在高度集中激光束的作用下,加热速度极大,即在极短的时间内,大量的热能由激光热源传递给基材,由于加热的局部性和热源的移动,冷却速度也很大。

(4)传热过程的复合性:在熔池外部,以固体导热为主,同时沉积熔池中的液态金属由于处于强烈的运动状态存在对流换热和辐射换热。

7.1.1.4　激光熔池温度的预测

赵宇辉等人[4]应用自主研发的非接触红外测温系统,对 Inconel625 镍基高温合金激光增材制造过程的熔池温度进行了测试,以此来分析其影响因素;用多元回归的方式构建激光熔池温度预测公式,试验结果表明该公式预测精度较高。

激光增材制造熔池温度经验公式为

$$T = CW^{\alpha}C^{\beta}C^{\delta} \tag{7-1}$$

$$\ln T = C^{1} + \alpha \ln W + \beta \ln V + \delta \ln G \tag{7-2}$$

$$\ln T = 4.216\ 808 + 0.431\ 569\ \ln W - 0.079\ 552 \ln V + 0.034\ 921\ \ln G$$
$$T = 67.817 W^{0.431\ 569} V^{-0.079\ 552} G^{0.034\ 921} \tag{7-3}$$

式中:W 为激光功率;V 为扫描速度;G 为送粉速度。

7.1.1.5　熔池温度控制的研究意义

高品质的激光沉积制造,通常意味着成形件具有高几何精度、零孔隙度和较低的稀释率。熔池温度的稳定性是表征加工过程稳定性的一个重要指标。在激光沉积制造过程中,熔池温度的有效控制对于提高成形件的几何精度和宏观力学性能,以及优化微观组织结构具有重大意义。

（1）熔池温度对沉积层几何精度有重要影响。目前,激光沉积制造大多采用恒定的工艺参数:激光功率、粉末流量和激光扫描速率不变。在恒定的激光功率下,热积累导致熔池温度升高,进而导致沉积层的单道宽度在竖直方向和水平方向上增大,出现竖直方向上所谓的"蘑菇"现象和水平方向上沉积层高度不一致的现象。

（2）孔隙率和稀释率直接受熔池温度影响:如果熔池温度过低,熔池就不能充分熔化粉末,易产生气孔缺陷;如果熔池温度过高,就会导致过大的稀释率[5]。制造功能梯度材料的过程需要控制稀释率,同时也需要控制两种功能材料结合层的均匀一致性,因此熔池温度控制显得非常关键。在恒定的激光功率下,热积累导致熔池温度升高,熔池温度升高会导致热影响区增大、稀释率过大等[6-7]。胡晓冬等人[8]通过控制熔池温度有效避免了裂纹、过熔、欠熔现象的出现。

（3）熔池温度对成形件的显微组织有重要影响。张尧成[2]通过控制熔池温度有效避免了硬脆相的产生,从而提高了 Inconel718 成形件的力学性能。为了获得良好的激光沉积制造加工质量,通常通过设计工艺试验寻找最优的工艺参数。但是实际需要加工的零件与工艺试验的试样在形状、尺寸、材料等方面会有差别,使用试验得到的最优工艺参数在实际加工中难以保证很好的加工质量。同时在加工过程中,热传导和基板温度等重要因素会发生变化,进而导致加工质量发生变化。在激光沉积制造过程中,熔池温度稳定性是表征加工质量的一个重要指标。因此,在线实时调整工艺参数以控制熔池温度稳定的闭环控制系统,能够保持稳定的加工质量,具有十分重要的价值[1]。

7.1.1.6 熔池温度场

在激光沉积制造过程中,激光热源都是以一定速度沿基材移动的,因此,相应的温度场也是运动的。在加热开始时,由激光产生的运动温度场的温度升高的范围会逐渐扩大,而达到一定极限后,不再变化,之后随着热源移动。即激光热源周围的温度分布变为恒定的,这种状态称为准稳定态。当功率不变的激光热源在基板上做匀速直线运动时,运动温度场就是准稳态温度场[3]。

7.1.1.7 熔池温度场对激光沉积制造的工艺影响

目前,激光熔池温度场监测技术作为激光加工中的一项关键技术,已成为国内外研究的热点。激光熔池温度场的热过程贯穿整个加工过程,一切物理化学过程都是在热过程中发生和发展的。由于激光的高能量和聚焦尺度小等特点,这一过程都是在极短的时间内完成的,使得激光熔池温度场检测变得比较困难。激光熔池温度场对激光切割、激光焊接、激光熔覆、激光沉积、激光表面处理等具有重要的作用,尤其是在激光沉积制造过程中,由于粉末多层叠加,熔层表面温度会随着粉末层数的增大而升高,在有些粉末的尖角处会引起热量陡增,必须对激光熔池温度场进行实时监测,以使熔池温度场稳定,进而改善激光加工零件的力学性能。因此针对不同的激光加工方法,控制激光熔池温度场具有重要的实际意义[9]。

激光沉积成形过程中熔池的状态决定着成形件的物理和化学性质,而温度梯度引起的应力分布不均也是导致成形件变形开裂等缺陷的根本原因,因此熔池状态可靠性监控是实现工艺稳定性控制的关键。表 7-1 所示为激光沉积制造缺陷与熔池状态关系。

表 7-1　激光沉积制造缺陷与熔池状态关系

缺陷类型	缺陷图样	缺陷尺寸	与熔池状态关系
小气孔		$5\sim20\ \mu m$	熔池温度不够使得空心粉熔化不足
大气孔		$50\sim500\ \mu m$	熔池温度过高,裹挟大量保护气体
球化		与零件尺寸和光斑尺寸相关	熔池温度过低,粉末和基材预热不够
熔合不良		$100\sim150\ \mu m$	熔池温度过低,粉末供给量过大
裂纹		与零件尺寸和裂纹类型相关	熔池温度过高,导致温度梯度过大,应力集中

7.1.2　残余应力和热应力

7.1.2.1　残余应力产生原因

残余应力是在无外力作用时,以平衡状态存在于物体内部的应力,其产生的根本原因是物体内部产生不均匀弹塑性形变。产生不均匀弹塑性形变主要有三个原因:机械力、热的作用、化学变化。残余应力产生原因也可分为外在原因和内在原因:外在原因是不均匀的应力场和温度场;内在原因是物体内各部分组织的浓度差或晶粒的位向差,以及各部分的物理、化学性能差等。

热的作用又可分为热应力产生的弹塑性形变、因相变或沉淀析出导致的体积变化而产生的弹塑性形变。对于热应力产生的弹塑性形变,外在原因是加热时物体各部分受热不均匀引起的温度差;内在原因是物体内各部分的弹性模量、导热系数、热膨胀系数不同以及物体本身形状不对称引起的温度差。对于因相变或沉淀析出导致的体积变化而产生的弹塑性形变,外在原因是冷却时各部分冷却不均匀,冷却速度不同,发生不同相变时显现出的体积变化不同;内在原因是物体内各部分具有组织结构的浓度差,发生相变或沉淀析出时引起的体积变化不同[3]。

7.1.2.2 残余应力分类

残余应力有两个特点:一是靠自身平衡的内力,二是可调整或消除。

实际上产生残余应力的原因及过程是多种多样的,产生的残余应力也是复杂的。通常,残余应力可进行如下分类。

按照相互影响的范围大小,残余应力分为宏观应力和微观应力。通常,宏观应力称为第一类残余应力,微观应力称为第二类、第三类残余应力。第一类残余应力在宏观区域分布,是跨越多个晶粒的平均应力。第二类残余应力作用于晶粒或亚晶粒之间(在 $1 \sim 0.01$ mm 范围内),是在此范围内的平均应力。第三类残余应力作用于晶粒内部原子(在 $10^{-2} \sim 10^{-6}$ mm 范围内)。

按照产生的原因不同,残余应力分为体积应力和结构应力。物体由于外部机械的、热的或化学的不均匀作用产生体积应力,均质材料也会产生体积应力。结构应力却是组织结构不均匀性这种内部原因造成的,尽管由外部施加到各部分的变形、温度或化学变化是一样的,但也会产生这种残余应力。

在体积应力中,不均匀的热膨胀(或收缩)造成的残余应力称为弹塑性热应力。纯弹性热应力将随使其生成的不均匀温度分布的移去而消失,不会产生残余应力。在体积应力中,显微组织转变引起的残余应力称为“相变应力”[3]。

7.1.2.3 残余应力的形成机理

激光沉积制造过程属于材料热加工过程,它以高能激光束作为移动热源,局部热输入产生的局部热效应将使材料产生一定的残余应力和变形。因激光束与材料相互作用而形成的熔池经历快速加热、熔化和快速冷却、凝固过程,必然会产生不均匀热应力和相变应力,从而产生不均匀塑性变形和残余应力。在快速成形过程中激光能量非常集中,熔池及其附近区域以远大于周围区域的速度被急剧加热,并局部熔化。这部分材料因受热而膨胀,而热膨胀受到周围较冷区域的约束,产生(弹性)热应力。同时,由于受热区域温度升高后屈服极限下降,部分区域的热应力值会超过其屈服极限,因此,熔池部分区域会形成塑性的热压缩,冷却后会缩短、变窄或减小,同时由于熔覆层凝固冷却时受到基材冷却收缩的约束,熔覆层产生残余应力。因此,激光沉积制造过程产生残余应力的原因主要归结于以下两方面。

(1)由于局部热输入导致温度分布不均匀,熔池及周围材料产生热应力,在冷却和凝固时相互制约而发生局部热塑性变形,进而产生热残余应力。

(2)由于熔凝区存在温度梯度且冷却速度不一致,熔池材料在凝固时因相变体积变化不均及相变的不等时性产生相变应力,进而发生不均匀塑性变形并产生相变残余应力(组织应力)。

成形件最终的残余应力往往是上述两种原因的综合结果。激光沉积制造过程是一个非常复杂的物理冶金过程,残余应力的产生受诸多因素的影响,同样非常复杂,残余应力的大小和分布同熔覆粉材(种类、状态)、基体(材料、状态)、成形路径、成形尺寸及工艺参数的选取等密切相关,残余应力一般为三维残余应力[10]。

7.1.2.4　激光沉积热力耦合分析

在激光沉积制造过程中,熔池内的材料将会发生物理化学变化,从而产生线应变 $\alpha(\phi-\phi_0)$,其中 α 为材料的线膨胀系数,ϕ 为材料内部某点的温度,ϕ_0 为初始温度。材料在受到光源照射后获取能量,由于受到各方面的约束和温度场的不均匀变化发生应力变形,但是在没有任何约束的情况下不会产生应力。

将热变形导致的应变作为物体的初应变 ε_0。计算热应力的方法有两种:一种是通过节点位移导出热应力,但首先需要由初应变定位等效结点载荷 P_0(简称为温度载荷);另一种是直接求解综合应力,将其他各种载荷与热等效结点载荷合为一体[11]。

求解应力时初应变公式为

$$\sigma = D(\varepsilon - \varepsilon_0) \tag{7-4}$$

式中:σ 为应力;D 为应力-应变系数;ε 为原始应变;ε_0 为加热导致的温度应变,在应力应变关系树中表现为初应变。

如果进行三维温度场分析,ε_0 可表示为

$$\varepsilon_0 = \alpha(\phi - \phi_0) \tag{7-5}$$

式中:α 为选取材料的热膨胀系数($℃^{-1}$);ϕ_0 为原始温度场;ϕ 为稳态或瞬态温度场。ϕ 的值应当根据温度场模拟所得单元节点温度 ϕ_i 算出,即

$$\phi = \sum_{i=1}^{n_c} N_i(x,y,z)\phi_i = N\phi^e \tag{7-6}$$

进一步进行离散,得到的有限元表达式为

$$Ka = P \tag{7-7}$$

式中:P 为温度应变导致的温度载荷。即

$$P = P_f + P_T + P_0 \tag{7-8}$$

式中:P_0 为温度应变引起的载荷项;P_f、P_T 分别为体积载荷和表面载荷引起的载荷项。其中,P_0 可表示为

$$P_0 = \sum_e \int B^T D \varepsilon_0 \, \mathrm{d}\Omega \tag{7-9}$$

在有限元分析中,材料内部相变终止的时刻也是求解结束的时刻,物体的残余应力场会保留在零件中,由于材料的温度保持在一定水平,应力分布也不再发生变化。

7.1.2.5　减小残余应力的措施

可以通过一些工艺方法消除残余应力的不利因素,如果工艺参数配备合理,还

可以产生有利的残余应力[11]。

（1）考虑到基体受热的不均匀性，在激光熔覆前对基体进行预热处理，将会有效地减小温度梯度和热应力，有利于抑制合金涂层产生裂纹。

（2）激光沉积制造中产生残余拉应力的主要原因就是合金粉末与基材的线膨胀系数存在差异，因此合理选择与基材线膨胀系数相近的合金粉末可以减小残余拉应力，降低其开裂敏感性。

（3）残余应力是一种不稳定的应力，受到外界因素的影响将发生松弛或衰减。要调整和消除残余应力，应当与外界条件相结合，而温度和外载荷是与残余应力有关的主要外界条件，因此对激光加工之后的零件再进行热处理能有效抑制残余应力[11]。

7.1.3　变形及开裂

在激光沉积制造过程中，高能激光束与金属粉末、基材相互作用：一方面材料在激光辐照区中形成特殊的优越的组织结构，如晶粒高度细化，获得高度过饱和的固溶体等；另一方面，由于材料的熔化、凝固和冷却的速度极大，如果工艺控制不当，成形件中易产生裂纹、球化、夹杂和翘曲变形等不良缺陷，严重影响成形件的质量和性能。下面将针对裂纹、翘曲变形的产生原因、影响因素和防止措施进行探讨。

7.1.3.1　裂纹

局部热输入造成的不均匀温度场必然导致局部热效应，表现为熔池在凝固及随后冷却过程中不一致，从而成形件产生残余应力和变形。残余应力作为一种内应力，不仅对成形件的静载强度、疲劳强度和抗应力腐蚀性能等有不利影响，而且影响结构尺寸稳定性和成形精度，严重时会直接引发裂纹缺陷。成形件一旦出现裂纹，成形过程将被迫终止，同时已成形的金属零件只能报废处理，这将大大提高制造成本。

1. 裂纹产生的因素分析

按照产生原因的不同，沉积层内应力一般分为两类：一是沉积时热量的输入以及冷却过程热量的散失造成的热应力；二是沉积层与基体膨胀系数不匹配造成的热应力。此外，金属粉末撞击基体及已形成的沉积层，沉积层会因膨胀而产生应力，对于这种应力研究得不多。因为在沉积过程中不易实时监测应力变化，对于沉积层在基体上沉积或剥落的机理，说法不一。

沉积零件不同部位都出现了裂纹，这是因为在堆积的过程中，没有其他的散热措施，仅仅依靠基体和环境吸收沉积层凝固时所放出的潜热。随着基体的温度不断升高，其吸热和导热能力会不断下降，沉积层中的热量不断积累，沉积层中的残余应力不断增大，最终导致裂纹的产生。对于单道沉积，高能密度激光束的快速加热使熔化层与基体之间产生很大的温度梯度。在随后的快速冷却中,这种温度梯度导致沉积层与基材的体积胀缩不一致,使其相互牵制,形成了沉积层的内应力。应力的存在容易使沉积层产生变形。当应力超过材料的强度极限时,沉积层或基材就会产生裂纹。对于多层沉积,除了上述原因以外,其还会受加工特点和加工零件形状的影响,因此多层沉积层更容易产生裂纹。

2. 通过控制熔池温度消除裂纹的效果分析

从裂纹的产生原因来看,可以通过以下方法避免裂纹的产生[12-15]。

(1)进行多层沉积前对基体进行预热,沉积后对所堆积的零件进行缓冷处理。

(2)多层沉积时采取必要的散热措施以减小积累的热量。

(3)多层沉积时,在保证沉积层质量的前提下,采用较小的送粉量和激光功率,以减小沉积层凝固时放出的潜热。

(4)对熔池的温度进行监控,实时调整激光功率,以减小注入的多余热量。

7.1.3.2　翘曲变形

在激光沉积制造过程中,粉末通过与激光相互作用吸收激光能量,粉末粒子的温度升高,从而发生流动。通过物质的扩散及流动,完成粉末的沉积过程,随后成形件的温度下降到室温。在这个过程中,粉末粒子由于多次转换过程和物质的流动,不可避免地发生收缩,而收缩的先后和收缩量的不同,将使成形件产生翘曲变形,翘曲变形对成形精度影响极大,导致很大的尺寸、几何误差,甚至导致加工无法进行或金属零件报废。

1. 产生原因

1)物态变化引起收缩

如果粉末颗粒都是球形的,那么在未压实时,其最大密度只有全密度的 75%。一般来说粉末的密度是全密度的 70% 左右,沉积成形后成形件的密度一般可达 98% 以上,所以沉积成形过程中密度的变化必然引起成形件的收缩。设粉末的密度为 ρ_1,沉积成形件的密度为 ρ_2,$\rho_1/\rho_2=\gamma$,同时设某个微元的体积收缩率为 λ,成形前的粉末质量为 $\rho_1 \mathrm{d}x\mathrm{d}y\mathrm{d}z$,成形后的微元质量为 $\rho_2(1-\lambda_x)(1-\lambda_y)(1-\lambda_z)\mathrm{d}x\mathrm{d}y\mathrm{d}z$,忽略成形中材料质量的损耗,这两者应该相等,即

$$\gamma=(1-\lambda_x)(1-\lambda_y)(1-\lambda_z) \tag{7-10}$$

另一方面,微元的体积收缩率 λ_V,同粉末和成形件的密度关系可表示为

$$\lambda_\mathrm{V}=1-1/\gamma \tag{7-11}$$

所以有

$$1-\lambda_\mathrm{V}=\frac{1}{(1-\lambda_x)(1-\lambda_y)(1-\lambda_z)} \tag{7-12}$$

如果三个方向的收缩率相等,则有

$$\gamma = (1 - \lambda_x)^3 \tag{7-13}$$

由式(7-13)可知,根据密度的变化可以测出收缩率。由此可以看出,物态变化引起的收缩主要取决于粉末密度与成形件密度的比值,而成形件的相对密度一般接近于1,所以,物态变化引起收缩的大小主要由粉末密度决定。

2)温度变化引起收缩

由于工作温度大大高于室温,而当将工件冷却到室温时,成形件都要出现收缩,其收缩量主要由材料和成形件几何形状决定。其收缩的特征与物态收缩有根本区别,物态收缩由沉积线或面的局部收缩叠加而成,温变收缩则是一个整体收缩过程,而且三个方向的收缩率近似相等。上述关于收缩率与密度变化的关系同样适用于此。由于收缩率较小,式(7-13)可以展开为

$$\gamma = 1 - 3\lambda_x + 3\lambda_x^2 - \lambda_x^3 \tag{7-14}$$

忽略二次项和三次项得

$$\gamma = 1 - 3\lambda_x \tag{7-15}$$

根据式(7-15)容易测得温变收缩的大小。

3)激光能量引起的收缩

为方便讨论,设激光束为基模高斯光束,由于工作面在激光束的焦平面上,激光束的光强分布为 $I(r) = I_0 \exp(-2r^2 / \omega_0^2)$,其中 r 为束腰半径,ω_0 为光束半径,I_0 为光斑半径处的最大光强。垂直射入的激光的光斑中心的能量最大,由此点向外逐渐减弱,因此在光斑范围内不同位置的粉末接收的激光能量是不同的,并且由于粉层中空隙率很大,大大减弱了热传导,粉层下部分获得的能量比上部分获得的能量少得多,能量获取的不均匀将导致粉层上下部分温升不均匀。粉层上部分获得的能量大,温度升得高,散热快,体积收缩大,而下部分获得能量小,温度升得较低,散热也慢,体积收缩小。因此,沉积层因不均匀收缩而产生翘曲变形。

2. 翘曲变形的方向

新的一层沉积完毕后产生收缩,其前一层会对此收缩产生限制作用,与此对应,新沉积层对前一层产生牵引作用,这样就会出现新沉积层内凹边翘的现象。一层粉末扫描完成后,在边界可以明显看到翘曲变形现象,在该成形件沉积成形后,在原型边界可以明显看到翘曲变形现象。在收缩和内应力的作用下,零件边缘向中心收缩,因此零件轮廓出现棱角模糊并且边界向上的收缩现象。

3. 翘曲量与收缩率的关系

假设在激光扫描粉末层的过程中,每层的物态收缩是均匀的,那么先后层的收缩时间次序不同一定会引起翘曲变形,先分析由于先后层熔固时间不同所引起的翘曲量和收缩率的关系。

设层厚分别为 t_1、t_2,收缩率为 λ_x,悬臂部分的长度为 L(假设在 x 方向上),翘曲的角度为 ϕ,相应的曲率半径为 R,那么根据几何关系,有

$$R_0\phi=L \tag{7-16}$$

$$R_1\phi=L(1-\varepsilon_2) \tag{7-17}$$

$$R_2\phi=L(1-\lambda_x) \tag{7-18}$$

式中：R_0 为原始曲率半径；R_1 为厚度为 t_1 的曲率半径；R_2 为厚度为 t_2 的曲率半径。

根据力的平衡原理，有

$$\varepsilon_2=\frac{t_2}{t_1+t_2} \tag{7-19}$$

可求得

$$R_1=\frac{t_1+t_2}{\lambda_x} \tag{7-20}$$

和

$$\phi=\frac{L\lambda_x}{t_1+t_2} \tag{7-21}$$

翘曲量为

$$D=R_0(1-\cos\phi)=\frac{t_1+t_2}{\lambda_x}\left[1-\cos\left(\frac{L\lambda_x}{t_1+t_2}\right)\right] \tag{7-22}$$

从式(7-21)和式(7-22)中可以看出层厚和收缩率对翘曲量的影响。

如果 $\dfrac{L\lambda_x}{t_1+t_2}$ 比较小，那么式(7-22)可以简化为

$$D=\frac{L^2\lambda_x}{2(t_1+t_2)} \tag{7-23}$$

由式(7-23)可知，翘曲量与悬臂长度的平方成正比，与收缩率成正比，与两层厚度成反比。

4. 减小成形件翘曲量的措施

(1)减小收缩率。显然，严格控制收缩率可以减小成形件的变形量，分析成因可知，通过以下方法可减小沉积层的收缩率：

①采用收缩率小的材料。

②增大粉末原始密度，即在铺设粉末时用铺粉滚筒将粉末压实。

(2)设置合适的预热温度，尽量减小成形开始后粉层上下部分的温差。

(3)选取合适的工艺参数。对于不同粉末材料的沉积，最优加工参数是不尽相同的。

(4)设置底层。设置底层可以在很大程度上使熔覆层内的温度均匀分布，还可以在很大程度上减小铺粉的影响。

(5)选取适当的扫描方式。扫描方式也将直接影响加工面上的温度场分布，从而导致每层内部和层间的内应力不同。短边扫描中相邻两次扫描的间隔时间短，相邻扫描线间的温差较小，而且前一次扫描的粉末对后一次扫描的粉末进行

了预热,减小了温度梯度。而在长边扫描中,激光扫描后,沉积线因立即冷却凝固收缩,在收缩率相同时,长线段的收缩量比短线段的大,长边扫描比短边扫描更容易产生翘曲变形。

7.2 激光沉积制造熔池温度场检测研究

深入研究激光沉积制造过程中温度场的变化具有非常重要的意义,只有准确地掌握温度场的变化规律并通过相应的技术手段对其进行合理的控制,才能使零件的尺寸精度、表面粗糙度等达到设计要求。不仅如此,熔池及其附近区域的温度场、熔体流动的速度场、溶质场以及成形件的应力场是决定材料最终组织形态及各种缺陷分布的主要因素,因此直接影响成形件的最终力学性能,并且由于温度场的变化对其他几个因素有着显著影响,其作用就显得尤为重要。因此,深刻了解激光沉积制造过程中熔池及其附近区域温度及温度分布对于实现零件的成形与组织性能一体化控制具有重要意义[16]。

7.2.1 常用检测方法及策略

根据传感器的测温方式,温度测量通常可分为接触式温度测量和非接触式温度测量。

7.2.1.1 接触式温度测量

1. 接触式温度测量特点

(1)接触式测温传感器成本低,测量结果更为准确,但存在无法对熔池温度进行直接测量和响应速度慢的缺点,一般用于熔池数值模拟研究的试验验证或边界条件的设定。

(2)感温元件与被测介质直接接触,会影响被测介质热平衡状态,而接触不良会增大测温误差;被测介质的腐蚀性及温度太高将严重影响感温元件性能和寿命等。

2. 常用的接触式测温仪器[17]

(1)膨胀式温度计。它根据物体受热后体积发生膨胀的原理制成,一般的水银或酒精温度计、双金属温度计及气体温度计等都属于这一类。

(2)电阻温度计。它根据导体的电阻随温度变化的原理制成,如铜、镍及铂电阻温度计,半导体温度计等,高温铂电阻及高温半导体温度计能够用于测量高温。

(3)热电温度计。它根据由两种不同导体组成的回路因两个接点的温度不同而产生电动势的原理制成,如镍铬-镍硅、铂铑-铂、钨铼-钨等热电偶,均可以用于测量高温。

（4）其他温度计。其他温度计指不属于上述三种类型的接触式温度计，如声学温度计、热噪声温度计、晶体温度计、光纤温度计等，这些温度计应用较少[18]。

3. 常用的接触式测温方法

接触式测温方法的感温元件直接置于被测温度场或介质中，不受被测物件温度、热物性参数等因数影响，具有测温精度高、使用方便的优点。但是当被测物体具有腐蚀性时，高温条件下测温元件的测量准确性也相应降低。对于具有瞬态脉动特性的测量对象，接触式测温方法难以作为实用的温度场测量手段，这主要是因为该方法得到的是某个局部位置的温度信号。要想得到整个物体的表面温度场，就必须在测温面上合理布点，并通过适当的计算方法获得被测温度场的近似分布。此外，大多数接触式测温装置的动态特性不够理想，难以反映温度的快速变化和脉动。

1）热电偶测温法

热电偶测温法是最常用的接触式测温方法，热电偶是由两种不同导体（或者半导体）组成的闭合回路，两端接触点分别处于不同温度环境中，达到热平衡时会产生热电势，标定后可用于测量温度。热电偶测温法具有较高的准确度和重复性，它能把温度信号转变成电信号，便于信号的远传，实现多点切换和接入自动控制系统，热电偶测温装置简单、易于操作及维护，因此热电偶广泛应用于工业生产和科研中[9]。

2）黑体腔式热辐射测温法

黑体腔式热辐射测温法是近十几年来随着光纤技术发展起来的一种新型的接触式测温方法，它将可耐 1 900～2 000 ℃高温的蓝宝石单晶光纤作为基体材料，在其端部涂覆铱等金属薄膜构成黑体腔，将其伸入高温火焰中达到局部热平衡，依据黑体腔内产生的自发热辐射，将辐射能经普通石英光纤传输到监测系统，利用双色测温法测量出实际温度。这种方法结合了接触式测温和非接触式测温方法的优点，具有不存在光学窗口被污染、不受背景杂光干扰、易于操作的优点。与热电偶测温法相比，该方法具有测温上限高、精度高、动态响应快的优势，拓宽了接触式测温方法在高温领域的应用范围，具有良好的应用前景[9]。

7.2.1.2　非接触式温度测量

1. 非接触式温度测量特点

（1）感温元件不与被测物体直接接触，通过接收被测物体的热辐射实现热交换，据此测出被测物体的温度。

（2）非接触式测温不改变被测物体的温度分布，热惯性小，测温上限可设计得很高，便于测量运动物体的温度和快速变化的温度。

2. 常用的非接触式测温仪器

非接触式测温大多是根据被测物体的热辐射，按照其亮度或辐射能量的大小,间接推算被测物体的温度。测温仪器主要有以下几种。

(1)亮度温度计。物体辐射的单色辐射强度在可见光范围内,在人眼看来为辐射光的亮度变化,此变化与温度的关系是确定的,亮度温度计就是根据此原理测量温度的。

(2)辐射温度计。该温度计是根据物体辐射的部分能量或全波辐射的总能量与温度呈四次方关系来测量温度的。根据前者可制成部分辐射温度计,根据后者可制成全辐射温度计。

(3)比色温度计。波长不同的两个物体在可见光范围内,看起来颜色不同。利用两个波长的辐射强度比可以测定温度,如比色高温计与光电比色高温计[17]。

3. 常用的非接触式测温方法

非接触式测温方法分为两类:一类是通过测量燃烧介质的热力学性质参数来求解温度;另一类是利用高温火焰的辐射特性并通过光学法来测量温度场。非接触式测温方法由于测温元件不与被测介质接触,不会破坏被测介质的温度场和流场,同时热惯性很小,因此可测量不稳定热力过程的温度,其测量上限不受材料性质的影响,可测量炉内工件等高温对象的温度。但对于现场高温工件,非接触式测量方法需开设光学窗口,窗口的透过率常常由于局部污染不均匀地减小,这增大了高温工件温度测量的困难。下面简单介绍几种非接触式测温方法。

1)声学法

声学法利用声波在气体介质中传播时的速度或频率与温度的关系来求解温度值,其原理如下,理想气体声速 V 与火焰温度 T_f 存在以下关系

$$V = \sqrt{KRT_{f/M}} \tag{7-24}$$

式中:K 为气压绝热系数;R 为气体常数。

因此只要测得声源发出的声波通过火焰的速度 V,便可由公式计算得到火焰的温度 T_f。但是这样获得的温度是声冲所穿过的路径上的平均温度而不是空间中某点的温度。声学高温计作为一种使用方便的炉内温度场实时监测工具,在大型锅炉的断面温度测量和炉膛结渣等故障的诊断方面已有了一些应用实例。

2)激光光学测温法

激光技术的出现开辟了温度测量的新领域,经过短短十几年,已成功开发出多种温度测量方法,其中拉曼(Raman)散射测温法应用最广,当一束频率为 λ_0 的单色光入射到火焰介质上时,一部分单色光发生频率不变的瑞利(Rayleigh)散射或者米氏(Mie)散射,一部分单色光的频率发生变化,这种现象称为拉曼效应,每种气体组分的拉曼光谱可由入射光的频率和散射光的组分唯一确定,因此拉曼光谱在燃烧介质温度及气体组分浓度的测量中得到了广泛的应用。

3)辐射式测温法

辐射式测温传感器根据传感原理可分为热敏探测器、光电探测器、热电探测

器。热敏探测器常以热电偶和热敏电阻作为敏感元件,可感受整个波段的热辐射,具有温度测量准确、结构简单的特点,但动态响应较差。光电探测器的光谱响应的范围主要由敏感器件的材料决定。热电探测器仅用于测量动态温度。辐射式点温测量技术已发展得相当成熟,采用点扫描技术可实现对温度分布的测量,但辐射式测温方法受传感器位置变化影响较大,使得测量系统结构较复杂。目前已开发了亮度、单色、双色(比色)和多色等测温方法。下面简单介绍亮度测温方法和比色测温方法。

亮度测温方法根据物体光谱辐射亮度随温度升高而增大的原理,采用亮度平衡的方法进行测温。该方法灵敏度高,但不易测定物体辐射率,测量结果易受中间传输介质和环境的影响。

比色测温方法根据热辐射体在两个波长上的光谱辐射强度之比与温度之间的函数关系来测量温度。

激光加工过程中的熔池温度是一个很重要的参数,直接影响到加工产品的质量。为了能更好地控制加工过程,实时测量熔池温度是非常有必要的,但是目前国内外对激光加工熔池温度场的在线检测研究很少。激光熔池属于高温熔体,现有的最常用的熔体测温元件是热电偶,但使用热电偶测量时必须将保护套管插入高温熔体中,热电偶既要承受高温熔体的热冲击,又要受到介质的物理化学蚀损。目前国内外广泛使用的是消耗式快速微型热电偶,这种热电偶基本上能满足工艺生产的要求,但是要消耗大量的贵金属,成本较高。由于熔池温度高、反应剧烈,使用热电偶接触法测量熔池温度的难度较大。

与接触式测温方法相比,非接触式测温方法具有充分的灵活性。现在应用较多的辐射温度计是根据物体的辐射强度与温度的函数关系来标定温度值的,但由于物体辐射强度受辐射系数影响,必须根据辐射系数来修正测量值才能接近真实温度,这种修正不仅在技术上存在很多困难,在测量现场也只能根据经验判断,修正中难免引入人为误差。

为了提高灵敏度,目前常用的辐射测温仪的工作波长均在红外区,由于背景环境的影响,受到的干扰很大,因此随着计算机技术的迅猛发展,部分国内外学者将数字图像处理技术应用于温度检测中,这是熔池温度场检测的一个新趋势。

7.2.1.3　激光沉积制造温度测量

激光沉积制造过程中熔池温度场的测量方法目前主要有接触式测温方法和非接触式测温方法。

1. 接触式测温方法

李延民等人[19]使用多路热电偶对单道多层路径下的基板温度进行测量,多路热电偶的布置如图 7-2 所示。将采集到的温度信息作为边界条件,采用有限差分法对该过程的温度场进行数值模拟。用测量和计算相结合的方法来计算熔池内部的温度场变化,从而获得熔池的温度。该方法减小了在以往的研究中绝热边界条件、无限大固体或半无限大固体边界条件的假设引起的计算误差,使计算结果更为准确。试验结果表明:在单道多层路径下成形件内部的温度呈现出近似周期性的变化,在前两层零件内部的温度变化得非常剧烈,随着制造层数的增大,探测到的温度逐渐下降。其缺点是不能够对熔池温度及周边温度进行直接测量,测量结果还不能应用于温度反馈控制系统。

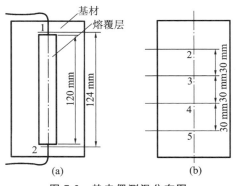

图 7-2 热电偶测温分布图

(a)前面;(b)后面

Griffith 等人[20]在激光增材制造过程中,利用热电偶对正方空心筒的筒壁温度进行测量。测量结果表明:激光反复扫描对成形件起到了反复热处理的作用,对成形件的性能和应力产生很大的影响。

Hu 等人[21]采用 W-Rh 和 Pt-Rh 热电偶对熔池表面不同位置进行定点测温,测量结果可以达到高温计的测量效果。

2. 非接触式测温

与接触式测温方法相比,非接触式测温方法的成本高,该方法以辐射测温原理为基础,主要包括单色测温法、比色测温法和 CCD 红外图像测温法等。在熔池温度控制方面,国内外学者应用 PID 控制、广义预测控制和模糊逻辑控制等算法对熔池温度控制进行深入研究。这些控制算法很大程度上提高了激光沉积制造的加工质量。

谭华[16]设计了基于比色高温计的熔池温度测量系统,对激光增材制造多层沉积过程的熔池区域的温度进行测量。其温度监测系统示意图如图 7-3 所示,采用比色热像仪对温度进行测量,可以实时显示温度,并实时显示温度的变化趋势。温度测量过程中高温计的光学探头始终固定在熔覆头上与其同步运动,保证了测温仪能始终对准熔池。同时为了尽量减小高温计探头的探测角度对测量结果的影响,在安装时测温探头应尽量靠近光束轴线。测量结果表明:

(1)红外比色测温仪在烟雾和粉束干扰的恶劣条件下,能够准确实时地测量熔池温度,显示温度的变化趋势;

(2) 在路径开始阶段熔池温度会经历一个短暂升温过程,之后熔池温度将会平稳变化。

陈钟[22]采用红外热像仪对熔池温度进行了跟踪测量,原理是把测温仪与激光器固定在一起,在激光沉积的过程中实时监测熔池温度,更可以直观地看到温度的变化情况,为在线实时控制熔池温度奠定了基础。

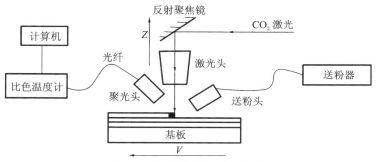

图 7-3 温度监测系统示意图

宁国庆等人[23]采用红外双色传感器对直接制造金属零件过程中的熔池温度进行了监测。周广才等人[24]采用改进的温度传感器对熔池温度进行了测量,并开发了熔池温度反馈控制系统,保证了熔池温度的稳定。

周佳平等人[25]利用红外线热像仪搭建了非接触式激光沉积制造温度场实时跟踪红外测量系统,如图 7-4 所示。该系统选用的高温红热成像仪型号为 Mikron-MCS640,该仪器的输入电压为 24VDC、功率为 10 W,测温范围为 800~3 000 ℃,焦距不小于 30 mm,测量精度为 ±0.5%,重复精度为 0.1 ℃,该仪器不仅能够以设置的速度(最高 60 帧/秒)采集并输出实时动态数据,而且能够抓拍红外图像并带全部温度数据以便分析处理。

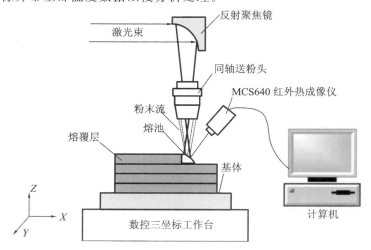

图 7-4 非接触式激光沉积制造温度场实时跟踪红外测量系统

Bi 等人[26]采用单色高温计来探测熔池温度,在沉积过程中,应通入充足保护气以抑制熔池表面氧化。熔池表面氧化将严重影响熔池温度的测量结果,以至于在保护气不足的情况下熔池温度闭环控制的作用效果有限。

Smurov 等人[27-28]使用单色高温计、面矩阵单色高温计和红外热像仪探测熔池温度,测量结果表明:矩阵多点温度测量优势明显,可以同时探测熔池温度、熔池大小和温度梯度;由于烟雾和粉束干扰及熔池发射率随熔池温度变化,用单色温度计探测熔池温度时,无法用亮度温度对应实际温度。

Hagqvist 等人[29]使用窄辐射带宽的单色高温计测量熔池温度,对表面氧化导致的辐射率变化的现象进行了深入研究,建立了一个描述辐射率误差导致的熔池温度测量误差与熔池表面氧化程度的关系的数学模型。

Hand 等人[30]采用双色高温计对快速成形件熔池温度进行了测量,并指出熔池温度具有一定的累积效应,对熔覆层质量具有较大的影响。Lin 等人[31]采用红外测温仪对熔覆层正下方 0.5 mm 处的熔池温度进行了测量,并利用反对法对熔池热量输入量进行了计算。

Sun 等人在脉冲和连续激光作用下使用比色高温计来测量熔池温度,在此基础上提出了基于熔池温度预测钨铬钴合金沉积层的高度和稀释率的数学模型。试验结果表明,在连续激光作用下,沉积层的表面厚度随着熔池温度变化而轻微变化,而沉积层的总厚度却随着熔池温度变化而剧烈变化;在脉冲激光下,熔池温度对沉积层的表面厚度和沉积层的总厚度都有着重要的影响。

Hu 等人[32]通过建立三维有限元模型对激光再制造闭环控制中熔池的热行为进行了模拟。

美国 ISTQuadtek 公司生产的 Spyrometer 高温工业电视系统,综合了两种应用技术:视频摄像机和双色红外辐射测温计。

随着计算机和 CCD 传感器的发展,国内外对相机用于激光熔池温度检测的研究也越来越多:Keanini 等人[33]采用 CCD 间接测量溶液表面温度。Hsu 等人[34]利用可测量红外波段的加强型 CCD 来测量液态金属的燃烧火焰温度,但测量误差达到 200~400,缺乏实用性。此后,利用红外 CCD 测量温度场成为 CCD 测温研究的主流。Skarman[35-36] 等人利用 CCD 拍摄流体的全息图,通过图像处理技术重建流体的三维温度场,由于当时的 CCD 采集速度、图像处理速度和储存速度都比较小,激光干涉质量也不高,该方法缺乏实用性,随后该方法进入实用阶段,能测量稳定透明液体的三维温度,并得到流速和流体密度等数据。Azami 等人[37]利用 CCD 的亮度波动信息来研究熔融硅桥表面的热流状况,获得了较好的结果。Manca 等人[38]提出了一种利用红外 CCD 测控燃烧室火焰温度场的实用方法。Höhmann 等人[39]利用高分辨率温度传感液晶颜色随温度变化的特性使被测区域感温,然后用彩色 CCD 摄取液晶表面的颜色图像来间接测量液体蒸发时弯月面的温度,该方法可实现小面积的温度测量,但需要进行精确的校正。Sutter

等人[40]利用加强型 CCD 测量近似黑体的物体表面发出的某一波长的单色光,以得到物体的辐射温度,所得测量结果与物体的真实温度之间的差别几乎可以忽略不计,并将加强型 CCD 用于测量直角高速切割机的刀具温度场,但作者未具体说明图像处理和温度计算方法,也未进行误差分析,试验误差达 16 ℃。用这种方法来测量不同范围的温度时,需要寻找不同的最佳波长,使用频带很窄的滤波片来获取单一波长的光辐射信号[9]。

在国内,姜淑娟等人[41]采用比色图像采集的方法,把 CCD 相机固定在激光头上,图像采集原理如图 7-5 所示,在加工的过程中保证 CCD 相机与激光头的同步运动,以减小测量误差,试验结果表明,该方法可以实现预期的结果,保证了测温精度,为 CCD 相机在熔池温度在线控制中的应用提供了理论基础。

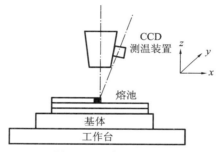

图 7-5　图像采集原理

雷剑波等人[42-43]对熔池温度场进行了研究,并基于 CCD 开发了一套熔池温度动态检测系统,测温系统原理如图 7-6 所示,CCD 采集熔池双波长图像信息,图像采集卡将采集到的信息传送给计算机,计算机对图像进行噪声滤波,然后按程序要求提取图像灰度值,并采用比色测温算法对图像进行处理,通过伪着色对温度场的图像分布进行显示,进一步发展可用于激光加工的在线控制。该测温系统的缺点在于 CCD 采集的图像信号噪声较多,信号失真,通过一定的处理手段可减少该现象,同时该测温系统不受材料、测温距离和工件表面状况的影响,具有一定的测温稳定性。

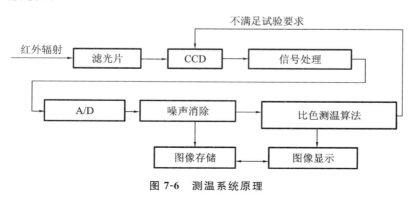

图 7-6　测温系统原理

7.2.2　送粉式检测系统的搭建和设计方法

按照金属粉末添加方式的不同,激光沉积制造技术主要分为送粉式激光沉积制造技术和铺粉式激光沉积制造技术两种。利用高能激光束的瞬间照射来熔化熔覆粉末及部分基体材料,从而使熔覆层与基体形成良好的冶金结合[44]。

7.2.2.1　送粉式激光沉积制造技术

如图 7-7 所示,从左至右,首先在计算机中生成待加工零件的三维模型,该模型可以为理论模型,也可以为施加支撑的工艺模型,其具体形式需根据零件的实际结构来确定,然后按一定角度和厚度对该模型进行分层,在数控机床的带动下,激光束逐层扫描,并将金属粉末同步送入激光光斑内熔化、堆积,最终形成三维实体零件或需进行少量加工的毛坯[45]。

图 7-7　送粉式激光快速成形流程示意图

7.2.2.2　送粉式激光沉积制造温度场检测

雷剑波等人[42-43]搭建了送粉式激光熔覆温度场检测系统,方案如下。

1. 系统搭建

试验所采用的激光成套系统如下。

(1)激光器:HL-5000 型连续激光器。

(2)数控机床:SIEMENS 802D 五轴四联动数控机床。

(3)送粉器:JKJ-6、QDF-6 自动送粉器。

测温系统需要安装在数控机床上,数控机床运动部分包括 X、Y、Z 三个直线运动轴和 A、C 两个旋转轴。如图 7-8 所示,激光导光筒能够沿左右轴方向及上下轴方向移动,水平工作台能够前后、左右移动。在水平工作台上,旋转工作台可沿水平方向转动或者垂直方向转动。

在确定测温装置在机床上的安装位置时,需要考虑机床的实际条件,应满足以下要求:

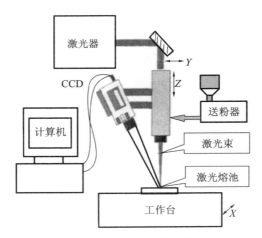

图 7-8　测温装置安装示意图

（1）不能对机床产生结构性破坏，不能干扰机床导光筒原有光路。

（2）测温装置能够随导光筒一起运动，在加工运动过程中能够和激光熔池保持固定距离和角度。

（3）能够清楚观测到激光熔池热辐射图像，提供足够的视场观测范围。

（4）能够避开激光加工中产生的飞溅、烟雾等干扰。

送粉式激光沉积制造根据送粉方式分为侧向送粉和同轴送粉，由于送粉工作头不一样，其安装也有很大区别。

1）侧向送粉安装

如图 7-9 所示，将刚度比较大的支架固定在机床轴方向的机床钢板上，在刚性支架上固定可调节旋转装置，用于调整 CCD 测温装置与激光的方向角。

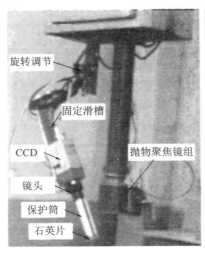

图 7-9　侧向送粉时测温装置安装

CCD 固定在刚性滑槽板上，可在滑槽板上移动，用于调节与激光熔池的间距。

将石英玻璃片保护罩加在 CCD 相机的镜头前，以防止激光加工中的飞溅对镜头产生破坏，石英玻璃片便于擦拭和更换。

安装固定后，实际测量 CCD 与激光角度约为 25°，激光熔池点距离镜头前端 235 mm，CCD 具有比较好的视场，而且，激光加工中的飞溅和烟雾对 CCD 相机的镜头没有影响，能够清晰地观察到激光熔池的热辐射图像。

CCD 通过数据线与计算机连接，计算机放置在机床旁边的桌子上，方便操作和现场观察。

2）同轴送粉安装

图 7-10 所示为同轴送粉时测温装置安装，由于同轴送粉头遮挡了一部分视场，因此其安装角度要大一些。通过多次安装及位置角度调整，最后确定的最佳安装角度为 53°，激光熔池点距离镜头前端 235 mm。

图 7-10　同轴送粉时测温装置安装

2. 设计方法

试验所采用的激光器为高功率横流激光器，模式为多模，比较适用于激光表面淬火、熔凝、熔覆、激光沉积制造。根据设备等情况，选择以下几个试验，并进行工艺比较，为激光沉积制造试验提供参考。

1）激光定点熔化

（1）试验目的及内容。

研究激光熔池在不同功率下的形成过程及分布情况。激光辐照金属形成熔池为一个渐变过程。开始时，金属熔化，随着激光能量的不断输入，当获得的激光能量大于金属传导的热量时，熔池尺寸不断增大，温度不断升高；当获得的激光能量等于金属传导的热量时，熔池尺寸保持稳定。可以通过激光定点熔化过程对上述具体过程进行研究。

（2）工艺选择。

试件：45 号钢板，120 mm×100 mm×12 mm；激光光斑直径约 3 mm，激光功

率 700～1 500 W。

2）激光熔凝

（1）试验目的及内容。

研究运动状态下激光熔凝温度场分布。

采用高功率（1～10 kW）CO_2 或（500～3 000 W）Nd^+:YAG 激光将材料表面加热到熔点以上，使金属表面局部区域在瞬间被加热到相当高的温度并熔化，借助冷态金属基体吸热和传导作用，使已熔化的表层金属快速凝固。凝固硬化得到的是铸态组织，其硬度较高，耐磨性较好。激光熔凝是一种很重要的基础工艺，适当地改变一些工艺参数或添加一些金属及合金，可以扩展为激光合金化、激光非晶化等工艺，机理遵照快速凝固理论。研究其运动状态下的温度场分布，可以找出最佳熔凝工艺参数，为激光熔凝工艺选择提供依据。

（2）工艺选择。

试件：45 号钢板，120 mm×100 mm×12 mm；激光光斑直径约 3 mm，激光功率 700～1 500 W；运动速度 1～10 mm/s。

3）激光熔覆

（1）试验目的及内容。

研究运动状态下激光熔覆温度场分布。

激光熔覆，又称为激光涂敷或激光包覆，通过在基材表面添加熔覆材料，并利用高能密度的激光束使之与基材表面薄层一起熔化并凝结在一起。在基材表面形成与基材相互熔合且具有完全不同成分与性能的合金熔覆层。基材的熔化层很薄，因此对熔覆层成分的影响极小。

激光熔覆根据材料的供给方式分为两大类：预置式激光熔覆和同步式激光熔覆。同步式激光熔覆有侧向送粉和同轴送粉两种方式，如图 7-11 所示。由于预置式激光熔覆需要提前在材料表面预置材料，生产效率低，而且容易污染熔覆层，产

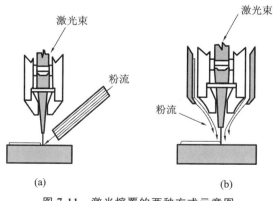

图 7-11　激光熔覆的两种方式示意图

（a）侧向送粉；（b）同轴送粉

生气孔等缺陷,因此目前广泛采用同步式激光熔覆。

侧向送粉方式主要用于二维熔覆和再制造,结构简单,方便实用。同轴送粉方式主要用于三维熔覆和再制造,配合三维工作头,便可以进行三维熔覆和再制造。

(2)工艺选择。

试件:45 号钢板,120 mm×100 mm×12 mm;激光光斑直径约 3 mm,激光功率 700~1 500 W;运动速度 1~10 mm/s。侧向送粉时采用自重式自动送粉器,同轴送粉时采用气动送粉器。

试验前,关闭 CCD 相机的自动增益,调整好安装角度、位置及镜头焦距。图 7-12 所示为激光加工试验。

图 7-12　激光加工试验

7.2.3　铺粉式检测系统的搭建和设计方法

铺粉式激光沉积制造技术分为预置式激光沉积制造技术[46]和选择性激光烧结(SLS)技术两种。

7.2.3.1　预置式激光沉积制造技术

预置式激光沉积原理如图 7-13 所示。首先,将模压成片的熔覆粉末片预置在基材上;然后,通过激光束扫描预置涂层,从而将熔覆材料熔覆于基材需熔覆的部位上。

预置式激光沉积的主要工艺流程为:基材处理→粉末压片→机械黏结→激光熔融。

各流程具体描述如下。

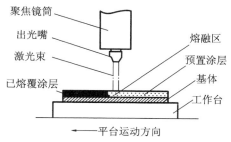

图 7-13　预置式激光沉积原理

（1）基材处理：对需要进行涂层的基材表面进行毛化处理并清洗干净，将其作为粉末压片模具的一部分；毛化处理包括喷砂毛化、切削加工毛化及特种加工毛化等。毛化处理后基材的表面粗糙度应控制在 $Ra\ 50\sim12.5$，过大会影响熔覆效果，过小则会影响压制后的粉末片或粉末环与基材之间的结合力。

（2）粉末压片：将待熔融粉末置于压片模具中，在压力设备上对所加粉末进行压制，将粉末直接或间接压制成与基材表面形状相配的形状，如片状、环状、曲面状粉末片或粉末环，其中直接压制是指将下模设计成与待处理基材表面的形状一致的形状，直接压制出相匹配的粉末环或粉末片，间接压制是指先压制出平面形粉末片，再将粉末片置于基材上，通过压力设备将平面形粉末片压制成与基材表面形状相匹配的形状，粉末的量可根据待处理表面面积和涂层的厚度加上适当的损耗通过计算确定。图 7-14 所示为粉末片模压成形过程。

(a)　　　　　　　　　　　　　　　　　　(b)

图 7-14　粉末片模压成形过程

（a）直接压制成形；（b）间接压制成形

（3）机械黏结：采用机械固定法将压制所得的粉末片或粉末环与基材相连接；机械固定法可采用压力固定法或装置固定法，其中压力固定法是指直接将粉末压置于基体上，利用机械咬合力实现粉末片与基体的连接，装置固定法是指采用专门的固定单元如黏结陶瓷片或采用胶带等实现粉末片与基体的连接。图 7-15 所示为粉末片装置固定法示意图。

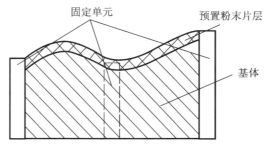

图 7-15　粉末片装置固定法示意图

（4）激光熔融：经过机械固定后，将带有粉末片或粉末环的基材置于激光加工设备中进行激光熔融，使粉末片或粉末环与基材实现冶金结合，即得到所需的涂层。

第一层粉末预置在基板上后，根据对应分层的二维轮廓使用激光束扫描熔化粉末，第一层截面成形完成后，铺上新的一层材料粉末，按照新的轮廓继续扫描，使金属粉末与上一层截面牢固结合，如此逐层成形出三维实体零件，完成激光沉积制造[47]。

7.2.3.2　选择性激光烧结技术

选择性激光烧结（SLS）技术是采用红外激光作为热源来烧结粉末材料成形的一种快速成形技术，该技术最初是由美国得克萨斯大学奥斯汀分校于 20 世纪 80 年代末开发的，与传统的加工方法相比，SLS 技术具有加工速度大、生产周期短和成本低廉的优点，其最大优势在于能由聚合物、金属或覆膜陶瓷粉末直接通过激光烧结成形功能性零件，从而解决一些形状复杂的零件的工业生产问题。[48]

SLS 工艺原理示意图如图 7-16 所示，成形过程开始时，铺粉辊将粉末均匀地铺在加工平台或基板上。激光束在计算机的控制下，通过扫描器以一定的速度和功率选择性扫描，激光束的选择与层信息有关。激光器扫过的粉末被烧结成具有一定厚度的实体片层，激光器未扫过的粉末仍然是松散的。当第一个片层烧结完时，成形活塞下移一定距离，这个距离应在考虑材料收缩的情况下与切片厚度相

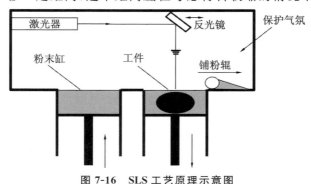

图 7-16　SLS 工艺原理示意图

适应。在铺粉辊再次将粉末铺平后,激光束开始按照设计零件的第二层信息扫描。激光扫过之后所形成的第二个片层同时烧结在第一层上。如此反复,就制造出了一个完整三维实体[49]。

7.2.3.3　铺粉式激光沉积制造温度场检测

铺粉式激光沉积制造过程中的温度场是动态变化的,且变化得很快,用常规的方法很难获取其温度场。一般采用红外成像或 CCD 技术来测量熔覆表面温度场。

白培康等人[50]利用日本 MINOLTA 公司的 HT-11 型红外测温仪对粉末表面温度进行测量,利用热电偶直接测温法测量粉末内部温度,利用 C 语言开发了快速温度采集程序。使用 Pentium 4 计算机对温度采集过程进行控制及对采集数据进行处理。测温系统示意图如图 7-17 所示。

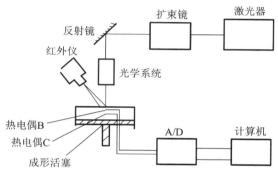

图 7-17　测温系统示意图

邢键等人[51]采用 HRPS-Ⅲ A 型选择性激光烧结快速成形机,以 95% 的聚苯乙烯与 5% 的 Al_2O_3 覆膜陶瓷粉末为材料,烧结一个 200 mm×40 mm×6 mm 的长方体,在烧结过程中,利用 CCD 成像法实现红外激光烧结瞬态图像的采集,并且实现了三维重建和瞬态温度场的测量。

7.2.4　各类测温系统优缺点分析

7.2.4.1　铺粉式金属增材制造技术主流测温方式

1. 单点红外测温仪

监测位置:粉末床温度。

实现方法:利用单点红外测温仪监测粉末床未熔粉末温度,并利用粉末床预热装置实现温度的调节。

优势和特点:无法直接测量熔池温度,仅能间接测量粉末床固定点温度,实现熔池的间接控制。

局限性:不能直接测量熔池温度,控制滞后性较大,效果一般。

图 7-18 所示为采用单点红外测温仪的测温系统示意图。

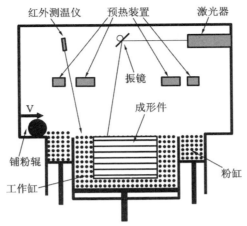

图 7-18 采用单点红外测温仪的测温系统示意图

2. 高速摄像机及高温热像仪

监测位置：粉末床及部分成形区域温度。

实现方法：利用高速摄像机或高温热像仪测量粉末床部分成形区域的温度。

优势和特点：测温范围进一步扩大，且采用高温热像仪，测温精度较高。

局限性：不能覆盖所有成形区域，仅能实现部分成形过程熔池温度的测量，同样属于间接测量，无法实现闭环控制。

图 7-19 所示为采用高速摄像机及高温热像仪的测温系统实物图。

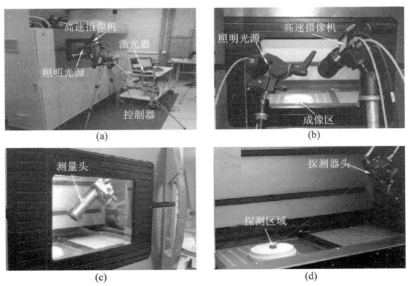

图 7-19 采用高速摄像机及高温热像仪的测温系统实物图

(a)整体设备布局图；(b)检测细节图；(c)测量头实物图；(d)检测距离实物图

3. CMOS 摄像机和光电二极管

监测位置:熔池温度。

实现方法:通过设计分光镜和反射镜,设计同轴光路,实现熔池温度的测量。

优势和特点:采用 CMOS 摄像机测量熔池的形态和移动速度,利用光电二极管实现温度的测量,可实时跟踪并测量全成形过程的熔池温度,实现闭环控制。

局限性:光路设计复杂,且光路中的分光镜和反射镜会使测温光强散失,测温精度不高。

图 7-20 所示为采用 CMOS 摄像机和光电二极管的测温系统实物图。

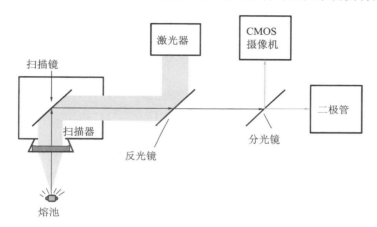

图 7-20　采用 CMOS 摄像机和光电二极管的测温系统实物图

4. 同轴红外测温仪

监测位置:熔池温度。

实现方法:通过引入分光镜、聚焦镜等设备,实现熔池温度的测量。

优势和特点:通过设计同轴光路,采用同轴红外测温仪,实现熔池温度的稳定测量,可实时跟踪并测量全成形过程的熔池温度,实现闭环控制。而且实现光路相对简单,采用同轴红外测温仪,测温精度较高。

局限性:仅能测量熔池温度,无法对熔池的尺寸形态进行测量。

图 7-21 所示为采用同轴红外测温仪的测温系统示意图。

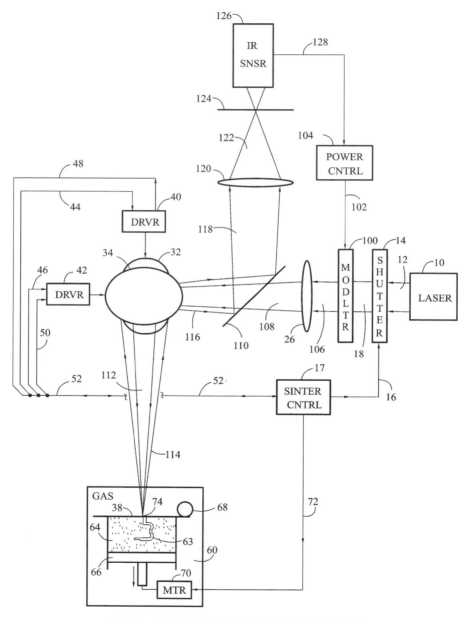

图 7-21 采用同轴红外测温仪的测温系统示意图

5. 红外热像仪

监测位置:整个粉末床成形区域温度场。

实现方法:利用大视场红外热像仪,实现整个粉末床成形区域温度的测量。

优势和特点:可实现整个粉末床成形过程的温度场测量,包括熔池温度和未熔粉末温度,测量范围较广。

局限性:红外热像仪的帧频最大仅能达到 70 Hz,实时性较差,无法实现闭环控制。

图 7-22 所示为采用红外热像仪的测温系统示意图。

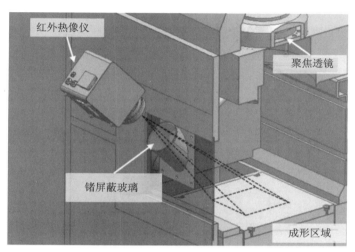

图 7-22　采用红外热像仪的测温系统示意图

7.2.4.2 送粉式金属增材制造技术主流测温方式

1. 侧置红外测温仪

监测位置:熔池温度。

实现方法:将高精度红外测温仪侧置到熔覆头上,实现熔池温度的直接测量。

优势和特点:由于送粉式工艺扫描速度不大,侧置红外测温仪可实现熔池温度的直接实时测量,测温精度高,实现了熔池温度的闭环控制。

局限性:工况复杂,存在激光干涉、粉末遮蔽等情况,需要设计防护及滤光设备,且测量装置整体尺寸较大,存在加工区域空间干涉等问题。

图 7-23 所示为采用侧置红外测温仪方式的测温系统示意图和实物图。

2. 同轴红外测温

监测位置:熔池温度。

实现方法:通过在熔覆头内部设计分光镜等光路,将熔池的红外辐射光导出,实现熔池温度的测量。

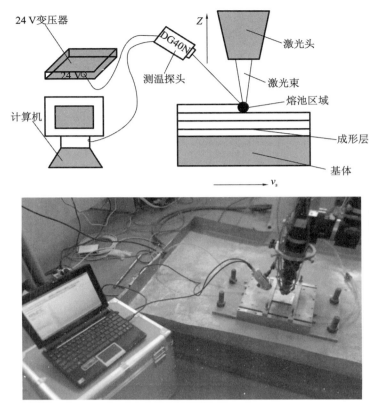

图 7-23 采用侧置红外测温仪方式的测温系统示意图和实物图
(a)示意图;(b)实物图

优势和特点:采用高精度红外测量仪,测温精度较高,且整体采用同轴光路封装设计,使得测温装置体积较小。

局限性:采用由分光镜导出红外辐射光的方式,使得熔池的红外辐射光损失较大,测量精度不如侧置红外测温仪方式的测量精度。而且在复杂工况下,分光镜等光路设备易损,维护成本较高。

图 7-24 所示为采用同轴红外测温方式的测温系统示意图。

3. 多传感器测量

监测位置:熔池及整个成形区域温度。

实现方法:通常设置 3 个不同类型的传感器,实现熔池温度、熔池形态及成形单道尺寸的测量。

优势和特点:利用顶端的红外测温仪实现熔池温度的测量,利用侧置的红外热像仪和激光测距仪,实现加工区域温度场和成形单道尺寸的测量,测量信息较多。

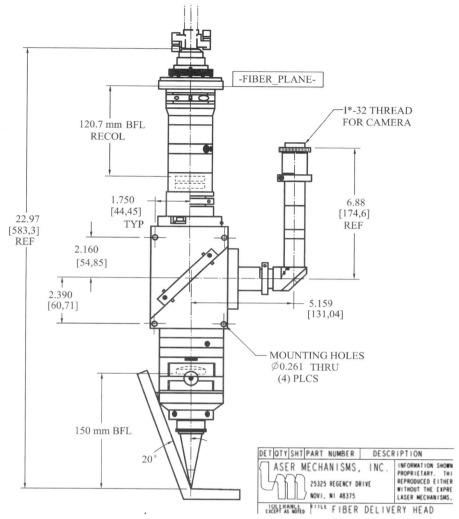

图 7-24　采用同轴红外测温方式的测温系统示意图

局限性:传感器的测量实时性较差,不能应用于实时性要求较高的闭环控制。

图 7-25 所示为采用多传感器测量方式的测温系统实物图。

4. 侧置 CCD 比色测温

监测位置:熔池温度。

实现方法:在熔覆头侧面侧置一个 CCD 相机,利用比色测温原理实现熔池温度的测量。

优势和特点:与红外测温方法相比,比色测温方法系统简单,设备成本较低。

局限性:需要利用黑体炉进行标定,标定成本较高,且整体测温精度一般。

图 7-26 所示为采用侧置 CCD 比色测温方式的测温系统示意图和实物图。

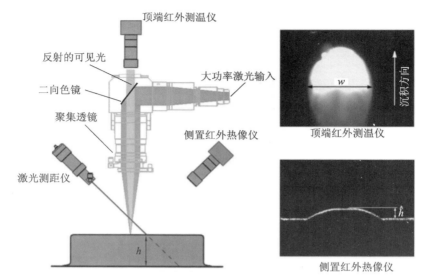

图 7-25　采用多传感器测量方式的测温系统实物图

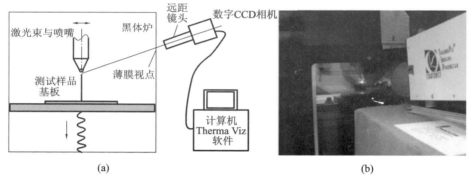

图 7-26　采用侧置 CCD 比色测温方式的测温系统示意图和实物图

(a)示意图;(b)实物图

7.2.5　激光增材制造过程温度场检测发展趋势分析

(1)在测温方式上,以非接触式红外测温为主,越来越多的主流金属增材制造设备厂家引入熔池温度测量系统。主流增材设备测温方式见表 7-2。

表 7-2　主流增材设备测温方式

工艺类型	设备名称	监控位置	调节手段	采用的测温方式
铺粉	Concept Laser	熔池	激光功率	高速 CMOS 摄像机
铺粉	EOS	熔池	开环	红外
送粉	Demcon	熔池	激光功率	红外
送粉	DM3D	熔池和成形高度	激光功率	CCD 测温仪
送粉	Promotec	熔池	开环	高速 CMOS 摄像机
送粉	Stratonics	熔池	激光功率	红外

（2）针对熔池温度非稳态、非线性的特点,越来越多的智能控制方法应用于熔池温度监控领域,熔池温度的控制精度不断提高。

①常见非接触测温方法:红外、CCD、CMOS/光电二极管;

②温度测量范围:室温至 3 500 ℃;

③最高测量精度:±1%(被测量值);

④最高控制精度:±3%(被测量值);

⑤常用控制技术:PID 技术、模糊控制技术、神经网络等。

（3）数值模拟分析技术越来越多地应用于金属增材制造熔池温度监控领域,应用数值模拟分析结果,调整和标定测温参数,可大幅度提高测温精度和效率,如图 7-27 所示。

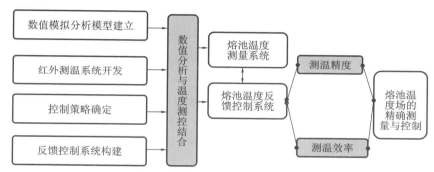

图 7-27　测温与仿真分析结合

7.3　激光沉积制造应力检测方法

7.3.1　热应力与高温应变片

7.3.1.1　高温应变片的发展

应变片测试技术自从 20 世纪 40 年代末推广使用以来,得到了迅速发展,在科学技术和工业各部门中的应用日益广泛。尤其是,在国防工业中,无论是新型飞行器的研制,还是先进飞行器的改进,应变片测试技术都已成为不可或缺的测试技术之一。飞行器上的某些零件是在非常温下工作的,如飞机发动机上的涡轮盘、涡轮轴、叶片等是在高温下工作的;而以氢氧为原料的氢氧发动机的液氧和液氢容器是在极低的温度下工作的。设计机械零件时,首先应根据其工作环境和负载条件预先进行模拟计算,但纯理论计算得到的数据通常都离不开零件应变试验的验证与对比;此外,许多零件的负载形态和几何形状较为复杂,大量困难存在于理论分析中,有些理论分析可能会得到错误结果,通过试验方法进行论证是必要途径。目前已有 10 余种试验应力分析方法,如应变片电测法、光弹性法、脆性涂层法、云纹法、激光全息摄影法、声发射法、红外线发射法、单束激光散斑干涉法等,其中应变片电测法是使用最广泛的一种试验应力分析方法[52-53]。

在非常温环境下进行应变测量时,温度是影响应变测量精度的重要因素之一。应变片的所有性能都会随着温度的变化而变化。随着温度的升高,构成应变片结构的材料的弹性模量会减小,线膨胀系数增大;在高温下应变片的敏感栅的材料会发生氧化反应或相变;温度升高后黏结剂和基底材料的剪切强度、电阻率等材料属性会降低[54]。由此可知,在非常温环境下进行应变测量比常温下进行应变测量困难得多,测量精度也低得多。在高温条件下进行应变测量的方法有条纹法、散斑干涉法及电测法等,但从测量精度、测量的可行性及测试费用等方面考虑,使用最为广泛的还是利用特定的电阻应变片进行非常温的测量。

在一般条件下的静态、动态测试试验中,利用惠斯通电桥和温度自补偿片就能对测量系统进行很好的温度补偿,然而对于旋转零件或在环境温度变化剧烈的条件下,采用这些方法比较困难且补偿效果不好。传统的温度补偿假定温度处于平稳、缓慢的变化状态,然而在恶劣条件下的测量试验中,例如,超高速飞行器经受的瞬时加热载荷极大,其温度升高速度为每秒几摄氏度或几十摄氏度,甚至达到上百摄氏度。在如此快的温度变化条件下测量试件的应变,以及验证测量方法的正确性和测量结果的准确性是特别困难和复杂的。从应变片的发展来看,虽然关于高温应变测量和高温应变片的研究文献比较多,但是有关瞬时温升条件下的应变片测量数据处理和误差分析等方面的研究成果并不多见[55]。

7.3.1.2 高温条件下应变测量特点

高温条件下应变测量主要解决高温电阻片及黏结剂的问题。在高温下电阻片的各种性能指标(如灵敏系数、热输出、稳定性、滞后、零漂等)都会因温度的提高而发生变化。高温电阻片的敏感栅大多由镍铬合金、铁铬铝合金、铂及铂基合金制成。电阻片的基底是临时基底,即用金属箔式或复合材料制成框式基底,或将由有机材料制成的带条用作基底,或用金属箔片、金属薄网基底及玻璃纤维布基底等。采用金属基底可以在电阻片使用前对应变片进行固化和稳定化处理,并可对应变片的主要技术性能预先进行试验和校准,通过预选,以备使用。高温电阻片种类很多,如单丝式高温电阻片、组合式温度自补偿电阻片、半桥或全桥焊接式电阻片、利用热电阻的半桥式温度自补偿电阻片、利用热电偶的温度自补偿电阻片等。

高温电阻片的安装方式有很多种,如用有机黏结剂粘贴、用无机黏结剂粘贴、用喷涂氧化物的方法固定、用焊接方法固定等。此外,高温试验时,高温电阻片的引线不能再用一般的导线,其引线应由电阻丝材料(镍铬丝等)制成。因此,引线要用高温绝缘材料保护,并且要对引线进行温度修正及电阻修正。电阻修正与长导线电阻误差修正类似。

选择高温应变片,要采用高温胶粘贴或焊接,引线要考虑高温的影响等,因此,高温应变测量误差比常温下应变测量误差大得多。

7.3.1.3　高温条件下应变测量研究现状

1. 接触式测量

现阶段接触式测量方法以电测法为主,即传感器将非电信号转换成电信号,然后对电信号进行处理,进而得到测量参数。传统的接触式传感器主要分为电感式传感器、压电式传感器、应变片式传感器。

电感式传感器是利用机械量改变电路中电感量的方法来实现信号转换的。电感式传感器可测量的物理参数有振动、位移、流量、应变、作用力等。压电式传感器以某些物质的压电效应为基础,这些物质沿一定方向受到外力作用时,其表面便产生电荷,从而测出相应的参数[56]。电阻应变片又称为电阻应变计,是用于将应变变化转换成电阻变化的变化器。

目前在国内,分析高温应变片测试系统误差的方法主要停留在理论推导和试验的初步验证层面。这些研究方法的影响因素大致为横向效应、温度因素、电桥补偿、灵敏系数、导线电阻、零点漂移、疲劳寿命、标定和粘贴方式等因素。自 20世纪 90 年代以来,国内研究人员开始对应变片测试中的误差影响因素进行研究,取得了一定的成果,例如,对温度误差利用电桥对应变片进行补充设计,研究了温度误差对各种应变片测试系统的影响规律。但对整个应变片测试系统进行系统的研究还不够,就温度因素举例,瞬时热冲击对应变片测量误差的影响研究文献不多,各种因素的关联性也没有引起人们的注意。

刘梓才等人[57]用以夹代焊为热输出的测试方法,揭示焊接过程对高温应变片热输出的影响。通过分析热输出的影响因素,对高温应变片在安装试件材料和基底材料线膨胀系数不匹配情况下的热输出测试进行了探索。

尹福炎[58]主要介绍飞机、火箭等飞行器在瞬态快速加热条件下用高温应变计测量结构或部件应变时测量结果的误差修正方法。

李丽霞等人[59]利用高温应变性能鉴定机测试四点弯曲高温合金梁在 550 ℃稳态温度场条件下的高温应变。结果表明,四点弯曲高温合金梁高温应变测试方案合理可行,使用的高温应变计粘贴方案可靠性较高。

王文瑞等人[60]利用自主研制的自由框架丝栅式高温应变片开展结构高温应变测量精度影响因素研究,结合应变片结构与测量原理,建立高温应变片应变信息传递及分布有限元模型,分析对比被测构件与敏感栅丝表面应变场的分布情况,确定高温应变片尺寸参数与使用参数对应变测量精度的影响,为应变片的设计与使用提供依据。

国外对电阻应变片测试系统的研究着手较早,1938 年美国加利福尼亚理工学院教授 E. Simmons(西蒙斯)和麻省理工学院教授 A. Ruge(鲁奇)创制出纸基丝绕式电阻应变片后,电阻应变片用于应变测量,随后陆续出现了箔式应变片、半导体应变片、薄膜型应变片等[61]。1951年,美国就已经对航空飞行器测试中高温工况下应变片的安装对测试结果的影响进行了探讨,20世纪80年代,美国桑迪亚国家实验室在应变片热冲击响应带来的误差方面做了大量的研究工作,运用应变片在瞬态温度条件下,确定应变片的表面应力是否准确。20世纪90年代开展了结构部件瞬态热冲击应变片测量误差的专项研究,在研究中修改了以往的修正理论,加入了热冲击导致误差这一概念,最终通过对比试验论证了这一理论的准确性。实验室研究人员深入研究了在 0.2 ℃/s(0.3 ℉/s)到56 ℃/s(100 ℉/s)之间热冲击对测试结果的影响,得出了在 0.2 ℃/s(0.3 ℉/s)到6℃/s(10 ℉/s)范围内热冲击所带来的误差在允许范围之内,在 6 ℃/s(10 ℉/s)到56 ℃/s(100 ℉/s)之间由热冲击导致的误差与实际应力在同一数量级,应引起重视[62]。

Yang等人[63]采用飞秒激光侧面照明技术成功地在纤芯直径为 0.25 μm 的多模光纤(MMF)中写入了短光纤布拉格光栅(FBG),通过移动激光束的焦点,可以在 MMF 的磁芯上的三个不同位置写入光栅铭牌。在超高温下采用单核共振模式进行应变测量。结果表明,在 600~900 ℃的温度下,应变敏感度大大提高。

Xiong等人[64]介绍了一种高温压电纳米金刚石应变传感器和无线供电方法,开发了一种基于 CMOS-SOI 技术并使用高温有源器件和应变传感器的系统,该系统可以在数厘米的范围内无线供电并测量应变。

Liu等人[65]研究了一种基于光纤光栅(布拉格光栅)和弹性高温合金的高温应变传感器,采用等强度悬臂梁对高温光纤光栅应变传感器进行测试,结果表明,T形光纤光栅应变传感器适用于 300 ℃下性能可靠的高温应变传感。

2. 非接触式测量

传感器与被测试件直接接触,这样就使得传感器引入的噪声、自身的振动等问题有待解决。非接触式测量技术的出现弥补了这些缺点。20世纪90年代,光纤与激光器、半导体光电器件一起构成了新的光学技术——光电子学。光纤由于具有许多优点,在许多工业领域,如航空航天、通信工程和制造业等得到了广泛应用。数字式传感器作为另外一种非接触式传感器也得到了较为普遍的应用。它是检测技术、微电子技术和计算技术高度发展的综合产物[59]。以数字式传感器为基础,衍生出了许多测试技术,如全息光学测试技术、光学干涉测试技术、时间计数测试技术、多普勒测试技术等。非接触式测量技术并非绝对优于应变片式测量技术。在现有条件下,非接触式测量技术发展还不够成熟,关于光学的振动测量手段的研究和实践还不够充分,因此接触式测量技术还占据着主导地位。

7.3.2 残余应力影响与分布规律

7.3.2.1 残余应力的影响

激光快速成形过程中不均匀温度场引起残余应力,对成形件的影响主要表现在力学性能、结构尺寸、使用性能、组织稳定性等方面[66]。

对力学性能的影响,高能激光束产生的极端条件使成形件具有优越的组织和性能,但由于残余应力的存在这一优越性受到影响,主要是材料静载强度、疲劳强度、断裂韧度等性能受到影响。残余拉应力将降低材料的屈服强度、极限强度及疲劳强度等,当然,一定条件下残余拉应力会提高材料的稳定性;残余压应力降低材料的稳定性,相反,残余压应力能减缓应力集中,有效抑制、延缓裂纹扩展而延长材料的疲劳寿命。

对结构尺寸的影响,激光快速成形实现了零件的近终自由成形,经过少许后期处理即可实际使用。残余应力是一种不稳定的应力状态,它的存在必然影响成形件的结构尺寸。这是因为残余应力在外界因素的作用或时效作用下会发生变化(松弛或衰减),其平衡状态遭到破坏,导致结构产生二次变形和残余应力的重新分布,从而降低了成形件的刚度和尺寸稳定性。

对使用性能的影响,激光快速成形技术目前主要面向国防高科技领域,成形件的服役环境特殊,残余应力的存在将影响成形件的服役寿命。一方面,成形件在服役期间承受载荷所引起的应力和残余应力的共同作用,两种应力叠加使零件工作应力增大,势必降低成形件的承载能力,导致其因受载失稳而过早断裂;另一方面,残余应力引发破坏的周期往往较长,受服役过程工作温度、工作介质和残余应力的共同作用结构易失效,例如,在高温下热应力和残余应力综合作用引起热裂;在腐蚀介质中,残余拉应力引起腐蚀开裂,最终导致结构破坏,缩短成形件的使用寿命。

对组织稳定性的影响,激光快速成形技术主要用于成形合金,成形组织多为多相组织,在一定条件下残余应力会引起相转变,使材料微观组织发生变化,从而改变材料在某些特定条件下的使用情况。

此外,残余应力在一定的环境下也会影响激光快速制备材料的电学、磁学等物理性能。

7.3.2.2 残余应力的分布规律

残余应力[66]作为一种储存弹性变形能的弹性应力,其量值通常处于引起弹性变形所对应的应力范围内,即在材料的屈服强度 σ_s 或 $\sigma_{0.2}$ 以下,多是低残余应力($<1/2\sigma_s$),Griffith 采用全息干涉法测定了快速成形 H13 钢薄壁件的两向应力,结果表明,残余应力约为材料屈服强度的 20%。激光快速成形过程中熔覆层及基材经受极不均匀的快热快冷作用,在高能激光束的作用下,熔池及其附近部位以远高于周围区域的速度被急剧加热,并局部熔化、凝固及冷却。熔化区域在随后的冷却凝固过程中不可能自由收缩,其收缩变形将受到周围区域的束缚,总体来看,熔覆层必将受到一个拉伸应力的作用。下面以板状成形件为例进行分析,分析时忽略板件厚度方向上的残余应力,且认为残余应力沿该方向均匀分布,即处于平面应力状态,依据基体的变形和成形情况来推断成形件的平面应力分布。

根据成形基体的翘曲变形作初步判断,熔覆层残余应力的分布大致是上高下低,以拉伸应力为主,根据成形过程中出现的裂纹可以对其进行解释,试验发现,在熔覆一定高度后,开始出现裂纹,且几乎所有的裂纹均沿近似垂直方向发展,即使在凝固或冷却时基体受熔覆层残余拉应力作用,相应地,在底部有压缩残余应力与之相平衡。

　　平行激光扫描方向:从成形基体在成形后发生的翘曲变形来看,平行激光扫描方向应承受拉应力作用,较大的应力将导致熔覆层开裂。在开始熔覆阶段,熔池和周围材料温差大,熔池材料凝固时同周围材料相互制约,粉材熔凝收缩在扫描方向上的不协调可能使得该方向应力符号不稳定,但随着熔覆层的增加,应力状态逐渐稳定下来,熔覆层主要承受拉应力,从而使基体发生翘曲变形,较大的应力将导致熔覆层开裂。Griffith 研究了熔覆高度达 114 mm 的薄板件的两向残余应力,结果表明平行于扫描方向残余应力以拉应力为主。陈静等人的研究结果表明,对于开裂敏感性较大的 Ni60 自熔合金粉末,当达到一定熔覆层数时,产生裂纹,且断裂面与激光束扫描方向近似垂直,这也证实了作用于熔覆金属上的与光束扫描方向平行的拉伸应力作用显著,随着激光能量的不断输入,残余应力积累效应增强,严重时导致成形过程被破坏。

　　垂直激光扫描方向:熔覆过程中该方向上的层间状态由起始熔覆时的较大差异逐渐减小并趋于平缓,同时多合金元素的影响使得相变应力作用增强,所以该方向的应力状态复杂。在起始熔覆阶段,熔池随热源同步移动,熔池前端凝固,由于冷却收缩程度及冷却速度不同,粉材的凝固因受到周围的约束而可能受到拉应力作用,但随着熔覆层的增加,拉应力逐渐减小,有变为压应力的趋势。这是因为随着熔覆层的增加,已熔覆层的热量不断积累,减小了局部区域温差,熔覆当前层时已熔覆层相当于预热基体,这在一定程度上可以减小残余应力,同时后续熔覆的加热过程相当于对已熔覆层起到回火作用,使已熔覆层中的残余应力有部分松弛,这样应力分布(大小及符号)会发生改变,即拉应力逐渐减小,出现压应力。Griffith 等人的研究结果也表明垂直激光扫描方向的残余应力开始为拉应力,熔覆一定高度后,残余应力稳定为压应力。同时,研究表明,当熔覆高度增大到一定程度后,两向残余应力不再发生变化,基本稳定下来,即整个熔覆过程处于均衡阶段,残余应力基本保持不变。

7.3.3　常用的残余应力检测方法

　　从残余应力的影响来看,多数情况下残余应力对成形件的使用是不利的,严重时可能导致重大破坏事件和事故,因此,需要在使用过程中严格区别对待和认真处理。目前,对激光沉积制造过程残余应力的研究尚不成熟。研究激光沉积制造过程残余应力的形成机理及分布规律具有重要意义,可以优化成形工艺,控制残余应力的大小和分布,并为采取相应的措施来降低或消除的残余应力的不利影响提供依据。

残余应力的测试方法发展至今已达数十种,按照测试方法对被测试件有无破坏,可分为物理无损测试法和机械有损测试法两大类。

无损测试法分为超声波法、X 射线衍射法、磁性法、中子衍射法等,其原理是利用声、光、磁和电等特性,在不损坏或不影响被测对象使用性能的前提下,测量残余应力。机械有损测试法分为分割全释放法、逐层切削法、钻孔法,以及以钻孔法为基础的云纹干涉法和全息干涉法等,其原理是将具有残余应力的部件从构件中分离或切割出来使应力释放,通过测量应变的变化求出残余应力。

在以上测试方法中,钻孔法和 X 射线衍射法发展得最为成熟,随着工业技术的发展,人们对残余应力的测试方法提出了越来越高的要求,比较成熟的传统测试方法因自身的局限性而不能完全解决问题,因此方便、迅速、准确、直观、无损地反映应力分布的测试方法是目前国内外有关学者努力探索的方向。残余应力的测试方法各有优缺点。

目前,激光沉积制造以镍基高温合金、钛合金等非磁性材料为研究重点。无损磁性法只适用于铁磁材料;X 射线衍射法只能测试材料表层(几十微米内)的残余应力,不能很好地测试成形件内部的应力状态;分割全释放法和逐层切削法由于测试过程复杂且精度不高,不宜采用;钻孔法发展和应用最为成熟,其测试原理简单、方法直观,在技术上容易实现,虽然受钻孔条件、附加钻削应变、释放系数等的影响,结果有一定误差,但是在定性或半定量地考察应力分布中是非常有效的;云纹干涉法和全息干涉法都以钻孔法为基础,并克服了钻孔法的不足,进一步提高了测试精度和可靠性,只是试验条件要求苛刻,在有条件的情况下,应该是首选的可行方法。超声波法是近年来发展较为迅速的一种无损检测法,对零件尺寸有一定要求,适用于测量大体积成形件的残余应力。从测试要求和各测试方法的特点来综合考虑,目前选用钻孔法测量激光沉积制造件的残余应力最为切实可行。下面对几种比较常用的激光沉积制造件残余应力检测方法进行详细介绍。

7.3.3.1　主要残余应力检测方法

1. 钻孔法

用钻孔法测量焊接残余应力是 1934 年德国学者 J. Mathar[67] 提出的。经过不断的改进和完善,钻孔法的测量精度大幅度提高,已成为应用最广泛的残余应力检测方法之一,现已用于检测激光沉积制造件的残余应力。钻孔法根据钻孔是否穿透构件分为通孔法和盲孔法。美国材料与试验协会(ASTM)已于 1981 年制订了测量标准 ASTM E837-1981[68],现已更新为 ASTM E837-2008。钻孔法的原理是先在测量残余应力的位置粘贴好应变片,在应变片中心钻孔释放应力,应力释放后产生应变,通过应变片测量数值并根据应力应变关系计算残余应力。钻法具有简单易行、精确度较高、对构件损伤程度小等特点。钻孔法的测量精度主要取决于应变释放系数 A、B，通孔应变释放系数可由 Kirsh 理论得到，盲孔应变释放系数需要试验标定。

1）钻孔法测量残余应力的基本原理

被测点 O 附近的应力状态如图 7-28 所示，σ_1 和 σ_2 为点 O 的残余主应力。在距被测点为 r（半径）的点 P 处，σ_γ 和 σ_τ 分别为钻孔释放的径向应力和切向应力，并且 σ_γ 和 σ_1 的夹角为 ϕ。

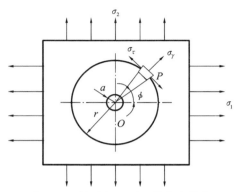

图 7-28　被测点 O 附近的应力状态

根据弹性力学原理，可得点 P 的原有残余应力 σ'_γ、σ'_τ 和残余主应力 σ_1、σ_2 的关系为

$$\begin{cases} \sigma'_\gamma = \dfrac{\sigma_1 + \sigma_2}{2} + \dfrac{\sigma_1 - \sigma_2}{2}\cos 2\phi \\[2mm] \sigma'_\tau = \dfrac{\sigma_1 + \sigma_2}{2} - \dfrac{\sigma_1 - \sigma_2}{2}\cos 2\phi \end{cases} \tag{7-25}$$

用钻孔法测量残余应力时，在被测点 O 处开 1 个半径为 a 的通孔，由弹性力学原理可知，开孔后点 P 处的应力 σ''_γ 和 σ''_τ 分别为

$$\begin{cases} \sigma''_\gamma = \dfrac{\sigma_1 + \sigma_2}{2}\left(1 - \dfrac{a^2}{r^2}\right) + \dfrac{\sigma_1 + \sigma_2}{2}\left(1 + \dfrac{3a^2}{r^4} - \dfrac{4a^2}{r^2}\right)\cos 2\phi \\[3mm] \sigma''_\tau = \dfrac{\sigma_1 + \sigma_2}{2}\left(1 + \dfrac{a^2}{r^2}\right) - \dfrac{\sigma_1 + \sigma_2}{2}\left(1 + \dfrac{3a^2}{r^4}\right)\cos 2\phi \end{cases} \tag{7-26}$$

开孔后，点 P 处的应力释放量为

$$\begin{cases} \sigma_\gamma = \sigma''_\gamma - \sigma'_\gamma \\ \sigma_\tau = \sigma''_\tau - \sigma'_\tau \end{cases} \tag{7-27}$$

综合上述各式得

$$\begin{cases} \sigma_\gamma = -\dfrac{a^2}{2r^2}(\sigma_1 + \sigma_2) + (\sigma_1 - \sigma_2)\left(\dfrac{3a^4}{2r^4} - \dfrac{2a^2}{r^2}\right)\cos 2\phi \\[3mm] \sigma_\tau = \dfrac{a^2}{2r^2}(\sigma_1 + \sigma_2) - \dfrac{3a^4}{2r^4}(\sigma_1 - \sigma_2)\cos 2\phi \end{cases} \tag{7-28}$$

同时，在被测点 O 处钻孔时，测量的点 P 的应变片径向应变 ε_γ 为

$$\varepsilon_\gamma = \frac{1}{E}(\sigma_\gamma - \mu\sigma_\tau) \tag{7-29}$$

径向应变 ε_γ 与残余主应力 σ_1、σ_2 的关系为

$$\varepsilon_\gamma = -\frac{1+\mu}{E}\frac{a^2}{2r^2}(\sigma_1+\sigma_2) + \frac{1}{E}\left[\frac{3a^2}{r^4}(1-\mu) - \frac{2a^2}{r^2}\right](\sigma_1-\sigma_2)\cos2\phi \tag{7-30}$$

但由于应变片长度 $l = r_2 - r_1$（r_1、r_2 分别为应变片到圆心最近处、最远处的距离），所测径向应变 ε_γ 应是 l 内的平均径向应变 $\varepsilon_{\gamma m}$，即

$$\varepsilon_{\gamma m} = \frac{1}{r_2 - r_1}\int_{r_1}^{r_2}\varepsilon_\gamma \mathrm{d}r \tag{7-31}$$

整理上述公式，积分可得

$$\varepsilon_{\gamma m} = -\frac{1+\mu}{E}\frac{a^2}{2r_1r_2}(\sigma_1+\sigma_2) + \frac{2a^2}{Er_1r_2}\left[\frac{(1+\mu)a^2(r_1^2+r_1r_2+r_2^2)}{4r_1r_2} - 1\right](\sigma_1-\sigma_2)\cos2\phi \tag{7-32}$$

简化得

$$\varepsilon_{\gamma m} = A(\sigma_1+\sigma_2) + B(\sigma_1-\sigma_2)\cos2\phi \tag{7-33}$$

其中

$$A = -\frac{1+\mu}{E}\frac{a^2}{2r_1r_2} \tag{7-34}$$

$$B = \frac{2a^2}{Er_1r_2}\left[\frac{(1+\mu)a^2(r_1^2+r_1r_2+r_2^2)}{4r_1r_2} - 1\right] \tag{7-35}$$

一般情况下，主应力方向是未知的，则式(7-33)含有 3 个未知数 σ_1 和 σ_2 和 ϕ。如果在与主应力成任意角的 ϕ_1、ϕ_2、ϕ_3 三个方向上贴 3 个应变片，则可得 3 个方程，从而求出 σ_1、σ_2 和 ϕ。为了计算方便，3 个应变片之间的夹角采用标准角度如 ϕ、$\phi+45°$、$\phi+90°$，这样测得的 3 个应变分别为 ε_0、ε_{45} 和 ε_{90}。

$$\begin{cases} \varepsilon_0 = A_0(\sigma_1+\sigma_2) + B_0(\sigma_1-\sigma_2)\cos2\phi \\ \varepsilon_{45} = A_{45}(\sigma_1+\sigma_2) + B_{45}(\sigma_1-\sigma_2)\cos2(\phi+45°) \\ \varepsilon_{90} = A_{90}(\sigma_1+\sigma_2) + B_{90}(\sigma_1-\sigma_2)\cos2(\phi+90°) \end{cases} \tag{7-36}$$

式中：ϕ 为 $0°$ 应变片与第一主应力方向的夹角。如果 3 个应变片都准确地贴在同一圆周上，则有 $A_0 = A_{45} = A_{90} = A$ 和 $B_0 = B_{45} = B_{90} = B$，得

$$\begin{cases} \sigma_{1,2} = \frac{1}{4A}(\varepsilon_0+\varepsilon_{90}) \pm \frac{\sqrt{2}}{4B}\sqrt{(\varepsilon_0-\varepsilon_{45})^2 + (\varepsilon_{90}-\varepsilon_{45})^2} \\ \tan2\phi = \dfrac{\varepsilon_0+\varepsilon_{90}-2\varepsilon_{45}}{\varepsilon_0-\varepsilon_{90}} \end{cases} \tag{7-37}$$

2）应变释放系数 A、B 的修正

通孔应变释放系数可由 Kirsch 理论得到

$$A = -\frac{1+\mu}{E}\frac{a^2}{2r_1r_2} \tag{7-38}$$

$$B=\frac{2a^2}{Er_1r_2}\left[\frac{(1+\mu)a^2(r_1^2+r_1r_2+r_2^2)}{4r_1r_2}-1\right] \quad (7\text{-}39)$$

式中：E 为弹性模量；μ 为泊松比；a 为孔径；r_1、r_2 分别为盲孔中心到应变片近孔端、远孔端的距离。盲孔应变释放系数需要试验标定。假设在构件中施加单向应力场（$\sigma_1=\sigma$，$\sigma_2=0$），应变片 1、3 分别平行于 σ_1、σ_2 方向，即 $\phi=0$，则有

$$\begin{cases}\sigma_1=\dfrac{\varepsilon_1+\varepsilon_3}{4A}+\dfrac{\varepsilon_1-\varepsilon_3}{4B}\\[2mm]\sigma_2=\dfrac{\varepsilon_1+\varepsilon_3}{4A}-\dfrac{\varepsilon_1-\varepsilon_3}{4B}\end{cases} \quad (7\text{-}40)$$

由应变片 1、3 测得释放应变 ε_1、ε_3，即可求出应变释放系数 A、B。

上述计算公式只是在弹性变形条件下推导出的，但在激光沉积制造过程中，激光束与材料相互作用时间短，熔覆层及基材经受一个极不均匀的急冷急热过程，熔池及其附近区域以远大于周围区域的速度加热并熔化、冷却并凝固，这部分材料在冷却和凝固过程中的收缩变形受到周围较冷区域的限制，因此产生热应力。此外，由于温度升高后受热区域屈服极限下降，部分区域热应力会超过屈服极限，这样熔池部分会形成塑性的热压缩，冷却时各温度下的应力都接近于相应温度时材料的屈服应力，最终获得接近于屈服应力的残余应力。由于钻孔导致应力集中，孔周围应力超过材料的屈服强度，从而使孔的周围产生塑性变形。塑性变形使应变释放系数公式中的常数不再恒定，此时应变释放系数公式不能直接用于计算应变释放系数。残余应力越大，孔边塑性变形就越大，由塑性附加应变引起的测量误差也就越大，必须消除塑性附加应变的影响才能得到精确残余应力。研究应变释放系数塑性修正方法可降低附加应变影响，提高钻孔法的测量精度。在实际生产中，采用标定试验得出的应变释放系数比计算得出的应变释放系数更加准确，但是在经济性和便利性方面，计算方法显然更好[69]。

近年来随着计算机技术的发展，数值模拟方法得到广泛应用，提高了试验效率，使模拟结果的精度越来越高，已经成为实际生产中的可靠依据。侯海量等人[70] 使用数值模拟形状改变比能 S，修正应变释放系数，当应力大于 $0.75\sigma_s$ 时，偏差不大于 10%。刘一华等人[71] 在考虑加工硬化的情况下，对 304 不锈钢应变释放系数进行修正，误差小于 6%。通过科研人员的不懈努力，对孔边释放系数进行修正的研究已经可以在一定程度上使计算结果代替标定试验结果，降低经济成本，提高生产效率。

目前对应变释放系数 A、B 进行塑性修正的方法主要有如下几种[72]。

（1）基于孔边形状改变比能 S 的应变释放系数 A、B 修正法。形状改变比能 S 是可以反映材料变形的物理量，以形状改变比能 S 作为判断依据，该方法认为，当材料的形状改变比能 S 达到一定值时，孔边开始发生塑性变形。孔边发生塑性变形后，形状改变比能 S 和应变释放系数存在近似线性关系，用计算机进行数值拟合得到 S 和应变释放系数之间的函数关系，据此对应变释放系数进行修正。结果

表明,测量高残余应力时的误差可由修正前的 35% 减小到 2% 以下[73]。这种方法可大大减小测量高残余应力的误差,并且简单便利、修正精度较高,更适合用于实际工程中。

(2)应变释放系数 A、B 分级使用修正法。令应变释放系数 A、B 中包含由塑性变形引起的附加应变 ε_p,第 1 级为弹性范围内的 A、B,不含 ε_p,以后每 1 级 A、B 中包含一定量的 ε_p,用以抵消实测中相应应力水平下绝大部分的 ε_p。得到 A、B 与 σ_s 的关系曲线后,可以将 A、B 分级,然后使用分级之后的 A、B 计算具体应力。

(3)误差迭代计算修正法。根据弹性理论,受单向拉应力作用时,开通孔构件的应力集中系数为 3,当 $\sigma > 1/3\sigma_s$ 时,孔边由于应力集中超过屈服极限发生塑性变形。ε 表示实测的释放应变,ε_e 表示孔边无塑性变形时的纯弹性释放应变,ε_p 表示孔边塑性变形对应变量的影响,真实残余应变值 $\varepsilon_e = \varepsilon - \varepsilon_p$。由于实际计算中使用 ε 代替 ε_e,ε 在大拉力加载条件下与 σ 不是线性关系,就必然存在误差。采用迭代法首先将 ε 代入推导公式计算出 ε_p,再从 ε 中减去 ε_p,这样就得到比较接近 ε_e 的 ε,进而用修正过的 ε 重新算得 ε_p,再修正 ε。这样一次次地迭代逼近,即可求得真实的残余应变值 ε_e。进行 5～10 次迭代计算,可以使测试结果的最大误差减小到 2% 以下[74]。

(4)误差曲线修正法。在标定试验中对试样进行非常规的超载拉伸,一直加载到试件屈服变形、应变计松脱或示值异常为止,此时得到一条由线性过渡至非线性的应力-应变曲线。使用测得的释放应变和线性段计算得出的应变释放系数 A、B 计算主应力 σ_1',以 σ_1' 相对于实际加载应力 σ 的相对百分误差 $(\sigma_1' - \sigma)/\sigma_1 \times 100\%$ 为纵坐标,以无量纲应力 σ_1'/σ_s 为横坐标,画出标定试验误差曲线,对此曲线进行回归整理得到形式如 $\sigma_1 = f(\sigma_1', \sigma_1'/\sigma_s)$ 的经验方程,即可使用此经验方程进行修正[75],但是经验公式只适用于残余应力较大的情况。

(5)用 σ-ε 直线的斜率求应变释放系数 A、B 法。释放应变与应力在弹性范围内是线性关系,释放应变 $\varepsilon_1 = b_1\sigma$,$\varepsilon_3 = b_3\sigma$,$b_1$ 为试件纵向应力-纵向应变直线的斜率 $(A+B)$,b_3 为试件横向应变-纵向应力直线的斜率 $(A-B)$。开孔后孔边产生附加塑性应变 ε_r,相当于附加一个初始应变值,则实际测量应变 $\varepsilon_1' = b_1\sigma + \varepsilon_r$,$\varepsilon_3' = b_3\sigma + \varepsilon_r$。当应变片、孔径、孔深一定时,附加塑性应变值为常数,附加塑性应变值对 b_1、b_3 没有影响,只影响 σ-ε 直线的位置而不影响斜率,所以也就不影响应变释放系数 A、B[76]。用这种方法求应变释放系数,可避开塑性应变对 A、B 的影响,提高精度,减小读数误差,节省标定材料和时间。

3)钻孔法测量残余应力的开孔方法简介

(1)钻孔开孔法。

钻孔开孔法是钻孔法残余应力测试中最简单的开孔方式,在我国目前实际生产中得到广泛应用[73]。该方法采用普通的麻花钻,对中定位支架可将钻头可靠固定在不同构件的平面、曲面、角焊缝、直角边等进行定位钻孔,操作简单,易于掌握,尤其适用于现场测量。麻花钻适用于低碳钢、合金钢等材料,但是在对不锈钢材料进行钻孔时寿命会大大缩短,普通钻头的寿命只有 5 个孔/根[77]。

钻孔开孔法的优点是测量方便、操作简单、设备价格便宜,缺点是在钻孔时孔壁由于受到钻头挤压会发生塑性变形产生附加加工应变,影响残余应力测量精度。可以通过优化开孔过程减小附加加工应变,例如,采用分次扩孔法并且在钻最终孔时减小钻机的转速,这样就可以明显减小附加加工应变。在实际生产中常采用直接从所测得的释放应变中减去试验标定的附加加工应变的方法来消除附加加工应变,但是这种方法很不科学,尤其是在测量接近或达到屈服强度的焊接残余应力时精度更低。

(2)喷砂开孔法。

喷砂开孔法的原理是利用混合细砂粉的气流通过旋转的喷嘴对应变片中心逐步磨蚀。这种开孔方法由于切削量很小,并且自身的气流带走磨蚀热,因此开孔引起的加工应变很小。调节喷嘴旋转的偏心距可以产生不同孔径的孔,开大孔时切割形成环槽,开小孔时环槽芯部不明显。调节喷嘴和构件表面的距离,可以改变开孔的速度。磨削过的粉尘通过装置上的出口被吸尘器吸走。喷砂开孔的优点是开孔不受材料限制,能在高硬度钢、不锈钢、陶瓷及玻璃等材料上开孔,并且加工应变很小,可以大幅度提高测量精度。其缺点是操作过程比较复杂,不如钻孔装置简单,气流开孔方法会导致孔壁不完全垂直于构件,对测量精度造成一定影响,对于较软材料的孔的形状和深度不能精确控制,不适用于有应力梯度构件的测试[78]。

(3)高速透平铣孔。

高速透平铣孔是标准 ASTM E837-08 推荐的钻孔法钻孔方式之一。高速透平铣孔装置的工作原理:使用压缩空气驱动高速气动涡轮机来带动特制的倒锥形碳化钨铣刀以 400 000 r/min 的转速切削铣孔,分步进给,直至达到所需钻孔深度,并记录下应变花在每一步进给产生的应变和孔的实际直径,选定合适的方法来计算残余应力的大小,调节铣刀偏心,可改变开孔孔径。高速透平铣孔的优势在于:可以在标准金属(钢、铝、铸铁)、非标准金属(钛、高强度钢)、塑料和复合材料等上面开孔,在使用方面比喷砂开孔法方便。由于铣孔转速大、进刀量小以及采用特殊的倒锥形碳化钨铣刀,高速透平铣孔很容易开孔且几乎不引入新的加工应变。因此高速透平铣孔成为发达国家应用较多的钻孔法测量残余应力的开孔方法,但是目前由于设备成本高、现场准备程序多,在我国生产实践中应用较少。

4)其他影响因素

影响钻孔法测量残余应力精度的因素很多,为了得到比较精确的结果,需要对整个测试过程进行优化,以使其更加合理。钻孔后,孔附近应力场重新分布会影响相邻孔的应力场,所以合理设置孔间距和孔至边界的距离非常重要。裴怡等人的研究表明,孔与孔横向的最小间距取 5 倍的孔径,孔与孔纵向的最小间距取

10 倍的孔径,且边界与孔的最小间距取 3 倍的孔径,可以保证比较好的测量精度,边界及相邻孔的影响所引起的误差不超过 2%～3%[79]。

钻孔时产生的热量也会影响结果的精确性,在实际生产中为保证效率,往往停钻后间隔很短时间就开始测量,所得数据的精确性得不到保证,所以对测试读数时间仍需要做深入细致的研究。研究认为,钻孔后恢复到初始温度需要 20 min 左右,测试过程为:在这段时间内每隔一定时间(5～10 min)测量一次,直到相邻 2 次读数相差 1～2 $\mu\varepsilon$ 或相同时方可结束测量[80]。但不同的材料所经历的热作用、组织转变不同,传热能力也有相当大的差异,所以一种材料的应变值稳定时间不一定适用于其他材料。普通碳素钢在 20 min 时测试可能是合适的,但是对于厚壁或焊后有马氏体、贝氏体等固态相变或热物理性能与碳素钢相差较大的材料,就需要适当延长测试取值时间以保证精度[81]。

应变片在测量现场需人工粘贴,如果粘贴方位的精确度不能得到保证,则会直接影响测量精度,误差占力传感器测量误差的 5%～10%[82]。应变片的粘贴质量也会影响结果精确性和可靠性,粘贴质量不高,很可能会使结果失真,所以应当严格按照步骤粘贴,并在完成后仔细检查以确保粘贴质量。钻孔法的精确性还取决于常数标定的精确性、应变仪精准度、孔位偏移、孔深和钻孔速度等。

由于残余应力会对产品质量产生影响,残余应力测量方法的研究和应用受到广泛重视。科研人员在应变释放系数 A、B 的数值计算修正和试验标定上做了大量的研究工作,使测量方法的准确性得到了一定提高。一些新的残余应力测量方法也在研究之中,例如采用激光干涉技术代替应变花测量钻孔法中的释放应变,这种方法的优点是可以测量小孔附近整个应变场的变化,并且能够非常直观地显示出连续残余应力场,但价格昂贵,商业化使用成本高昂。钻孔法中的应力释放属于部分释放,释放应变测量灵敏度只有剖分法的 25%,因此钻孔法测量精度低,不适用于测量低水平残余应力,而且测量的仅仅是表面附近的残余应力,无法测量材料内部的残余应力。这都需要研究人员做更多的努力进行改进,使钻孔法的可靠性进一步提高。

2. X 射线衍射法

X 射线衍射法基于弹性力学及 X 射线晶体学理论。对于理想的多晶体,在无应力的状态下,不同方位的同族晶面间距相等,而当存在一定的表面残余应力时,不同晶粒的同族晶面间距随晶面方位及应力的大小发生有规律的变化,使 X 射线衍射谱线发生位偏移,根据位偏移的大小即可计算残余应力[83]。1961 年,德国的 Machearauch 提出了 X 射线应力测定的 sin2ψ 法,使应力测定的实际应用向前迈进了一大步;随后 Cheekier 将其简化成 0～45°法,简化了测量步骤,颇受欢迎,日本学者成功地设计了 X 射线应力测定仪,对残余应力测量方法的发展做出了巨大贡献。国内学者对 X 射线应力测定的研究是从 20 世纪 60 年代中期开始的,在 20 世纪 70 年代初期,北京机电研究所就研制成功了我国第一代 X 射线应力测定仪[84]。

X 射线衍射法是测量涂层残余应力最可靠和最实用的方法之一,它对涂层表面应力敏感,不破坏样品,是一种无损的测量方法,由于测量手段简单,准确度较高,在热喷涂涂层中得到了广泛的应用[85]。其基本原理是多晶材料存在残余应力时,应力的作用使晶面间距发生变化,相应的衍射峰也将产生位移。以测量的衍射线位移作为原始数据,所测得的结果实际上是残余应变,由于存在残余应力,晶格发生畸变,晶格常数发生变化,根据 Bragg 衍射公式[86]

$$2d\sin\theta=\lambda \tag{7-41}$$

涂层材料的晶面间距确定后,可得涂层应力[87]:

$$\sigma=\frac{E}{2\nu}\varepsilon=\frac{E}{2\nu}\frac{d_0-d}{d} \tag{7-42}$$

式中:E 为沉积材料的杨氏模量;ε 是涂层应变;ν 为泊松比;d_0 为晶面间距。

由于 X 射线衍射法具有无损性,这种方法在焊接结构残余应力测量中的应用十分广泛。例如,采用 X 射线衍射法测量不锈钢管焊件内表面的残余应力,采用阶梯状钻孔法和 XRD 两种方法对不同焊接方法的残余应力进行了对比和分析[88],测量 WASPALOY 合金的电子束焊板的残余应力[89]等。近年来,在国内,X 射线衍射法的应用研究也很活跃,对采用 X 射线衍射法测量经感应加热淬火后的 45 号钢试样内部的残余应力的原理和方法也进行了研究[90];张亦良等人[91]采用 X 射线衍射法对液化石油气球罐的残余应力进行测量,以分析球罐裂纹与残余应力水平的关系。

X 射线衍射法是通过直接测量晶体的原子间距得到构件的变形信息的,因此具有较高的精度。然而,这种方法难以应用于粗晶等材料,某些材料很难找到衍射面,X 射线测试设备也比较复杂。由于穿透深度极浅,在测量内部应力时必须剥层。例如,为研究大锻件淬火残余应力的形成和分布规律,通过对大截面试样的逐次剥层测定了 18Cr2Ni4W 钢 60 mm 和 100 mm 试样中淬火残余应力的分布。为获知内部残余应力,从对构件破坏性角度来看,X 射线衍射法是有损检测法。

3. 曲率法

曲率法通过曲率和应力之间的关系测量残余应力,通常用于测量涂层和基体中的残余应力。在基体上生成涂层将产生残余应力,随着涂层的增加,曲率发生变化,通过曲率的变化就可以计算出残余应力的大小,通常采用 Stoney 方程来计算,在双层材料中应用较多的是 Brenner 和 Senderoff[92]表达式。这些公式对 Stoney 方程做了进一步修正。Stoney 方程的优点在于参数中只使用基体的弹性模量,没有使用涂层的弹性模量,而涂层的弹性模量受喷涂过程中的各种参数影响,在喷涂前后变化很大,测量比较困难[93]。曲率法可以分为接触法和非接触法。接触法主要有应变仪和轮廓测定法,非接触法主要有光学、激光扫描、栅格和双晶衍射拓扑测定法。利用这些方法来测定曲率可以达到 0.1 mm 的精度。通常将试样制备成窄条状,以避免产生多轴向曲率和力学不稳定性。但是如果涂层相对基体过薄就不能反映出正应力的变化梯度[94]。Deng 等人[95]采用曲率法测量了类金刚石碳膜(diamond-like carbon)的残余应力。Vijgen 等人[96]及 Tran 等人[97]采用薄箔法(thin foil method),将涂层喷涂到圆形不锈钢薄箔上,再截面成窄条测试从而测出残余应力的分布。Chen 采用 Brenner 和 Senderoff 的表达式来计算涂层的残余应力,并与 X 射线衍射法的测试结果进行对比。曲率法得到的结果是平均应力,精度比较低($\pm$30 MPa),只能进行粗略测量。单纯使用传统的曲率法的应用范围也受到限制,难以测量小曲率试样,需要对测量和计算方法进行改进。

4. 超声波法

超声波法建立在声弹性理论基础上,利用超声波波速与应力之间的关系来测量残余应力。无应力作用时,超声波在各向同性的弹性体内的传播速度与有应力作用时的传播速度不同[98]。现有的超声波法主要有:声双折射法、表面波法、反射纵波法、电磁超声法、激光超声法和临界折射纵波法,其中临界折射纵波法最具发展前景。临界折射纵波是纵波以第一临界角入射时产生的特殊模式,其传播模式如图 7-29 所示,其具有表面波和体波的特性且对应力变化非常敏感,所以在一些特殊应用中具有更优越的性能。早期波兰学者利用该技术成功地测量了钢轧制造时产生的应力及钢轧安装在路基上后由于热作用产生的应力,并取得了一定成效;Bray 等人[99]探讨了织构对临界折射纵波的影响,研究表明临界折射纵波对织构不敏感;Fukuoka 等人[100]用超声波法测定了圆盘镶嵌试样的焊接应力分布。

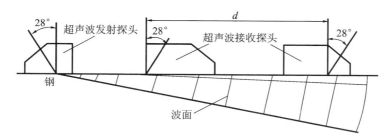

图 7-29　临界折射纵波的传播模式

在国内,虞付进等人[101]利用自制的基于临界折射纵波法测应力系统在轧辊上进行试验,将临界折射纵波法与目前相对成熟的 X 射线衍射法和盲孔法进行对比,进而评价超声波法的准确性和可靠性,研究表明这 3 种方法所测得的结果具有较好的一致性。贺玲凤等人[102]介绍了利用激光超声和瑞利波测量残余应力的方法及主要的测量装置,描述了采用这种方法对轧制 H 型钢残余应力进行测量的过程,并对测量结果进行了分析;路浩等人[103]使用特制变角度超声波探头,以对应力变化敏感的临界折射纵波为测量波形,对低碳钢双丝焊对接平板横向残余应力场进行了测量。

近年来,超声波法仍处于试验研究阶段,由于超声波法受到材料性能、工件形状和组织结构的影响,其灵敏度较低,为了测定介质中的声速变化,必须用高灵敏度的设备和仪器,测定过程比较烦琐[84]。

超声波法的优点有:原理简单、设备轻便,可实现现场或在役检测;方向性好,可以实行定向发射;可无损测量构件的表面应力和内部应力,且使用安全、无公害;其缺点是测量精度低。该方法适合测量大型构件的三维残余应力、热残余应力、螺栓应力和焊接应力,在工业生产、科研院所等中具有十分广阔的应用前景[83]。

7.3.3.2 光学法在残余应力测量中的应用

大多数光学法都是结合机械方法如曲率法、钻孔法等对残余应力进行测量的,或者利用温度及载荷的变化造成的残余应力发生改变,从而测量其变化趋势。光学法具有实时、全场的特点,在很多领域有着广泛的应用。在力学测试应用中光学法的基本特征是:以被测试件的光学条纹图像显示出所研究的结构物内的力学量的大小和分布规律。它是一种全场性的测量法,因此用这种方法能了解到结构物内应力(或位移)分布的全貌;能清晰地反映应力集中现象,立即得到应力集中系数,能容易地定出最大应力值及其所在位置,能方便地获得结构物的边界应力值;直观性强,一目了然,也可以逐点求出应力或位移,求出任意位置的应力或位移。由于不需要在结构物上直接安装传感器或其他测试装置,因此它属于非接触式测量法,也属于非破坏性测量法,获得的图像可长期储存,供日后研究复核[104]。光测力学的主要手段有云纹干涉法、散斑干涉法和光激发荧光谱技术,在涂层残余应力的测试工作中,光学法的应用也越来越广泛。

1. 云纹干涉法

云纹干涉法就是利用两组栅线重叠时发生干涉形成的条纹,来测量物体位移场或应变场的光测方法。云纹干涉法的特点是:设备简单,操作方便,图像清晰,实时性强,对材料无特殊要求,既可用于模型试验,又可用于现场实测,适用于研究弹塑性、静动态和常高温等问题,在断裂力学、复合材料力学、机械制造及生物医学工程等学科中有着重要的应用。但是传统云纹干涉法具有栅线密度小、精度较低的缺点。由于云纹干涉法采用栅线密度为 600~1200 线/毫米甚至超过2 000 线/毫米的高密度衍射光栅作为试件栅,其灵敏度可达到波长量级,是传统云纹干涉法的灵敏度的 30~120 倍[105]。与电测法相比,云纹干涉法中光栅(贴片)的面积大,计算点多,能求出应变场。云纹干涉法的图形与光弹性试验的相似,但是对模型材料没有光学性能要求,而且计算方法不同[106]。

云纹干涉法的理论解释有两种:基于空间虚栅的几何干涉解释和基于现代光学理论的物理解释。前者是借助几何云纹法的基本思想对云纹干涉法进行简单描述,后者是基于光的波动性、衍射和波前干涉等原理对云纹干涉法进行科学的理论推导和解释。实际上,上述两种解释都存在两个角度不同的解释途径,即以 Post 等人[107] 的解释为代表的以空间几何为手段的解释途径,以及 Shield 和 Kim[108] 利用场论、张量等数学手段的解释途径。虽然解释途径不同,但是二者的本质是一致的,只是前者更直观易懂,后者更为严谨[109]。Post 等人[107] 采用波前干涉理论对云纹干涉法进行了理论上的解释,认为云纹干涉法的本质是从试件栅衍射出的翘曲波前相互干涉,产生代表位移等值线的干涉条纹,并进行了严格的理论推导和解释。

清华大学戴福隆教授等人[110] 提出用云纹干涉法测量的位移信息代替应变片测量的应变信息来确定残余应力,然后用有限元方法建立位移与残余应力间的关系;并开发了一种可现场测量残余应力的便携式云纹干涉钻孔系统,用该系统测量了铝合金激光焊接接头的残余应力。

2. 散斑干涉法

散斑干涉法记录随机分布的散斑场,并定量地分析散斑场的变化,要求被测量的物体表面是漫反射表面。相干光照射到漫反射表面后的反射光干涉形成散斑,记录散斑场就可得出位移的变化值[111]。Habib[112] 利用错位散斑干涉法测量了温度变化导致的金属与涂层之间变形的差异。

3. 光激发荧光谱技术

光激发荧光谱技术是一种无损光测力学技术,利用 Al_2O_3 中痕量的 Cr^{3+} 在光激发下激发态的 d^3 电子衰减发出荧光。对于不同的 Al_2O_3 相结构,Cr^{3+} 占据的空间位置不同,其相应的荧光谱线不同,d^3 电子衰减发出的荧光产生双峰型的特征荧光谱 R_1 和 R_2,在无应力状态它们的频率位置分别为 $14\ 402\ cm^{-1}$ 和 $14\ 432\ cm^{-1}$。在热生长 $\alpha\text{-}Al_2O_3$ 膜中通常掺杂微量的 Cr^{3+},而当氧化膜存在应力时,谱线的频率位置就会发生偏移,根据偏移值就可计算出氧化膜中的应力。Clarke 小组[113] 对光激发荧光谱技术做了大量开拓性的工作,他们利用光激发压频谱(photoluminescence piezospectroscopy)技术对热障涂层的热生长氧化层(TGO)的残余应力进行测试[114]。彭晓等人[115-116] 对磁控溅射 CoCrAl(Y)纳米涂层在不同温度下的热生长 Al_2O_3 膜内的残余应力进行了分析。Schlichting 等人解决了 Cr^{3+} 光激发压频谱技术只能应用在柱状晶氧化物组织中而不能应用在存在大量微观缺陷的涂层中的问题,成功地测量了等离子喷涂热障涂层的残余应力。与 X 射线衍射法相比,光激发荧光谱技术效率高,可以在一定时间内完成大量的残余应力的测量工作,但是其应用受到了测试材料的限制,应用范围有限。

7.3.3.3　其他检测方法

1. 中子衍射法

中子衍射法可以直接获得内部残余应力分布同时又对测试对象无损。近年来国外对关于中子衍射法在残余应力测量中的应用研究也有报道,欧洲很重视中子衍射法规范研究，Mochizuki[117]用中子衍射法对碳钢管焊接接头沿层深的残余应力进行了分析和验证；Annibali[118]利用中子衍射法测量汽车齿轮中的残余应力以及 Al-Cu 冷焊过程中的残余应力，均取得了很大的进展。由于每次测量前都必须测出自由状态下的晶体晶格原子面间距或掠射角（也称作布拉格角），因此在实际残余应力的测量中，应用中子衍射法还存在许多困难，但是，对于试验用小试样或教学用实物模型，用中子衍射法测量残余应力是一种有效的手段。目前国内还没有与中子衍射法测量残余应力相关的研究与应用报道。

2. 磁测法

1975 年，Lord 首先在交变磁场中发现了镍杆中的磁声发射（MAE）现象；1979 年，日本学者 Kusanagi 等人研究了在低碳钢磁化过程中的 MAE 规律，提出了这种效应用于检测和评价工件表面残余应力的可行性；20 世纪 80 年代初期，Ono 与 Shihata 在 Kusanagi 工作的基础上，对磁测法进行了全面、系统的研究，提出了新 MAE 理论模型。国内学者也从应力状态的差异对 MAE 强度影响的角度对磁测法进行了应用研究。近年来，许承东等人[119]利用磁弹性方法测试了钢轨中残余应力的分布；江克斌等人[120]利用磁测法对 T 形焊接试件焊缝附近不同层深处的焊接残余应力进行了实际测量；刘小渝[121]利用磁测法测试出桥梁钢构件的焊接应力状况。

磁测法的基本原理是利用铁磁物质的磁致伸缩效应来测量应力，应力变化引起物体伸缩，从而导致磁通发生变化，并使感应器线圈的感应电流发生变化，由此可测量残余应力。目前磁记忆检测法、磁应力法、巴克豪森效应法和磁声发射法等应用较多，其中巴克豪森效应法相对成熟。该方法的优点是测量快、非接触测量、适合现场，缺点是可靠性和精度低、消耗能源、污染环境且仅能用于铁磁材料[122-123]。

3. 裂纹柔度法

裂纹柔度法基于线弹性断裂力学原理，在被测物体表面引入一条深度逐渐增大的裂纹来释放残余应力，通过测量对应不同裂纹深度指定点的应变释放量来测定相应的应变、位移等，进而分析和计算残余应力[98]。

1971 年，Vaidyanathan 和 Finnie 首先提出了裂纹柔度法，他们采用光弹性涂层法来测量不同深度处的应力强度因子，从而计算残余应力；1985 年，Cheng 和 Finnie 采用应变片来测量应变或位移，简化了试验和计算过程；2002 年，Prime 第一次将该方法用于测量铝合金厚板中的残余应力；2003—2004 年，王秋成等人分别对 7075 铝合金板中的残余应力进行了检测。在上述研究中由于没有对柔度函数的计算过程和插值函数阶数的选择进行探讨，结果的精确性受到严重影响，因此，唐志涛等人于 2007 年利用有限元方法得到了试样的裂纹柔度函数，考虑了应力不确定度的两个主要来源，并确定了最优的插值函数阶数（基于应力总不确定度最小化目标），经过计算得到了 45 mm 厚铝合金预拉伸板 7050-T7451 内部残余应力的分布规律[124]。

国内外在裂纹柔度法的误差分析、插值多项式选择、收敛和稳定性方面的研究甚少,所以开展误差理论研究对残余应力检测水平的提高具有重要意义。孙娟等人于 2009 年通过建立误差传递方程,分析误差传递规律和影响范围,为插值函数提供最佳收敛阶数和最小计算误差条件的评价方法,并通过试验验证了理论分析计算的合理性,结果表明,与逐层钻孔法和 X 射线衍射法相比,该方法具有更好的敏感性和精确度,特别适合测量板类构件的内部残余应力,具有很大的工程应用潜力,但对其适用范围及测试误差等还需进行深入研究[125]。

4. 剥层曲率半径法

硬质薄膜具有良好的耐磨、耐腐蚀等特性,因此其广泛应用于金属材料的防护,但研究发现,硬质薄膜的沉积态中存在较大的残余应力,且沿层深分布不均匀,因此精确测量硬质薄膜的残余应力,以及系统研究其与沉积工艺的关系,对优化硬质薄膜-基体系统的性能具有重要的意义。2008 年,赵升升等人在基片弯曲法的基础上,提出并研究了一种测量硬质薄膜残余应力的新方法——剥层曲率半径法,设计了一套高精度的光杠杆测量系统,用以测定基片的曲率半径,从而提高测量精度。剥层曲率半径法的基本原理是:采用双面镀膜(双面薄膜内应力共同作用,基片不会产生弯曲现象)的基片,用合适的化学腐蚀液对基片的一个面进行剥离,并利用光杠杆测量系统来测定剥离前后基片弯曲曲率半径的变化和薄膜厚度,利用推导公式即可得到残余应力。该方法消除了基片在镀膜过程中因塑性变形而产生的误差,精确地计算了硬质薄膜的平均残余应力,且测量结果可靠并有很好的重复性[126]。

5. 共振频率法

固支梁可有效地用于应力测试。如果该结构中存在残余拉应力,则选择弯曲测试方法;如果存在残余压应力时,则选择临界挠曲法。但是上述方法缺少独立测试的能力,需要配合应力性质的测试方法,因此,徐临燕等人提出了共振频率法,该方法基于显微激光多普勒技术,其基本原理是:基于横向弯曲振动理论建立轴向力作用下固支梁的振动偏微分方程,利用轴向力的拉压性质来求解方程的唯一解形式;再根据固支梁的应力状况选择计算残余应力的方法(最优化方法或数值迭代方法)。他们用该方法测量了用 PECVD 方法加工制备的 SiC-W 双层固支梁谐振器的残余应力,并结合有限元模态分析方法验证了计算结果的正确性,最后采用 MicroLD 测振系统测试谐振器的幅频响应特性。结果表明:被测固支梁的平均残余应力分散性较大,即加工工艺不能消除结构内的残余应力,且无法控制残余应力的均匀性[127]。

6. 纳米压痕技术

随着微电子技术和微系统的发展,纳米压痕技术应运而生,该技术具有无损、可在很小的局部范围内测试材料力学性能等优点。通过压痕试验可连续测定材料的载荷-位移曲线,如图 7-30 所示,进而评定其硬度、弹性模量、塑性等性能[128]。纳米压痕技术的常用理论和方法有经典力学方法(Olive 和 Pharr 方法)、应变梯度塑性理论、Hainsworth 方法、体积比重法和分子动力学模拟方法。压痕残余应力测定法是采用硬度试验方法,借鉴盲孔法的应变测量思想,根据应力场干涉理论而形成的一种全新的残余应力测量方法。纳米压痕技术的显著特点在于其极高的力分辨率和位移分辨率,能连续记录加载和卸载期间载荷和位移的变化(见图7-30),因此该技术能够测量薄膜材料力学性能,此外该技术还在微机电系统中微构件、薄膜涂层、特殊功能材料和生物组织等的力学性能研究中得到了广泛应用[129-131]。目前,国际上该方法用得较多的是球型压头,相应的理论和试验较成熟。在国内,2008 年,章莎等人用纳米压痕技术测量了电沉积镍镀层的残余应力,用两种理论模型对 5 种电沉积镍镀层中不同压痕深度处的残余应力进行了测量,并将所得结果与 X 射线衍射法的测量结果进行了比较,结果表明,两种结果相近[132]。庞爽等人[133]采用 KJS-3 型压痕应力测试仪,对激光沉积 ZL114A 合金修复试样退火前后残余应力进行测量,研究退火对修复试样残余应力的降低程度。根据修复试样的轻微翘曲现象,判断修复试样的残余应力较大聚集区域应位于修复区与基体结合区域附近。因此,应力检测点选在距修复区与基体结合面 5 mm处的位置。来佑彬等人[134]为了研究 TA15(Ti-6.5Al-1Mo-1V-2Zr)粉末激光成形基板残余应力的影响因素,成形出 19 个不同工艺参数的试件,采用压痕法分别对其残余应力进行测量,总结了激光功率、送粉速度、激光扫描速度、成形层数、扫描转角等参数对基板残余应力的影响。

7. 计算机模拟分析残余应力

由于试验方法费用较高且消耗时间较长,因此有学者提出用计算机模拟技术分析残余应力,该技术不仅可以计算给定条件下的残余应力场,还可以研究残余应力的形成与演化规律。李金魁等人利用有限元方法计算了不同喷丸强化工艺下的残余应力场,并在此基础上建立了残余拉/压应力之间的经验关系;郭万林针对不同材料的孔冷挤压强化的残余应力分布状态,采用计算机仿真方法进行了相关研究。2006 年,谭森在微纳

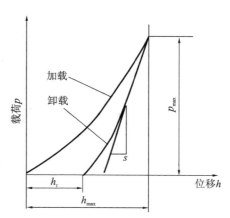

图 7-30　典型的载荷-位移曲线

米压痕试验基础上,结合有限元仿真分析测量了材料表面残余应力,研究结果证明了有限元仿真压痕试验结果的可靠性和微纳尺度下利用压痕法测量材料表面残余应力的可行性[125]。2007 年,丁辉介绍了多尺度仿真方法的基本原理及主要技术,验证了多尺度仿真方法应用在纳米级介质力学上的有效性,并将其运用到

超精密切削过程中,实现了超精密切削的多尺度仿真程序;然后提出了一种用于测量切削表面残余应力的算法,并将其在 MATLAB 平台上实现,对仿真数据进行处理,得到不用切削参数下的残余应力幅值及残余应力所达到的深度值,并采用回归分析方法得到了残余应力幅值及残余应力深度回归方程[135]。

7.3.3.4　发展趋势

目前钻孔法技术成熟、理论完善,能较有效地测量残余应力,但其具有破坏性、检测设备装拆不便且达不到实时测量要求的缺点,所以该方法的发展空间受到限制;X 射线衍射法是具有代表性的无损测量残余应力技术,但其成本较高、对被测物体的表面状况有较严格的要求;计算机模拟技术的仿真模型小且耗时。而一些新方法则需要昂贵的设备,试验条件复杂且理论基础不完备,发展较慢。由此可见,残余应力测量方法的重要发展趋势是无损、精度高且廉价、绿色环保、可在线测量。

参 考 文 献

[1] 叶进余.基于数据驱动的激光增材制造熔池温度预测控制[D].长沙:湖南大学,2016.

[2] 张尧成.激光熔覆 INCONEL 718 合金涂层的成分偏聚与强化机理研究[D].上海:上海交通大学,2013.

[3] 宋天民.焊接残余应力的产生与消除[M].北京:中国石化出版社,2006.

[4] 赵宇辉,王志国,龙雨,等.Inconel 625 镍基高温合金激光增材制造熔池温度影响因素研究[J].应用激光,2015,35(2):137-144.

[5] 周广才,孙康错,邓琦林.激光熔覆中的控制问题[J].电加工与模具,2004(2):39-42.

[6] SALEHI D,BRANDT M. Melt pool temperature control using LabVIEW in Nd:YAG laser blown powder cladding process[J]. International Journal of Advanced Manufacturing Technology,2006,29(3):273-278.

[7] 祝柏林,胡木林,陈俐,等.激光熔覆层开裂问题的研究现状[J].金属热处理,2000(7):1-4.

[8] 胡晓冬,于成松,姚建华.激光熔覆熔池温度监测与控制系统的研究现状[J].激光与光电子学进展,2013,50(12):31-37.

[9] 魏彬.激光熔池温度场监测装置的设计与研制[D].沈阳:沈阳航空工业学院,2009.

[10] 戴锅生.传热学[M].2 版.北京:高等教育出版社,1999.

[11] 张英余.2Cr13 不锈钢轴套激光熔覆制造技术与工艺研究[D].太原:中北大

学,2013.

[12] 杨毅. 激光直接快速成形金属零件的机理及工艺研究[D]. 衡阳:南华大学,2006.

[13] 李守卫. 多组元金属粉末选择性激光烧结数值模拟及试验研究[D]. 南京:南京航空航天大学,2006.

[14] 张剑峰. Ni基金属粉末激光直接烧结成形及关键技术研究[D]. 南京:南京航空航天大学,2002.

[15] 闫旭日,颜永年,张人佶,等. 分层实体制造中层间应力和翘曲变形的研究[J]. 机械工程学报,2003,39(5):36-40.

[16] 谭华. 激光快速成形过程温度测量及组织控制研究[D]. 西安:西北工业大学,2005.

[17] 王宇宁. 激光熔池温度场检测技术研究[D]. 沈阳:沈阳工业大学,2009.

[18] 王魁汉. 温度测量技术的现状与展望(下)[J]. 基础自动化,1997(2):1-6.

[19] 李延民,刘振侠,杨海欧,等. 激光多层涂敷过程中的温度场测量与数值模拟[J]. 金属学报,2003(5):521-525.

[20] GRIFFITH M L,SCHLIENGER M E,HARWELL L D,et a1. Understanding thermal behavior in the LENS process[J]. Materials & Design,1999,20(2/3):107-113.

[21] HU Y P,CHEN C W,MUKHERJEE K. Measurement of temperature disrtributions during laser cladding process[J]. Journal of Laser Applications,2000,12(3): 126-130.

[22] 陈钟. 激光熔覆熔池温度的测量[D]. 苏州:苏州大学,2006.

[23] 宁国庆,钟敏霖,杨林,等. 激光直接制造金属零件过程的闭环控制研究[J]. 应用激光,2002(2):172-176.

[24] 周广才,孙康锴,邓琦林. 激光熔覆中的控制问题[J]. 电加工与模具,2004(2):39-42.

[25] 周佳平. 激光沉积制造应力演化及其控制[D]. 沈阳:沈阳航空航天大学,2016.

[26] BI G J,GASSER A,WISSENBACH K,et al. Identification and qualification of temperature signal for monitoring and control in laser cladding[J]. Optics and Lasers in Engineering,2006,44(12):1348-1359.

[27] SMUROV I,DOUBENSKAIA M,GRIGORIEV S N,et a1. Optical monitoring in laser cladding of Ti6Al4V[J]. Journal of Thermal Spray Technology,2012,21(6):1357-1362.

[28] DOUBENSKAIA M,PAVLOV M,GRIGORIEV S,et al. Definition of brightness temperature and restoration of true temperature in laser cladding

using infrared camera[J]. Surface and Coatings Technology, 2013, 220: 244-247.

[29] HAGQVIST P, SIKSTRÖM F, CHRISTIANSSON A K. Emissivity estimation for high temperature radiation pyrometry on Ti-6Al-4V[J]. Measurement, 2013, 46(2): 871-880.

[30] HAND D P, FOX M D T, HARAN F M, et al. Optical focus control system for laser welding and direct casting[J]. Optics and Lasers in Engineering, 2000, 34(4/5/6): 415-427.

[31] LIN J, STEEN W M. An in-process method for the inverse estimation of the powder catchment efficiency during laser cladding[J]. Optics & Laser Technology, 1998, 30(2): 77-84.

[32] HU D, KOVACEVIC R. Modelling and measuring the thermal behaviour of the molten pool in closed-loop controlled laser-based additive manufacturing [J]. Proceedings of the Institution of Mechanical Engineers Part B Jounal of Engineering Manufacture, 2003, 217(4): 441-452.

[33] KEANINI R G, ALLGOOD C A. Measurement of time varying temperature fields using visible imaging CCD cameras[J]. International Communications in Heat and Mass Transfer, 1996, 23(3): 305-314.

[34] HSU K Y, CHEN L D. An experimental investigation of Li and SF_6 wick combustion[J]. Combustion and Flame, 1995, 102(1/2): 73-86.

[35] SKARMAN B, BECKER J, WOZNIAK K. Simultaneous 3D-PIV and temperature measurements using a new CCD-based holographic interferometer [J]. Flow Measurement and Instrumentation, 1996, 7(1): 1-6.

[36] SKARMAN B, WOZNIAK K, BECKER J. Digital in-line holography for the analysis of Bénard-convection[J]. Flow Measurement and Instrumentation, 1999, 10(2): 91-97.

[37] AZAMI T, NAKAMURA S, HIBIYA T. Observation of periodic thermocapillary flow in a molten silicon bridge by using non-contact temperature measurements[J]. Journal of Crystal Growth, 2001, 231(1/2): 82-88.

[38] MANCA D, ROVAGLIO M. Infrared thermographic image processing for the operation and control of heterogeneous combustion chambers[J]. Combustion and Flame, 2002, 130(4): 277-297.

[39] HÖHMANN C, STEPHAN P. Microscale temperature measurement at an evaporating liquid meniscus[J]. Experimental Thermal and Fluid Science, 2002, 26(2/3/4): 157-162.

[40] SUTTER G, FAURE L, MOLINARI A, et al. An experimental technique

for the measurement of temperature fields for the orthogonal cutting in high speed machining[J]. International Journal of Machine Tools and Manufacture,2003,43(7):671-678.

[41] 姜淑娟,刘伟军. 利用图像比色法进行激光熔池温度场实时检测的研究[J]. 信息与控制,2008,37(6):747-750.

[42] 雷剑波.基于 CCD 的激光再制造熔池温度场检测研究[D]. 天津:天津工业大学,2007.

[43] 雷剑波,杨洗陈,王云山,等. 激光再制造熔池温度场检测与控制方案研究[J].天津工业大学学报,2003,22(5):56-58.

[44] BIRGER E M,MOSKVITIN G V,POLYAKOV A N,et al. Industrial laser cladding:current state and future[J]. Welding International,2011,25(3):234-243.

[45] 刘林波,张亮,邓德军. 激光快速成形技术在发动机上的应用[J].航天制造技术,2014(1):6-8.

[46] 马浩. 压片预置式激光熔覆涂层温度场及应力场仿真研究[D].南京:南京航空航天大学,2009.

[47] 卞宏友,王婷,王维,等. 激光沉积成形工艺参数对熔池温度及成形尺寸的影响[J].应用激光,2013,33(3):239-244.

[48] 胥橙庭,沈以赴,顾冬冬,等.选择性激光烧结成形温度场的研究进展[J].铸造,2004,53(7):511-515.

[49] 李守卫. 多组元金属粉末选择性激光烧结数值模拟及试验研究[D].南京:南京航空航天大学,2006.

[50] 白培康,程军,刘斌,等. 粉末材料激光烧结过程温度场的测试系统[J].仪器仪表学报,2004(S1):433-434.

[51] 邢键,孙晓刚,周琛,等. 红外激光烧结瞬态温度场的模拟和测量[J].哈尔滨工程大学学报,2011,32(7):965-968.

[52] 李苗,任伟新,胡异丁,等. 基于解析模态分解法的桥梁动态应变监测数据温度影响的分离[J].振动与冲击,2012,31(21):6-10.

[53] 吴宗岱,陶宝祺.应变电测原理及技术[M].北京:国防工业出版社,1982.

[54] 谢闰根,刘刚.用神经网络实现应变片温度补偿[J].江西教育学院学报,2007,28(3):22-25.

[55] 叶迎西.瞬态热载荷下电阻应变片热输出的有限元仿真研究[D].沈阳:沈阳航空航天大学,2013.

[56] 陈科山,王燕.现代测试技术[M].北京:北京大学出版社,2011.

[57] 刘梓才,喻丹萍,李锡华,等. 不同测试方法下高温应变片热输出分析[J].核技术,2013,36(4):189-192.

[58] 尹福炎. 瞬态加热条件下高温应变计测量误差的修正方法[J]. 强度与环境，2005(1):36-42.

[59] 李丽霞,蒋军亮,郝庆瑞,等. 某种高温合金 550 ℃高温应变测试[J]. 应用力学学报,2015,32(3):378-383.

[60] 王文瑞,张佳明,聂帅. 高温应变接触式测量精度影响因素研究[J]. 固体火箭技术,2015,38(3):439-444.

[61] 郑秀瑗,谢大吉. 应力应变电测技术[M]. 北京:国防工业出版社,1985.

[62] 吕永超,杨双根. 电子设备热分析、热设计及热测试技术综述及最新进展[J]. 电子机械工程,2007,23(1):5-10.

[63] YANG T T,QIAO X G,RONG Q Z,et al. Fiber bragg gratings inscriptions in multimode fiber using 800 nm femtosecond laser for high-temperature strain measurement[J]. Optics & Laser Technology,2017,93:138-142.

[64] XIONG L X. Uniaxial dynamic mechanical properties of tunnel lining concrete under moderate-low strain rate after high temperature[J]. Archives of Civil Engineering,2015,61(2):35-52.

[65] LIU Y M,CAI Q M,LOU J. Research on FBG high temperature sensor used for strain monitoring[J]. Applied Mechanics and Materials,2013,342(2):851-855.

[66] 杨健,黄卫东,陈静,等. 激光快速成形金属零件的残余应力[J]. 应用激光,2004,24(1):5-8.

[67] MATHAR J. Determination of inherent stresses by measuring deformations of drilled holes[J]. Trans ASME,1934(4):249-254.

[68] ASTM Committee. ASTM E837-08. Standard Test Method for Determining Residual Stressess by the Hole-Drilling Strain-Gauge Method [S]. 2008.

[69] 李荣锋,祝时昌,陈亮山. 小孔法测量 Cr-Ni 奥氏体不锈钢焊接残余应力的适用性研究[J]. 钢铁研究,1999,11(5):43-45.

[70] 侯海量,朱锡,刘润泉. 盲孔法测量焊接残余应力应变释放系数的有限元分析[J]. 机械强度,2003,25(6):632-636.

[71] 刘一华,贺赟晖,詹春晓,等. 盲孔法中释放系数的数值计算方法[J]. 机械强度,2008,30(1):33-36.

[72] 刘晓红,苏文桂,张运泉,等. 屈服状态下盲孔法测量残余应力孔边应变释放系数修正[J]. 铸造技术,2010,31(1):36-39.

[73] 赵海燕,裴怡,史耀武,等.用小孔释放法测量焊接高残余应力时孔边塑性变形对测量精度的影响及修正方法[J]. 机械强度,1996,18(3):17-20.

[74] 李广铎,刘柏梁,李本远. 孔边塑性变形对测定焊接残余应力精度的影响

[J].焊接学报,1986,7(2):87-93.

[75] 李栋才,袁海斌,周好斌,等.用误差曲线法修正焊接应力测量误差[J].石油机械,1997,25(8):13-15.

[76] 闫淑芝,于向军,王玉梅.残余应力测试中释放系数标定的新方法[J].吉林工业大学学报,1995,25(2):49-54.

[77] 李荣锋,陈亮山,祝时昌.Cr-Ni奥氏体不锈钢焊接残余应力小孔法测量技术[J].钢铁研究,1996(6):31-33.

[78] 朱东,廖泽沛,陈惠南.测定残余应力的喷砂打孔法[J].机械强度,1986,8(4):40-49.

[79] 裴怡,包亚峰,唐慕尧,等.盲孔法测量精度的研究——边界及孔间距的影响[J].焊接学报,1994,15(3):191-195.

[80] 唐慕尧.焊接测试技术[M].北京:机械工业出版社,1988.

[81] 游敏,郑小玲,王福德,等.盲孔法测定焊接残余应力适宜测试时间研究[J].武汉水利电力大学(宜昌)学报,1999,21(1):54-57.

[82] 刘迎春,叶湘宾.传感器原理、设计与应用[M].4版.长沙:国防科技大学出版社,2002.

[83] 刘伟香,周忠于.纳米结构陶瓷涂层的磨削表面残余应力的X衍射测定法[J].湖南理工学院学报(自然科学版),2007,20(3):70-72.

[84] 王庆明,孙渊.残余应力测试技术的进展与动向[J].机电工程,2011,28(1):11-15.

[85] 伍超群,周克崧,邓畅光,等.浅谈热喷涂涂层残余应力的测试技术[J].表面技术,2005,34(5):82-90.

[86] 邱绍宇.聚变堆第一壁涂层材料TiC和TiN的残余应力研究[J].核动力工程,1997,18(1):47-52.

[87] 胡爱萍,孔德军,朱伟.TiN涂层残余应力对其界面结合强度的影响[J].工具技术,2008,42(11):34-36.

[88] LU J,BOUHELIER C,LIEURADE H P,et al. Study of residual welding stress using the step-step hole drilling and X-ray diffraction method[J]. Welding in the World,1994,33(2):118-128.

[89] STONE H J,WITHERS P J,ROBERTS S M,et al. Comparison of three different techniques for measuring the residual stresses in an electron beam-welded plate of WASPALOY[J]. Metallurgical and Materials Transactions A,1999,30(7):1797-1808.

[90] 张持重,李冬梅,庞绍平,等.采用X射线法测算金属材料内部残余应力的研究[J].吉林化工学院学报,2001,18(4):73-75.

[91] 张亦良,徐学东,王泽军.1 500 m³液化石油气球罐残余应力分析[J].石油化

工设备,2004,33(6):9-12.

[92] BRENNER A,SENDEROFF S. Calculation of stress in electrodeposits from the curvature of a plated strip[J]. Journal of Research of the National Bureau of Standards,1949,42(2):105-123.

[93] MATEJÍCEK J,SAMPATH S. In situ measurement of residual stresses and elastic moduli in thermal sprayed coatings:Part 1:apparatus and analysis[J]. Acta Materialia,2003,51(3):863-872.

[94] EVANS A G,HUTCHINSON J W. The thermomechanical integrity of thin films and multilayers[J]. Acta Metallurgica et Materialia,1995,43(7):2507-2530.

[95] DENG J G,BRAUN M. Residual stress and microhardness of DLC multilayer coatings[J]. Diamond and Related Materials,1996,5(3/4/5):478-482.

[96] VIJGEN R O E,DAUTZENBERG J H. Mechanical measurement of the residual stress in thin PVD films[J]. Thin Solid Films,1995,270(1/2):264-269.

[97] TRAN M D,POUBLAN J,DAUTZENBERG J H. A practical method for the determination of the Young's modulus and residual stresses of PVD thin films[J]. Thin Solid Films,1997,308:310-314.

[98] 蒋刚,谭明华,王伟明,等. 残余应力测量方法的研究现状[J]. 机床与液压,2007,35(6):213-216,220.

[99] BRAY D E,TANG W. Subsurface stress evaluation in steel plates and bars using the L_{CR} ultrasonic Wave[J]. Nuclear Engineering and Design,2001,207(2):231-240.

[100] FUKUOKA H,TODA H,YAMANE T. Acoustoelastic stress analysis of residual stress in a patch-welded disk[J]. Experimental Mechanics,1978,18(7):277-280.

[101] 虞付进,华云松,张克华,等. 轧辊表面残余应力测试方法的对比试验研究[J]. 表面技术,2008,37(6):44-46.

[102] 贺玲凤,潘桂梅,小林昭一. 利用激光超声测量 H 型钢梁的残余应力[J]. 华南理工大学学报(自然科学版),2001,29(7):20-23.

[103] 路浩,刘雪松,杨建国,等. 低碳钢双丝焊平板横向残余应力超声波法测量[J].焊接学报,2008,29(5):30-32.

[104] 赵清澄.光测力学教程[M].北京:高等教育出版社,1996.

[105] 戴福隆,方苹长,刘先龙,等. 现代光测力学[M].北京:科学出版社,1990.

[106] 曹起骧,叶绍英,谢冰,等.密栅云纹法原理及应用[M].北京:清华大学出版

社,1983.

[107] POST D,HAN B,LFJU P. High sensitivity moiré［M］. NewYork：Springer-Verlag,1994.

[108] SHIELD T W,KIM K S. Diffraction theory of optical interference moiré and a device for production of variable virtual reference gratings：a moiré microscope［J］. Experimental Mechanics,1991,31(2):126-134.

[109] 仇巍.压电陶瓷的云纹干涉实验技术与图像处理方法的研究［D］.天津:天津大学,2004.

[110] 戴福隆,亚敏,谢惠民,等. 云纹干涉与钻孔法测量残余应力的实验方法与系统［J］.实验力学,2003,18(3):313-318.

[111] 刘宝琛. 实验断裂、损伤力学测试技术［M］.北京:机械工业出版社,1994.

[112] HABIB K. Thermally induced deformations measured by shearography ［J］. Optics & Laser Technology,2005,37(6)：509-512.

[113] LIPKIN D M,CLARKE D R. Measurement of the stress in oxide scales formed by oxidation of alumina-forming alloys［J］. Oxidation of Metals,1996,45：267-280.

[114] CHRISTENSEN R,LIPKIN D M,CLARKE D R,et al. Non-destructive evaluation of oxidation stresses through thermal barrier coatings using Cr^{3+} piezospectroscopy［J］. Applied Physics Letters,1996,69 (24):3754-3756.

[115] 彭晓,王福会,CLARKE D R.光激发荧光谱术分析 Co-Cr-Al(Y)纳米涂层的氧化 I . Al_2O_3 相的表征与相转变［J］. 金属学报,2003,39(10):1055-1059.

[116] TOLPYGO V K,DRYDEN J,CLARKE D R. Determination of the growth stress and strain in α-Al_2O_3 scales during the oxidation of Fe-22Cr-4.8Al-0.3Y alloy［J］. Acta Materialia,1998,46(3)：927-937.

[117] MOCHIZUKI M,HAYASHI M,HATTORI T. Numerical analysis of welding residual stress and its verification using neutron diffraction measurement［J］. Journal of Engineering Materials and Technology,2000,122(1):98-103.

[118] ANNIBALI G,BRUNO G,FIORI F,et al. Neutron-diffraction measurements for residual stress analysis in automotive steel gears［J］. Applied Physics A,2002,74(6):s1698-s1700.

[119] 许承东,刘学文,李强. 磁弹性方法无损测试钢轨残余应力分布的实验研究［J］.北方交通大学学报,2004,28(4):76-78.

[120] 江克斌,肖叶桃,郭永涛.T 型焊接试件焊接残余应力分布的测定［J］.焊接学报,2008,29(1):53-56.

[121] 刘小渝.磁测法测试钢结构桥梁的焊接残余应力[J].重庆交通大学学报(自然科学版),2010,29(1):38-41.

[122] 陈会丽,钟毅,王华昆,等.残余应力测试方法的研究进展[J].云南冶金,2005,34(3):52-54.

[123] 王威.几种磁测残余应力方法及特点对比[J].四川建筑科学研究,2008,34(6):74-76.

[124] 唐志涛,刘战强,艾兴,等.基于裂纹柔度法的铝合金预拉伸板内部残余应力测试[J].中国有色金属学报,2007,17(9):1404-1408.

[125] 孙娟,任凤章,张旦闻,等.基于裂纹柔度法的残余应力检测误差分析及处理方法[J].河南科技大学学报:自然科学版,2009,30(4):1-4.

[126] 赵升升,华伟刚,杜昊,等.一种测量硬质薄膜残余应力的新方法[J].金属学报,2008,44(1):125-128.

[127] 徐临燕,栗大超,刘瑞鹏,等.利用显微激光多普勒测量纳米梁的残余应力[J].光电子·激光,2009,20(8):1045-1047.

[128] 谭森.基于压痕技术和有限元仿真的材料表面残余应力测量[D].哈尔滨:哈尔滨工业大学,2006.

[129] ZHU Y,ZHOU L,YAO Y X,et al. Molecular dynamics simulation for single crystal aluminum nano-indentation effect by indenter radius[J]. Applied Mechanics and Materials,2008,10:401-405.

[130] LI D G,LIANG Y C,BAI Q S,et al. Molecular dynamics simulation and experiments of nano-indentation of single crystal silicon(111) plane[J]. Nanotechnology and Precision Engineering,2008,6(4):242-248.

[131] HUO D H,LIANG Y C,CHENG K,et al. Nanoindentation tests on single crystal copper thin film with an AFM[J]. Journal of Harbin Institute of Technology(New Series),2003,10(4): 408-411.

[132] 章莎,周益春.应用纳米压痕法测量电沉积镀镍层残余应力的研究[J].材料导报,2008,22(2):115-118.

[133] 庞爽.激光沉积修复 ZL114A 工艺及性能研究[D].沈阳:沈阳航空航天大学,2016.

[134] 来佑彬,刘伟军,赵宇辉,等.TA15 粉末激光成形基板应力影响因素的试验研究[J].稀有金属材料与工程,2014,43(7):1605-1609.

[135] 丁辉.基于多尺度仿真的超精密切削表面残余应力研究[D].哈尔滨:哈尔滨工业大学,2007.

第8章 激光沉积制造过程精度控制方法

8.1 熔深及熔宽的工艺影响机制和控制方法

8.1.1 工艺参数对熔深及熔宽的影响

激光沉积制造技术是基于激光熔覆技术发展起来的先进金属增材制造技术。在激光沉积过程中,粉末吸收激光束能量,落入激光束直接照射的熔池内并迅速凝固,随着激光光斑的移动,进入熔池并熔化的粉末在凝固后与基体材料形成冶金结合,激光沉积制造过程示意图如图 8-1 所示,通过层层堆积即可生成 3D 物理实体,为防止镀层氧化,需要使用氦气、氩气等惰性保护气体[1-3]。根据粉末的输送方式,激光沉积制造系统可以分为同步送粉系统和预置铺粉系统。同步送粉是指粉末的输送与激光作用同步进行,即在激光照射到工件表面产生熔池的同时送粉器将粉末送到熔池内,根据粉末流与激光位置的关系,同步送粉又分为侧向送粉和同轴送粉;预置铺粉是指先将粉末均匀铺在基体材料表面,再进行成形,两种送粉方式示意图如图 8-2 所示[4]。

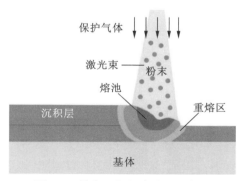

图 8-1 激光沉积制造过程示意图

预置式激光沉积与送粉式激光沉积有很大的不同。预置式激光沉积的传热过程是激光束首先在预置的涂层表面形成熔化区,然后以热传导的方式向基体传热,由于粉末之间存在空隙,导热率减小,因此基体加热较晚、较慢,而送粉式激光沉积过程中粉末与基体几乎同时被加热。在预置式激光沉积中,成形材料与基体材料被加热的温度有较大的差别。热量传导至基体后,迅速传走,发生重凝,使得熔化的前沿倒退并上移,一直到基材表面的加热温度达到熔化温度时,熔化的前沿才返回与基体的交界面。预置式激光沉积中被反射的激光能量较大,激光能量的利用率较低。并且预置式激光沉积存在较多的缺点,尤其在预置式激光沉积中,优化沉积层与基体之间的良好冶金结合与沉积层的稀释率是极困难的[5]。而与预置式激光沉积相比,送粉式激光沉积有较大的优势,同步送粉方式具有工艺参数易于控制和调节、对激光能量的吸收率较高、耗能较少、基体的热变形和热影响区较小、稀释率可控、材料的适用范围广、成形层中的气孔率低、成形层成形性好、易于实现自动化等特点[6]。

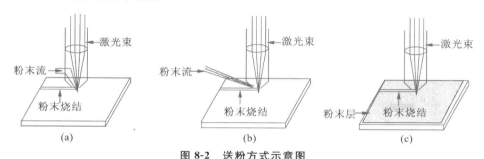

图 8-2　送粉方式示意图

(a)同轴送粉;(b)侧向送粉;(c)预置铺粉

　　激光沉积制造技术具有对基体的热影响区小、稀释率小、材料利用率高、加工周期短、制件性能高等优势。在激光沉积制造过程中,高功率激光束、金属粉末和基体材料相互作用,从而产生熔池,熔池形貌受激光功率、扫描速度、送粉速率、搭接率等工艺参数的影响,还与已沉积层的热分布及热量累积有关[7]。熔池包含着大量信息,如熔池宽度是沉积层宽度的决定因素,熔池高度形成沉积层的厚度[8]。图 8-3 所示为激光沉积单道截面形貌示意图,其中,B 为单道沉积层宽度,H 为单道沉积层高度,h 为单道沉积层熔深,θ 为单道沉积层接触角,S_1 为沉积区,位于基体表面上方,S_2 为粉末与基体的结合区,位于基体表面下方。

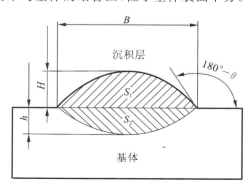

图 8-3　单道截面形貌示意图

芦庆[9]在铝合金表面激光熔覆 Ni-Cu 复合涂层的研究中,以熔覆脉宽、熔覆电流、熔覆速度、搭接率和厚度为试验因素,先通过正交试验得到最优参数组合,再利用单因素试验分别探究各因素对熔深、熔宽及熔覆层表面质量的影响。试验结果表明,采用 30% 的搭接率,熔覆层表面相对平整,与基板材料结合良好;随着电流的增大,熔深逐渐增大,由于小孔效应的存在,熔宽增大到一定程度后减小;熔覆脉宽对熔深和熔宽的影响大于电流对熔深和熔宽的影响,随着熔覆脉宽的增大,熔深及熔宽均不断增大;熔覆速度的不断增大会导致单位长度上的热量减小,从而使熔深和熔宽减小;预置涂层越厚,基体受到的热量就越小,导致基体材料与粉末结合不充分,因此熔深及熔宽均减小。

黄煜华[10]以激光功率、扫描速度、送粉速度、保护气流量及载粉气流量为试验因素,以熔深及熔宽为评价指标,由单道单层到多道多层,探究各工艺参数对熔深及熔宽影响规律。结果表明,在单道单层试验中,送粉速度对熔深及熔宽的影响最大,其次为激光功率、扫描速度,保护气流量及载粉气流量对其影响最不显著。随着送粉速度的增大,作用在基体上的能量增大,从而形成更大的熔池,因此在多道多层试验中,以送粉速度、激光功率、扫描速度和搭接率为试验因素,随着扫描速度的增大,单道宽度减小,单层高度也减小,堆体表面变得粗糙。随着搭接率的增大,单层高度增大,在合适的范围内堆体表面也变得光滑,但当搭接率过大时堆体顶部表面则隆起,严重影响了宏观质量。

卞宏友等人[11]研究了激光沉积制造过程中激光功率、扫描速度、送粉速度及扫描路径等工艺参数对熔池成形高度、宽度的影响,结果表明,随着激光功率和送粉速度的增大,熔池温度升高,成形高度、宽度增大;随着扫描速度的增大,熔池温度下降,成形高度、宽度减小;该试验采用了长边单向扫描、短边单向扫描及短边往复扫描三种扫描路径,如图 8-4 所示,扫描路径不同导致温度梯度不同,温度梯度不同会直接影响成形高度。

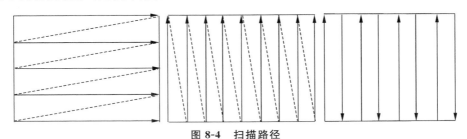

图 8-4　扫描路径

冯秋娜[12]在 6061 铝合金表面进行了激光沉积制造 AlSi10Mg 铝合金试验,探究基体热累积对铝合金激光沉积制造单道形貌的影响,使用红外测温仪探测激光熔化铝合金的基体温度分布,如图 8-5 所示,并建立基体热累积量的表征方法,如图 8-6 所示,其中,X_R 为基于采集半径 R 的热累积因子,T_R 为距离熔池中心为 R 处的温度。结果表明,在工艺参数一定的条件下,一定范围内,基体热累积对沉积层宽度(简称层宽)、熔深的影响较大,对沉积层高度(简称层高)的影响较小。

图 8-5　单道沉积温度分布实测红外图

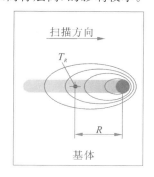
图 8-6　基体热累积量的表征方法($X_R = T_R/R$)

根据金相图测得沉积层截面参数变化,基体热累积因子 X_R 同层宽 B、层高 H 及熔深 h 的关系如图 8-7 所示。随着基体热累积量的增大,基体温度逐渐升高,铝合金对激光的吸收率逐渐增大[13]。熔池的变化直接反映在层宽和熔深上。单位时间内基体吸收的能量中用于熔池区域的基体加热至熔点的热量减小,用于形成和维持熔池的热量相对增大,基体熔化量增大,熔池变大,层宽和熔深增大。其次,基体热累积对层高的影响较小,主要是因为对于同轴送粉方式,在工艺参数不变的条件下,熔池上方的粉流面密度不变,粉流对激光的屏蔽作用程度不变。随着基体温度的升高,熔池周围的温度梯度减小,熔池向基体的热传导减弱,熔池维持的时间延长,从而会吸收和熔化更多的粉末。但熔池因基体升温而变大,其吸收的粉末主要表现在面积增大,不足以明显地体现在层高上。

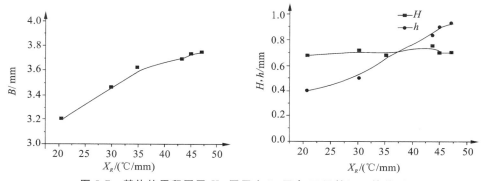
图 8-7　基体热累积因子 X_R 同层宽 B、层高 H 及熔深 h 的关系

8.1.2　熔深及熔宽的匹配关系和控制机制

8.1.2.1　熔深及熔宽的匹配关系

熔深及熔宽的匹配关系影响着沉积层的形貌,对于单道沉积层而言,接触角 θ 可反映熔深 H 及熔宽 W 的匹配关系。一般情况下,接触角 θ 介于 $90° \sim 180°$ 之

间。利用几何原理的知识可以得到接触角 θ 与高宽比 H/W 的函数关系式

$$\sin\theta = \frac{H}{W}\left[\left(\frac{H}{W}\right)^2 + 0.25\right] \qquad (8\text{-}1)$$

由式(8-1)可知,θ 是 H/W 的单一函数,在上述区间中,θ 随着 H/W 的增大而减小。可以将接触角作为熔覆层的形状因子来衡量沉积层的外观形状。接触角反映了沉积材料、激光沉积工艺等因素对熔覆层形状的综合影响。在其他工艺参数一定的情况下,随着扫描速度的减小,沉积层高度增大,沉积层夹角变小,熔覆层宽度逐渐增大,熔覆层夹角增大。但扫描速度对沉积层高度的影响比对熔覆层宽度的影响更显著。综合作用的结果是扫描速度减小,熔覆层夹角变小。在激光功率和扫描速度一定的情况下,送粉速度越大,沉积层宽度变化不大,而送粉速度越大,沉积层高度明显增大,熔覆层夹角变小。因此,送粉速度越大,沉积层夹角越小。在扫描速度和送粉速度一定的情况下,激光功率增大,沉积层高度增大,沉积层夹角变小。但熔覆层宽度增大,又会使沉积层夹角增大。不过激光功率对沉积层宽度的影响比对沉积层高度的影响更显著。因此,激光功率增大,熔覆层夹角变大。H/W 随着扫描速率和激光功率的增大而减小,随着送粉速度的增大而增大,这与工艺参数的综合影响有关。H/W 的变化反映了 θ 随工艺参数的变化,而 θ 的大小反映了沉积材料、激光沉积工艺等因素对沉积层形状的综合影响[14-16]。

8.1.2.2 熔深及熔宽的控制机制

在激光沉积制造中,熔池形貌的好坏严重影响着成形质量。随着激光沉积过程的进行,热量会逐渐积累,基体的温度会越来越高。基体温度的变化则会影响沉积带热影响区、稀释率等,并且,沉积层的成形质量对工艺参数、环境等因素较为敏感,所以为了获得稳定的沉积质量,可以对试验过程中的熔池进行监控与检测来控制熔池的成形。

1. 基于温度检测信号的控制

激光沉积制造过程中熔池的温度是一个非常关键的因素,激光熔池温度的监测与控制系统的研究对提高沉积层质量具有重大意义[17]。可以通过控制整个熔池的温度来控制激光沉积质量,首先利用比色温度计对熔池表面进行测温,然后利用该温度信号来控制激光功率。在同一扫描速度和送粉速度的条件下,无温度控制时,测量的温度曲线波动较大,随着熔池温度的逐渐升高,热影响区逐渐增大,稀释率也随之增大。而引入温度控制后,熔池温度信号变得平稳,沉积带热影响区和稀释率也都得到了合理的控制[18]。

2. 基于熔池面积的控制

通过红外图像采集系统,获得熔池的图像并计算熔池的面积,从而控制激光功率[19-20]。试验中在低碳钢基体上以来回多层堆叠方式沉积 H13 工具钢粉末,采

用开环和闭环两种方式进行沉积成形。对比可知,开环激光沉积系统中熔池面积受热传导损失的影响大,进而影响到了沉积层的几何形状。单层成形的根部要比上部分窄,成形墙两端凸起,如图 8-8(a)所示。引入控制后,随着激光沉积过程的进行,系统自动调整激光功率,沉积带的几何形状保持一致,如图 8-8(b)所示。

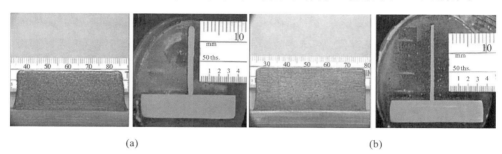

(a)　　　　　　　　　　　　　　　　　(b)

图 8-8　不同方式的成形结果

(a)开环试验结果;(b)闭环试验结果

3. 基于多种信号的检测控制

有些学者利用温度及位移传感器对熔池温度进行检测,并以温度信号为反馈信号来控制激光功率,从而实现温度控制[21]。试验研究了系统对温度信号的跟踪情况,结果表明,熔池温度对目标温度的跟踪还是比较理想的,但是成形出来的沉积层的几何形状在一些情况下却很差。保持熔池温度一致并不一定能保证稳定的沉积层形貌。为了能同时获得稳定的熔池温度和沉积层形貌,采用直接视觉传感系统进行图像采集,可以在 CCD 视场中采集到相对较大的熔池图像,进而对沉积层高度进行控制[22]。同时利用高度和温度信号来调整激光沉积工艺参数。激光沉积试验的结果显示,改进后的控制系统既保证了温度的稳定性,又获得了稳定的沉积层形貌。

陈殿炳[23]在激光熔池图像检测试验中提到,Mahlen D. T. Fox 等人利用温度控制模块并采用比色温法来检测熔池温度,然后将检测到的温度信号反馈给激光器以调整激光功率;利用高度控制模块通过检测光束焦点的位置变化来控制激光斑大小。为检验控制系统的效果,在有意设置干扰的情况下,分别得到了有、无焦点控制的熔覆墙对比及有、无温度控制的熔覆墙对比,分别如图 8-9、图 8-10 所示。结果表明,加入控制后的激光沉积成形墙的几何形状精度得到了明显的提升。

8.2　搭接率和离焦量的选用和控制方法

8.2.1　搭接率的选用及控制方法

由于激光沉积成形工艺受激光功率、光斑尺寸、扫描速度和送粉量的限制,单

图 8-9　有、无焦点控制的熔覆墙对比

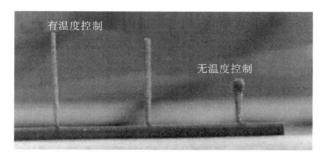

图 8-10　有、无温度控制的熔覆墙对比

道成形的宽度十分有限,因此对于大面积激光沉积成形,必须采用多道搭接技术。多道搭接时,每个相邻扫描带的结合处存在一个二次扫描区,使搭接涂层的组织和性能在整体上呈现出一种宏观的周期性变化,因此搭接系数(又称为搭接率)的选择和优化是影响搭接涂层宏观质量的关键因素。以往研究的重点主要集中在激光功率、光束模式、尺寸、扫描速度、成形材料的添加方式、合金粉末成分、随后的热处理等对单道激光沉积层组织和性能的影响,大面积激光沉积成形搭接则以预置法为主。但是随着人们对自送粉式单道激光沉积成形过程的认识不断加深,以及送粉装置、控制设备的不断完善,大面积激光沉积成形搭接、沉积制造得到广泛研究。由于受到激光功率的限制,单道激光熔覆层的宽度较小。当要求大面积的熔覆层时,就需要采用横向搭接激光熔覆技术。大面积激光沉积成形技术要求成形层表面整体上粗糙度小,几何尺寸差别不大,界面为冶金结合,组织细密均匀,宏观、微观缺陷少。在多道搭接熔覆中由于基体已不再是单一的原始基体,有一部分为前一道的成形层,并且熔覆层和基体材料经多次加热、冷却发生变形;搭接熔覆过程中还涉及前一道成形层对基体表面的影响,以及原成形层搭接处的重熔问题。因此,为保证搭接时成形层的质量,搭接率的确定是很关键的[24-25]。

　　搭接率是激光沉积制造中一个关键的工艺参数,是指两相邻单道试样之间的重叠余数,能够影响成形表面的宏观平整程度及内部质量。如图 8-11 所示,如果搭接率太小,则两相邻沉积单道容易产生凹陷,在沉积下一层时,两层之间容易产生熔合不良等缺陷;如果搭接率选择合适,则沉积试样表面平整;如果搭接率太大,则沉积试样表面容易倾斜,在沉积下一层时,倾斜角度会增大,最终无法保证沉积试样表面的尺寸精度[26]。

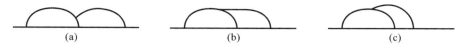

图 8-11　不同搭接率下的横截面形状

(a)搭接率太小;(b)搭接率选择合适;(c)搭接率太大

在激光沉积成形中,搭接率的大小直接影响成形层的质量。搭接尺寸太小,易导致搭接不上,形成非冶金结合的成形层,同时搭接区域会凹陷。搭接尺寸太大,会出现熔覆层高度差异,使熔覆层表面不平整,同时又会导致不必要的二次加热效应和材料的浪费。而且,一旦表面出现宏观倾斜,将导致后续各成形单道的工艺参数(如功率密度、离焦量、光斑大小等)发生相应的变化,即各成形单道的参数将不再一致,成形层的尺寸精度很难得到保证,并且会形成具有倾斜角度的成形层[27]。

来佑彬等人[28]计算金属激光直接成形的最佳搭接率,并进行了试验验证。建立的搭接率模型示意图如图 8-12 所示,其中,$\overline{OA}$代表单层成形轨迹高度,用 h 表示;$\overline{OF}$代表单层成形轨迹宽度,用 w 表示。抛物线$\overset{\frown}{OBF}$和$\overset{\frown}{EGH}$表示两条成形轨迹,分别记为 $f_1(x)$ 和 $f_2(x)$,由于受已成形轨迹$\overset{\frown}{OBF}$的影响,第二条实际成形轨迹变为$\overset{\frown}{CGH}$,这里同样把$\overset{\frown}{CGH}$作为抛物线对待,其方程记为 $f(x)$。λ 表示层间偏移量,搭接率 η 的计算公式为

$$\eta = \frac{w-\lambda}{w} \times 100\% \tag{8-2}$$

图 8-12 中,Δh 表示成形表面最高点与最低点的高度,即表面平整度[29]。若满足 $\Delta h = h - y_c = 0$,则表面最平整,此时的搭接率为最佳搭接率。通过计算,得到该模型的最佳搭接率 $\eta = 33.3\%$,由该结果可知,最佳搭接率不受成形特征尺寸(单道宽度、高度等)的影响,即在理想情况下,无论如何设定其他工艺参数,最佳搭接率均为 33.3%。

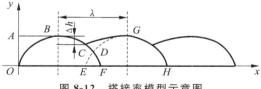

图 8-12　搭接率模型示意图

采用单因素试验法对上述模型进行验证,搭接率取 $0\% \sim 55\%$,进行 12 组单层多道搭接试验,利用光学显微镜来测量截面凹凸点的高度差,试验结果见表8-1。结果表明,搭接率为 35% 时表面平整度最小,这与上述理论计算结果非常吻合,说明了上述理论模型的正确性;搭接率在 $30\% \sim 45\%$ 之间时,成形件表面平整度处于较低水平。因此,在实际的金属激光直接成形过程中,综合考虑成形的质量和

效率,根据具体的加工情况在该范围内灵活设定搭接率,而非必须严格设定为某一特定的值。

表 8-1　不同搭接率下表面平整度测试结果

试验号	搭接率 $\eta/(\%)$	层间偏移量 λ/mm	表面平整度 $\Delta h/mm$
1	0	3.280	1.605
2	5	3.116	0.947
3	10	2.952	0.289
4	15	2.788	0.272
5	20	2.624	0.237
6	25	2.460	0.210
7	30	2.296	0.175
8	35	2.132	0.101
9	40	1.968	0.145
10	45	1.804	0.151
11	50	1.640	0.202
12	55	1.476	0.331

　　袁丰波[30]在316L不锈钢激光直接沉积制造工艺能效研究中,以能效为评价标准对多道多层沉积制造下的搭接率进行选择。在激光功率为20 g/min、送粉速度为20 g/min、扫描速度为600 mm/min、沉积层数为20、沉积道数为20、材料初始温度为25 ℃的条件下,体积比能、能量有效利用率与搭接率都成非线性相关关系,并随着搭接率的增大呈现出先增大后减小的趋势。这主要是因为随着搭接率的增大,激光照射到上一道沉积层的面积增大,且该部分照射到上一道沉积层的激光正离焦量减小,导致沉积层之间总的重熔体积增大,沉积所吸收的能量增大,体积比能、能量有效利用率增大。但是当搭接率增大超过0.5时,激光照射到上一道沉积层的面积持续增大,而该部分照射到上一道沉积层的激光正离焦量减至最小,而另一部分则增大,这样所能吸收的能量增大幅度减小,与此同时照射到下一道沉积层的面积减小,所能吸收的能量大幅较小,这两者共同导致了沉积层之间总的重熔体积减小,沉积所吸收的能量减小,体积比能、能量有效利用率减小。因此,在选择搭接率时,可以只考虑体积比能与能量有效利用率。对于体积比能而言,搭接率为0.1时,体积比能最小,单位输入的能量所能熔化沉积成形的体积最大。相反地,对于能量有效利用率而言,搭接率为0.5时,能量有效利用率最大,单位输入的能量被吸收的比例最大,同时,搭接率为0.5时,沉积表面质量最好,因此应选用0.5以同时满足高沉积表面质量和高能量有效利用率的要求。

8.2.2　离焦量的选用及控制方法

8.2.2.1　离焦量的选用

离焦量影响着沉积区域的激光能量密度,直接决定工件表面激光光斑的大小,是激光成形工艺中的重要因素之一[1]。激光离焦量不仅影响激光光斑大小,而且影响光束的入射方向,因此对熔池形貌有较大影响,以钢板上表面为基准,激光焦点在钢板上表面上方时为正离焦量,在其下方时为负离焦量。从光学的角度看,当正负离焦量相等时,对应基准点会有相同的功率密度,但成形会有所不同,采用负离焦量时,激光可以穿透材料的更深处,因此能够获得更大的熔深;而采用正离焦量时,激光穿透能力相对较弱[31]。

图 8-13 所示为激光离焦量示意图,当离焦量为＋2 mm 时,激光的能量密度大,激光作用在钢板上不仅形成圆弧形界面,而且在底部还有部分钢熔化后形成的塌陷,再与铺展的镁合金接触,这将有利于接头的受力状态;当离焦量为＋4 mm时,激光能量作用适中,形成一个比较圆滑的对接界面,镁合金在钢板正面和背面的铺展也比较均匀;当离焦量为＋6 mm 时,激光能量密度不足,无法完全将钢熔透,并且镁合金在钢板背面铺展的面积比较小;当离焦量为＋9 mm 时,散焦的激光能量只能作用到钢板上半部,导致镁合金在钢板正面铺展较多,而接头背面出现未熔合现象[32]。

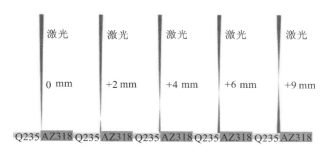

图 8-13　激光离焦量示意图

激光离焦量与镁合金在钢板的正、背面铺展宽度的关系如图 8-14 所示,可以看出,随着离焦量的增大,成形层在正面的铺展宽度逐渐增大,而在背面的铺展宽度逐渐减小,直至铺展宽度为零。分析可知,随着离焦量的增大,热源作用范围变大,可以使金属材料充分熔化,有利于液态镁合金向钢板的正面铺展,而背面界面由于热源作用温度低且冷却快,不利于镁合金向钢板的背面铺展。

激光离焦量与接头最大拉伸载荷的关系如图 8-15 所示,可以看出,当离焦量＋2 mm 时,最大拉伸载荷可达 3 367 N,断裂在钢侧母材位置。随着离焦量的增大,接头所能承受的最大拉伸载荷呈下降趋势。

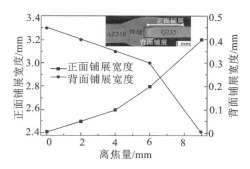

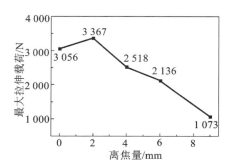

图 8-14　激光离焦量与镁合金在钢板
　　　　的正、背面铺展宽度的关系

图 8-15　激光离焦量与接头最大
　　　　拉伸载荷的关系

8.2.2.2　离焦量的控制方法

　　离焦量实时控制是指在光路系统不变的情况下保证工件到激光焦点的距离不变,实质就是 Z 轴单层提升高度 ΔZ 与成形件单层堆积高度 Δh 保持一致[33],确保每一层上的离焦量不变。但在实际的立体成形过程中,各种原因导致的误差使 ΔZ 与 Δh 之间产生微小偏差,微小偏差将对零件的成形产生显著的影响。一般激光三维堆积都是在正离焦条件下完成的,正离焦情况示意图如图 8-16 所示。

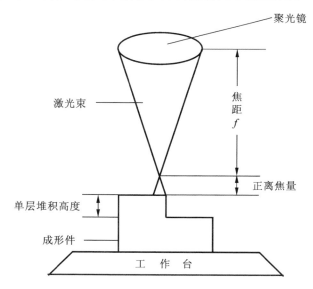

图 8-16　正离焦情况示意图

　　当 ΔZ 小于 Δh 时,熔覆下一层时离焦量比上一层的小,光斑也会变小,因此下一层的高度和宽度减小,再下一层的高度和宽度更小。当 ΔZ 与 Δh 达到平衡时,这个不断变化的过程才会停止,此后单层堆积高度和单道熔覆的宽度理论上将不再发生变化,但其数值均比开始时要小,形成上细下粗的形状。当 ΔZ 大于

Δh 时,熔覆下一层时离焦量增大,光斑也会变大,此时会出现两种情况[34]。

(1)当激光能量密度足够大时(功率大、速度小、粉量较小),熔覆宽度将与光斑保持一致。这样后一层的宽度将大于前一层的,同时粉末送入点发生变化,单层堆积高度减小,使得下一层的离焦量进一步增大,从而继续增大熔覆宽度,减小堆积高度,形成上粗下细的形状。

(2)当激光能量密度不够大时(功率较小、速度大、粉量大),熔覆宽度小于光斑宽度,单层堆积高度减小。而且激光能量密度不断减小最终导致熔覆宽度不断减小,从而形成上细下粗的形状。

姚立忠[35]针对现有激光三维堆积离焦量开环控制的现状,自行研发出离焦量实时闭环控制系统,使 Z 轴单层提升高度 ΔZ 和工件单层堆积高度 Δh 保持一致,以保证在激光堆积过程中单层离焦量都在允许范围内,从而避免出现外观上上粗下细、上细下粗或边缘锯齿状现象;提出了基于 CCD 与 PMAC 的激光三维堆积离焦量实时闭环控制方案,该控制方案主要分为三部分:出光口与工件间距数据采集、数据传输与 Z 轴反馈控制。该方案充分利用 CCD 的图像采集功能和 C♯、C++强大的编程功能及 PMAC 便于二次开发的特点,实现了硬件、软件有机结合的机电一体化控制。结果表明,采用离焦量实时闭环控制系统方案后出光口与工件间距数值波动控制在±0.25 mm 之内,即在激光堆积过程中,单层离焦量变化控制在±0.25 mm 范围之内,堆积成形件精度比没有采用离焦量实时闭环控制的成形件精度更高,成形件内外表面更光滑,并没有出现锯齿现象,有效地提高了三维堆积过程的稳定性和成形件的质量。

8.3　边缘塌陷的预防性控制机制

8.3.1　边缘塌陷的常见状态和危害

激光沉积制造过程中造成边缘塌陷的主要原因是:激光的能量密度极大,在激光沉积制造过程中,激光扫描进出端和边角处时,这些部位所获得的激光能量过于集中,容易使这些部位的基体金属过度熔化,破坏了所要修复的零件的基本型貌[36]。一方面是由于在激光沉积制造时,激光束及送粉器位置固定,光斑以一定的速度沿扫描方向运动。激光束照射到试样表面,使试样产生熔池,送粉器喷出的粉末进入激光熔池,也受到激光照射,当激光功率足以熔化基体与粉末时就形成了稳定的成形层。但是产生熔池有一个从非稳态达到准稳态的过程[37-39]。经过一个较短的时间后熔池形态变得稳定,此时熔池形状和几何尺寸基本保持不变,激光沉积制造过程从非稳态达到准稳态。在这个较短的时间内,熔池还没有稳定,送粉器喷出的粉末一部分落入非稳态的熔池,一部分则与温度较低的固态基体材料碰撞,其结果是粉末颗粒被反弹。而材料连续进入熔池,必然不断地对熔池产生冲击作用,并且进入熔池后熔化的粉末颗粒也可能受到冲击从熔池中飞出。当激光扫描时,熔池内部没有稳定,粉末对熔池的冲击作用、粉末颗粒的反弹、光斑的移动使得熔池内没有足够的金属粉末,因此产生了塌陷[40-41]。

1. 盘形凸轮表面激光沉积制造时的塌陷问题[42]

盘形凸轮表面进行激光熔覆时发生塌陷的部位在凸轮轮廓面的两边缘,基体受热熔化后容易发生流动,当靠边缘熔覆时由于熔液的流动性使熔液向凸轮的侧壁流动,从而形成了塌陷。这种塌陷影响了基体和熔覆层的基本形貌,使其与初始尺寸相差很多。因此,为了减小盘形凸轮表面激光熔覆后基体尺寸的误差必须防止产生边缘塌陷问题。

2. 齿面激光沉积制造中的塌陷问题[36,43]

由于激光沉积制造的热影响区极小,零件基本不发生变形,特别适合于高精度零件的磨损后修复,因此,将激光沉积制造工艺应用于齿面修复,有其独特的优势。但在激光沉积制造中,在激光扫描的进出端边界及试件边角处,容易出现塌陷现象,从而对基体材料造成损伤,影响成形层质量。

齿顶塌陷的原因如下。

(1)激光扫描时,热量迅速向基体边缘扩散,从而使位于边缘的齿顶的热量迅速增大,这种热集聚效应是造成齿顶塌陷的原因之一,小模数齿轮由于体积小更容易出现齿顶塌陷现象。

(2)在成形过程中,齿顶基体熔化后形成熔池,补充的粉末变为熔池中的液体。熔池中的液体会从高处向低处流,齿顶熔池里的液体会向两侧流动,这种流动的结果就是齿顶材料流失,从而导致齿顶变尖或塌陷。

(3)在成形过程中,基体一旦熔化就需要补充足量的粉末,才能使熔覆后的厚度保持不变或有所增大。由于小模数齿轮齿顶宽度较小,成形时很难有足量的粉末落在狭长的齿顶宽度处,即使增大送粉率,所获得的粉末量也难以补偿基体熔化所减小的高度,小模数齿轮更容易出现齿顶塌陷现象。

8.3.2 边缘塌陷的预防性控制方法

8.3.2.1 针对凸轮激光沉积制造边缘塌陷问题的研究

1. 先成形凸轮侧壁后成形轮廓面的工艺

先成形凸轮侧壁后成形轮廓面的工艺的出发点是将凸轮的轮廓面加宽,使轮廓面的成形层搭接的宽度增大,如图 8-17(a)所示。这种防塌工艺的难点是运动控制问题:使光斑沿着凸轮轮廓面的边缘扫描,即沿着凸轮的轮廓线扫描。

2. 先成形轮廓面后成形侧壁的工艺

先成形轮廓面后成形侧壁的工艺与上面介绍的防塌工艺基本相同,所用运动控制方法也相同,不同的是扫描次序,如图 8-17(b)所示。这两种工艺均是采用适当的扫描工艺来解决凸轮表面激光沉积制造边缘塌陷问题的,这两种工艺的优势是保证了基体在经过后序加工后还能保持原来的几何尺寸。但这两种工艺的后期加工都较大。

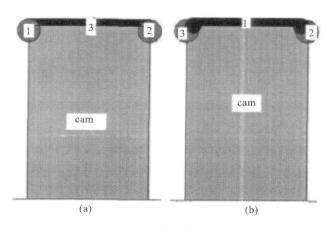

图 8-17　边缘防塌工艺

(a)先成形凸轮侧壁后成形轮廓面;

(b)先成形轮廓面后成形侧壁

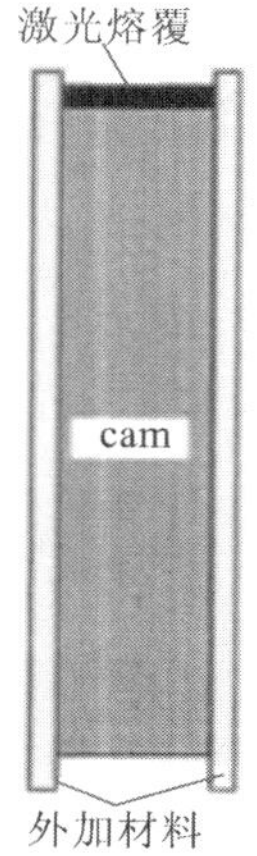

图 8-18　外加材料防
塌陷工艺

3. 外加材料防塌陷工艺

外加材料防塌陷工艺的原理是对成形层的熔液流动性加以限制,使其不能流出凸轮的轮廓表面。待激光沉积制造完成后将外加材料去除即可,如图 8-18 所示。该工艺首先要考虑如何将外加材料固定在凸轮的两侧面,这里采用圆盘形板料。用螺栓将其与凸轮相连,两块板料的面积应稍大于凸轮的侧壁面积。

该工艺虽然在理论上是可行的,但在试验过程中,由于激光光斑在凸轮表面扫描了一周,当激光沉积制造凸轮边缘时,外加材料与成形层形成冶金结合,很难将外加材料去除。如果用力不当,还可能破坏熔覆层形貌。但该工艺的成形层断面是比较均匀的,而且侧壁的后序加工量小。

8.3.2.2　针对齿面激光沉积制造的防边界塌陷工艺研究

1. 激光扫描进出端边界(齿轮端面)防塌陷研究

齿轮进出端的塌陷现象与试块进出端的塌陷现象相似。激光沉积制造过程中,在齿轮被加工齿面边界处外接一段 5～10 mm 的材料,外接材料的上表面要力求与被加工齿面处于同一平面,两者间的接缝应尽可能小。最理想的是在被加工齿轮两端各拼接一个参数相同但齿宽较小的辅助齿轮,且使各齿面对齐。在齿面激光沉积制造中,将外接材料视为齿面同时进行处理,齿轮端面的塌陷情况可以得到明显改善。

2. 齿轮齿顶防塌陷研究

与齿轮端面防塌陷难度相比，齿顶防塌陷难度较大，这是因为：齿顶成形更容易出现开裂现象；齿面和齿顶必须采用搭接扫描，因此一旦齿顶成形层出现开裂现象，裂纹就很容易向齿面成形层扩展，从而导致整个齿面熔覆层报废；齿面与齿顶的交界处是尖顶，激光沉积成形时，若激光功率过小，则容易出现裂纹，若激光功率过大，则容易烧塌齿顶，从而使成形层没有足够的修复余量。因此可以先采用单向送粉双向扫描[44]完成齿面多道搭接熔覆，再采用单向或双向送粉双向扫描完成齿顶单道成形或齿顶多道重叠成形，以使齿顶具有足够的成形层厚度。

8.3.2.3 针对普通样块的边缘塌陷研究

1. 设置激光束的起始作用位置[45]

当激光束作用于试样边缘时，试样边缘会出现严重的塌陷现象，如图 8-19(a)所示，且激光光斑中心附近的熔体的表面温度高，而偏离熔池中心区域越远，熔体的表面温度越低。熔池内温度分布不均匀导致其表面张力大小不等，温度越高，表面张力越小，这种表面张力差驱使液体从低张力区流向高张力区，而这样的结果又使液面产生了高度差。激光束逐渐往里移动有效地解决了塌陷问题，且减小了表面张力导致的高度差。图 8-19(b)、(c)、(d)所示分别为激光束往里移动 1 mm、1.5 mm、2 mm 时试样边缘的形貌，从图 8-19(c)、(d)中可以看出，试样边缘几乎看不到塌陷，且表面也变得平整，且在激光移动时，熔体表面形成熔池，产生的表面张力推动金属带向前移。因此合理地设置激光束的起始作用位置，可以在不改变激光参数的情况下，有效地解决边缘塌陷问题。

(a)   (b)   (c)   (d)

图 8-19 激光束作用不同位置时试样边缘的形貌

(a)试样边缘；(b)1 mm；(c)1.5 mm；(d)2 mm

2. 分段变速扫描[46-48]

在激光沉积制造过程中，保持其他激光工艺参数不变，沿扫描方向分段改变激光的扫描速度，进行激光沉积制造试验。可以通过减小进端和出端的扫描速度，来延长激光与材料粉末的相互作用时间，从而使熔池中的粉末量增大。但是如果试样进、出端的扫描速度过小，钛合金基体的熔化量增大，熔池深度增大，稀释率增大，将对涂层的组织和性能产生一定的影响。

8.4　成形精度和效率匹配控制策略

8.4.1　成形精度影响机制和控制方法

吴伟辉等人[49]对激光选区熔化增材制造金属零件精度进行了工艺优化分析。激光选区熔化技术要求直接成形功能性金属零件,成形件具有完全冶金结合组织、致密性接近、无需复杂后处理工艺即可投入使用,因此成形精度是重要考察指标[50-54]。成形精度主要从两个方面来考察:尺寸精度及表面粗糙度。除了提高尺寸精度的系统保障因素以外(如系统的最小铺粉厚度、最小聚焦光斑尺寸、激光功率等),还需要从工艺方面考虑如何提高成形精度,这里影响成形精度的工艺问题涉及粉末黏附、飞溅、热变形等方面。

1. 粉末黏附问题对成形精度的影响及控制方法

激光扫描金属粉末时,一部分金属粉末形成熔池,由于存在热影响区,还有一部分金属粉末烧结,一些烧结金属粉末团被吸附到熔池附近,这就是"粉末黏附"现象。如图 8-20 所示,尽管黏附到单道熔池壁面的粉末很多,但多数粉末的黏附力并不强,在成形后轻轻擦拭即可去除,因此,可以认为粉末黏附对单道熔池或单层成形的表面粗糙度影响不大。

黏附到熔池附近的粉末颗粒

140 μm

图 8-20　单道熔池周边的粉末黏附现象

成形件的侧壁面受粉末黏附的影响很大[55]。成形过程中常用到 X-Y 正交直线扫描策略,如图 8-21(a)所示,在扫描线的起始端及终止端的形成面中,由于某层 4 个面中的 2 个面是由多道扫描线的端部(熔池的端部)搭接形成的,不可避免地形成锯齿状端部面,锯齿状端部面与上下两层非锯齿状端部面结合,形成多个藏粉的凹坑,导致粉末更易黏附在里面,这类粉末成形后,即便通过很仔细地清扫,也很难去除。

由此可见,减少侧壁的凹坑是减小粉末黏附对侧壁成形精度影响的关键,因此,可考虑采用轮廓勾边+内部直线扫描策略,如图 8-21(b)所示。这样每片侧壁层面就是由一道连续的较为光滑的熔池的侧面构成,成形出的侧壁就很容易将所黏附的大部分粉末清扫掉,大大提高了侧壁的成形精度。

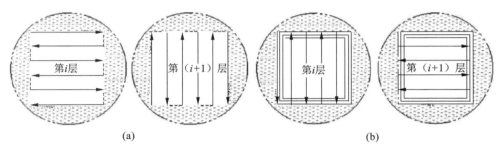

图 8-21　两种不同的扫描策略

(a)常用的普通正交直线扫描策略;(b)轮廓勾边+内部直线扫描策略

2.飞溅问题对激光选区熔化成形精度的影响及控制方法

1)飞溅的形成机制

激光选区熔化过程是一个完全熔化选区内金属粉末的增材制造过程,高功率高密度的激光束照射到选区内的粉末上,一方面,由于粉末颗粒之间的孔隙中充满了气体,这些气体在高功率高密度激光束的照射下迅速膨胀,将附近的物质(热影区内团聚的粉末及熔池内部分溶液)吹飞起来,形成飞溅;另一方面,如激光的功率、密度过大,扫描作用时间过长,作用在成形粉末层表面上的能量足以使金属粉末温度达到气化点,这时金属蒸气将熔池周边的物质迅速吹跑,形成剧烈的飞溅。

2)飞溅对成形精度的影响机制

飞溅物落在熔池的两旁,呈多种形态:细小的粉末、金属液飞溅到空中凝固后形成球化珠、烧结成团的不规则粉末团。当激光扫描到有飞溅物的选区时,就会将飞溅颗粒镶嵌到熔池里(较大的飞溅颗粒在激光扫描过程中,往往因其颗粒直径超过铺粉层厚,很难完全熔化),飞溅颗粒成形面表面形成凸起,导致成形面不平整。

3)减小飞溅对成形精度影响的方法

为提高成形精度,必须减少飞溅。在工艺试验过程中,研究发现,在不同含氧量的气氛中,飞溅对成形精度的影响很大,图 8-22 所示为在扫描速度为 350 mm/min、激光功率为 140 W、铺粉层厚为 30 μm、含氧量分别为 0.28% 及 5% 的成形条件下成形时的飞溅照片。由图 8-22(b)可知,含氧量增大后,飞溅明显加剧。在含氧量极小的环境中,半熔的粒子的熔化部分的表面没有氧化膜,与母体熔池的润湿性很好,很容易就被母体熔池吸入,与母体熔池成为一体,因此在含氧量小的环境中,飞溅不易形成。因此,要减少飞溅,首先要减小成形室中的含氧量。

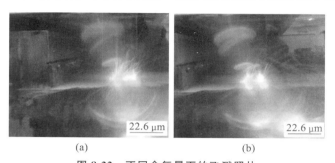

(a)　　　　　　　　　　　　(b)

图 8-22　不同含氧量下的飞溅照片

(a)含氧量为 0.28%;(b)含氧量为 5%

袁贝贝[56]在基于分区变层厚的激光沉积成形技术研究中,探讨了分区变层厚成形对成形精度的影响。激光沉积成形的精度包括尺寸精度、形状精度、位置精度及表面粗糙度,这里主要介绍了激光沉积成形表面粗糙度的成因及控制方法。

3. 台阶效应

在激光沉积快速成形中,台阶效应是产生精度误差的主要因素之一,它对工件的表面粗糙度和尺寸精度都有一定的影响。用 δ 和 ε 两个指标来定量评价激光沉积快速成形中台阶效应,如图 8-23 所示,其中 δ 为实际模型层间三角形顶点到理论模型轮廓的垂线距离;ε 为实际模型层间三角形顶点到理论模型轮廓的水平距离。ε 的大小可以近似反映模型的体积误差,δ 的大小可以近似反映模型的表面粗糙度[57-59]。

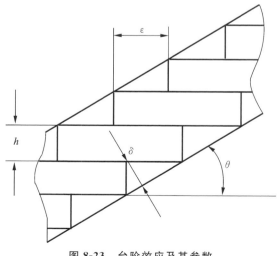

图 8-23　台阶效应及其参数

激光沉积成形中工件表面粗糙度 Ra 的理论计算公式为[60]

$$Ra = \frac{A}{W} = \frac{h}{2} \mid \cos\theta \mid, \quad 0° < \theta < 180° \tag{8-3}$$

式中:A 为单个阶梯的面积,$A = h^2 / (2\tan\theta)$;W 为单个阶梯的长度;h 为分层厚度;θ 为成形角度。

由式(8-3)可知,工件的表面粗糙度同分层厚度和成形角度有关。当成形角度已知(即分层方向固定)时,工件的表面粗糙度只与分层厚度有关,并和分层厚度成正比。因此,要想提高工件的表面质量,所选择的分层厚度要尽可能的小。对于分区变层厚成形方法,式中的 h 应该是轮廓部分的层厚,下面通过试验验证轮廓层厚和填充层厚对工件表面粗糙度的影响规律。

4. 丝宽误差

在激光沉积成形过程中,从喷嘴挤出的材料具有一定的宽度,因此加工出来的模型尺寸和设计尺寸相比往往存在偏差,在熔融材料从喷嘴挤出的瞬时,由于不受任何外力的作用,其截面形状为圆形。随后熔融材料受到上层材料及喷嘴的挤压作用,其截面形状由圆形变为近似的椭圆形。如图 8-25 所示,挤出丝截面由 Ⅰ、Ⅱ、Ⅲ 三个部分组成,Ⅲ部分为矩形区域,Ⅰ、Ⅱ 部分由二次曲线与矩形Ⅲ部分的短边围成[61]。

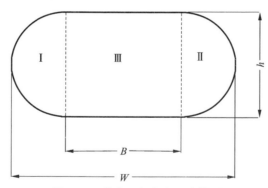

图 8-24　激光沉积丝宽理论模型

挤出丝形状改变使工件产生尺寸误差,挤出丝的宽度随分层厚度、挤出速度、扫描速度等参数发生变化,因此很难通过误差补偿消除尺寸误差。采用体积相等法得到激光沉积丝宽的计算公式。

(1)当挤出速度较小时,截面可简化为图 8-24 中的矩形Ⅲ,这时丝宽可表示为

$$W = B = \frac{\pi d^2 v_e}{4h v_t} \tag{8-4}$$

(2)当挤出速度超过一定值时,截面应为 Ⅰ、Ⅱ、Ⅲ 三个部分的总和,这时丝宽可表示为

$$W = B + \frac{h^2}{2B}, \quad B = \frac{\lambda^2 - h^2}{2\lambda}, \quad \lambda = \frac{\pi d^2 v_e}{2h v_t} \qquad (8\text{-}5)$$

式中：v_e 为挤出速度；v_t 为扫描速度；d 为喷嘴直径；h 为分层厚度；B 为截面 II 部分的丝宽；W 为实际丝宽。

随着层层堆积，工件的侧面变得凹凸不平，不仅使工件产生尺寸误差，而且使侧面变得粗糙。

通过试验分别探究了填充层厚和轮廓层厚对表面粗糙度的影响规律，结果表明，在单个工件层厚固定的情况下，工件的表面粗糙度随着层厚的增大而增大，而且近似成正比例关系，这与上述表面粗糙度的理论计算公式一致，当工件内外层层厚比为 2：1 时，工件的表面粗糙度同样随着轮廓层厚的增大而线性增大；当轮廓层厚一定时，工件的表面粗糙度基本不变，但是表面粗糙度随轮廓层厚的变化明显，因此可以得出结论：轮廓层厚会明显影响表面粗糙度，而填充层厚对其影响不大；当采用固定层厚（0.2 mm）时，工件的表面粗糙度为 18.37 μm；当采用分区变层厚，轮廓层厚取 0.1 mm，填充层厚取 0.4 mm 时，工件的表面粗糙度为 14.02 μm，因此，采用熔融分区变层厚成形方法在保证成形效率的前提下可以有效提高工件的表面质量。

8.4.2　成形效率影响机制和控制方法

与其他技术相比，激光沉积制造工艺的主要优点是高精度形状恢复，而激光沉积制造工艺的效率是值得关注的一个问题。为了选择合适的工艺参数快速高效地成形出所需形状的金属结构，需要研究金属成形效率。

申发明[62] 在不锈钢丝基激光沉积制造工艺研究中，探究了热丝对激光沉积制造效率的改善作用。热丝电流的加入除了提高丝材对于成形的适应性以外，其附加的热量还可增大送丝速度，从而使丝基激光沉积制造的效率得到一定的改善。在激光功率为 1 400 W、送丝速度为 0.7 m/min、扫描速度为 0.48 m/min 和热丝电流为 60 A 的试验条件下，通过对比不同的送丝速度，得到热丝电流对于成形效率改善的规律。图 8-25 所示为极限送丝速度下热丝和冷丝成形的宏观图，可以发

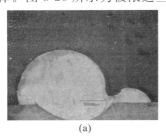
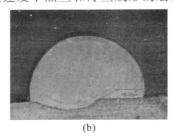

(a)　　　　　　　　　　　　　　(b)

图 8-25　热丝对于成形效率的改善

(a)冷丝条件下送丝速度 0.8 m/min；(b)热丝条件下送丝速度 1.2 m/min

现,在冷丝条件下,送丝速度达到 0.8 m/min 时成形已经出现偏差,沉积层两侧出现未熔合现象。而在热丝条件下,送丝速度达到 1.2 m/min 时才出现类似情况。因此,热丝电流的加入使丝基激光沉积制造的成形效率可提高 25% 左右。

彭青等人[63]针对激光辅助预应力成形问题,建立了相应的有限元模型,并进行了试验验证。通过无量纲参数,研究了预应力水平和激光工艺参数对激光辅助预应力成形效率的影响规律。结果表明,在弹性范围内,预应力越大,成形效率越高;在扫描速度和功率密度给定的情况下,成形效率随光斑半径增大而增大;在扫描速度和光斑半径给定的情况下,成形效率随功率密度增大而增大;在光斑半径和功率密度给定的情况下,成形效率随扫描速度增大而增大。

王志坚等人[64]研究了激光沉积制造工艺参数对金属成形效率和形状的影响,将金属成形效率定义为单位时间、单位功率内成形的金属质量,表达式为

$$\eta = \rho S v / P \tag{8-6}$$

式中:η 为金属成形效率;ρ 为材料的密度;S 为成形线横截面面积。

在形成稳定的成形层且与基体结合良好的前提下,成形效率越高越好。在同一激光设备中,可以通过选择合适的参数组获得更高的成形效率。在不同激光设备中,也可以通过最高金属成形效率进行比较。从图 8-26 中可以看出,随着送粉量的增大,成形效率普遍升高。对比 A、B 组和 C、D 组可以发现:虽然在小送粉量、低功率下激光沉积制造成形金属体积小,但是随着送粉量的增大,成形金属体积增大得更快。这意味着金属成形效率在大送粉量、小功率下会更高。对比 A、C 组发现:在其他参数相同的情况下,减小激光扫描速度会得到更高的金属成形效率,这说明激光线能量越大,成形效率越高。可以从熔池的能量输入和材料输入角度进行解释:如果熔池粉末输入量小于熔池吸收的能量所能熔化的材料量,则成形效率降低,需要增大送粉量;如果熔池吸收的能量和粉末输入量相当且二者同时增大,成形效率也升高;如果能量不够,则成形质量变差甚至不能稳定成形,需要减小扫描速度、增大激光功率和减小送粉量等以提高成形效率。

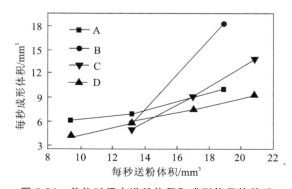

图 8-26 单位时间内送粉体积和成形体积的关系

8.4.3　协调匹配策略分析

在传统的激光沉积制造工艺中,成形精度越高,成形效率相对就越低,往往无法保证高精度、高效率的成形过程。目前,国内外很多学者研究了激光加工过程中的监测及控制机制,控制系统的加入可以很好地实现高精度、高灵敏度的激光功率控制,以及激光功率与运动的精确同步控制等,避免了很多试验过程中试验参数引起的误差,对提高加工精度和加工效率起到非常重要的作用[65]。在激光沉积制造过程中,对于精密工件的加工,必然要在保证成形精度的前提下提高成形效率;对于非精密件的加工,在保证工件达到合格状态的前提下,可以适当地提高工件的成形效率,而非过度专注于工件成形精度。因此,在激光加工过程中,工件成形精度与成形效率的重要程度,可以根据所需工件的成形质量灵活调配。

8.5　变形检测系统

8.5.1　常用的测距方法

激光测距是以激光器作为光源进行测距的,根据激光工作的方式,激光器分为连续激光器和脉冲激光器。氦-氖、氩离子、氦-镉等气体激光器在连续输出状态下工作,用于相位式激光测距;双异质砷化镓半导体激光器,用于红外测距;红宝石、钕玻璃等固体激光器,用于脉冲式激光测距。传统激光测距方法主要分为脉冲飞行时间测距和光学干涉测距两大类,但均不能实现这种大尺度、高精度的绝对距离测量。由于飞秒激光器的脉冲宽度在飞秒量级,具有超高的时间分辨率,这给距离测量带来了新的可能。此外,它还可以做到全保偏光纤化,具有较高的集成度和稳定性[66-68]。

典型激光测距的方法有脉冲法、相位法、干涉法等,这些方法各有特点,分别应用于不同的测量环境和测量领域。脉冲法的测量范围从几十米到上万千米,精度为米量级,其主要应用于科研与军事领域,如地月距离测量等;相位法的测量范围从几米到几千米,精度达到毫米量级,其主要应用于大地测量与工程测量;干涉法一般测量厘米左右的距离,精度高达微米量级,其主要应用于地质灾害预报。在实际测量工作中,要根据不同激光测距方法的测量范围和精度,正确选择合适的测量方法,以达到测量设计的基本要求[69]。

8.5.1.1　脉冲法

脉冲法是激光在测绘领域中的最早应用,利用了激光脉冲持续时间极短、瞬时功率很大的特点,即使没有合作目标,也能通过接收被测目标的漫反射信号进行距离测量。目前,脉冲法在地形测量、工程测量、云层和飞机高度测量、战术前沿测距、导弹运行轨道跟踪、人造地球卫星测距、地球与月球间距离的测量等方面得到广泛的应用。

脉冲法的激光测距电路主要由脉冲发射电路、光电接收电路、信号调理电路和计时电路等组成。以激光发射电路的脉冲信号为起始信号,以接收调理后的脉冲信号为结束信号,由专用的高精度时间转换芯片 TDC-GP2 计算起始信号与结束信号之间的时间差,即可求出相应的被测距离。脉冲法测距的原理与雷达测距的原理相似,利用脉冲激光器向目标发射单次激光脉冲或激光脉冲串,计数器测量激光脉冲到达目标并由目标返回到接收机的往返时间,由此计算目标的距离。脉冲法测距公式为

$$d = \frac{ct}{2} \tag{8-7}$$

式中:d 为测量距离;c 为光速;t 为测距信号往返时间。

脉冲法由于发射的激光能量集中且功率较高,具有测量距离远的优点。但是如果要求测距精度达到 1 cm,则测定时间的精度要达到 $(2/3) \times 10^{-10}$ s,这是非常难达到的,因此高精度近程激光测距一般不采用脉冲法[70-71]。

提高脉冲法激光测距精度的关键是提高时间间隔的测量精度,而提高时间间隔的测量精度大体上可以采用以下几种方法[72-73]。

(1)直接计数法。提高测量精度的方法是增大计数时钟频率,即计数时钟频率越大,时间间隔的测量精度越准确。一般直接计数法很难达到很高的分辨率,如 0.1 ns 的分辨率,这在电路中是很难实现的,但直接计数法的测量范围可以很大。例如,采用 800 MHz 高速频率发生器,理论上测量精度可以达到 0.187 5 m,这一误差是完全可以接受的。

(2)模拟法。采用模拟内插法或模数转换法对时间误差 $\mathrm{At_1}$、$\mathrm{At_2}$ 进行放大处理,再对放大的时间进行测量。一般采用延迟线插入法,对开始和结束两个时间段进行测量,以提高测量精度。差分延迟线法的工作原理类似于游标法的工作原理,游标法也称作游标延迟线法,用两种延迟线的差对时间进行细分,可以获得更高的测量精度。经过高通容阻时刻鉴别所确定的脉冲时间间隔,可以采用时序分割电路把开始和结束两个时间段 $(T-t_s)$ 和 $(T-t_e)$ 分割出来,中间部分仍用直接计数法进行测量,采用差分延迟线法对 $(T-t_s)$ 和 $(T-t_e)$ 段进行测量,以提高测量精度。

如图 8-27 所示,两组延迟线分别由一组缓冲器 $\mathrm{BUF_1} \sim \mathrm{BUF_n}$ 和一组 D 触发器 $\mathrm{DFF_1} \sim \mathrm{DFF_n}$ 构成,缓冲器的延时为 τ_1,D 触发器的延时为 τ_2,$\tau_2 > \tau_1$,结束信号的传输速度大于开始信号的传输速度。在测量过程中,开始信号的上升沿和结束信号的下降沿分别在两条延迟线上传输,在经过若干级传输后,结束信号超过开

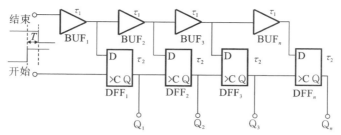

图 8-27　差分延迟线法电路结构

始信号,后面的 D 触发器不再翻转,开始信号停止传输。D 触发器的另一个作用是输出采样结果。如果有 m 个 D 触发器翻转,则可计算出开始信号到结束信号之间的时间间隔为 $m \times (\tau_2 - \tau_1)$,延迟线级数 n 满足 $n(\tau_2 - \tau_1) = T$。由此可见,时间测量系统的分辨率由 T 提高到了 T/n,$T/n = \tau_2 - \tau_1$。

脉冲法测距的原理如图 8-28 所示。脉冲法测距的精度可表示为

$$\Delta L = \frac{c \cdot \Delta t}{2} \tag{8-8}$$

式中:ΔL 为距离精度;Δt 为时间精度。影响脉冲激光测距精度的因素很多,如脉冲激光的时间宽度、光波传播速度的测量精度、大气折射率、时钟频率的误差、计时误差、仪器测量误差等。此外,脉冲法一般采用红宝石、YAG 等固体激光器,虽然这些激光器输出功率大、测程远,但是体积较大。

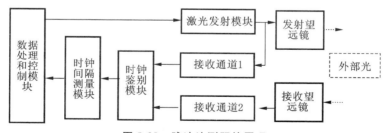

图 8-28　脉冲法测距的原理

8.5.1.2　相位法

相位法是利用发射的调制光和被测目标反射的接收光之间光强的相位差所包含的距离信息来测量被测目标距离的[74]。其具体过程是:利用高频调制信号对激光器进行连续幅度调制,激光器发射激光信号,由光电探测器接收激光回波信号,再由相位差检测电路测定发射信号和接收信号之间的相位差,并换算出对应的被测目标距离,即通过测量相位变化的方法间接测量激光的飞行时间[75]。相位法由于采取调制和差频测相等技术,具有测量精度高的优点。为了确保测量精度,通常要在被测目标上安装激光反射器(合作目标)。采用非合作目标时,其作用距离一般在几米至几十米;采用合作目标时,其作用距离可达几万米,测量精度可达到毫米量级,相对误差可达百万分之一。相位法测距的原理如图 8-29 所示[76]。

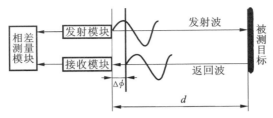

图 8-29　相位法测距的原理

发射模块发出经过调制的激光,经被测目标发射后返回,返回光与测量光产生了相移,通过测量调制的激光在待测距离 d 上往返传播所形成的相移,间接测出激光在测量点与目标间的往返时间 t,根据光速,得到被测距离 d 为

$$d = \frac{c \cdot t}{2} = \frac{c \cdot \Delta\phi}{4\pi f} \tag{8-9}$$

但是,当目标距离 d 增大时,相位延迟的值有可能大于正弦调制光波的一个周期,即 $\Delta\phi = N \cdot 2\pi + \Delta\phi_1$,所以此时被测距离 d 为

$$d = \frac{c(N \cdot 2\pi + \Delta\phi_1)}{4\pi f} = L \cdot \left(\frac{\Delta\phi_1}{2\pi}\right) \tag{8-10}$$

式中:L 为光尺长度,$L = c/2f$;N 为相位 $\Delta\phi$ 中包含 2π 的整数倍;$\Delta\phi_1$ 为不足 2π 的相位尾数。所以可形象地认为相位测距是用长度为 λ 的尺子去量距离 d,$\Delta\phi_1/2\pi$ 可以测出来,但 N 并不是一个定值,从而产生多值解。为解决这一问题,必须采用几个频率来测量同一距离,该频率在相位测距中也称为测尺频率。若被测距离小于测尺长度,则不存在多值解。在测相精度一定时,测尺频率越低,测距误差越大,这在高精度测距中是不允许的。与之相对应的是,测尺频率越高,虽然测量精度升高,但是此时的 N 将大于 1,无法解决测程问题。为解决这一问题,在实际应用中通常选择一个决定仪器测距精度的测尺和决定测程的几个辅助测尺,分别称为精测测尺和粗测测尺。测尺频率的选择要取决于仪器的精度要求、元件的频率特性及计算的简便要求。在测尺频率中,最高者决定了仪器的精度,而其他频率则用于扩展仪器的测量量程[77]。

8.5.1.3　干涉法

在调频激光测距中,一个热门的研究方向是半导体自混合干涉测距技术,该技术不仅能实现距离的绝对测量,而且其光学系统结构非常简单,其光学系统由一个光源、一个准直透镜组成[78]。在运用半导体自混合干涉技术对距离进行测量时,待测目标通常会形成反馈光线,并对线性调频 LD 光源输出的功率进行调制。该技术也是相位法的一种,只不过它不是通过调制信号发射与回收信号之间的相位差来测量目标距离,而是采用光波本身的相位叠加关系来测量距离,不需要对光波进行调制[79]。干涉法测距系统以结构简单、准确性高的特点受到人们的关注。

由于激光是相干光,利用相干原理能够产生明暗相间的条纹,激光信号通过光电转换器之后变成电信号,通过计数器计数,便可以实现对位移量的检测,这就是干涉法测距的原理。干涉法由于利用了激光波长短、单色性好、波长准直的特性,测量精度非常高,一般在微米量级,分辨率至少为一半的波长。随着现代电子技术的不断发展,干涉法已经可以确定 0.01 个光干涉条纹,测距精度也相应得到提高。但是,干涉法也有缺点,即只能实现相对距离的测量。

干涉法是经典的精密测距方法,原则上也是一种相位法,但它不是通过测量激光调制信号的相位差来测距,而是通过测量未经调制的光波本身的相位干涉来测距。干涉法测距就是利用光的干涉原理使激光束产生明暗相间的干涉条纹,由光电转换元件接收激光信号并将其转换为电信号,经处理后由计数器计数,从而实现对位移量的检测,其测距的原理如图 8-30 所示[69]。

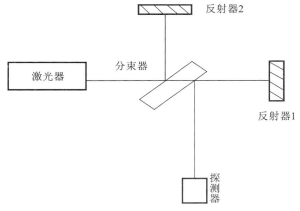

图 8-30　干涉法测距的原理

目前,干涉法以其特有的高精度,在测量地壳变形、大陆板块漂移,进行地球物理研究,预报地震、火山,侦察地下核爆炸等方面具有实际应用价值。干涉法只能测出相对距离,由于目前许多技术上的问题未解决,在野外进行长距离绝对干涉测量存在一定的困难。

8.5.1.4　反馈法[80-82]

反馈法是根据目标距离与传输时间、传输时间与振荡频率之间的关系进行相互转换的技术,对系统闭环振荡频率进行测量,间接达到测量激光传输时间的目的。该方法具有精度高、容易实现、速度大、数字化和小型化等优点。

20 世纪 60 年代,研究表明,反馈方法是一种很有发展前景的方法。就国内而言,目前对反馈法的研究处于初始阶段。北方交通大学的学者对反馈法进行了初步研究,并取得了一些研究成果。该研究对反馈法测距的原理进行分析,提出方案加以论证,并对实验装置加以设计。姚淑娜等人在实验室进行了短距离测量试验。该试验将发射器与待测目标之间的距离 D 作为反射器与探测器之间的反馈通道,在光脉冲信号转换成电脉冲信号后,使振荡频率与待测目标的距离相关,根据测得的频率得到目标距离 D。反馈法测距的原理如图 8-31 所示。

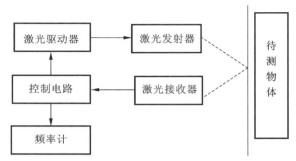

图 8-31　反馈法测距的原理

广州大学机电学院的学者在基于反馈法的高频高精度激光测距仪系统设计中,利用新型的反馈法测距的原理来实现激光测距仪的测距功能。开始工作时,激光发射器向目标发射激光,经过 t_2D(激光从发射单元发出到接收单元接收返回的脉冲所用的时间)的延时,激光接收器接收到回射激光;接收器接收激光信号对其进行处理之后输出高电平信号,该信号控制激光发射器关闭,随后再经过 t_2D 的延时,接收器的光电二极管从有激光接收变为无激光接收,然后接收端信号变化为低电平信号,该低电平信号使激光发射器再次发射激光。如此往复形成循环,频率计得到的频率信息通过计算即可得到距离信息。

待测距离 D 与频率 f 的关系推导如下,根据光学定理有

$$\frac{T}{2}=t_2D+\tau \tag{8-11}$$

$$t_2D=\frac{2D}{c} \tag{8-12}$$

推导得出

$$f=\frac{1}{T}=\frac{c}{4D+2c\tau} \tag{8-13}$$

$$D=\frac{c}{4f}-\frac{c\tau}{2}=\frac{c}{4f}+K \tag{8-14}$$

式中:T 为周期;t_2D 为光往返一次的时间;τ 为电路延时;D 为待测距离;c 为光速 $(3\times10^8\ \mathrm{m/s})$;$f$ 为频率;$c\tau/2$ 为只与电路延时有关的量,定义为 K。

在反馈法中,随着目标距离的增大,测距精度降低,此外,反馈信号受到大气湍流等因素的影响也会造成起伏,影响振荡频率的稳定性,从而导致测量结果不准确。反馈法在远距离测量时误差较大,且易受到环境因素的影响,因此该方法比较适用于短距离测量的场合。

8.5.1.5　三角法

三角法测距的原理是激光束经半导体激光器发射到被测物体表面后产生反

射,入射激光与反射激光构成了几何三角光路,如图 8-32 所示。三角法基于几何三角形,依据反射激光打到被测物体表面的激光光斑的位置,通过计算来确定被测目标之间的位移和被测物体与激光光源之间的位移等参数。这种方法的设计构造简洁,具有很好的实用性。三角法比较适用于较短距离的精密测量,可以应用于机器人视觉系统和汽车倒车系统等领域。激光光斑接收的装置使用互补金属氧化物半导体或电荷耦合器件,因为这两种光敏电子器件接收的都是被测物体表面反射回来的激光光斑。因此,对这两种图像传感器的性能参数要求都比较严格。在较短距离的实际测量中,因为激光束有很好的方向性和高亮度等特点,并且激光光斑的接收装置的性能参数优良,所以被测物体表面反射回来的激光光斑的位移还是相对比较容易被确定的。这样,半导体激光器与被测物体之间的距离就可以通过计算得出[83-84]。

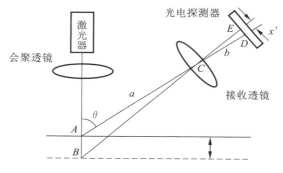

图 8-32　三角法测距的原理

激光发射器发射激光到被测物体上,激光与被测物体的反射点为 A,反射角为 θ。反射点到激光接收器中接收透镜的距离为 a,接收透镜到光电探测器的距离为 b。当被测物体移动距离 x 后,光电探测器上前后两次的接收光线的位置变化量为 x',根据 x' 的相关数据就可以计算出被测物体的位移量 x。

在 $\triangle ABC$($\angle ACB = \phi$)中,由正弦定理可知

$$\frac{a}{\sin(\theta - \alpha)} = \frac{x}{\sin\phi} \Rightarrow x = \frac{a \cdot \sin\phi}{\sin(\theta - \phi)} \tag{8-15}$$

将 $\sin(\theta - \phi) = \sin\theta\cos\phi - \cos\theta\sin\phi$ 代入式(8-16)中,此时得到的 x 为下移量

$$x = \frac{a}{\sin\theta\cot\phi - \cos\theta} \tag{8-16}$$

当 x 为上移量时

$$x = \frac{a}{\sin\theta\cot\phi + \cos\theta} \tag{8-17}$$

按照接收光屏与光轴的角度不同,三角法分为垂直接收光屏方式和非垂直接收光屏方式,由于测量位移的变化范围比较大,因此采用非垂直接收光屏方式,如图 8-33 所示。

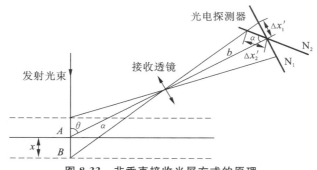

图 8-33 非垂直接收光屏方式的原理

图 8-33 中，N_2 为非垂直接收光屏，α 为该光屏与接收光线的夹角，$\Delta x_2'$ 为接收光线位置变化量。位移量 x 计算公式由式(8-16)、式(8-17)推导可得

$$x = \frac{\Delta x_2' \cdot a \cdot \sin\alpha}{b\sin\theta \pm \Delta x_2' \sin(\theta+\alpha)} \tag{8-18}$$

三角法还可以根据被测目标的外观、位移方式等特征，灵活地选择激光发射器和激光接收器的安装方式。例如，激光发射器垂直于被测目标，而激光接收器与被测目标呈一定角度；激光发射器与被测目标呈一定角度，而激光接收器垂直于被测目标[85]。

8.5.1.6 各类激光测距方法的比较

上述几种激光测距方法各有优缺点，针对不同的工作场合和精度要求，应选用不同的激光测距方法，下面具体描述了各激光测距方法的特点。

脉冲法是采用测量激光的传输时间的测量方法，由于激光脉冲的能量相对比较集中，能够传输较远的距离，因此该方法适用于较远距离测距，但是测距精度较低。其可测量距离同激光发射功率和光电接收灵敏度相关，测量精度主要依赖于接收通道的带宽、激光脉冲的上升沿、探测器的信噪比和时间间隔的测量精度。在传播的过程中，激光脉冲信号在一定程度上会发生衰减和畸变，致使在时刻鉴别单元中，发射的激光脉冲信号和接收到的激光脉冲信号在形状和幅度上都有一定的区别，从而难以精确测定起止时刻，这样导致的测量误差叫作漂移误差；另一方面，输入噪声引起一定程度上的时间抖动，也会影响测量结果。目前，脉冲法的一个重要的研究课题是：怎样设计一种高精度时刻鉴别单元，以达到消除时间抖动和漂移误差的目的，以及满足高精度测量的要求[86-87]。

相位法是采用激光调制的方法，通过测量载波调制频率的相位，达到测量距离的目的，避免测量非常短的时间间隔，可以达到较高的测距精度。其测距精度主要受激光调制的相位测量精度和相位的调制频率的影响，要想达到距离的高精度测量，就必须提高系统的激光调制频率和相位测量精度。相位法需要研究气压、大气温度和湿度等环境因素对测距系统造成的影响，采用多个频率组合的方法进行激光测距，可以大大降低环境因素对测量精度的影响。除此以外，激光测距仪本身的发射功率、调制频率及其稳定性都会对测量精度造成影响。在大功率调制的情况下,引入电子相干噪声,也会对测量精度产生一定影响。此外,由于光电信号与调制源之间的频率泄漏场相同,调制源与光电信号产生一定的相干作用,导致信噪比降低,尤其是在回波信号比较弱的情况下信噪比降低得尤为明显,当光电信号与调制源的频率相同时便会影响测量精度[88]。

干涉法测量精度高,适用于微小位移的测量(一般小于 1 μm);对测量环境要求非常苛刻,适用于高精度的实验室的试验定标等。干涉法由于只能在有合作目标的情况下对动态位移进行测量,因此只能用于测量相对目标距离,不能用于测量绝对目标距离。就目前而言,由于干涉法具有高精度等优点,在很多方面都得到了应用。

反馈法需要解决随着待测目标距离的增大,测距精度减小的问题。此外,大气湍流等环境因素也可能影响振荡频率的稳定性,从而引起测量误差。因此,反馈法更适用于短程测距的场合,目前,该方法在工程测量、大地测量等领域都得到了比较广泛的应用。

三角法比较适用于较短位移的测量,在机器人视觉系统和汽车倒车系统的应用中,对于躲避障碍有比较好的效果。

8.5.2　激光测距仪的常见种类和特点

8.5.2.1　脉冲法激光测距仪

脉冲法激光测距仪的优点是原理和结构比较简单、测程远、功耗小,而且一次测量就能得到单值距离,缺点是绝对测距精度不高。传统脉冲法激光测距[89]仪由激光发射系统、激光接收系统、计数系统(数据采集及信息处理、显示)及电源 4 部分组成。通常,其测量过程如下。

(1)发射机发射激光脉冲,同时启动计数器,开始计数。

(2)激光脉冲遇到待测物体,产生回波,回波由接收机接收,终止计数器计数。

(3)根据计数结果算出被测目标距离。

这种方法简单易行,但是测量精度不高。主要是因为回波脉冲与计数时钟的相对关系是随机的,最大误差为一个计数时钟周期。

自触发脉冲激光测距法是一种改进方法,该方法测量多个脉冲飞行时间,达到提高脉冲激光测距方法的测距精度的目的。由于这种测距方法输出的测量信号是一个周期信号,对多个周期进行测量就相当于延展了激光往返飞行时间,自触发脉冲激光测距法能够达到或接近相位式激光测距方法的精度,而且没有理论上的量程限制。在实际应用中,自触发脉冲激光测距仪需要元件延时尽量小、输出尽量稳定,对电路元件要求很高[90]。

脉冲法激光测距系统的电路结构相对简单,而且与连续法相比,脉冲法测量时间短,适合实时测量,且对光路要求低,所以无人驾驶、机器人控制等领域多使用脉冲法激光测距仪。基于脉冲激光测距的方法,在设计中也借鉴了自触发脉冲激光测距法的一些设计理念。图 8-34 所示为脉冲法激光测距系统的总体设计架构,可分为脉冲整形电路、激光驱动电路、激光接收电路、时间鉴别电路、计时电路及主控制器等[91]。

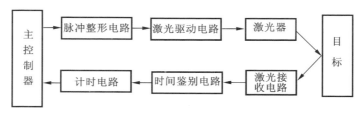

图 8-34　脉冲法激光测距系统的总体设计架构

传统脉冲法激光测距系统的总体设计架构过于复杂,内部电路设计过于烦琐,无法实现中低成本、小型化测距系统设计理念,因此陈昭[92]进行了低成本小型脉冲法激光测距系统的设计。与传统脉冲法激光测距系统的总体设计架构相比,该测距系统在架构上省去了一路激光回波信号接收处理电路,其中包括光电转换电路及整形滤波电路,从而满足成本低、体积小这一基本测距系统设计要求。

图 8-35 所示为测距系统框图。脉冲法激光测距系统的第一部分为发射模块,发射模块主要由窄脉冲发生电路、驱动电路、激光发生器及其所产生的光路组成。其主要的工作流程为:计算控制电路传送触发信号给发射电路,由此触发窄脉冲发生电路产生合适的窄脉冲信号,并将其送达所设计的驱动电路来驱动激光发生器产生脉冲激光信号。发出的脉冲激光在经过分光镜时,少部分脉冲激光通过光电转换及整形滤波,作为计时模块开始计时的触发信号,而大部分脉冲激光则直接到达目标物体。

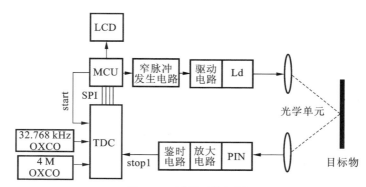

图 8-35　测距系统框图

脉冲法激光测距系统中的接收模块由光电转换装置、前置放大电路、主放大电路及时刻鉴别电路构成,该部分的工作流程为:脉冲激光到达被测目标后发生漫反射,回波脉冲信号被接收单元接收后,光电转换电路将接收的光信号转化微小流量的电流信号,经设计的前置放大电路,微弱的电流信号转化为相对稳定的电压信号,再利用设计的主放大电路将已完成转化的电压信号进行成倍放大,最后由时刻鉴别电路输出计时信号并将此信号送达计时模块的停止计时端。

离精密计时模块主要应用 TDC-GP2 的时间测量技术,其主要工作流程为:首先,计时模块在接收到直接由计算控制电路所发出的触发电路后,开启计时器;当接收到由分光镜发射回来的激光光束时,时间计量仪器开始计时;当接收到经接收模块处理的脉冲信号时,计时器停止计时,并将记录数据送达计算控制电路,经计算控制电路计算处理后得到最终的距离值。

8.5.2.2　相位法激光测距仪

相位法激光测距仪的基本原理是对光束进行幅度调制,利用高频率的正弦信号,连续调制激光源的发光强度,测定调制激光往返测量距离一次所产生的相位延迟,然后根据调制激光的波长,换算出测量距离造成的相位延迟所代表的距离,从而获得被测距离信息。该方法的测量精度高,通常在毫米量级,但是需要注意的是,相位法的测距精度取决于系统测量相位的精度,这就使得不同频率的调制信号,在相同的测相精度条件下,测距精度是不同的[93-96]。

该方法[97-99]是通过测量发射激光的初始相位和返回激光的终止相位之间的相位差来实现测距的。由于光波本身的频率非常高,因此一般不会直接测量如此高频率信号的相位,一般激光接收器只对激光回波的强度敏感,因此激光器通常用幅度调制,即光强按正弦规律变化的调制方式。其实相位也可以看作强度的大小,只不过单纯从强度上看相位只能得到 0 到 π 的相位。

图 8-36 所示为激光相位测距系统的总体框图。其中 MCU 控制芯片采用 ARM-STM32F103 芯片,内核为 Cortex-M3,具有较高的主频(最高可以达到 72

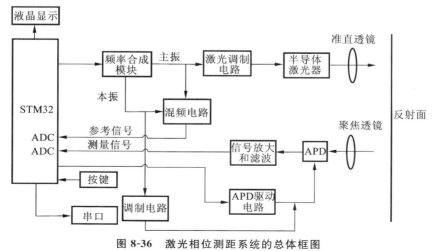

图 8-36　激光相位测距系统的总体框图

M)和丰富的外设接口,并且拥有较大的内存,计算、运行效率都比较高,而且性价比高。本设计采用差频测相和间接测尺等技术,由于采用了多测尺技术,需要产生多组测尺频率。一组测尺频率的整个测距过程为:首先,由频率合成芯片产生主振和本振信号,主振和本振频率相差 400 Hz,主振信号经过激光调制并经半导体激光器发射出去,碰到目标物体反射回来,被 APD 光电检测电路接收,与本振信号进行混频,经过放大和滤波电路得到频率为 400 Hz 的测量信号,该测量信号同本振和主振信号混频滤波,得到 400 Hz 的参考信号,同时进行双 ADC 采样,得到离散的数字信号,然后通过离散频谱校正技术和 FFT 变换得到这组测尺频率的相位差。在得到各组测尺频率的相位差后,通过间接测尺技术,可以将两组不同的测尺频率的相位差转化为另一种测尺频率的相位差,根据所需的相位差,计算得到所测的距离信息[100]。

8.5.2.3 干涉法激光测距仪

干涉法原理是利用光的干涉原理,光束照射到物体上产生光的干涉条纹,当被照射到的物体移动时,光的干涉条纹会发生明暗交替变化,光电转换器件记录干涉条纹的明暗变换次数,从而实现对物体的位移量的测量[101]。干涉法的主要难点是所用光源须是稳定的相干光源[102]。

图 8-37 所示为迈克尔逊干涉仪的测距原理,M_1 表示参考反射镜,M_2 表示目标反射镜,P 表示分光镜。单模稳频 He-Ne 激光器发射激光束,激光束照射到分光镜 P 上,激光束分为两束:一束发射到参考反射镜 M_1 上并被反射回去,另一束发射到目标反射镜 M_2 上并被反射回去,这两束反射光经过反射镜反射到分光镜 P 上,这两束反射光到分光镜 P 的光程差为

$$\Delta_1 = 2n(L_2 - L_1) \tag{8-19}$$

式中:Δ_1 为两束光的光程差;n 为空气的折射率;L_2 为激光束从目标反射镜 M_2 反射到分光镜 P 的距离;L_1 为激光束从参考反射镜 M_1 反射到分光镜 P 的距离。当移动平台移动距离 L 时,目标反射镜 M_2 也会随之移动距离 L,这时经分光镜分为的两束激光会在原来光程差的基础上增加长度 L,即此时它们的光程差为

$$\Delta_2 = 2n(L_m + L - L_c) = 2nL + \Delta_1 \tag{8-20}$$

式中:L_m 为待测物体与目标反射镜 M_2 的距离,L_c 为传感器的矫正距离。即在平台移动的前后,这两束激光的光程差的变化值 Δ 为

$$\Delta = \Delta_2 - \Delta_1 = 2nL \tag{8-21}$$

由光的干涉原理可知,光的干涉条纹明暗交替变化一次,表示这两束激光的光程差变化一个波长。所以当平台移动距离 L 时,设激光的中心波长为 λ_0,干涉条纹明暗交替变化的次数 K 为

$$K = \frac{\Delta}{\lambda_0} = \frac{2nL}{\lambda_0} \tag{8-22}$$

光的干涉条纹明暗交替变化的次数 K 可以通过光电转化器件将干涉条纹的明暗交替变化转化成电信号,通过计数器计数测得。激光的中心波长可由激光的中心频率计算得到。由于 n 是空气的折射率,通过上式可以得到

$$L = K \frac{\lambda_0}{2n} = K \frac{\lambda}{2} \tag{8-23}$$

式中:$\lambda = \lambda_0 / n$,λ 为激光在空气中的波长。

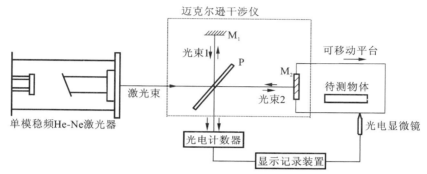

图 8-37　迈克尔逊干涉仪的测距原理

8.5.2.4　反馈法激光测距仪

卢锐琪等人[80]基于反馈法原理来设计高频高精度激光测距仪系统。基于反馈法原理的测距装置由光学系统、激光发送接收反馈控制单元和测距计算单元组成。其中光学系统由配合激光接收器件雪崩二极管而专门制作的透镜组成;激光发送接收反馈控制单元由激光信号生成器、激光信号接收器、激光信号转换器组成;测距计算单元为由 STM32 单片机构成的最小控制系统。

激光信号生成器为由高速激光驱动芯片 MAX3736 及其外围电路构成的激光驱动电路,其输出端与相应的高速激光发射管连接;激光信号接收器由雪崩二极管 AD500-8 及其附属电路组成;激光信号转换器为由高速运算放大器 APD 后级处理板、信号处理模块 LMH7220、D 触发器构成的整形放大电路,其高速运算放大器的同相输入端与激光接收管连接,D 触发器的 Q(一)Q 输出端与单片机的 I/O 口连接,D 触发器的 Q 输出端与激光信号生成器的反相信号输入端连接。以 STM32 单片机为主的测距计算单元将接收的振荡频率按照分析公式转换成相应的距离。

正常工作时,激光信号生成器驱动激光发射管沿光轴方向发射一定波长的激光,激光到达被测表面后被反射,经环状聚焦透镜聚焦后由激光接收管接收并转换成电信号,电信号直接控制激光发射部分并关断激光信号生成器。当激光接收管接收不到反射的激光时,激光信号转换器输出相反的信号并打开激光信号生成器。单片机计算单位时间内接收到的开关电平次数,从而得到振荡频率。根据反馈法原理进行理论计算可以得到待测距离与频率的理论值。

图 8-38 所示为反馈激光测距仪框图,搭建反馈激光测距仪的硬件选型如下。

(1)激光头驱动器——MAX3736。MAX3736 芯片是一种功耗低、结构紧凑的高速激光调制驱动器,所处理的激光发射频率最高可到达约 3.2 GHz,满足反馈法的超高频发射要求。MAX3736 工作电压为 3.3 V,最大偏置电流可达 100 mA,最大调制电流为 65 mA,满足大多数激光二极管使用要求。

(2)激光发射头——工业级红光激光管。采用 DL-4247-162 激光二极管,该激光二极管工作功率为 10 mW,工作电压为 2.0～2.6 V,阈值电流为 20 mA,工作电流为 50 mA,满足近距离测距使用要求。

(3)激光接收装置——雪崩二极管。雪崩二极管是利用半导体结构中载流子的碰撞电离和渡越时间两种物理效应来产生负阻的固体微波器件。雪崩二极管具有功率大、效率高等优点是固体微波源(特别是毫米波发射源)的主要功率器件,广泛应用于雷达、通信、遥控、遥测、仪器仪表中。其主要缺点是噪声较大。我们采用 AD500-8-TO52-S1 的高频雪崩二极管,该型号雪崩二极管暗电流为 0.5 nA、结电容为 2.2 pF,响应时间达到 350 ps,工作带宽可达 1 GHz,灵敏度可达到 50 A/W,性能较为优异。

(4)信号放大处理——APD 后级处理板。APD 后级处理板应用于雪崩二极管 AD500-8 的信号放大模块中,可以将 APD 所接收到的微弱信号放大输出。该处理板主要由三级放大器组成,前级为互阻放大器,可以输出 mV 级以上的电压信号,第二级、第三级为电压放大器,对前级的微弱电压信号进行放大,两级放大倍数为 500 倍,放大板输出电压为 0～2 V。

(5)信号处理模块——LMH7220。为了让接收到的激光信号能够实现反馈功能,以保证信号的规则性和可读性,那么就需要对可能产生噪声和其他干扰的信号作一些必要的处理。于是,我们使用高速信号比较器输出芯片 LMH7220 完成放大信号的滤波。LMH7220 是一款高速电压比较器,其工作电压为 2.7～12 V,上升时间仅有 0.6 ns,翻转速率可达到 940 Mb/s,满足设计要求。

(6)STM32 单片机。在这套系统中单片机的应用操作简易,主要是将该系统的内部振荡频率换算成距离,并实时显示在显示器上。我们选择速度较大的 STM32F104 单片机,该单片机最高频率可达 72 MHz,尚可满足设计要求。

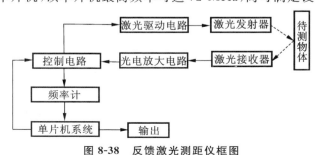

图 8-38　反馈激光测距仪框图

（7）电源模块。该系统由于电源复杂需要 3.3 V、+5 V、−5 V、12 V、120 V 五种偏置电压所需要的电压，而且部分器件对电源要求严格，纹波系数等要求较高，因此我们设计了一个混合的电源模块，该电源模块包括稳压芯片、滤波电路、升压模块和保护电路。

8.5.2.5　三角法激光测距仪

图 8-39 所示为三角测距仪的基本原理。O 是远距离的被测物体，两个观察点 A、B 之间的基线幅度为 D，假设物体自发光，这种方法称为被动三角测量[103]。主动三角测量是指用激光照亮被测目标，具体测量方法如下。

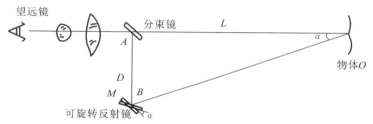

图 8-39　三角测距仪的基本原理

调整分束镜和可旋转反射镜 M，使得点 A 和点 B 的像重合。M 从初始 $\alpha=0$ 位置（与分束镜平行）转动某个角度，这时又可以看到物体的像重合，测得的距离为

$$L=D/\tan\alpha\approx D/\alpha \tag{8-24}$$

由式（8-25）可知，我们需要准确测量角度 α，以便合理地根据短基线 D 来确定一个长距离 L。

对于角度的读出误差，好的螺旋微动调节器可以提供中等精度的动作，其分辨率 $\Delta\alpha=3$ mrad，另一方面，角度编码器可以提供高精度读数，它的分辨率可以达到 $\Delta\alpha=0.1$ mrad。$\Delta\alpha=3$ mrad 和 $\Delta\alpha=0.1$ mrad 是三角测量的激光测距仪的主要讨论情况。对于 $D=1$ m 和 $L=100$ m 的实际情况而言，误差 $\Delta L/L$ 分别为 1% 和 30%[104]。

主动光学测距仪是增加一个光源来照射被测目标，并且增加一个位置传感探测器来检测返回的光，这样就使得性能得到改善，除去移动的部件，得到较快的响应。这种仪器的结构方案取决于实际应用的需求，因此差别很大[105]。图 8-40 所示为一个用于短距离的主动光学测距仪（测量范围为 1~10 m），它采用一个半导体激光器和一个 CCD。目镜是一个望远镜，焦距为 F_{rec}（典型值为 250 mm）。CCD 是一个由硅材料制成的装置，由 N 个分离的光敏单元线性排列而成，单元的宽度为 ω_{CCD}（典型值为 $N=1\,024$，$\omega_{CCD}=10$ μm）。物体的光斑通过物镜成像在 CCD 上，很容易计算出角度的分辨率 $\Delta\alpha=\omega_{CCD}/F_{rec}=0.04$ mrad。对于 $D=50$ mm、$L=1$ m 的实际情况，精度为 1 mm[106]。

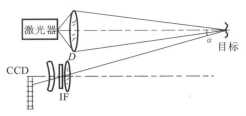

图 8-40　三角激光测距仪的主动照明系统和固定角度的输出装置

8.5.3　变形检测系统搭建和设计

激光沉积制造过程是一个局部受热不均匀的热加工过程,在热作用区域内将产生强烈的温度变化引起的内应力,内应力包括热应力、相变应力和拘束应力。激光沉积制造层变形的根本原因在于成形层中存在拉应力。由于成形层和基材之间有很大的温度梯度,在随后的快速冷却过程中,由于基材和熔覆材料热膨胀系数的差异,成形层中产生残余应力;如果熔覆材料在冷却过程中发生组织变化,成形层中还将产生组织应力。这些应力的共同作用可能导致成形层(特别是工件)整体变形,甚至开裂。激光沉积制造工艺参数对熔覆层变形的影响很大。一般来说,成形层越厚,熔化所需要的激光能量越大,导致基材热变形相应增大。激光沉积制造前预热和成形后热可有效地减小成形层的热应力,因此可以减小金属零部件的变形[107-108]。

熊征[109]在激光沉积制造强化和修复薄壁型零件关键技术基础研究中,探究了工艺参数对零件变形的影响。试验采用具有奥氏体组织的 304 不锈钢和同样是形成奥氏体组织的合金粉末。众所周知,单相奥氏体在受热过程中是不发生相变的,因此,在激光沉积制造过程中,组织应力和拘束应力很小,可以忽略,产生的内应力主要是温度变化诱发的热应力。因此,激光沉积制造内应力和变形的机理可表述为:激光热输入使材料不均匀局部受热,材料熔化;而与熔池毗邻的高温区材料的热膨胀受到周围材料的限制,材料发生不均匀的压缩塑性变形;在冷却过程中,已发生压缩塑性变形的这部分材料又受到周围条件的约束,而不能自由收缩;与此同时,熔池凝固,金属冷却收缩时也产生相应的收缩拉应力。

焊接后,薄板在横向上产生了均匀的整体收缩变形,在纵向上也产生了收缩变形,焊缝附近的收缩变形较大。薄板激光成形与薄板焊接存在差异,薄板焊接时一般基材整个截面都熔化,尽管板的温度很高,但是,板的上下表面温差较小,并且此时焊缝和热影响区材料的屈服强度很小,在很小的应力作用下,金属就会产生塑性变形。因此,焊缝沿纵向和横向产生整体的收缩变形。而激光薄板成形却是板的上表面局部熔化,上下表面温差较大,收缩变形不仅受到熔池周围材料的约束,还受到下表面的约束,各个点的收缩情况不同,收缩应力和变形将更加复杂[110]。

激光沉积、激光熔覆、激光焊接等增材制造过程会导致工件变形,从而严重影响结构的承载能力和结构的精密性,尤其对薄板精密结构造成严重后果。因此,变形的检测和控制是一个非常重要的研究方向。国内外很多学者采用有限元法对变形进行研究[111-113]。对于加工后变形的非接触全场测量,三维激光扫描仪对加工后变形可以进行精确的测量,但操作复杂[114]。

数字图像相关技术是一种对变形场和应变场进行非接触测量分析的数字图像相关技术。该技术由 Strycker 等人[115]第一次用于测量弧焊过程中的焊接变形,试验结果表明,数字图像相关技术的测量结果与应变片的测量结果具有很高的一致性和准确性,由此证明了该技术应用于焊接过程的可行性。黄尊月等人[116]在薄板激光焊接热变形的检测中,采用独特的非接触数字图像相关技术全场测量法对不同焊接参数下的激光焊接变形进行了精确的测量,使用三维云图再现了变形量,并在不同焊接参数下对焊接变形量进行了研究。从图 8-41 中可以看出,不同的激光功率下薄板呈现中间凹陷、两边翘起的形状。图 8-42 所示为不同功率下变形量曲线,沿着焊缝方向,从焊接起始点开始,各点变形量逐渐减小并且由正向变形向负向变形变化,在距焊接起始点 40～60 mm 之间,变形量几乎保持不变,随着激光功率的增大,点的变形量增大。

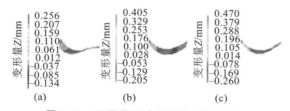

图 8-41　不同激光功率下的三维云图
(a)激光功率 1000 W;(b)激光功率 1200 W;(c)激光功率 1400 W

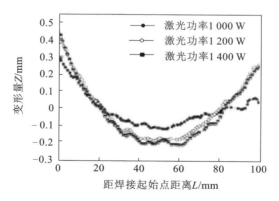

图 8-42　不同激光功率下变形量曲线

同理,不同激光速度下和不同离焦量下的三维云图如图 8-43、图 8-44 所示。可以看到,薄板呈现中间凹陷、两边翘起的形状。产生这种变形的原因是:激光焊接开始时,焊缝局部受热并且热源的温度比较高,在各个方向上都会产生不同的温度梯度,待测直线的起始点距离热源最近,在瞬时受热产生膨胀翘起,铝合金薄板由于热导率高传热快,而距离焊缝稍远的区域温度依然很高,距离焊缝越远,温度也越低。温度较高的金属在膨胀过程中受到温度较低的周围区域的限制和约束,产生压缩应力[117],随着激光热源的远离,传热在不断地进行,中间区域受到压缩而下凹,同时又对板的另一边产生拉伸作用,再加上热量不断增大,导致中间凹陷、两边翘起的形状。

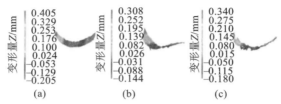

图 8-43　不同激光速度下的三维云图

(a)焊接速度 4 mm/s;(b)焊接速度 6 mm/s;(c)焊接速度 8 mm/s

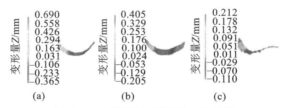

图 8-44　不同离焦量下的三维云图

(a)离焦量-3 mm;(b)离焦量 0 mm;(c)离焦量 3 mm

对焊接全程进行检测分析,取距离焊缝中心 30 mm、距离上板边 25 mm 的点为待测点,得到其在焊接过程中的精确变形,焊接速度为 4 mm/s,离焦量为 0 mm,功率为 1 200 W 下的待测点在焊接过程中的变形量随时间变化的曲线图如 8-45 所示。可以看出,在激光焊接开始后的前 8 s 内,变形量急剧增大,在 8～16 s 之间,变形量变化不大,变形量在 0.08 mm 左右,较稳定地上下波动,在 16 s 后,急剧增大直至焊接停止,最终变形量为 0.12 mm。产生这些变化趋势的主要原因是焊接过程中受热不均匀、受热膨胀、冷却收缩、薄板的刚度小、薄板在热变形过程中各个部分的相互作用和牵制。焊接开始时,热量从焊缝区域传递到待测点,待测点受热膨胀,并且受到周围温度相对较低区域和温度相对较高区域的限制,随着激光源的移动,传递到待测点的热量不断变化,其周围的区域也不断变化,因此拉伸和压缩交替进行,变形量会发生微小的上下波动,但是受热过程在不断进行,总体趋势是上升的。在 8～16 s 之间,变形量变化不大,主要是因为激光源移动到焊缝的中间位置,这段时间内热源的位置正好对应着待测直线的 40～60 mm 的部分,也就是焊接热源在这个区域移动时,板变形量变化不是很大,因此区域间相互作用的结果是待测点的变化量变化也不大。当激光源离开这个区域时,整个板的热循环又发生变化,各个区域的变形量又随着焊接热源的移动而增大,导致焊接待测点的变化量又发生变化,呈现出急剧增大的趋势,点变形和区域变形是密不可分的,这也是薄板形成中间凹陷、两边翘起的形状的原因。

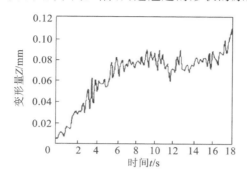

图 8-45　待测点在焊接过程中的变形量随时间变化的曲线图

王春明等人[118]在激光焊接过程多传感器在线检测系统的设计中,采用虚拟仪器平台 Lab-VIEW,按照虚拟仪器的理念设计了一套激光焊接过程多传感器实时监测系统,设计过程中尽可能简化硬件功能以提高其可靠性与抗干扰能力,而将系统的核心转移到软件部分,一方面可以大大提高系统针对不同应用的适应性和可移植性,另一方面可节省成本。整个监测系统由 3 部分组成:信号拾取、信号调理、数据采集与分析。

(1)信号拾取。

信号拾取由传感器及传感器装夹装置组成,其作用是准确获取高速激光焊接过程中能够反映焊接质量的有效信息。信号拾取部分处于整个系统的最前端,所获取的任何信号都会被后端进一步的放大,因此,保证该部分获取信息的准确性与有效性至关重要。

在激光深熔焊过程中,存在众多的光、声、电信号,这众多的信号都或多或少地含有反映焊接过程和质量的信息,必须选取其中最有效并易于检测到的信号,并运用合适的传感器将其转换为电信号进行采集和分析。查阅相关文献,取激光焊接过程中的可听声音(20~20 kHz)、等离子体蓝紫光(400~500 nm)和红外辐射(1 200~1 600 nm)作为被检测信号[119-120]。

可听声传感器采用灵敏度高、方向性强的驻极体传声器,成本低,其放大电路成熟简单;蓝紫光传感器采用波长相应范围为 190~1 100 nm 的硅光电二极管,结合滤光片,获取 400~500 nm 的等离子体蓝紫光辐射;红外辐射传感器选用 In-GaAs PIN 光电二极管,波长响应范围为 900~1 700 nm,其结电容小而结电阻很高,因此具有很高的响应速度和低的噪声,同样需要配合适当的滤光片以获取所需较窄波段范围的红外辐射信号。对于激光焊接过程监测而言,传感器的装夹定位非常重要,一方面需要准确地采集到信号,另一方面又不能对焊接头或激光传输光路造成不良影响或过多的负担,尤其是在采用多传感器的情况下。声传感器对距离和方向不很敏感,装夹定位较为容易;对于光传感器而言,安装方式采用可灵活调节角度的偏轴采集方式。

(2)信号调理。

信号调理主要实现两方面的功能:放大和滤波。从传感器获得的电流或电压信号幅值很小,一般为毫安或毫伏级,如此微弱的电信号显然不适合传送和采集,因此,信号调理电路的首要任务就是将电信号转换或放大到合适的电压大小以利于传送和采集。激光焊接一般在较为复杂的工业环境下进行,存在较多的光、电、磁及声等多方面的干扰,因此,信号调理电路的另一个重要功能是滤除前端的干扰和噪声。对于不同的信号源,信号的有效频段和干扰来源不同,其滤波器的设计需要根据实际情况分别对待,对于光信号,采用低通滤波,对于声信号,可采用带通滤波取出某一段频率的信号进行分析;另外,根据采样定律,对于频率高于采样频率一半的信号,成分经 A/D 转换后不可能被还原,因此在数据采集前必须进行抗混频滤波。根据上述要求,设计出的信号调理电路如图 8-46 所示。

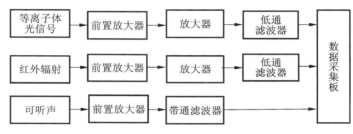

图 8-46　信号调理电路

(3)数据采集与分析。

数据采集与分析可实现 3 个通道信号的高速 A/D 转换与数据存储,单通道信号的采样频率可达 80 kHz。数据采集与分析具有平滑处理、重新采样、统计分析、功率谱估计、相关分析、数字滤波、连续短时傅里叶变换等功能。

采用数字信号处理手段来分析 3 路检测信号的相关性,发现两路光信号变化完全同步,而声信号在时间上滞后于两路光信号,滞后时间等于声音传播所需的时间,验证了所采集 3 路信号的有效性;并通过实例证明了采用多传感器检测在可靠性方面的优势。试验结果表明,采用多传感器检测与进一步的信息融合是实现激光焊接过程实时监测的发展方向。

参 考 文 献

[1] 仲崇亮. 基于 Incone1718 的高沉积率激光金属沉积增材制造技术研究[D].
长春:中国科学院长春光学精密机械与物理研究所,2015.

[2] WILSON J M,PIYA C,SHIN Y,et al. Remanufacturing of turbine blades by

laser direct deposition with its energy and environment impact analysis[J]. Journal of Cleaner Production,2014,80:170-178.

［3］罗煌.镍合金零件激光熔覆成形工艺研究[D].上海:上海交通大学,2015.

［4］PARTES K,SEPOLD G. Modulation of power density distribution in time and space for high speed laser cladding[J]. Journal of Materials Processing TechNOLOGY,2008,195(1/2/3):27-33.

［5］CAO X J,JAHAZI M,FOURNIER J,et al. Optimization of bead spacing during laser cladding of ZE41A-T5 magnesium alloy castings[J]. Journal of Materials Processing Technology,2008,205(1):322-331.

［6］钦兰云,徐丽丽,杨光,等.钛合金激光沉积制造热累积与熔池形貌演化[J].稀有金属材料与工程,2017,46(9):2645-2650.

［7］徐丽丽.基于熔池监控的激光沉积制造成形精度控制研究[D].沈阳:沈阳航空航天大学,2018.

［8］常云峰.铝合金激光-MIG复合填丝焊接特性研究[D].北京:机械科学研究总院,2017.

［9］芦庆.铝合金表面激光熔覆 Ni-Cu 复合涂层的研究[D].太原:中北大学,2015.

［10］黄煜华.18Ni300 激光增材制造工艺及视觉传感研究[D].哈尔滨:哈尔滨工业大学,2017.

［11］卞宏友,王婷,王维,等.激光沉积成形工艺参数对熔池温度及成形尺寸的影响[J].应用激光,2013,33(3):239-244.

［12］冯秋娜,田宗军,梁绘昕,等. 基体热累积对铝合金激光熔化沉积单道形貌的影响研究[J].应用激光,2017,37(1):51-58.

［13］刘珍峰.送粉式激光熔覆温度场的三维有限元模拟[D].武汉:华中科技大学,2006.

［14］冯秋娜.激光熔化沉积成形 AlSi10Mg 合金的工艺与组织性能研究[D].南京:南京航空航天大学,2017.

［15］黄凤晓,江中浩,张健. 激光熔覆工艺参数对单道熔覆层宏观尺寸的影响[J].热加工工艺,2010,39(18):119-121.

［16］李进宝,商硕,孙有政,等. Inconel 625 激光直接金属沉积成形参数无量纲化及其对单道几何形貌的影响[J].中国激光,2017,44(3):127-135.

［17］胡晓冬,于成松,姚建华.激光熔覆熔池温度监测与控制系统的研究现状[J].激光与光电子学进展,2013,50(12):31-37.

［18］陈殿炳,邓琦林.激光熔覆熔池检测控制技术的研究进展[J].电加工与模具,2014(5):45-49.

激光沉积成形增材制造技术

[19] HU DM，KOVACEVIC R. Sensing，modeling and control for laser-based additive manufacturing[J]. International Journal of Machine Tools and Manufacture，2003，43(1):51-60.

[20] 胡木林，谢长生，王爱华. 激光熔覆材料相容性的研究进展[J]. 金属热处理，2001(1):1-8.

[21] SEXTON L，LAVIN S，BYRNE G，et al. Laser cladding of aerospace materials[J]. Journal of Materials Processing Technology，2002，122(1):63-68.

[22] 王克鸿. 基于视觉的熔池过程特征提取方法及智能控制研究[D].南京:南京理工大学，2007.

[23] 陈殿炳.激光熔覆熔池图像检测试验研究[D].上海:上海交通大学，2015.

[24] 张庆茂，刘喜明，孙宁，等.送粉式宽带激光熔覆——搭接基础理论的研究[J].金属热处理，2001(2):25-28.

[25] 黄凤晓，江中浩，刘喜明.激光熔覆工艺参数对横向搭接熔覆层结合界面组织的影响[J].光学精密工程，2011，19(2):316-322.

[26] 王斌.TC4钛合金电弧熔丝沉积成形工艺研究[D].沈阳:沈阳航空航天大学，2018.

[27] 黄凤晓.激光熔覆和熔覆成形镍基合金的组织与性能研究[D].长春:吉林大学，2011.

[28] 来佑彬，张本华，赵吉宾，等. 金属激光直接成形最佳搭接率计算及试验验证[J].焊接学报，2016，37(12):79-82.

[29] 朱刚贤，张安峰，李涤尘.激光熔覆工艺参数对熔覆层表面平整度的影响[J].中国激光，2010，37(1):296-301.

[30] 袁丰波.316L不锈钢激光直接沉积制造工艺能效研究[D].长沙:湖南大学，2017.

[31] 安志斌.异种金属材料的激光焊接研究[D]. 西安:西北大学，2008.

[32] 宋刚，于景威，刘黎明.激光离焦量对镁/钢异种金属激光-TIG复合焊的影响[J]. 焊接技术，2017，46(5):62-66.

[33] 黄卫东，等.激光立体成形[M].西安:西北工业大学出版社，2007.

[34] 王海波. 基于PMAC的激光三维堆积层高随动控制研究[D].苏州:苏州大学，2009.

[35] 姚立忠.基于CCD与PMAC的激光三维堆积离焦量实时闭环控制研究[D].苏州:苏州大学，2012.

[36] 陈列，谢沛霖.齿面激光熔覆中的防边缘塌陷工艺研究[J].激光技术，2007，31(5):518-521.

[37] 黄延禄，邹德宁，梁工英，等. 送粉激光熔覆过程中熔覆轨迹及流场与温度场

的数值模拟[J].稀有金属材料与工程,2003,32(5):330-334.

[38] 陈静,谭华,杨海欧,等.激光快速成形过程熔池行为的实时观察研究[J].应用激光,2005,25(2):77-80.

[39] 张静.QT600-3铸铁件表面激光熔覆工艺研究[D].长沙:湖南大学,2010.

[40] 张庆茂,钟敏霖,杨森,等.宽带送粉激光熔覆稀释率的控制[J].金属热处理,2001,26(8):20-23.

[41] 刘振侠,陈静,黄卫东,等.侧向送粉激光熔覆粉末温升模型及实验研究[J].中国激光,2004,31(7):875-878.

[42] 闫广超.盘形凸轮表面激光熔覆工艺研究[D].上海:上海海事大学,2007.

[43] 鲍志军.小模数齿轮激光熔覆修复工艺试验研究[D].上海:上海海事大学,2007.

[44] SONG G M,WU G,HUANG W J. Cracking control in laser cladding process with unidirectional powder feeding and double scanning[J]. Heat Treatment of Metals,2005,30(5):26-28.

[45] 楼凤娟.激光熔覆的温度及应力分析和数值模拟[D].杭州:浙江工业大学,2009.

[46] 姚晓敏.钛合金表面激光熔覆CBN涂层的性能研究[D].沈阳:沈阳航空航天大学,2014.

[47] 常明.塑料模具激光精密修复技术的研究[D].广州:华南师范大学,2007.

[48] 沈燕娣.激光熔覆工艺基础研究[D].上海:上海海事大学,2006.

[49] 吴伟辉,杨永强,毛星,等.激光选区熔化增材制造金属零件精度优化工艺分析[J].铸造技术,2016,37(12):2636-2640.

[50] 顾冬冬,沈以赴.基于选区激光熔化的金属零件快速成形现状与技术展望[J].航空制造技术,2012(8):32-37.

[51] 王迪.选区激光熔化成型不锈钢零件特性与工艺研究[D].广州:华南理工大学,2011.

[52] 张升.医用合金粉末激光选区熔化成形工艺与性能研究[D].武汉:华中科技大学,2014.

[53] 付立定,史玉升,章文献,等.316L不锈钢粉末选择性激光熔化快速成形的工艺研究[J].应用激光,2008,28(2):108-111.

[54] 苏旭彬.基于选区激光熔化的功能件数字化设计与直接制造研究[D].广州:华南理工大学,2011.

[55] 吴伟辉,杨永强,毛星,等.激光选区熔化增材制造零件侧壁成型精度分析[J].光学精密工程,2015,23(10):164-171.

[56] 袁贝贝.基于分区变层厚的熔融沉积成型技术研究[D].济南:山东大

学,2015.

[57] 江开勇,肖棋.熔融挤压堆积成形的原型精度分析[J].中国机械工程,2000,
11(6):665-667.

[58] LAN P T,CHOU S Y,CHEN L L, et al. Determining Fabrication Orientations for rapid prototyping with stereolithography apparatus[J]. Computer-Aided Design,1997,29(1):53-62.

[59] 杜云飞.基于 FDM 的低熔点金属牙模制备方法研究[D].兰州:兰州理工大学,2017.

[60] 张媛.熔融沉积快速成型精度及工艺研究[D].大连:大连理工大学,2009.

[61] 邹国林.熔融沉积制造精度及快速模具制造技术的研究[D].大连:大连理工大学,2002.

[62] 申发明.不锈钢丝基激光增材制造成形工艺研究[D].哈尔滨:哈尔滨工业大学,2015.

[63] 彭青,陈光南,王明星,等.工艺参数对激光辅助预应力成形效率的影响[J].中国激光,2011,38(10):73-77.

[64] 王志坚,董世运,徐滨士,等.激光熔覆工艺参数对金属成形效率和形状的影响[J].红外与激光工程,2010,39(2):315-319.

[65] 王世勇.高性能激光加工控制关键技术研究[D].广州:华南理工大学,2010.

[66] 赵凯.基于窄脉冲大功率半导体激光器的激光测距系统的研究[D].哈尔滨:黑龙江大学,2012.

[67] 梁飞.高速双飞秒激光测距精度的研究[D].天津:天津大学,2015.

[68] 许立明.基于 FPGA 的飞秒激光飞行时间测距仪中高速信号处理的研究[D].天津:天津大学,2015.

[69] 肖彬.激光测距方法探讨[J].地理空间信息,2010,8(4):162-164.

[70] 黄旭.基于 TDC-GP2 的远距离脉冲式激光测距的研究[D].北京:北京交通大学,2012.

[71] KILPELA A,PENNALA R,KOSTAMOVAARA J. Precise pulsed time-of-flight laser range finder for industrial distance measurements [J]. Review of Scientific Instruments,2001,72(4):2197-2202.

[72] 朱福,林一楠.一种提高脉冲激光测距精度的方法[J].光电技术应用,2001,26(2):42-44.

[73] 蔡红霞.脉冲式激光测距系统研究[D].西安:西安工业大学,2014.

[74] 蔡玉鑫.改进型相位式激光测距方法研究[D].长沙:中南大学,2013.

[75] 陈祚海.无棱镜相位式激光测距系统的设计与实现[D].苏州:苏州大学,2011.

[76] 孔东.相位法激光测距仪的研究[D].西安:西安电子科技大学,2007.

[77] 徐陵.相位式半导体激光测距系统的研究[D].武汉:华中科技大学,2006.

[78] 王刚.脉冲发射的相位式激光测距技术研究[D].西安:西安电子科技大学,2010.

[79] 陈安健,路晓东.一种新型军用激光测距系统的设计与研究[J].激光与红外,2001,31(2):90-92.

[80] 卢锐淇,夏方舟,张玉彬,等.基于反馈法的高频高精度激光测距仪系统设计[J].信息与电脑,2013(2):55-56.

[81] 姚淑娜,林铁生,刘依真.反馈法激光测距系统的实验研究[J].北方交通大学学报,1995,19(3):339-343.

[82] 迟婷婷.连续波激光雷达测距新方法的研究[D].天津:天津理工大学,2013.

[83] 王丽,许安涛,王瑛.激光器的发展及激光测距的方法[J].焦作大学学报,2007,21(4):55-56.

[84] 苏煜伟.激光三角法精密测距系统研究[D].西安:西安工业大学,2013.

[85] 牛艳.基于三角激光测距技术的装车定位装置的设计[J].煤,2016,25(8):8-10.

[86] 郭婧,张合,王晓锋.降雨衰减对激光引信精确定距的影响[J].南京理工大学学报:自然科学版,2012,36(3):470-475.

[87] 戴永江.激光雷达原理[M].北京:国防工业出版社,2002.

[88] 靳笑晗,汪岳峰,竹孝鹏,等.相干多普勒测风激光雷达低信噪比区域回波信号的估计方法[J].光学与光电技术,2013,11(3):10-14.

[89] 彭孝祥,张兴敢.一种改进的脉冲式激光测距仪的设计[J].电子测量技术,2008,31(6):133-135.

[90] 陈千颂,赵大龙,杨成伟,等.自触发脉冲飞行时间激光测距技术研究[J].中国激光,2004,31(6):745-748.

[91] 周宇.脉冲式激光测距仪的研究与设计[D].武汉:华中师范大学,2016.

[92] 陈昭.低成本小型脉冲激光测距系统设计[D].西安:西安工业大学,2015.

[93] 徐恒梅,付永庆.相位法激光测距系统[J].应用科技,2010,37(6):20-22.

[94] 马建敏.手持式激光测距仪检定方法研究[J].上海计量测试,2003,30(2):9-13.

[95] 韩旭同.便携式激光测距仪系统研究[D].西安:西安电子科技大学,2014.

[96] 丁燕.相位法激光测距仪设计及其关键技术研究[D].上海:同济大学,2007.

[97] 汪涛.相位激光测距技术的研究[J].激光与红外,2007,37(1):29-31.

[98] 王秀芳,王江,杨向东,等.相位激光测距技术研究概述[J].激光杂志,2006,

27(2):4-5.

[99] 殷甲青,孙胜利. 相位式激光测距仪的改进设计[J]. 激光与红外,2006,36(4):265-268.

[100] 黄俊明. 基于相位测距的激光测距仪设计与实现[D]. 北京:北京邮电大学,2015.

[101] 赵瑞冬. 电子散斑相移测量物体三维形貌[D]. 济南:山东师范大学,2011.

[102] 李兵. 精密激光干涉测距电路系统研究[D]. 西安:中国科学院西安光学精密机械研究所,2013.

[103] 侯培国,刘志颖. 锅炉液位的相位激光测量系统[J]. 现代电子技术,2009,32(8):66-68.

[104] WHEATON J M,GARRARD C,WHITEHEAD K,et al. A simple, interactive GIS tool for transforming assumed total station surveys to real world coordinates – the CHaMP transformation tool[J]. Computers & Geosciences,2012,42:28-36.

[105] 李秀华,庄新,宋立明. 激光测距技术探究[J]. 长春工程学院学报(自然科学版),2012,13(4):39-41.

[106] 陶柳. 基于全相位谱分析鉴相的高精度脉冲相位式激光测距系统研究[D]. 西安:西安电子科技大学,2015.

[107] 张华夏. 激光冲击波调控熔覆层组织/应力状态的基础研究[D]. 镇江:江苏大学,2016.

[108] 刘喜明. Co基自熔合金＋WC送粉激光熔覆层再加热冷却过程中的显微组织变化特征[J]. 稀有金属材料与工程,2007,36(4):621-624.

[109] 熊征. 激光熔覆强化和修复薄壁型零部件关键技术基础研究[D]. 武汉:华中科技大学,2009.

[110] 中国机械工程学会焊接学会. 焊接手册 第3卷 焊接结构[M]. 2版. 北京:机械工业出版社,2003.

[111] 薛忠明,曲文卿,柴鹏,等. 焊接变形预测技术研究进展[J]. 焊接学报,2003,24(3):87-90.

[112] 陈建波,罗宇,龙哲. 大型复杂结构焊接变形热弹塑性有限元分析[J]. 焊接学报,2008,29(4):69-72.

[113] 李勇. 高频锻造对激光熔覆层应力场的影响[D]. 衡阳:南华大学,2012.

[114] 何洪文,赵海燕,钮文翀,等. 应用三维激光扫描法测量板材的焊接变形[J]. 焊接学报,2011,32(12):9-12.

[115] STRYCKER M D,LAVA P,PAEPEGEM W V,et al. Measuring welding deformations with the digital image correlation technique[J]. Welding

Journal,2011,90(6):107s-112s.

[116] 黄尊月,罗震,姚杞,等.薄板激光焊接热变形的检测[J].焊接学报,2015,
36(7):47-50.

[117] 吉沐园,周一届.薄不锈钢板激光焊接变形分析及控制[J].热加工工艺,
2010,39(17):159-161.

[118] 王春明,胡伦骥,胡席远.激光焊接过程多传感器在线检测系统的设计[J].
激光技术,2007(5):503-506.

[119] DUAN A Q,ZOU S K,HU L J. Using plasma acoustic emission to monitor the
penetration status for laser welding[J]. Electromachining&Mould,2001(6):
6-8.

[120] 朱琼玉,吴松坪,胡伦骥,等.CO_2 激光焊接拼缝间隙缺陷的同轴实时监测
[J].激光技术,2006,30(5):455-457.

第9章　激光沉积制造组织、性能及粉末材料

9.1　钛合金简介

9.1.1　钛及钛合金

钛,位于元素周期表第 22 位第四周期第四副族,是地壳中分布最广的元素之一,约占地壳总质量的 0.6%,仅次于铝、铁、镁,居第四位,由于具有稳定的化学性质,被誉为"太空金属"。钛和镁、铝等称为轻金属,其合金称为轻合金[1]。钛及钛合金一直是航空航天工业的"脊柱"之一,广泛应用于航空航天工业和军事工业,并已逐渐成为一种不可替代的金属材料,钛工业由此进入一个全新的发展时期[2-4]。

与许多其他金属相同的是,钛同样存在同素异构体。钛存在两种同素异构体,两种晶体结构之间可以发生同素异构体转变,纯钛的 β 转变温度为 (882 ± 2)℃,即低温下结晶成稳定密排六方(hexagonal close-packed,HCP)结构的 α-Ti 可以在 (882 ± 2)℃ 转变成高温下稳定体心立方(body-centered cubic,BCC)结构的 β-Ti[5]。从晶体结构方面来看,HCP 结构的 α-Ti 存在 1 个 {0001} 滑移面(六方底面)、3 个滑移方向(底面对角线),α-Ti 滑移系的总数为 3 个,致密度 $K_{HCP}=0.74$;而 BCC 结构的 β-Ti 存在 6 个 {110} 滑移面、2 个 〈111〉 滑移方向,β-Ti 滑移系的总数为 12 个,致密度 $K_{BCC}=0.68$。按照加入合金元素的不同,α 型钛合金可分为全 α 型钛合金、近 α 型钛合金和 α+化合物型合金;按照 β 稳定元素及其他元素含量的不同,β 型钛合金可分为热稳定 β 型钛合金、亚稳定 β 型钛合金和近 β 型钛合金。

钛合金是指钛与其他元素经一定方法合成的合金,其中主体为钛。钛合金密度小、比强度大,如图 9-1 所示,只有在 300 ℃(573.15 K)以下,碳纤维增强塑料(CFRP)的比强度才大于钛合金的。由于钛能够在金属表面形成一层极其稳定的钝化膜,因此钛合金具有优异的抗蚀性能。钛合金由于具有这些特性及优异的力学性能,在航空航天、石油化工等领域得到广泛的应用。世界上越来越多的国家逐渐认识到钛合金的重要性,相继对钛合金进行研究开发和生产应用。

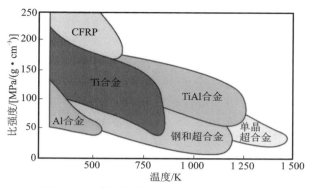

图 9-1　几种结构材料比强度-使用温度关系

9.1.2　钛合金热处理

Frenk 等人的研究结果表明,随着激光沉积制造的沉积层的增加,残余应力将以近似平移的方式向多层试样顶部移动,其最大值基本不变,与单层时的相当。一般情况下挠曲变形发生在基材上及靠近基材的一侧,而靠近试样顶部的沉积层总是保持平直。因此,为保证成形零件在使用过程中尺寸稳定、性能可靠,必须采用一定的热处理工艺来降低或消除瞬时应力应变场、残余应力和变形的不利影响。

钛合金的形貌、尺寸对其力学性能具有直接影响。钛合金的化学成分、热处理工艺及成形加工工艺的不同均能使钛合金显微组织发生巨大变化。从表 9-1 中可以看出,显微组织的形貌尺寸(细小与粗大)及排列情况(片层状与等轴状)对钛合金的一些重要性能(弹性模量、强度、塑性等)均能产生影响。

表 9-1　显微组织的形貌尺寸及排列情况对钛合金性能的影响

性能	细小	粗大	片层状	等轴状
弹性模量	●	●	●	▲/■
强度	▲	■	■	▲
塑性	▲	■	■	▲
断裂韧度	■	▲	▲	■
抗疲劳裂纹萌生	▲	■	■	▲
疲劳裂纹扩展	■	▲	▲	■
蠕变强度	■	▲	▲	■
超塑性	▲	■	■	▲
氧化性能	▲	■	▲	■

注:●表示无影响;▲表示性能提高;■表示性能降低。

钛合金热处理有退火热处理、时效处理、形变热处理等。退火热处理能够明显稳定并均匀化钛合金的组织,消除钛合金的内应力,提高钛合金的塑性。时效处理能够对钛合金进行热处理强化,一般钛合金淬火后均要进行时效处理。热处理工艺是改善钛合金显微组织并提高其力学性能的常用方法,在热处理过程中,可能出现的合金相较多,如常见的初生 α 相、次生 α 相、β_T 转变组织等,钛合金显微组织也呈现出多种形貌,在不同热处理工艺下钛合金显微组织与性能会有很大差别[6-10]。

本章激光沉积制造用钛合金粉末制粉工艺为等离子旋转电极雾化(PREP)、粒度为-80～+200 目(75～200 μm),钛合金粉末化学成分见表 9-2。

表 9-2　钛合金粉末化学成分

元素	Al	Mo	Si	V	Zr	Fe	C	O	N	H	Ti
质量分数/(%)	6.7	1.7	0.02	2.3	2.1	0.04	0.01	0.11	0.01	0.003	其余

9.2　沉积态组织及性能

钛合金的显微组织决定了其最终的力学性能,激光沉积态显微组织分析是力学性能研究的基础。

9.2.1　组织形成机理与特征

激光沉积过程中材料的凝固行为的主要特征是:非常小的液相熔池在相对非常大的固态基体上以外延为主的方式完成凝固过程;凝固速度处于近快速凝固范围。这两个过程特征决定了激光沉积凝固组织的特征不同于常规凝固组织的基本特征[11-15]。

在激光束与材料的作用过程中,高能量密度的激光束(为 10^5～10^7 W/cm²)在很短的时间内(10^{-3}～10^{-2} s)与材料发生交互作用,这样高的能量足以使材料表面局部区域快速加热到上千摄氏度,材料熔化甚至气化,随后尚处于冷态的基体材料的换热作用,使很薄的表面熔化层在激光束离开后很快凝固,冷却速度可达 10^5～10^9 K/s。在这种快速凝固条件下,材料在凝固过程中的热传输、溶质传输等过程与通常的铸态凝固相相比发生了较大变化,在低速凝固条件下所采用的液固界面局域平衡假设不再成立。同时,熔池中的凝固生长界面显著偏离平衡,使得材料的固溶极限显著扩大,组织结构显著细化,并可能出现新的亚稳相,从而改善沉积材料的物理、化学和力学性能。上述过程一般出现在激光熔凝过程中,而在实际的激光沉积制造过程中,考虑到沉积的质量(控制应力变形等),通常激光的扫描速度较小,且沉积过程中,由于各层的热量累积,实际的冷却速度在 10^2～

10^5 K/s,目前还没有一个严格的界限来区分快速凝固,一般将凝固速度 dT/d$t\geqslant$ 10^5 K/s确定为快速凝固的下限,所以激光沉积过程中凝固行为主要处于近快速凝固范围,界面稳定性行为和枝晶、共晶生成就成了激光沉积材料凝固过程中重要的组织演变和选择行为。

在激光加工过程中,由于熔池中固液界面前沿存在很大的正温度梯度,固液界面前沿一般不出现形核现象,其凝固组织多以外延生长的方式形成,因此熔池组织受基体材料原始组织的影响很大。随着研究的深入开展,人们逐渐发现熔池的形状和其中的液相对流(自然对流和强迫对流)也会对凝固组织产生较大影响。

在强制性生长条件下,凝固界面前沿的速度 v_s 主要是由温度场决定的,熔池内的热流和流体对流决定了熔池的形状,在稳态加工条件下,凝固界面前沿的速度 v_s 可由熔池的形状确定,通常情况下,v_s 基本沿着熔池中温度梯度最大的方向,也就是固液界面的法向,因此激光束的扫描速度 v_b(见图9-2)满足

$$|v_s| = v_b \cdot n = |v_b| \cos\theta \tag{9-1}$$

式中:n 为固液界面的法向矢量,与 v_s 的方向平行;θ 为法向矢量与扫描速度的夹角,被定义为凝固方向角,它沿凝固区深度方向上的变化决定了熔池的形状及熔池内不同深度处的凝固速度和凝固方向,在熔池的底部,$\theta \to 90°$,则 $v_s \to 0$。在凝固区中靠近熔池表面(尾端)的位置,θ 最小,v_s 最大。在熔池的底部,v_s 很小而温度梯度很大,凝固以平面方式进行并可获得无偏析的凝固组织,而熔化区上部由于凝固速度的增大形成胞晶组织。

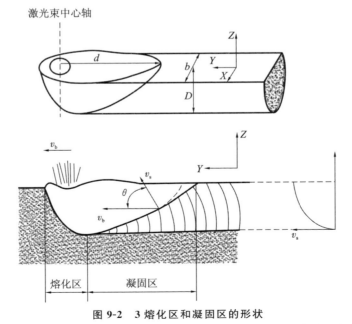

图 9-2 3 熔化区和凝固区的形状

然而,式(9-1)忽视了由晶体学取向的各向异性所导致的枝晶生长择优取向对

凝固界面生长速度的影响,对于胞晶和共晶而言,其生长方向反向平行于热流方向,因此其生长方向与凝固界面前沿的法线方向接近,其生长速度近似等于凝固前沿的速度 v_s,也就是说可由式(9-1)决定。但由于枝晶生长的择优取向问题,枝晶生长并不完全受热流的控制,而是选择与热流方向最为接近的择优取向进行生长,枝晶[hkl]方向的生长速度 v_{hkl} 与凝固界面前沿的速度 v_s 的关系为

$$|\, v_s \,| = v_{hkl} \cdot n = |\, v_{hkl} \,| \cos\psi \qquad (9\text{-}2)$$

式中:ψ 为凝固界面前沿的速度 v_s 与晶体择优生长方向的夹角。由式(9-1)和式(9-2)可得

$$|\, v_{hkl} \,| = |\, v_b \,| \frac{\cos\theta}{\cos\psi} \qquad (9\text{-}3)$$

从式(9-3)中可以看出,虽然温度梯度(热流方向)无法使枝晶不沿⟨100⟩晶向生长,但却可以决定枝晶究竟选择哪一个⟨100⟩晶向作为其生长方向。

9.2.2　显微组织

钛合金沉积态三维显微组织如图 9-3 所示,包括光学显微镜(OM)显微组织和扫描电镜(SEM)显微组织。由于激光沉积中扫描方向、搭接率及扫描速度等参数的影响,从 X 向、Y 向和 Z 向三个方向采用光学显微镜观察沉积件的显微组织会出现差别,从 X 向显微组织可以观察到因每层之间相互搭接及对前一层顶部重熔而形成的弧形重熔层带,同时可以观察到粗大的 β 柱状晶组织。从 Y 向可以观察到粗大的 β 柱状晶组织,由于扫描路径为线性轨迹,还可以观察到呈直线状的重熔层带。从 Z 向可以观察到柱状晶截面显微组织。沉积态光学显微镜显微组织为粗大、贯穿多个沉积层的 β 柱状晶组织,这是因为柱状晶的生长方向与散热方向相反,且激光沉积为连续的成形过程,导致柱状晶顶部发生重熔,柱状晶逆着散热方向发生外延生长,形成贯穿多个沉积层、如图 9-3 中 XZ 面(OM)所示的粗大 β 柱状晶组织。进一步采用 SEM 观察沉积态显微组织可发现,三个不同方向上显微组织差别不大,组织均匀,α 片层厚度相近,为典型的网篮状近 α 钛合金显微组织。

9.2.3　激光沉积制造常见的缺陷

激光沉积制造过程中缺陷的产生是不可避免的,主要典型的缺陷为气孔、熔合不良、变形及开裂。

9.2.3.1　气孔

由于激光沉积的瞬间熔化凝固特点,卷入或析出的气体来不及溢出,就会在沉积层中形成气孔。气孔多为规则的球形或类球形,在光学显微镜下观察时其中

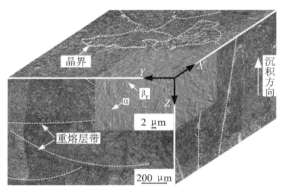

图 9-3　钛合金沉积态三维显微组织

心呈亮白色,这是气孔内壁光滑、反光所致。气孔分布具有随机性,且大多分布在晶粒内部,具体形貌如图 9-4 所示。

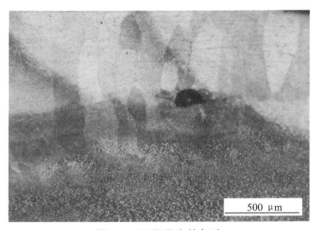

图 9-4　沉积层中的气孔

陈静等人在进行 TC4 零件激光快速修复时发现,当采用未经干燥处理的 TC4 粉末进行激光修复时,修复区存在许多气孔,而采用经过真空干燥后的 TC4 粉末进行激光修复时,组织中不会存在气孔[16]。因此,修复组织中气孔的成因有两种。

(1)由水分引起的,当粉末中含有水分时,受到激光加热就会产生少量的气体,一部分可能由于离熔池表面比较近而逸出,但由于激光熔凝过程非常快,另外一部分气体来不及逸出便被“包裹”在金属中。

(2)粉末放置时吸附了其他一些气体,在激光熔凝过程中同样出现了与(1)类似的情况,导致气孔产生。而对于已真空干燥处理的粉末就不存在上述问题。

一般而言,激光沉积层中的气孔是难以避免的,但可以采取措施来控制气孔的形成,常用的方法是严格防止合金粉末在储运中被氧化,使用前烘干去湿,以及激光沉积加工时采取防氧化的措施,还可以对熔池施加外场(超声场和电磁场),借助外场的机械搅拌和振动作用加大熔池中气孔上浮速度,从而消除气孔。

9.2.3.2　熔合不良

在激光沉积制造过程中,激光加工参数匹配不当容易导致各种类型的熔合不良、层和层之间的熔合不良,道和道之间局部的熔合不良,以及更为严重的首层和基材之间的熔合不良[17-18]。

图 9-5 所示为激光沉积制造过程中出现的熔合不良缺陷。其中沉积层和基材之间的熔合不良是修复过程中最易出现的缺陷,原因可能是基体比较大,在基体没有预热的情况下,热量容易传导到基体中,此外,由于激光模式的限制(光斑能量中心大,边缘小),没有足够的能量形成有效的熔池。其他层与层之间的熔合不良多是激光能量密度不足或者道间搭接率、Z 向的单层行程选择不当造成的。

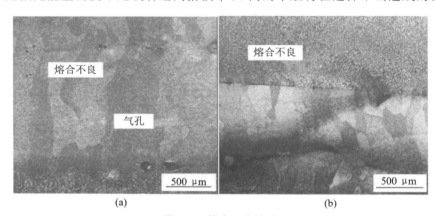

图 9-5　熔合不良缺陷
(a)气孔和局部熔合不良;(b)首层熔合不良

9.2.3.3　变形及开裂

在激光沉积制造过程中,熔化层和基体材料之间产生很大的温度梯度,在随后的冷却过程中,这种温度梯度导致沉积层与基体材料的体积收缩率不一致并相互牵制,形成的残余应力[19]导致增材制件的变形和开裂(见图 9-6)。激光沉积层的应力分布与材质自身的塑变能力、软化温度、基体材料的强韧性、相变温度与组织、预热处理等有很大的关系。

9.2.4　室温拉伸性能

如图 9-7 所示,定义激光沉积制造沉积方向为 Z 向,垂直规范沉积方向的扫描方向为 XY 向,后续的组织和性能分析均从这两个方向加以论述。

激光沉积制造钛合金的室温拉伸性能如图 9-8 所示,可以看出,除了弹性模量以外,其他力学性能均表现出较为明显的各向异性:XY 向的抗拉强度和屈服强度都已超过 1 000 MPa,高于锻件国家标准值,而 Z 向的抗拉强度和屈服强度均稳定

图 9-6   激光沉积制造过程中的开裂(北航)

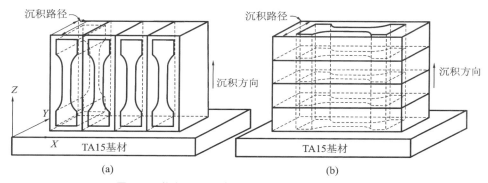

图 9-7   激光沉积制造钛合金力学性能取样示意图

在锻件国家标准值附近,说明在垂直沉积方向上强度较大;由图 9-8(d)可知,Z 向的延伸率远大于锻件纵向延伸率国家标准值 10%,而 XY 向的延伸率略小于锻件横向延伸率国家标准值 8%,Z 向的延伸率要优于 XY 向的延伸率;Z 向的断面收缩率波动较大,平均值略小于锻件纵向断面收缩率国家标准值 25%,XY 向的断面收缩率较差,并未达到锻件横向断面收缩率国家标准值 16%。两种方向上的弹性模量相近且较稳定,这是因为金属材料的弹性模量对组织不敏感,一般来说合金化和热处理等手段并不能影响金属材料的弹性模量,影响弹性模量的因素主要有键合方式和晶体结构等。

9.2.5   各向异性分析

由图 9-8 可知,Z 向的强度较小但是塑性较好,XY 向的强度较大但是塑性差,即力学性能各向异性,这是显微组织的特殊性导致的。在激光沉积制造过程中,上一沉积层的柱状晶顶部会被激光熔化为熔池,且散热方向为基材方向,β 柱状晶逆着散热方向生长,因此 β 柱状晶生长方向为沉积层生长方向(Z 向),最终 β 柱状晶组织贯穿多个沉积层,而柱状晶内部为典型的网篮状近 α 钛合金显微组织,这种粗大的 β 柱状晶组织对力学性能影响明显,导致 Z 向和 XY 向的晶界数

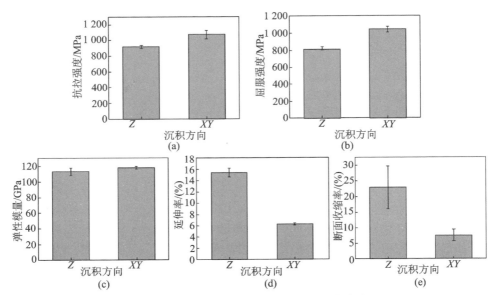

图 9-8　激光沉积制造钛合金的室温拉伸性能

（a）抗拉强度；（b）屈服强度；（c）弹性模量；（d）延伸率；（e）断面收缩率

量不同，不同的晶界数量导致晶界强化的效果不同。图 9-9 所示为 β 柱状晶受力分析示意图，可以看出，当在 Z 向上施加拉伸力 F 时，由于该方向上基本不存在晶界，且 β 柱状晶内部 α 相的变形阻力主要来源于其他方向的 α 片层组织，因此 Z 向的阻力较小，并且 β 柱状晶内部显微组织较均匀，延伸率和断面收缩率较大，塑性较好。当在 XY 向上施加拉伸力 F' 时，该方向与 β 柱状晶生长方向垂直，因此在该方向上存在大量 β 柱状晶晶界，α 相的变形阻力除了来源于其他方向的 α 相外，还来源于包括 β 柱状晶的晶界，并且晶间阻力大于晶内阻力，因此延伸率和断面收缩率较沉积方向的差。

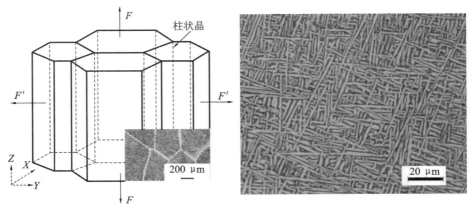

图 9-9　β 柱状晶受力分析示意图

9.3　激光沉积制造钛合金热处理组织及性能

　　激光沉积制造过程中由于激光的高能量及熔池的快速熔凝,温度梯度变化大,产生残余应力,且由于外延生长,显微组织为贯穿多个沉积层的柱状晶组织,在 Z 向和 XY 向上力学性能表现出明显的各向异性,为了释放应力,消除各向异性和强塑性配比,热处理是有效手段。本节主要讨论单重退火处理及双重退火处理对激光沉积制造钛合金组织和性能的影响,首先以 50 ℃ 为梯度在较大的温度范围内研究热处理工艺对钛合金组织和性能的影响,进而确定相对较小的温度范围,以 20 ℃ 为梯度,确认退火温度。

9.3.1　温度梯度为 50 ℃ 退火处理工艺

　　激光沉积制造钛合金温度梯度为 50 ℃ 的退火处理工艺曲线如图 9-10 所示,退火处理工艺选取 800 ℃、850 ℃、900 ℃ 和 950 ℃ 四个温度,在各个温度下保温 2 h,空冷。

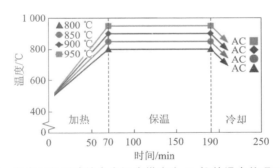

图 9-10　激光沉积制造钛合金温度梯度为 50 ℃ 的退火处理工艺曲线

9.3.1.1　显微组织

　　图 9-11 所示为钛合金退火态显微组织,可以看出,随着温度的升高,α 相形貌发生明显变化。当退火温度为 800 ℃ 时,大部分 α 相以 α 片层或 α 丛形式存在,α 片层组织具有较大的长宽比,局部区域 α 相长宽比较小,如图 9-11(a)所示。当退火温度为 850 ℃ 时,在 α 片层间 β 转变组织明显增多,此时的 α 相和 β 转变组织($β_T$)因生长的各向异性而被破碎,被长宽比较大、生长速度较大的 α 相所截断,由原来的片层状变为短棒状,整体呈现网篮组织特征,如图 9-11(b)所示。当退火温度为 900 ℃ 时,β 转变组织总体呈增多趋势,由于 α 相的各向异性生长,大部分 α 相被截断,部分出现 α 相短棒片丛,如图 9-11(c)所示。当退火温度为 950 ℃ 时,形成针状 α′ 片层组织,长宽比较大,达到 β 单相区,冷却时 β 相全部转变为针状 α′ 片层组织,如图 9-11(d)所示。

341

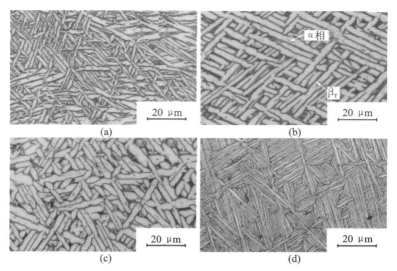

图 9-11　钛合金退火态显微组织

(a)800 ℃;(b)850 ℃;(c)900 ℃;(d)950 ℃

图 9-12 所示为不同退火温度下激光沉积制造 TA15 钛合金的 XRD 谱线。当退火温度为 800 ℃时,存在大量 α 相衍射峰[α(002)、α(101)、α(103)等],存在少量 β 相衍射峰[β(211)]。当退火温度为 850 ℃时,α 相和 β 相衍射峰均开始增强,除了 β(211)以外,还出现了 β(110)衍射峰,α(101)衍射峰增强,且出现了 α(100)衍射峰。当退火温度为 900 ℃时,α(002)衍射峰增强,β 相衍射峰增多,出现了 β(220)衍射峰。当退火温度为 950 ℃时,仅剩 β(211)衍射峰。这与图 9-11 中各退火温度的显微组织变化是一致的。

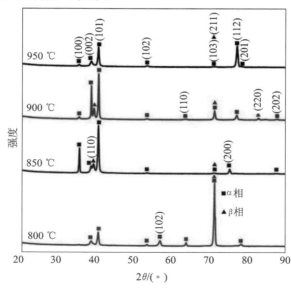

图 9-12　不同退火温度下激光沉积制造 TA15 钛合金的 XRD 谱线

9.3.1.2　室温拉伸性能

图 9-13 所示为激光沉积制造钛合金室温拉伸性能随退火温度变化曲线,由于激光沉积制造过程导致力学性能各向异性,沿 Z 向和 XY 向上的力学性能均存在差异:XY 向的抗拉强度明显大于 Z 向的,最大差值达 70 MPa。XY 向的抗拉强度曲线呈倒"V"形,随着退火温度的升高,抗拉强度先增大后减小;Z 向的抗拉强度曲线整体呈上升趋势,而 Z 向的断面收缩率和延伸率均比 XY 向的大,且延伸率相差较大。在 950 ℃时,α 相和 β 相比例失衡,这也是造成在该温度下延伸率减小的主要原因之一。Z 向的抗拉强度较稳定,随退火温度变化不大,而 XY 向的抗拉强度随退火温度变化较大,但抗拉强度的各向异性在个别退火温度下有所降低(如 800 ℃和 950 ℃)。Z 向的塑性依旧优于 XY 向的,但在保持抗拉强度基本没有减小的条件下 XY 向的塑性得到了明显的改善,退火处理消减了力学性能的各向异性。

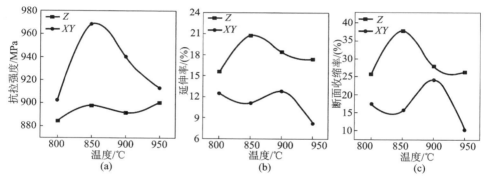

图 9-13　激光沉积制造钛合金室温拉伸性能随退火温度变化曲线
(a)抗拉强度;(b)延伸率;(c)断面收缩率

9.3.1.3　断口截面显微组织

图 9-14 所示为激光沉积制造钛合金断口截面及显微组织分析位置示意图,A 向剖面线为显微组织制取观察位置,观察不同方向上组织变形情况。

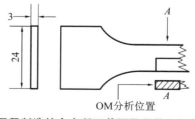

图 9-14　激光沉积制造钛合金断口截面及显微组织分析位置示意图

图 9-15 所示为激光沉积制造钛合金断口截面显微组织,可以看出,Z 向和 XY 向 α 片层组织均被不同程度拉长,且越靠近拉伸断口越明显,在断口断面附近,α 片层组织与试样的断口表面近乎垂直,试样在断裂前发生严重的塑性变形。

Z 方向上 α 片层组织的变形程度较 XY 方向上的严重, α 片层组织的长宽比发生明显变化, 部分 α 片层组织已发生断裂, α 丛整体受力伸长, α 相整体由近正交向伸长合拢变化。而 XY 方向上 α 相变形相对较小, 部分 α 片层组织或 α 丛直接被拉断。由于大部分 α 片层组织或 α 丛交错排列, α 片层组织或 α 丛在受力发生变形时, 会受到与拉伸力方向近似垂直的 α 片层组织或 α 丛的阻力, 这也是 α 片层组织或 α 丛的变形方向与拉伸力产生一定角度的原因, 部分 α 片层组织由于接近垂直于拉伸力方向, 因此受力变大, 受到其他 α 片层或 α 丛挤压容易发生断裂, 长宽比减小。

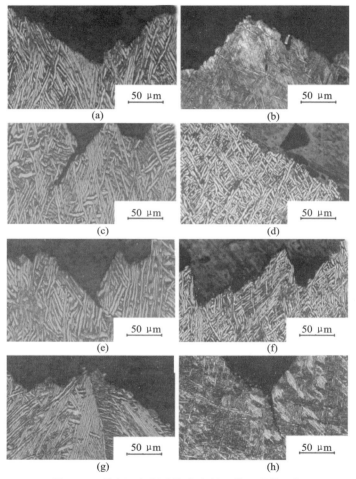

图 9-15　激光沉积制造钛合金断口截面显微组织

(a)Z 向, 800 ℃;(b)XY 向, 800 ℃;(c)Z 向, 850 ℃;(d)XY 向, 850 ℃;
(e)Z 向, 900 ℃;(f)XY 向, 900 ℃;(g)Z 向, 950 ℃;(h)XY 向, 950 ℃

图 9-16 所示为激光沉积制造钛合金拉伸断口形貌, 可以看出, 两种方向上断裂机制存在不同, Z 向拉伸试样的断口上布满韧窝, 说明 Z 向拉伸断裂机制为韧

性断裂;而 XY 向拉伸试样的断口上同时存在台阶式花样和解理面,台阶上同时存在韧窝,说明断裂机制为半解理半韧性断裂。如图 9-16(a)、(c)、(e)、(g)所示,随着退火温度的升高,拉伸断口上的韧窝变得粗大,较低退火温度下的韧窝反而致密,并且韧窝形态发生明显变化,韧窝起伏程度变得更大,说明韧性升高。如图 9-16(b)、(d)、(f)、(h)所示, XY 向拉伸试样的断口上同样布满韧窝,但是同时存在台阶式花样和解理面(如箭头所示),台阶上同时存在韧窝,随着退火温度的升高,韧窝形态变化不大,韧窝起伏程度变小,解理面变大,韧性降低。两种不同的断裂机制导致力学性能出现差异,这与图 9-13 中力学性能测试结果一致。

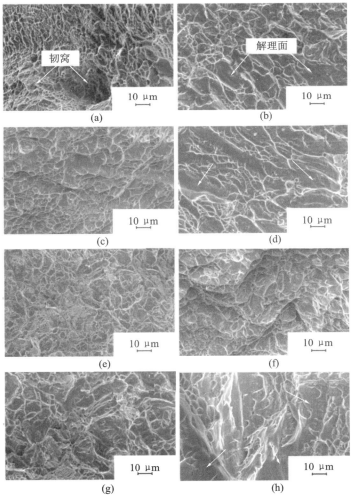

图 9-16　激光沉积制造钛合金拉伸断口形貌

(a)Z 向,800 ℃;(b)XY 向,800 ℃;(c)Z 向,850 ℃;(d)XY 向,850 ℃;
(e)Z 向,900 ℃;(f)XY 向,900 ℃;(g)Z 向,950 ℃;(h)XY 向,950 ℃

9.3.2 温度梯度为 20 ℃退火处理工艺

激光沉积制造钛合金温度梯度为 20 ℃的退火处理工艺选取 820 ℃、840 ℃、860 ℃和 880 ℃四个温度,在各个温度下保温 2 h,空冷。

9.3.2.1 显微组织

图 9-17 所示为激光沉积制造钛合金退火态显微组织,随着退火温度的升高,α相的片层形貌和含量发生了明显变化。当退火温度为 820 ℃时,α相形貌细长且长宽比较大,尺寸较小的 α 片层组织宽度较小,整体上 α 相形貌为细长片状。当退火温度为 840 ℃时,α相形貌尺寸发生了明显变化,长度减小,宽度增大,由原来的细长片状逐渐变为近短棒状,这是因为随着退火温度的升高,α 相长大并发生互相截断,导致 α 相的长宽比减小,如图 9-17(b)所示。随着退火温度的升高,α 相继续生长,α 相长宽比增大,α 片层厚度同样增大,但是局部仍存在细长 α 片层组织,说明 α 相随着温度升高的生长过程尚未进行完全。当退火温度为 880 ℃时,α 相生长较充分,α 片层宽度较均匀,长宽比较大。由图 9-17 可知,α 相的生长过程是一种择优生长的方式:随着退火温度的升高,α 相由细长状逐渐生长,宽度开始增大,当生长到一定程度时,相邻方向上不同的 α 相相互接触,在有利生长条件下的α 相将会对阻碍其生长的 α 相进行冲击并截断,这也是图 9-18(a)中长宽比减小的主要原因,随后被截断的 α 相依然会随着退火温度的升高而逐渐生长,宽度逐渐变大。随着温度的升高,细长状 α 相逐渐消失,最终在温度为 880 ℃时 α 相变为宽度逐渐稳定的网篮组织。如图 9-18(b)所示,α 相平均宽度的增大也说明了 α 相随退火温度升高的生长过程。

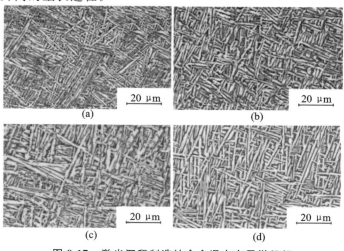

图 9-17 激光沉积制造钛合金退火态显微组织
(a)820 ℃;(b)840 ℃;(c)860 ℃;(d)880 ℃

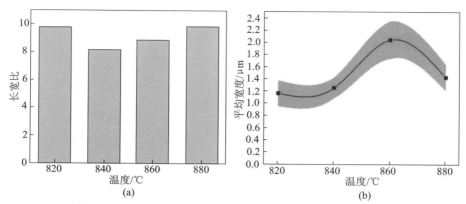

图 9-18　激光沉积制造钛合金退火后 α 相长宽比及平均宽度

(a)α 相长宽比；(b)α 相平均宽度

9.3.2.2　室温拉伸性能

激光沉积制造钛合金室温拉伸性能随退火温度变化曲线如图 9-19 所示。激光沉积制造钛合金力学性能存在各向异性：在 Z 向上抗拉强度较稳定，波动在 $980\sim1\,000$ MPa 之间，抗拉强度较大，而在 XY 向上，抗拉强度变化较大，且随着退火温度升高而逐渐减小，部分值大于 Z 向上的，部分值小于 Z 向上的，抗拉强度较不稳定，最大差值 Δ_{max} 达 140 MPa；两方向上的延伸率和断面收缩率变化趋势相似，均随着退火温度升高而先减小后增大，且这种变化与图 9-18(b)中 α 相平均长度的曲线变化趋势相似，说明微观组织中 α 相的形貌尺寸对宏观力学性能中的延伸率和断面收缩率有一定影响，若 α 相的形貌尺寸趋近于短棒状，反而会导致力学性能下降，但两种方向之间差异较大。在两相区经不同温度退火后的组织为网篮组织或近网篮组织，存在大量不同方向的 α 片层，α 片层可以使裂纹扩展沿不同方向的片层或板条束发生偏斜，导致裂纹前沿钝化，进而吸收额外的裂纹扩展能量，这也是层状组织韧性较高的原因。

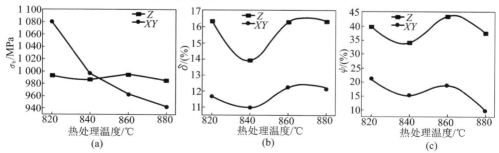

图 9-19　激光沉积制造钛合金室温拉伸性能随退火温度变化曲线

(a)抗拉强度；(b)延伸率；(c)断面收缩率

9.3.2.3　断口截面显微组织

激光沉积制造钛合金经不同温度 α＋β 两相区退火后拉伸断口亚表面显微组

织如图 9-20 所示。在应力方向上,Z 向上 α 相的长宽比发生明显变化,由于应力的作用,α 相的变形伸长方向趋近于应力方向,随着退火温度的升高,网篮组织由原来近正交逐渐伸长合拢于应力方向。XY 向上 α 相的长宽比变化程度较 Z 向上的小,由于应力方向垂直于柱状晶生长方向,并且晶界强度大于晶内强度,导致拉伸时,柱状晶晶界对晶内组织产生"固定"作用,晶内 α 相和 β 相的变形程度小,同时,XY 向上拉伸断裂多发生在柱状晶内部,也进一步说明了柱状晶晶界强度大于晶内强度。α 相中 α 片层组织的受力变形不仅与 α 片层本身的形貌尺寸有关,还与 β_T 的含量有关。α 片层在受力变形时,相互之间会发生截断,因此 α 片层的长宽比及相互位置关系都会对变形产生影响。此外,由于 α 相和 β 相的晶体结构不同,β 相更加容易开动滑移系,因此 α 片层间含有 β 相的 β_T 越多,α 片层越容易产生相对滑移。

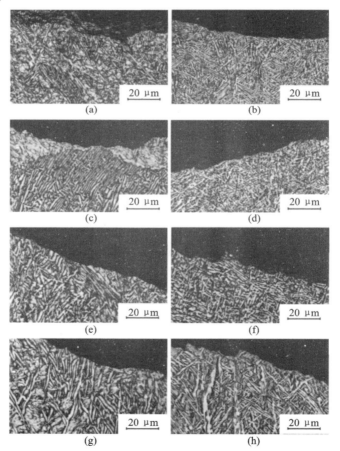

图 9-20　激光沉积制造钛合金拉伸断口亚表面显微组织
(a)Z 向,820 ℃;(b)XY 向,820 ℃;(c)Z 向,840 ℃;(d)XY 向,840 ℃;
(e)Z 向,860 ℃;(f)XY 向,860 ℃;(g)Z 向,880 ℃;(h)XY 向,880 ℃

9.3.2.4 拉伸断口

激光沉积制造钛合金拉伸断口形貌如图 9-21 所示,其中图 9-21(a)、(c)、(e)、(g)为 Z 向上不同退火温度下的拉伸断口,图 9-21(b)、(d)、(f)、(g)为 XY 向上不同退火温度下的拉伸断口。可以看出,经过退火处理后,两种方向上拉伸断口的微观形貌相似,为以韧窝为主和以解理面为辅的混合断口,韧窝随着退火温度的升高有变粗大的趋势,并且韧窝逐渐变浅,部分区域出现尺寸大而浅的韧窝,类似于解理小平面,导致塑性相对较差。激光沉积制造钛合金在 820~880 ℃两相区进行退火处理对 Z 向与 XY 向断裂机制影响不大,断裂机制均为韧性断裂。

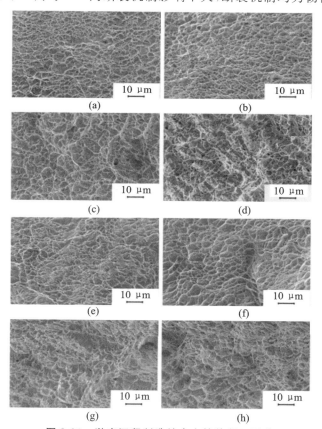

图 9-21 激光沉积制造钛合金拉伸断口形貌
(a)Z 向,820 ℃;(b)XY 向,820 ℃;(c)Z 向,840 ℃;(d)XY 向,840 ℃;
(e)Z 向,860 ℃;(f)XY 向,860 ℃;(g)Z 向,880 ℃;(h)XY 向,880 ℃

9.3.2.5 显微硬度

图 9-22(a)所示为激光沉积制造钛合金在不同退火温度下的显微硬度,图 9-22(b)所示为激光沉积制造钛合金不同退火温度下的初生 α 相含量。随着退火温度的升高,显微硬度整体上变化不大,均在 350~400 $HV_{0.2}$ 之间,说明在 α＋β

两相区退火处理对显微硬度影响不大,显微硬度比较稳定。当退火温度为 880 ℃时,显微硬度略微减小,这是因为 880 ℃退火后的显微组织粗化更为明显,相界面减少,导致合金强度减小,相应的显微硬度也减小;同时退火温度不同也导致初生 α 相含量发生变化,且 α 相与 β 相晶体结构不同,导致滑移变形能力不同。

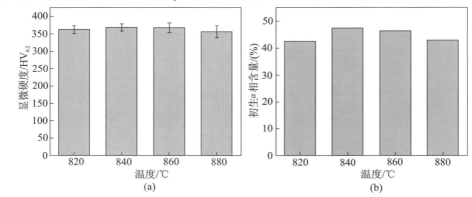

图 9-22　激光沉积制造钛合金退火后的显微硬度及初生 α 相含量
(a)显微硬度;(b)α 相含量

图 9-23 所示为体心立方晶体结构和密排六方晶体结构的滑移系,由此可知,原子高度密排的晶面和晶向最有利于塑性变形。此外,塑性变形所需的能量直接取决于最小滑移距离,HCP 结构的最小滑移距离 $b_{min}=a_{HCP}$,a_{HCP} 为 HCP 结构的点阵常数;而 BCC 结构的最小滑移距离 $b_{min}=0.87a_{BCC}$,a_{BCC} 为 BCC 结构的点阵常数,不难看出,HCP 结构的 α 相的塑性变形能力不如 BCC 结构的 β 相的。因此,无论是从结构方面还是从能量方面来看,β 相的塑性高于 α 相的,α 相含量越大,显微硬度越大。

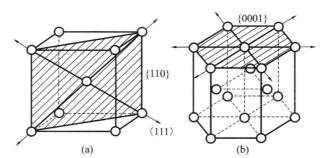

图 9-23　体心立方晶体结构和密排六方晶体结构的滑移系
(a)BCC 结构;(b)HCP 结构

9.3.3　激光沉积制造钛合金双重退火处理组织及性能

激光沉积制造钛合金双重退火处理工艺曲线如图 9-24 所示,双重退火处理工艺过程包括两次加热过程、两次保温过程和两次空冷过程,第一阶段采用不同温度下退火处理和第二阶段采用同一温度下退火处理完成双重退火工艺。第一阶段退火温度选取 800 ℃、900 ℃和 1 000 ℃,在各个温度下保温 2 h,然后空冷至室温。第二阶段退火温度选取 650 ℃,保温 2 h,然后空冷至室温。

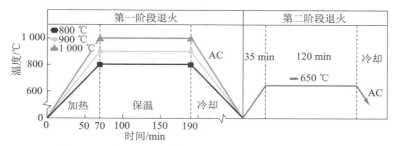

图 9-24　激光沉积制造钛合金双重退火处理工艺曲线

9.3.3.1　显微组织

激光沉积制造钛合金经双重退火处理显微组织如图 9-25 所示,组织变化更加明显。图 9-25(a)中显微组织均匀细小,α 相均匀分布且为短棒状,椭球化效果较为明显,长宽比整体较小,α 团束并不明显,这是因为第一阶段的 800 ℃/2 h/AC 热处理保留了部分亚稳相,并使 α 相中的 α 片层组织长大,但长大并不充分,导致 α 片层组织长宽比变化不大,在经历第二阶段的 650 ℃/2 h/AC 热处理后,β 相发生分解,导致 α 片层组织长宽比减小,出现了短棒状或近似椭球状的 α 相。当第一阶段的退火温度达到 900 ℃时,α 片层组织长大明显,长宽比明显增大,同时 α 片层相貌尺寸较均匀,α 团束基本消失,α 片层之间 β_T 明显增多,说明经第二阶段的退火处理,β 相发生分解明显,同时 α 片层组织在长大过程中发生互相截断,这也是造成 α 片层组织长宽比不是很大的原因[见图 9-25(b)]。当第一阶段的退火温度达到 1 000 ℃时,由于 TA15 钛合金(α+β)/β 转变温度为 990±20℃,同时通过理论计算得到 TA15 钛合金球形粉末的(α+β)/β 转变温度为 1 003.34 ℃,因此在 1 000 ℃下进行退火处理会发生(α+β)/β 转变,由图 9-25(c)可知,棒状 α 相分解为片层状 α+β,但分解并不完全,依然存在棒状 α 相。α+β 片层长宽比较大,形貌致密,β 相含量明显增大。

9.3.3.2　室温拉伸性能

激光沉积制造钛合金经双重退火处理后室温拉伸性能变化曲线如图 9-26 所示,其中图 9-26(a)所示为抗拉强度,图 9-26(b)所示为延伸率,图 9-26(c)所示为断面收缩率。经过双重退火处理后,XY 向的抗拉强度明显减小,但塑性得到明显改善;Z 向的抗拉强度也有所减小,但塑性依旧较好。经过双重退火处理后 Z 向的抗拉强度、延伸率和断面收缩率均优于 XY 向的,但 XY 向上的塑性明显提高。Z 向上的抗拉强度随着退火温度的升高呈减小趋势,而延伸率随着退火温度的升

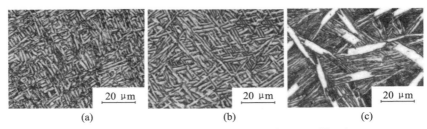

图 9-25　激光沉积制造钛合金双重退火处理显微组织
(a)800 ℃;(b)900 ℃;(c)1 000 ℃

高呈增大趋势,说明随着退火温度的升高,滑移系较多的 β 相含量增大,导致滑移变形容易开动,致使塑性升高,强度减小。与沉积态相比,经过双重退火处理后激光沉积制造钛合金在强度波动不大的情况下塑性明显升高。XY 向的抗拉强度经过双重退火后明显减小,随着退火温度的升高呈"U"形变化趋势,与沉积态相比,延伸率和断面收缩率随着退火温度的升高明显增大,并且延伸率和断面收缩率的最小值均超过 10%,塑性明显改善,两种方向上的力学性能各向异性依然存在,但差距已明显缩小,XY 向上的塑性在保证强度的前提下大幅度升高。

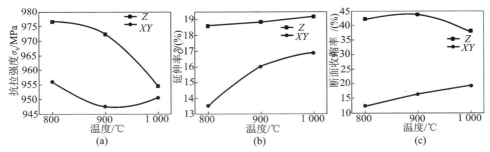

图 9-26　激光沉积制造钛合金经双重退火后室温拉伸性能变化曲线
(a)抗拉强度;(b)延伸率;(c)断面收缩率

经过双重退火后,XY 向上的塑性明显升高,造成这种现象的原因是:双重退火导致柱状晶晶界弱化甚至消失。如图 9-27 所示,不同温度下的双重退火均导致柱状晶晶界不同程度的消失,并且柱状晶晶界的消失程度随着双重退火温度的升高而增大。如图 9-27(a)所示,当双重退火温度为 800 ℃ 时,柱状晶晶界已经消失,但是仍可以观察到断续的晶界,与柱状晶内部长宽比较小的短棒状或近似椭球状 α 相不同,在柱状晶晶界两侧存在长宽比较大的 α 团束组织,这是因为晶界两侧的 α 团束组织较晶界内部的 α 相生长充分,导致片层较为粗大。当双重退火温度为 900 ℃ 时,柱状晶晶界消失程度增大,部分晶界消失处晶界两侧组织出现融合现象,导致此处晶界的阻碍作用消失。同时,在晶界两侧组织方向一致并融合后[见图 9-27(b)],对晶界滑移的阻碍作用降低。当双重退火温度为 1 000 ℃ 时,此时退火温度达到(α+β)/β 转变温度,因此出现致密的 α+β 片层组织,柱状晶晶界基本消失,晶界两侧的 α 团束组织转变并产生 α+β 片层,晶界 α 相的消失使晶界两侧的 α+β 片层相互连成一体,晶界滑移阻力较小。从图 9-26 和图 9-27 中可以看出,随着退火温度的升高,柱状晶晶界逐渐消失,Z 向上的塑性升高,晶界消失后晶界两侧方向不同的 α 团束组织依然会产生滑移变形阻力,这是造成晶界消失后 XY 向上塑性依然较 Z 向上的塑性差的原因。

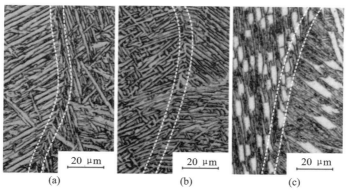

图 9-27　激光沉积制造钛合金双重退火晶界处显微组织

(a)800 ℃;(b)900 ℃;(c)1 000 ℃

9.3.3.3　断口截面显微组织

激光沉积制造钛合金断口截面显微组织如图 9-28 所示,可以看出,Z 向上组织的变形程度依然比 XY 向上的大。由于 Z 向上的柱状晶晶界对组织的滑移变形阻力较小,因此 Z 向上的变形程度较大,相邻的 α 相相互形成滑移阻力,导致部分长宽比较大的 α 相被截断,由于 XY 向上晶界逐渐消失,滑移变形阻力减小,但变形程度较小。通过对比图 9-28(a)和图 9-28(b)可以发现,同一退火温度下两种方向上的断口截面显微组织明显不同,说明两种方向上断裂位置不相同。从图 9-29 中可以看出,激光沉积制造钛合金显微组织具有明显的差异性,在激光沉积制造过程中由于沉积层顶部发生重熔,热输入较大,组织粗化,热处理过程并不会完全消除组织的差异性,因此热处理之后依然会存在组织较为粗大的区域。由于 Z 向和 XY 向上的受力滑移变形程度不同,两种方向上断裂位置不同。Z 向上 α 相均发生向应力方向偏移的变形趋势,断口处 α 相近似平行于应力方向。而 XY 向上 α 相偏移程度较小,断口处 α 相并未发生明显平行于应力的变化。当退火温度为 1 000 ℃时,观察图 9-28(d)和图 9-28(f),可以发现,Z 向上断口处粗大的 α 相及细小的偏移 α+β 片层组织近似平行于应力方向,粗大的 α 相多发生断裂。而在垂直沉积方向上,偏移现象并不明显,部分断裂多沿着粗大的 α 相,说明 XY 向上的裂纹易在粗大的 α 相和 α+β 片层组织之间扩展,同时 β 相的增多导致滑移变形容易开动,塑性升高。

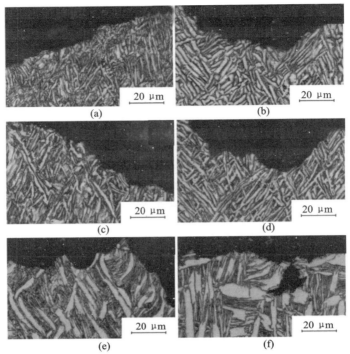

图 9-28　激光沉积制造钛合金断口截面显微组织

(a)Z 向,800 ℃;(b)XY 向,800 ℃;(c)Z 向,900 ℃;

(d)XY 向,900 ℃;(e)Z 向,1 000 ℃;(f)XY 向,1 000 ℃

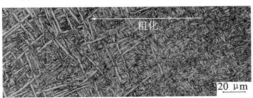

图 9-29　激光沉积制造钛合金显微组织

9.3.4　保温时间和退火温度对组织和性能的影响

9.3.4.1　显微组织

图 9-30 所示为激光沉积制造钛合金经不同保温时间退火处理后的显微组织。保温时间为 1 h 时,随着退火温度的升高,初生 α 相含量逐渐增大(见图 9-31),β 转变组织含量明显减小,α 相形貌为细长针状。当退火温度为 820 ℃时,存在 α 团束,α 团束中 α 片层组织长宽比较小,随着退火温度的升高,α 相长度方向长大明显,α 团束明显减少,说明 α 相随着退火温度的升高明显长大。保温时间为 2 h 时,当退火温度为 820 ℃时,α 相形貌细长并且长宽比较大,整体上 α 相形貌为

细长状。当退火温度为 840 ℃时，α 相形貌尺寸发生了明显变化，长度减小，宽度
增大，由原来的细长状逐渐变为近短棒状，这是因为随着退火温度的升高，α 相长
大并相互截断，导致 α 相的长宽比减小。随着退火温度的升高，α 相继续长大，α
相长宽比增大，但是局部仍存在细长 α 片层组织，说明 α 相随着温度升高的生长过
程并未停止。当退火温度为 880 ℃时，α 相生长充分，长宽比较大。当保温时间为
1 h 时，α 相形貌为细长针状，且随着退火温度的升高，α 相变得更加细长，初生 α
相含量随着退火温度的升高而逐渐增大（见图 9-31）。当保温时间为 2 h 时，α 相
形貌开始为细长针状，但随着退火温度的升高，α 相形貌发生明显变化，但总体初
生 α 相含量波动不大（见图 9-31）。综上所述，当退火温度相同时，随着退火温度
的升高，α 相长大趋势明显，保温时间越长，α 相就越能充分生长。

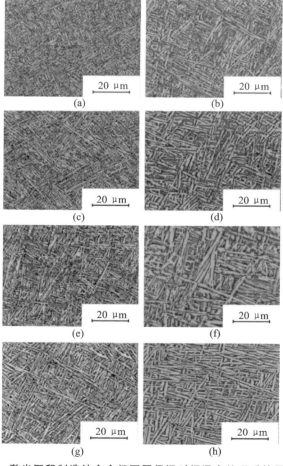

图 9-30　激光沉积制造钛合金经不同保温时间退火处理后的显微组织
(a)1 h,820 ℃；(b)2 h,820 ℃；(c)1 h,840 ℃；(d)2 h,840 ℃；
(e)1 h,860 ℃；(f)2 h,860 ℃；(g)1 h,880 ℃；(h)2 h,880 ℃

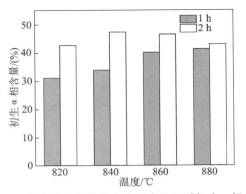

图 9-31　激光沉积制造钛合金退火处理后初生 α 相含量

9.3.4.2　α 相尺寸分析

激光沉积制造钛合金退火处理后 α 相尺寸变化如图 9-32 所示。保温时间为 1 h 时，α 相长度随着退火温度的升高而增大［见图 9-32(a)］，当退火温度为 820 ℃时，α 相长度较小，产生大量 α 片层较小的 α 团束，导致整体平均长度减小。随着退火温度的升高，α 相长大，840～880 ℃下，α 相长度较大，α 相宽度随退火温度的升高而增大，但变化较小，从图 9-32 中也可以看出，840～880 ℃下的 X 相长宽比明显大于 820 ℃下的，说明 α 相长大主要发生在长度方向。保温时间为 2 h 时，α 相长度和宽度均随退火温度的升高而发生明显变化，α 相长宽比先减小后增大。

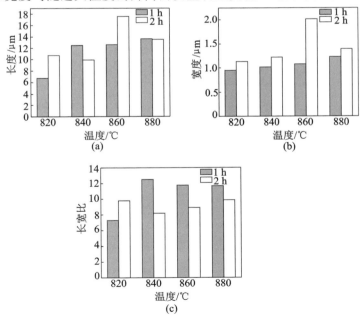

图 9-32　激光沉积制造钛合金退火处理后 α 相尺寸变化

(a)α 相长度；(b)α 相宽度；(c)α 相长宽比

α相长度和宽度均在 860 ℃时达到最大,这是因为随着退火温度的升高,α相由细长状逐渐生长,宽度开始增大,当生长到一定程度时,相邻方向不同的 α相之间相互接触,在有利生长条件下的 α相将会对阻碍其生长的 α相进行冲击并截断,随后被截断的 α相依然会随着退火温度的升高而逐渐长大,宽度逐渐变大。随着退火温度的升高,细长状 α相逐渐消失,最终在温度为 880 ℃时 α相变为宽度逐渐稳定的网篮组织。保温时间短时,α相主要生长方向为长度方向;保温时间长时,α相生长方向为长度方向和宽度方向。在保温 1 h 条件下,随着退火温度的升高,α相生长并不充分,形貌均为细长针状,宽度略增大。在保温 2 h 条件下,随着退火温度的升高,α相生长较充分,并发生相互截断,α相由原来的细长针状变为网篮组织。

9.3.4.3　显微硬度

激光沉积制造钛合金退火处理后的显微硬度如图 9-33 所示,可以看出,保温时间为 1 h 时,显微硬度随着退火温度的升高而逐渐增大,保温时间为 2 h 时的显微硬度随着退火温度的升高而变化不大,较为稳定,且保温 2 h 条件下的显微硬度均大于保温 1 h 条件下的显微硬度,这是因为保温时间越长,α相生长越充分。当保温时间为 1 h 时,α相生长不充分,如图 9-33 所示,初生 α相含量随着退火温度的升高而逐渐增大,显微硬度也增大。而保温时间为 2 h 时,α相充分生长,初生 α相含量随着退火温度的升高而波动不大,较为稳定,因此显微硬度也较为稳定。在相同退火温度下,保温时间为 2 h 时的初生 α相含量明显大于保温时间为 2 h 时的初生 α相含量,因此,在相同退火温度下,保温时间为 2 h 的显微硬度均大于保温时间为 1 h 时的显微硬度。显微硬度与初生 α相含量具有一定关系,显微硬度随着初生 α相含量的变化而变化。这是因为 β相的塑形能力强于 α相的塑形能力,初生 α相含量越大,即 β相的含量越小,显微硬度越大。

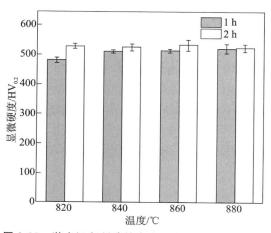

图 9-33　激光沉积制造钛合金退火处理后的显微硬度

9.3.5　α相受力变形机制

通过观察不同退火处理工艺下的拉伸断口亚表面及截面附近显微组织,可以发现,α相受力变形机制可大致总结为两种:柱状晶晶内α相受力变形机制和柱状晶界两侧α相受力变形机制,同时还存在两种特殊的α相受力变形机制,即层间结合区α相受力变形机制和网篮组织α相受力变形机制。

9.3.5.1　柱状晶晶内α相受力变形机制

柱状晶晶内α相受力变形机制可分为两种:挤压变形机制和滑移变形机制。

α丛的挤压变形过程可大致分为三个阶段:伸长阶段、挤压变形阶段和断裂阶段(见图9-34)。伸长阶段是指受力沿着α丛的整体方向开始滑移伸长;挤压变形阶段是指不同α丛自身受力伸长的同时,开始对阻止其变形的α丛进行挤压,此时产生变形;当其他方向的α丛挤压变形达到韧性极限时,此时被挤压变形的α丛发生断裂。从拉伸断口亚表面及截面附近显微组织中可以观察到大量弯曲的α丛或α片层组织。

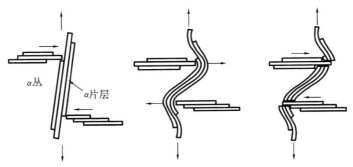

图 9-34　挤压变形机制示意图

α丛的滑移变形机制示意图如图9-35所示,其变形过程为:拉伸力作用时,垂直于拉伸力方向的α片层组织或α丛整体阻碍拉伸进行,而在α片层组织或α丛

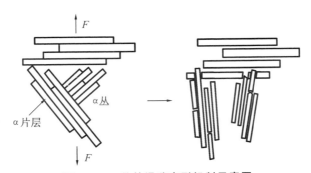

图 9-35　α丛的滑移变形机制示意图

内部中各片层之间受拉伸力影响,α 丛内部的各个 α 片层受力逐渐变大并相互脱离;与拉伸力成一定角度的 α 片层或 α 丛在拉伸力的作用下被拉长,α 片层相互脱离,长宽比逐渐变大,对垂直的 α 片层进行挤压,导致 α 片层变形或断裂,α 片层自身达到韧性极限时也发生断裂。

9.3.5.2　柱状晶界两侧 α 相受力变形机制

β 柱状晶与应力方向不同导致力学性能不同,因此 β 柱状晶晶界两侧 α 团束的受力变形机制按应力与晶界的方向分为两种情况进行分析:一种是晶界平行于应力方向(Z 向);另一种是晶界垂直于应力方向(XY 向)。

当应力方向与柱状晶晶界平行时,α 团束在应力作用下发生滑移伸长变形,图 9-36 所示为 Z 向上晶界两侧 α 团束变形后的典型显微组织:图 9-36(a)所示为单侧 α 团束变形后的显微组织,图 9-36(b)所示为两侧方向相反的 α 团束变形后的显微组织,图 9-36(c)所示为 α 团束与晶界垂直时变形后的显微组织。可以看出,在晶界两侧 α 团束受到力的作用后,由于晶界与应力方向平行,与晶界近似垂直的 α 团束受力发生滑移,α 片层组织宽度变大,且 α 片层相互之间因力的作用而出现间隙,部分 α 片层断裂后发生错移,与晶界垂直的 α 团束与应力方向近似垂直,而 α 相中滑移系较少,导致 α 片层对滑移变形产生阻碍作用,同时 α 片层之间存在滑移系较多的 $β_T$,使滑移变形更加容易发生在 α 片层之间,α 片层之间出现滑移间隙[见图 9-36(c)]。同时由图 9-36 可知,除了存在与晶界近似垂直的 α 团束以外,还存在与晶界成一定角度的 α 团束,这部分 α 团束在受到应力的作用后向晶界方向倒伏靠拢,同时 α 片层也会发生滑移导致其相互之间出现间隙,部分 α 片层发生断裂。α 团束与晶界存在一定角度时,α 团束在径向的阻力较小,α 团束会产生伸长变形,由于 α 团束间存在一定角度,相邻的 α 片层相互之间产生滑移阻碍,α 片层之间在发生滑移的同时出现滑移间隙。图 9-37 所示为沉积方向上晶界两侧 α 团束变形机制。

当应力方向与柱状晶晶界垂直时,α 团束在应力作用下以伸长变形为主,滑移

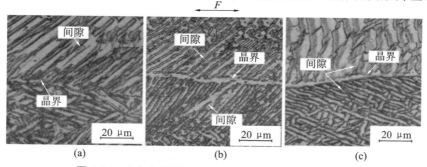

图 9-36　Z 向上晶界两侧 α 团束变形后典型显微组织

(a)单侧变形;(b)两侧变形;(c)垂直晶界变形

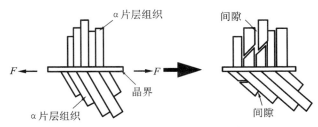

图 9-37　沉积方向上晶界两侧 α 团束变形机制

变形为辅。图 9-38 所示为 XY 向上晶界两侧 α 团束变形后典型显微组织：图9-38
(a)所示为单侧 α 团束变形后的显微组织，图 9-38(b)所示为 α 团束与晶界垂直时
变形后的显微组织，图 9-38(c)所示为晶界两侧 α 团束方向相同时变形后的显微组
织。可以看出，当应力方向与晶界垂直时，与晶界存在一定角度的 α 团束在受到
应力作用后发生伸长变形的同时发生偏移变形，晶界两侧的 α 团束沿平行于应力
的方向偏移伸长，与晶界之间的角度逐渐变大，部分 α 片层发生断裂（见图 9-39）。
当 α 团束与晶界垂直时，α 团束平行于应力方向，导致 α 团束在应力作用下发生伸
长变形，几乎不发生滑移变形[见图 9-38(b)]。

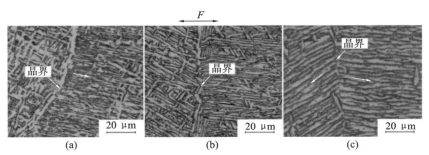

图 9-38　XY 向上晶界两侧 α 团束变形后典型显微组织

（a）单侧变形；（b）垂直晶界变形；（c）两侧变形

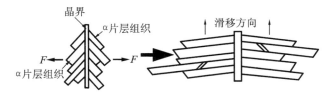

图 9-39　垂直沉积方向上晶界两侧 α 团束受力变形机制

9.3.5.3　层间结合区 α 相受力变形机制

在两种方向上试样拉伸后的断口表面，沉积方向上断口颈缩明显，断口表面
出现了鱼鳞纹花样，且断口两侧鱼鳞纹花样方向一致，如图 9-40(a)所示；而垂直沉
积方向上断口颈缩不明显，试样表面出现了起伏的块状纹花样，如图 9-40(b)所示。
如图 9-41 所示，在激光沉积制造过程中，每生长一层都会对上一层顶部进行重
熔，因此层与层之间会形成一个层间结合区，层间结合区组织因激光的反复加热

而变得粗大,由于扫描路径为短边单向往复扫描,因此层间结合区在 YZ 面上显示为弧形,而在 XZ 面上显示近似为直线。

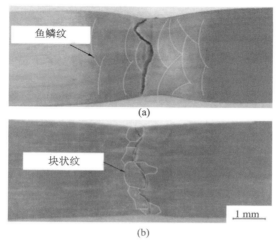

图 9-40　激光沉积制造钛合金拉伸试样表面花样
(a)沉积方向;(b)垂直沉积方向

　　由图 9-41 和图 9-42 可知,沉积方向上拉伸试样表面出现的鱼鳞纹为每层之间的层间结合区,而块状纹为柱状晶的截面,造成两种方向上延伸率和断面收缩率出现较大差异的原因是:如图 9-42(a)所示,在沉积方向上,当应力作用时,由于层间结合区组织较层内组织粗大,因此层间结合区首先产生滑移变形,粗大的 α 团束会挤压层内较小的 α 片层或 α 团束,层间结合区产生变形后,每层层内的 α 也在应力的作用下产生变形。粗大的 α 团束对较小的 α 片层或 α 团束的挤压作用,形成对滑移的一种“开路”效果,对塑性变形产生一种持久作用,再加上 α 片层之间的 β 转变组织存在大量的滑移系,在柱状晶方向上不存在阻碍变形的晶界,这都使得塑性变形过程变得更久,宏观上表现为良好的延伸率和断面收缩率,通过观察图 9-42(b)和图 9-42(c)可发现,变形前层内区向层间区方向组织逐渐变大,变形后层内区组织和层间区组织均产生明显变形,层内区组织由细长状变为短棒

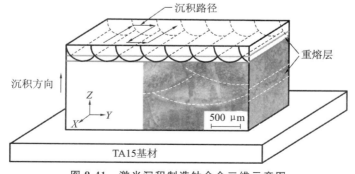

图 9-41　激光沉积制造钛合金三维示意图

状,而层间区组织变为细长针状,说明层间结合区组织的滑移变形程度远大于层内区组织的滑移变形程度。垂直沉积方向和柱状晶生长方向垂直,导致在此方向上存在大量柱状晶晶界,当晶界内部的 α 片层组织,包括层间结合区内的 α 团束在应力作用下发生变形时,柱状晶晶界会对变形产生阻碍作用,变形大量发生在柱状晶内部,柱状晶晶界对晶界内部的 α 变形起到一个"固定"作用,导致在垂直沉积方向上塑性较差,宏观表现为延伸率和断面收缩率较低。激光沉积制造本身的特点造成了这种力学性能的各向异性:沉积方向上优异的延伸率和断面收缩率;垂直沉积方向上优异的抗拉强度。

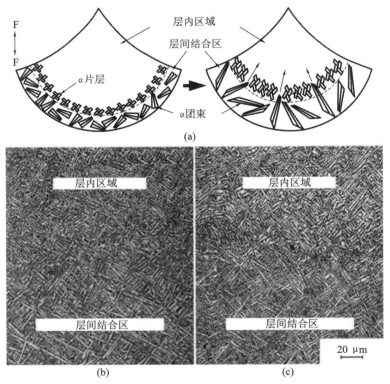

图 9-42　激光沉积制造钛合金层间结合区组织
(a)变形机制;(b)变形前显微组织;(c)变形后显微组织

9.3.5.4　网篮组织 α 相受力变形机制

图 9-43 所示为网篮组织或近网篮组织在受力情况下的变形示意图。网篮组织由于 α 片层的交错排列,在受力初期先发生 α 片层的滑移变形,由原来的 α 片层近正交错逐渐向近菱形交错变形,由于应力的作用,α 片层本身同时发生伸长变形。随着拉伸过程的进行,逐渐向应力方向滑移伸长变形的 α 片层组织达到其变形极限时,α 片层组织开始断裂,同时,走向与应力方向垂直的 α 片层组织在向应力方向滑移的同时,其宽度受到力的作用而逐渐增加。拉伸过程末期,已经发生

断裂的 α 片层组织继续沿着拉伸力的方向滑移,未发生断裂的 α 片层组织则已经被拉长,发生严重变形,在应力的作用下,网篮组织中的 α 片层组织已由原来近正交错逐渐向近似平行于应力方向变形。网篮组织中存在大量交错排列的 α 片层组织,α 片层在受到应力产生滑移时,会受到与应力方向近垂直的 α 片层的阻力,同时 α 片层间存在 β_T,导致 α 片层组织拉伸变形后与应力存在一定角度。由于退火温度不同,各温度下网篮组织的形貌不同,当 α 片层长宽比较大时,网篮组织滑移不易开动,塑性较差,相反则塑性较好。

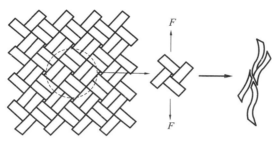

图 9-43　网篮组织变形机制示意图

9.4　激光沉积制造粉末材料

金属粉末作为激光沉积制造技术的关键原材料,已成为该领域着重发展的方向之一。目前,金属球形粉末激光沉积制造的相关设备与材料的核心技术主要由发达国家控制,这些国家在金属球形粉末的制备方面已实现工业化生产,并建立了粉末原材料、制造产品的技术标准体系。近年来,我国在激光沉积制造设备、制造工艺、过程控制、工艺稳定性等方面也取得显著进展,多个领域达到或接近国际领先水平,但与发达国家仍有一定的差距,高品质激光沉积制造用钛合金、高温合金等超细粉末的高效、低成本制备技术仍是需要攻关的方向。

相对于粉末冶金工艺,激光沉积制造技术对金属粉末提出了更高的要求,主要体现在以下几点:

(1)粉末成分均匀,杂质元素可控;

(2)粉末球形度高,一般要求粉末球形度高于 90%;

(3)粉末粒度分布合理,其中适用于激光选区熔化工艺的粉末粒度范围是 15~45 μm,适用于电子束选区熔化工艺的粉末粒度范围是 45~106 μm,适用于同轴送粉工艺的粉末粒度范围是 100~200 μm;

(4)粉末具有良好的流动性;

(5)粉末无夹杂。

激光沉积制造技术中,粉末材料是实现快速成形零件的物质基础和影响成形构件力学性能的关键要素之一。而制粉工艺是影响粉末的成分、球形度、粒度、流动性等的关键因素。对于钛合金粉末而言,目前常用的制备方法包括混合元素法、预合金法和氢化脱氢法等[19]。

混合元素(blended elemental,BE)法的工艺过程为按照合金的成分将单质或者中间合金直接混合从而获得原始粉末。这种方法成本较低、操作简单、便于调节合金成分。在后续高温烧结过程中,BE 钛合金粉末通过化学反应、相变、扩散等变为成分相对均匀的粉末冶金钛合金,因此 BE 钛合金粉末的粒度组成和表面形貌是两个决定粉末冶金钛合金质量的主要因素。在实际生产过程中,通常会采用机械研磨对 BE 粉末进行破碎处理,从而获得粒径更小的钛合金粉末。此外高能球磨处理可以使 BE 粉末部分合金化,有利于后续的烧结过程。然而在机械研磨/合金化处理过程中,BE 钛合金粉末表面污染不可避免,直接表现为粉末氧含量增大。此外,BE 法目前只适合制备 CP-Ti 和 Ti-6Al-4V 等化学成分相对简单的钛合金粉末,对于成分复杂的钛合金或 Ti 基金属间化合物粉末,成形后的粉末坯料可能存在严重的成分偏析[20]。

氢化脱氢(hydride-dehydride,HDH)法的工艺过程为根据 Ti-H 相图,对 CP-Ti 或者钛合金进行氢化处理,得到 TiH_2 或者其他钛的氢化物,研磨破碎,进行脱氢处理,进而获得钛及钛合金粉末。HDH 法制备过程是在真空或者气体保护气氛下进行的,因此 HDH 法可以获得洁净度很高的钛合金粉末。此外,CP-Ti 和钛合金废料也可以作为 HDH 粉末的原材料,此时 HDH 粉末的洁净度取决于所选用的制粉原材料的洁净度。一般而言,钛的氢化物具有较高的脆性,易于破碎处理,因此 HDH 法可以制备广粒度分布的钛及钛合金粉末。与预合金法相比,HDH 法的不足在于:不能调控粉末的化学成分;粉末通常呈现不规则的表面形貌,如图 9-44(a)所示。近年来,Fang 等人[21]发明了一种利用钛的氢化物来制备球形钛粉的工艺,即 GSD(granulation sintering deoxygenation),GSD 粉末的表面形貌如图 9-44(b)所示。据报道,用 GSD 工艺制备的 Ti-6Al-4V 合金球形粉末具有和预合金粉末相似的流动性、松装密度和振实密度[22]。

预合金法(prealloyed method,PAM)制备的钛合金粉末一般呈球形且具有较高的洁净度。PAM 粉末成本较高,通常仅用于制备高性能航空航天用或者生物医用钛合金零件。目前钛合金预合金粉末的制备方法主要包括气体雾化(gas atomization,GA)法和等离子旋转电极(plasma rotating electrode process,PREP)法两种[23]。GA 法最早由美国坩埚材料公司发明,然而传统的 GA 设备存在坩埚,对钛合金粉末的洁净度有一定影响;随后德国 ALD 公司针对难熔金属发明了无坩埚电极感应熔炼气雾化(electrode induction melting gas atomization,EIGA)法。GA 法一般采用高压惰性气体(通常为氩气)作为介质对钛合金熔滴进行破碎,因此在粉末制备过程中,部分金属熔滴可能包裹环境中的惰性气体,凝固后形成空心粉。此外,在金属熔滴沉降的过程中,小熔滴较大熔滴优先凝固,并可能会黏附于大熔滴表面,最终形成卫星球,如图 9-44(c)所示。PREP 法利用等离子电弧熔化金属电极,金属熔滴在离心力的作用下进入雾化塔,同时金属熔滴在表面能的作用下完成球化,快速凝固后形成球形粉末,如图 9-44(d)所示。通过对比图 9-44(c)和(d)可知,GA 法可以制备广粒度分布的预合金粉末,典型的粉末粒度分布为 5～250 μm;PREP 粉末的粒度分布相对比较集中,典型的粒度分布为 50～350 μm 且细粉收得率较低[24]。此外,由粉末凝固组织中枝晶间距和冷却速度的关系可知,GA 粉末的凝固速度更大,为 103～105 ℃/s;而 PREP 粉末的凝固速度较小,为 102～103 ℃/s。前期研究结果表明,GA 法和 PREP 法制备的预合金粉末均属于快速凝固粉末,化学成分均匀,通常不存在成分偏析[25]。

近年来,科研人员不断探索低成本钛合金粉末制备工艺,其中较为典型的工艺方法有 Armstrong 法[24] 和剑桥 FFC 法[26]。TiO$_2$ 和 TiCl$_4$ 是两种提取钛的重要中间产物。根据 Ellingham 图[27],可能的还原剂有 Na、Ca 和 Mg 金属。Armstrong 法的制备原理为 TiCl$_4$ 蒸气与流动的液态 Na 进行反应,进而获得钛粉。

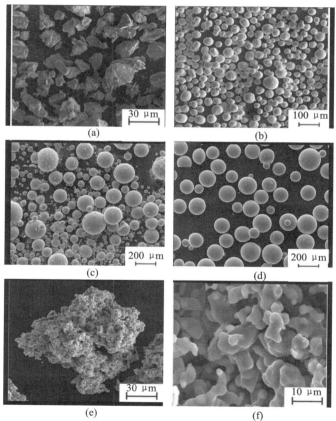

图 9-44 钛合金粉末表面形貌的 SEM 图像
(a) HDH 粉末;(b) GSD 粉末;(c) EIGA 粉末;
(d) PREP 粉末;(e) Armstrong 粉末;(f) FFC 粉末

可以看出，Armstrong 法是通过一步反应获得钛粉的，制备流程较短；同时通过调节金属氯化物蒸气的组成，还可以制备部分钛合金粉末。目前 Armstrong 粉末在制备低成本粉末冶金钛合金方面已经获得部分应用。Armstrong 法的不足在于：钛粉一般需要研磨，如图 9-44（e）所示；钛粉中含有一定量的氯元素，进而影响后续烧结态粉末冶金坯料的致密度[28]。剑桥 FFC 法的原理为设计合理的熔盐电化学工艺参数，利用 Ca^{2+} 脱去 TiO_2 中的 O 元素，从而获得金属 Ti。该方法最大的优势在于一步电解还原，不需要 Na 或 Mg 等还原剂，大幅降低金属钛的冶炼成本；此外该方法还可以制备一些钛合金粉末，如 Ti-6Al-4V、Ti-Nb 和 TiNi 等钛合金粉末[29-30]。然而剑桥 FFC 法目前存在电流效率低、TiO_2 还原不完全等问题[31]，制约了该工艺的进一步应用。

目前能够满足激光沉积制造技术对粉末特性要求的粉末制备方法有：气体雾化法（电极感应熔化气体雾化法、等离子气体雾化法）、旋转电极雾化法。这几种方法的原理及雾化粉末的特性如下。

9.4.1　电极感应熔化气体雾化法

从技术的角度来看，钛合金粉末的制备需要满足以下条件：熔体温度相对较高（约为 1 450 ℃），制备过程中不应接触陶瓷材料。这是因为熔体具有很高的活性，几乎可以和任何陶瓷材料发生化学反应。此外，熔体、雾化的液滴及发热的粉末颗粒很容易受到 O_2、N_2 和 C 元素的影响。即使在室温条件下，如果将粉末暴露在空气中，粉末颗粒也容易被氧化。电极感应熔化气体雾化法是 20 世纪 90 年代发展起来的一种洁净粉末制备技术。用该技术制备粉末时，电极直接被感应线圈加热熔化，在重力作用下下落，熔体在与高速气体作用前不与设备其他部件接触，因此可以避免与外界物质发生化学反应以及带入夹杂物。

图 9-45 所示为电极感应熔化气体雾化法制备洁净钛合金粉末示意图。母合金棒料的锥形尖端通过铜线圈感应加热，熔化的合金液滴进入气体喷嘴的中心，熔体被流经喷嘴的氩气雾化，冷却后获得钛合金粉末。可以通过程序设置棒料给料速度，通过控制感应线圈的功率控制熔体流动速度。为了保证熔滴的对称性，棒料在垂直方向进给的同时还进行自转，转速为 5 r/min。该技术的另一个优点就是所需的电能很小，因为喷粉过程中处于液态的金属或合金很少，所以这种方法也比较安全。

该技术的特点及优点：

（1）制粉过程中合金熔体不接触外界介质，粉末无污染；

（2）粉末粒度分布合理，粒度更可控；

（3）采用高纯氩气雾化，氧增量小；

（4）粉末球形度高。

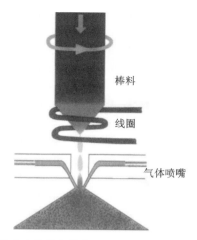

图 9-45　电极感应熔化气体雾化法制备洁净钛合金粉末示意图

该方法制备粉末的过程非常复杂,研究人员还没有完全弄清它的机理。但是,我们知道,粉体的粒径分布受一些参数控制。这些参数与熔体的物性参数有关,如密度和温度,这些参数会影响黏性和表面张力;另外一些参数与气流场有关,这些参数受限于喷嘴的几何尺寸、气压和惰性气体的种类。采用该技术制备出来的钛合金粉末在各种尺寸下均有良好的球形形貌,如图 9-46 所示。图 9-46 (a)至图 9-46(c)所示分别为-60 目($<250~\mu m$)过筛、-200 目过筛($<74~\mu m$)和 -300 目($<44~\mu m$)过筛,由此可见,在各种粒度分布的粉末样品中粉末都呈现出良好的球形形貌。图 9-46(d)所示为用雾化法制备金属粉末过程中常见的行星球(粉末冷却速度过大)。

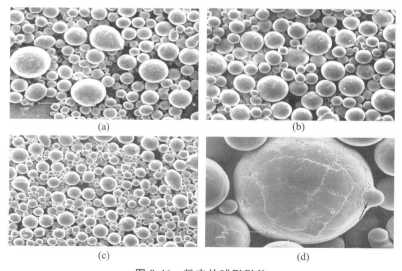

| (a) | (b) |
| (c) | (d) |

图 9-46　粉末的球形形貌

(a)-60 目($<250~\mu m$)过筛;(b)-200 目($<74~\mu m$)过筛;(c)-300 目($<44~\mu m$)过筛;(d)行星球

针对目前激光选区熔化成形工艺对钛合金超细粉末(粉末粒度小于 $50~\mu m$)的需要,通过优化气体雾化法可以实现超细粉末的制备,气体雾化法也是国际上通用的制备超细粉末的工艺。气体雾化法的原理是用高速气体的动能来克服熔体表面张力及黏滞阻力,因此制备超细粉末的关键就是增大气体能量及能量密度、提高能量转换效率、减小阻力。雾化过程本质上是高速气流对合金熔体的剪切,将大液滴分散成细小液滴的过程(见图 9-47)。在气体流出喷嘴后,气体速度可以分解为水平方向上和垂直方向上的速度,水平方向上的速度随着喷嘴角度增大而增大,垂直方向上的速度随着喷嘴角度增大而减小。在雾化过程中,气体在垂直方向上的力的主要作用是带来负压并给液流带来扰动并使其纤维化,而水平方向上力的作用是对纤维化熔体进行剪切,从而实现粉末细化。

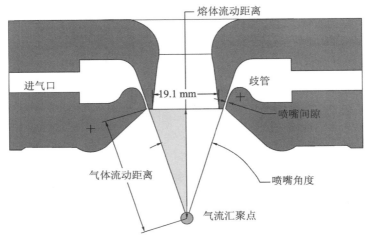

图 9-47　电极感应熔化气体雾化法喷嘴示意图

通过系统地调整喷嘴角度、喷嘴间隙及感应电流等雾化关键工艺参数,研究发现,当压力不变时,增大喷嘴角度有利于提高细粉收得率,但是影响设备工作的稳定性,增大喷嘴角度本质上是增大了对下落熔体的横向剪切力,从而使粉末收得率提高($44°$喷嘴)。但是当喷嘴角度提高到一定角度($52°$)时,气体的横向速度减小到不能产生足够大的负压,下落熔体的纤维化过程受阻,从而粉末收得率降低。调整喷嘴间隙可以改变气体能量及能量密度,从而有利于雾化过程的进行,但是喷嘴间隙过大又会使雾化罐体处于阻塞工况,导致设备不能连续工作。在一定的棒料进给速度下,增大感应电流,可以扩大电极熔化范围,提高熔体温度,从而减小雾化阻力。

通过优化可以显著提高超细粉末的收得率,满足工业生产的需要,中国科学院金属研究所、飞而康快速制造科技有限责任公司、上海材料研究所、中国兵器工业集团第五二研究所等单位先后引进了粉末制备设备,国内具备了钛合金超细粉末的研制能力。用该方法制备的超细钛合金粉末的粒度分布如图 9-48 所示,该粉末粒度呈现良好的正态分布,粒度分布能够保证粉末的松装密度、振实密度及流动性,粉末形貌及球形度与国外进口粉末的相当,如图 9-49 所示。

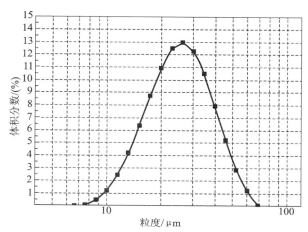

图 9-48 超细钛合金粉末的粒度分布

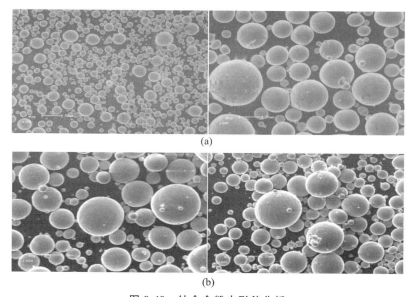

图 9-49 钛合金粉末形貌分析
(a)国内电极感应熔化气体雾化法制备粉末;(b)国外进口粉末

9.4.2 等离子气体雾化法

等离子气体雾化法的机理可简要描述为:金属及其合金,或者陶瓷,以一定规格尺寸的棒坯,或者原料丝,或者不规则/团聚颗粒,或者液态蒸汽形式,通过特殊的喂料机构(棒料进给系统、送丝机构、线材矫直机、雾化喷嘴等)以恒定速度送入制粉设备,并在炉体顶部多个等离子火炬产生的聚焦等离子射流下熔融雾化,通过控制冷却速度,得到球形粉体。

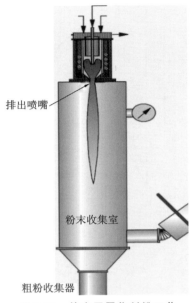

排出喷嘴

粉末收集室

粗粉收集器

图 9-50　等离子雾化制粉工艺

等离子气体雾化法采用热等离子体作为雾化流体,因此具有足够长的冷却时间以保证颗粒充分球化,避免熔融颗粒因快冷呈不规则状;此外等离子气体雾化法可以提高细粉收得率,制备的粉末具有粒度分布均匀、高纯度、高球形度、流动性好、低氧含量、夹杂少等特点,采用该技术制备的粉末如图 9-51 所示。

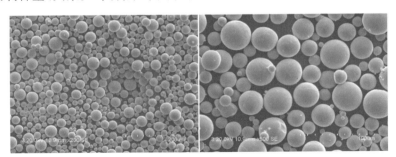

图 9-51　等离子气体雾化法制备的粉末形貌

1995 年,位于加拿大的雷默(Raymor)工业股份有限公司旗下的高级粉末及涂层(AP&C)公司首先获得等离子火炬雾化制粉的专利权(美国专利,专利号5707419),是世界上最早实现等离子火炬雾化制备金属粉末的供应商。目前,国际上采用等离子火炬雾化法生产高性能球形钛合金粉末材料的厂家主要分布于北美地区,技术已经成熟,但是这些国家针对该项技术实施严格的封锁保密政策,鲜有与设备及产品性能有关的报道。根据现有文献资料调研,可知北美地区的厂商利用等离子火炬雾化工艺专利技术已实现了高纯度球形钛合金粉末的制备。经过多年发展，这些厂家在各自的制粉技术及装备上取得了长足进步，但是高品质钛合金粉末材料的价格居高不下（售价高达 4 000～6 000 元/千克）从侧面反映出该项技术仍有较大的潜在研发价值与提升空间。现阶段，能够依赖公司自有技术实现等离子火炬雾化制取高纯高球形钛合金粉末材料的厂家主要有 AP&C 公司及 TEKNA 股份有限公司。

相比之下，国内对等离子气体雾化法的相关研究起步较晚，相对国外来说还比较落后。目前国内真正使用等离子火炬雾化制粉技术的企业并不多。湖南顶立科技首先以等离子制粉技术为突破口，先后研制成功第二代、第三代、第四代等离子雾化制粉设备，攻克了等离子枪进给式制粉装置的设计与制造技术、无刷电极机构的设计与制造技术、输电腔及冷却腔的设计与制造技术、高速动密封及其控制技术、雾化过程不活泼气氛保护控制技术、无油浮环动密封技术、离心式水冷电刷技术、高速大电流柔性联轴器技术、雾化在线修正系统技术等，大幅提升了等离子雾化制粉及装备技术水平。

9.4.3　旋转电极雾化法

旋转电极雾化法是指用金属或合金制成自耗电极，其端面因受电弧加热而熔融为液体，通过电极高速旋转的离心力将液体抛出并粉碎为细小液滴，继而冷凝为粉末的制粉方法，其原理示意图如图 9-52 所示，该制粉方法首先由美国核金属公司于 1974 年开发成功。

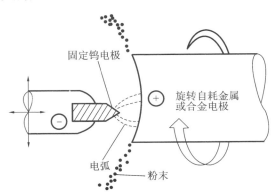

固定钨电极

旋转自耗金属或合金电极

电弧　粉末

图 9-52　旋转电极雾化法原理示意图

采用旋转电极雾化法在合金熔融和金属雾化阶段完全避免了合金熔体与耐火材料的接触，消除了非金属夹杂物污染源，可生产高洁净度的粉末。典型的旋转电极制粉设备由一个直径达 2 m 多的箱体组成，旋转自耗电极通过动密封轴承装入其中，电极长轴水平地处于箱体中心线位置，电极旋转速度高达 15 000～25 000 r/min。为了避免钨污染，可在钨电极处改用等离子炬，这种方法称为等离子旋转电极雾化制粉法。箱体内的保护气氛可选用惰性气体,一般用氦气,因为它的导热系数最大,几乎是氩气的 10 倍,既能增大冷却速度,又能改善电弧特性。

该技术的优点为:

(1)粉末粒度范围为 50～500 μm,超细粉收得率低;

(2)粉末夹杂少,洁净度高;

(3)采用氦气冷却,氧增量小;

(4)粉末球形度高,卫星球少。

随着设备的发展,超高速等离子旋转电极雾化法也随之发展起来,从目前国内外使用的等离子旋转电极雾化制粉设备来看,由于高速旋转传动机构、轴承及大功率等离子枪等关键零件的缺失,电极棒的最大转速基本为 15 000 r/min,无法满足激光选区熔化对钛合金球形细粉粒度分布的要求($D10,D50,D90$),50 μm 以下的粉末收得率极低,导致粉末成本较高。通过改进传动机构设计,使用高转速气冷轴承,可以实现大尺寸电极棒超高速旋转,合理匹配等离子枪电流强度与转速,将电极棒的转速增大到 30 000 r/min,可满足细粉粒度分布的要求,并将大幅度提高细粉收得率。图 9-53 所示为旋转电极雾化法制备的粉末形貌。

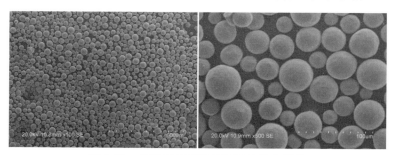

图 9-53　旋转电极雾化法制备的粉末形貌

目前,电极感应熔化气体雾化法、等离子气体雾化法、旋转电极雾化法是满足激光沉积制造工艺要求、实现高品质钛合金粉末制备的主导工艺。由于前两种方法的超细粉收得率高,在激光选区熔化用超细粉末领域,这两种方法是主流技术,但由于国外封锁等离子气体雾化法,国内主要采用电极感应熔化气体雾化法和旋转电极雾化法制备钛合金超细粉末。随着激光沉积制造技术的发展和应用领域的开拓,高效、低成本、高品质的钛合金粉末制备技术是未来的发展方向之一。

参 考 文 献

[1] 王向明,刘文珽,等.飞机钛合金结构设计与应用[M]. 北京:国防工业出版社,2010.

[2] C. 莱茵斯,M. 皮特尔斯. 钛与钛合金[M]. 陈振华,等译. 北京:化学工业出版社,2005.

[3] 訾群. 钛合金研究新进展及应用现状[J]. 钛工业进展,2008,25(2):23-27.

[4] 彭艳萍,曾凡昌,王俊杰,等.国外航空钛合金的发展应用及其特点分析[J]. 材料工程,1997(10):3-6.

[5] BONTHA S. The effect of process variables on microstructure in laser-deposited materials [D]. Ohio: Wright State University, 2006.

[6] 王华明,李安,张凌云,等. 激光熔化沉积快速成形 TA15 钛合金的力学性能[J]. 航空制造技术,2008(7):26-29.

[7] 王烈炯.进口烟机轮盘的激光熔敷修复[J]. 石油化工设备技术,1997,18(2):59-61.

[8] MAN H C, ZHANG S, CHENG F T, et al. Microstructure and formation mechanism in situ synthesized TiC/Ti surface MMC on Ti-6Al-4V by laser cladding[J]. Scripta Materialia, 2001,44(12):2801-2803.

[9] ZHANG S, WU W T, WANG M C, et al. In-situ synthesis and wear performance of TiC particle reinforced composite coating on alloy Ti6Al4V[J]. Surface and Coatings Technology, 2001,138(1):95-100.

[10] PANG W, MAN H C, YUE T M. Laser surface coating of Mo-WC metal matrix composite on Ti6Al4V alloy[J]. Materials Science and Engineering: A, 2005,390(1/2):144-153.

[11] 孙宽. 激光熔覆修复技术的研究[D]. 天津:河北工业大学,2006.

[12] KOBRYN P A, SEMIATIN S L. The laser additive manufacture of Ti-6Al-4V[J]. JOM, 2001, 53(9): 40-42.

[13] 陈静,杨海欧,张洪流,等. Rene 95 高温合金的激光快速成形[J]. 钢铁研究学报,2003,15(7): 508-512.

[14] WU X H, LIANG J, MEI J F, et al. Microstructures of laser-deposited Ti-6Al-4V[J]. Materials & Design, 2004, 25(2): 137-144.

[15] 张霜银. 激光快速成形 TC4 钛合金的组织和力学性能研究[D]. 西安:西北工业大学,2006.

[16] 薛蕾,陈静,张凤英,等. 飞机用钛合金零件的激光快速修复[J]. 稀有金属材料与工程,2006,35(11):1817-1821.

[17] 刘海青,刘秀波,孟祥军,等. 金属基体激光熔覆陶瓷基复合涂层的裂纹成因及控制方法[J]. 材料导报,2013(11):12-17.

[18] 李亚江,李嘉宁,等. 激光焊接/切割/熔覆技术[M]. 北京:化学工业出版社,2012.

[19] ZHANG K. The microstructure and properties of hipped powder Ti alloys [D]. Birmingham: The University of Birmingham, 2009.

[20] LIU B, LIU Y L, ZHANG W S, et al. Hot deformation behavior of TiAl alloys prepared by blended elemental powders [J]. Intermetallics, 2011, 19 (2): 154-159.

[21] FANG Z Z, SUN P. Pathways to optimize performance/cost ratio of powder metallurgy titanium—a perspective [J]. Key Engineering Materials, 2012, 520: 15-23.

[22] SUN P, FANG Z Z, XIA Y, et al. A novel method for production of spherical Ti-6Al-4V powder for additive manufacturing [J]. Powder Technology, 2016, 301: 331-335.

[23] FANG Z Z, PARAMORE J D, SUN P, et al. Powder metallurgy of titanium-past, present, and future [J]. International Materials Reviews, 2017, 63 (7) 1-53.

[24] CHEN W, YAMAMOTO Y, PETER W H, et al. Cold compaction study of Armstrong Process® Ti-6Al-4V powders [J]. Powder Technology, 2011, 214(2): 194-199.

[25] RABIN B H, SMOLIK G R, KORTH G E. Characterization of entrapped gases in rapidly solidified powders [J]. Materials Science and Engineering: A, 1990, 124(1): 1-7.

[26] CHEN G Z, FRAY D J, FARTHING T W. Direct electrochemical reduction of titanium dioxide to titanium in molten calcium chloride [J]. Nature, 2000, 407(6802):361-364.

[27] JACOB K T, GUPTA S. Calciothermic reduction of TiO_2: A diagrammatic assessment of the thermodynamic limit of deoxidation [J]. JOM, 2009, 61 (5): 56-59.

[28] QIAN M, FROES F H. Titanium powder metallurgy: science, technology and applications [M]. Oxford: Butterworth-Heinemann, 2015.

[29] FRAY D J. Novel methods for the production of titanium [J]. International Materials Reviews, 2008, 53(6): 317-325.

[30] YAN X Y, FRAY D J. Electrosynthesis of NbTi and Nb_3Sn superconductors from oxide precursors in $CaCl_2$-based melts [J]. Advanced Functional Materials, 2005, 15(11): 1757-1761.

[31] MA M, WANG D H, WANG W G, et al. Extraction of titanium from different titania precursors by the FFC Cambridge process [J]. Journal of Alloys and Compounds, 2006, 420(1/2): 37-45.

第 10 章　面向金属增材结构的无损检测技术

10.1　金属增材结构缺陷分析与无损检测应用情况

10.1.1　金属增材结构常见缺陷分析

成形质量是制约金属增材制造发展与应用的一大瓶颈,由于其"逐点化"的制造方式,金属增材结构在制造过程中容易产生缺陷,Kobryn[1]、Wu[2],以及 Majumdar 等人[3]分别在 TC4 钛合金及 316L 不锈钢激光增材制件内部观察到了气孔及熔合不良缺陷。图 10-1 所示为金属增材制造产品的典型缺陷形貌。

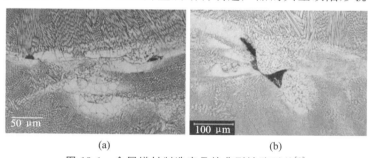

(a)　　　　　　　　　　(b)

图 10-1　金属增材制造产品的典型缺陷形貌[3]

(a)气孔;(b)未熔合

张风英等人[4]采用微观测试分析方法研究了钛合金激光快速成形过程中缺陷的形成机理,研究发现,气孔的形成取决于粉末材料的特性(主要是指粉末的松装密度),形成的气孔的形貌为球形,气孔随机分布在粉末材料中;粉末的流动性和氧含量对气孔的形成没有影响;熔合不良缺陷的形貌一般为不规则状,主要分布在各熔覆层的层间和道间,熔合不良缺陷的形成主要取决于能量密度、多道间搭接率、Z 轴单层行程等工艺参数。图 10-2 所示为钛合金激光快速成形熔覆层内的缺陷形貌。

魏青松等人[5]细致分析了粉末特性对选择性激光熔化成形不锈钢零件性能的影响,研究发现,粉末的粒度、形状及粉末中氧的质量百分数对零件的质量均有较大影响。尚晓峰等人[6]从工艺参数、设备性能和材料特性等方面研究了增材制造产品中形成的缺陷,研究发现,送粉延迟会导致欠堆积或过堆积,使成形尺寸精度减小;比能量是造成黏粉的根本原因,不同比能量会导致不同的冷却速度,比能

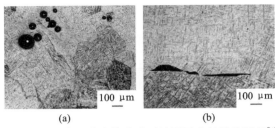

图10-2　钛合金激光快速成形熔覆层内的缺陷形貌[4]

（a）气孔；（b）熔合不良

量越大,冷却速度越大;冷却速度过大会导致粉末颗粒熔化不充分并黏附在成形件表面,使其表面质量下降。

Thijs 等人[7]研究了利用 SLM 工艺制备的 Ti-6Al-4V 合金的微观组织变化,以及扫描参数、扫描策略对微观组织的影响,在制件内部观察到了气孔、熔合不良等缺陷。Szost 等人[8]研究了气孔、熔合不良等缺陷的形成原因,认为成形过程中熔池内部复杂的熔体流动作用及液态金属的凝固收缩会导致封闭形气孔、氧化物夹杂等缺陷,而激光能量输入差异性过大会导致金属粉末因未完全熔化而出现熔合不良的缺陷。

总体上,金属增材制造过程中产生的典型缺陷主要有气孔、未熔合孔洞和裂纹三种[9]。

气孔是指在凝固过程中熔池中的气体未能及时溢出而残留在金属内部形成的缺陷,气孔缺陷的尺寸较小,一般在 100 μm 以下,这类缺陷多是能量输入过大或工艺过程不稳定导致的。增材制造过程中热源扫描移动,加热部位经历了熔融到凝固的急剧变化,若能量过大,会产生过多金属蒸气,金属蒸气在高温熔池内部的溶解度较大,随着熔池的冷却,温度降低,溶解度减小,在凝固结晶过程中一些金属蒸气来不及从熔池中溢出,从而残留在金属内部形成气孔[10-11],图 10-3 所示为熔池内部的气孔缺陷。此外,粉末材料内部的空气及加工过程中的保护气也可能会导致气孔缺陷,高温状态下金属与水蒸气反应会产生氢气,氢气溶解在高温液态金属中会产生氢气孔[12-13]。空气孔会导致制件的疲劳性能和强度严重下降,是制件的裂纹源之一[14-15],在金属增材制造过程中,这类缺陷一般随机分布在成形件内部,难以彻底消除。

未熔合孔洞主要是指由于成形过程中能量输入不足,粉末材料未完全熔化或熔融,金属黏结不充分形成的缺陷[10,16-18],这类缺陷形状不规则,尺寸较大,分布于各扫描线及各沉积层之间,常包含较多的未熔粉末颗粒,如图 10-4 所示。在激光增材制造过程中,光斑能量为中心大、边缘小,当激光能量输入不足时,两道之间的重叠区域激光能量密度过小,熔池深度、宽度不足,搭接区不能充分熔合,导致相邻两道间存在大量未熔粉末颗粒。另一方面,当激光能量输入不足时,熔池深度不足,层与层之间难以紧密充分融合,导致层间黏结不充分,层与层之间形成较大的缝隙及未熔合孔洞缺陷。

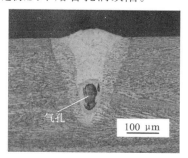

图 10-3 熔池内部的气孔缺陷

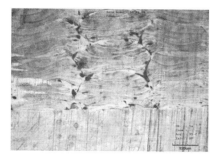

图 10-4 未熔合孔洞缺陷[18]

裂纹缺陷是材料物理性能和残余应力综合作用的结果。在激光增材成形过程中,由于材料的熔化、凝固和冷却都是在极快的条件下进行的,如果工艺控制不当,成形件容易形成裂纹、球化、夹杂和翘曲等不良缺陷。而裂纹是最常见、破坏性最大的一种缺陷,成形件一旦出现裂纹,成形过程将被迫终止,同时已成形的金属零件只能作报废处理,这将大大提高制造成本。

在激光增材成形过程中,激光以较大的速度进行扫描移动,加热部位的能量密度非常大,使得熔池及其附近区域迅速熔化,激光扫过的部位则会由熔融状态迅速转变为凝固状态,熔池的冷却速度可达到 10^8 K/s[19],因局部热输入而产生的不均匀温度场及因迅速冷却而产生的温度梯度必然导致较大的残余应力[20-22],当残余应力超过材料强度极限时,制件内部就会形成裂纹缺陷,如图10-5所示。通过对基板进行适当预热,提高成形时环境温度,从

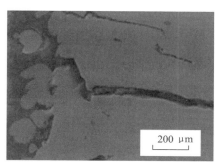

图 10-5 制件内部的裂纹缺陷[22]

而减小工件成形时的冷却速度及成形件中的温度梯度,可以减少裂纹缺陷[23-24]。

10.1.2 金属增材结构无损检测研究现状

目前关于金属增材制造产品的无损检测技术主要集中在对其缺陷和应力进行检测方面。材料力学性能主要依靠传统的机械试验方法得到,利用无损检测技术对金属增材制造产品的材料力学性能进行评价的研究还比较少。目前国内外关于金属增材制造产品的无损检测应用研究主要集中在超声检测和电磁检测方面,其他检测技术相对较少。

超声检测是利用材料本身或内部缺陷的声学性质对超声波传播的影响,来非破坏性地探测材料内部和表面的缺陷(如裂纹、气泡、夹渣等)的大小、形状和分布状况,以及来测定材料性质[25]的,但是堆积层界面及晶粒对超声波存在的散射给

缺陷的判别带来困难。由于金属增材制造产品结构的复杂性,常规超声检测技术对一些部位检测效果较差,存在漏检的可能,因此需要多种检测手段协同工作。

电磁检测可以对构件表面近表面缺陷和应力状态进行检测,但金属增材制造金属构件组织的各向异性会对检测结果产生影响。如何用电磁检测技术(磁巴克豪森噪声、增量磁导率切向磁场强度等)评价金属增材制造产品的缺陷及应力是目前无损检测领域研究的重难点问题。

杨平华等人[26]针对激光、电子束增材制造钛合金及变形钛合金 3 种不同制造工艺的材料开展了超声检测特征试验研究,结果表明,TC18 电子束增材制造钛合金和 TC18 激光增材制造钛合金在不同成形方向上的超声波声速、材料衰减及检测灵敏度均存在较大差异,与变形钛合金相比具有明显的方向性,如图 10-6～图 10-8 所示。增材制造材料在不同成形方向上的组织特征差异巨大,具有明显的方向性,导致增材制造材料的超声检测具有特殊性,必须针对增材制造材料不同成形方向分别开展超声检测技术研究。

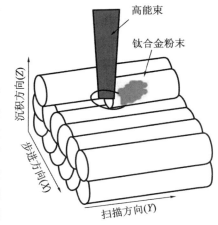

图 10-6　增材制造过程及不同方向示意图[26]

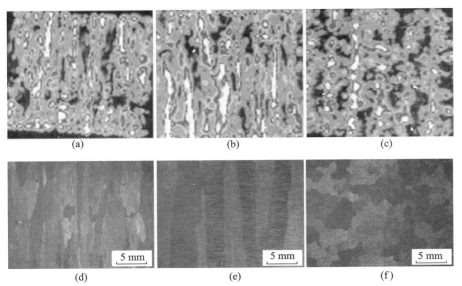

图 10-7　TC18 电子束增材制造钛合金的底波监控 C 扫描及低倍照片[26]
(a)X 向;(b)Y 向;(c)Z 向;
(d)Y-Z 面(X 向);(e)X-Z 面(Y 向);(f)X-Y 面(Z 向)

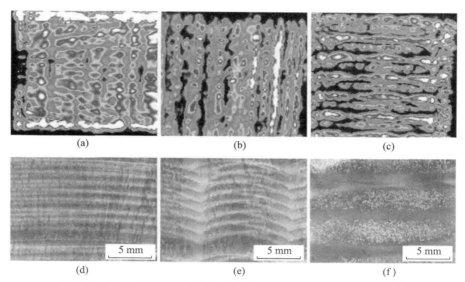

图 10-8　TC18 激光增材制造钛合金底波监控 C 扫描及低倍照片[26]

(a)X 向;(b)Y 向;(c)Z 向;

(d)Y-Z 面(X 向);(e)X-Z 面(Y 向);(f)X-Y 面(Z 向)

Nilsson 等人采用超声涡流一体化自动检测设备和 X 射线检测技术,对增材制造 TC4 钛合金的人工缺陷进行检测,并比较了超声、涡流、X 射线三种检测技术的检测效果。

韩立恒等人[27]初步研究了超声相控阵检测技术在 A-100 钢电子束熔丝成形制件中的应用,研究表明,超声相控阵检测技术在 A-100 钢电子束熔丝成形制件微裂纹检测和大厚度制件检测中有较好的应用效果,与成形路径等因素有关的微观组织结构对检测技术的应用有较大影响,超声波入射方向和角度选择对微裂纹的识别非常关键,制件内部微裂纹存在与平行于逐层生长方向的某端面呈现小倾角或近似平行的断续拐弯状的分布趋势。图 10-9 所示为超声波不同入射方向的制件一维线阵列扇形扫查检测结果。

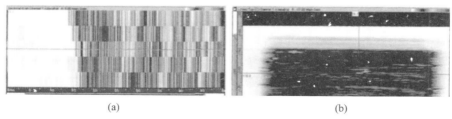

图 10-9　制件一维线阵列扇形扫查检测结果[27]

(a)S 显示(−10~10°C);(b)−10°C 显示;(c)−5°C 显示;(d)0°C 显示

(e)5°C 显示;(f)10°C 显示;(g)−15°C 显示;(h)−30°C 显示

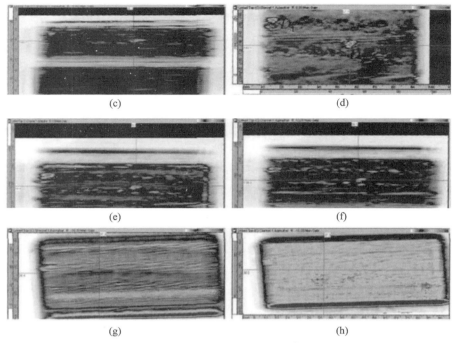

(c)　　　　　　　　　　　　　(d)

(e)　　　　　　　　　　　　　(f)

(g)　　　　　　　　　　　　　(h)

续图 10-9

Lévesque 等人采用激光超声结合 SAFT（合成孔径聚焦）的方式，成功地检测出了 718 合金及 TC4 钛合金中的气孔、未熔合、熔合不良等缺陷，图 10-10、图 10-11 所示分别为测试样件及合成孔径聚焦 B 扫描测试结果。由于激光超声具有非接触、可检测复杂形状制件及对检测环境要求不高等优势，特别适用于制造过程中的在线实时检测，TWI 公司等开展增材制造产品的激光超声在线检测技术研究，并取得了显著成果[28]。

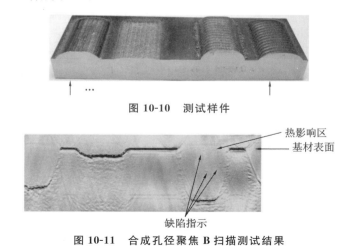

图 10-10　测试样件

图 10-11　合成孔径聚焦 B 扫描测试结果

Lopez 等人[29]对电弧线增材制造（WAAM）的 AA5083 铝合金及 ER70S 低碳钢进行了无损检测，并对比了 X 射线检测、液浸检测及超声检测技术，测试了硬度、金相及导电性。超声检测技术能够检测并标度 WAAM 缺陷，但需要良好的表面状况。图 10-12、图 10-13 所示分别为铝合金样件检测区域与超声检测结果；X 射线检测技术可以很容易地检测到许多缺陷，但它存在严格的安全限制，并且裂纹检测与辐射信号的角度有关，给检测过程带来了困难。

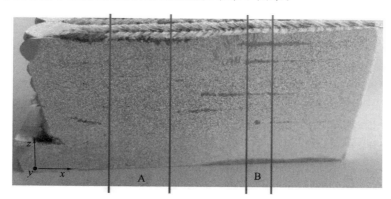

图 10-12　铝合金样件检测区域[29]

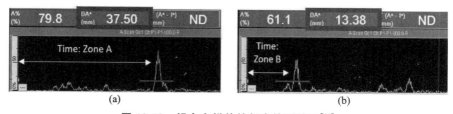

图 10-13　铝合金样件的超声检测结果[29]

（a）A 区域；（b）B 区域

目前金属增材制造产品的检测方法研究仍处于起步阶段，检测对象多局限于结构简单的人工试样，若要对具有复杂形状的产品进行在线检测，还需要开展大量的研究工作。

10.1.3　金属增材结构无损检测技术难点分析

增材制造成形工艺与传统去材制造工艺有很大的不同，导致金属增材制造产品具有不同于传统金属制件的特点（不同的结构形式、缺陷类型与组织结构等），同样地，对金属增材制造产品的质量控制提出了新的挑战。

金属增材制造产品的检测难点主要表现在以下方面。

（1）增材制造不受模具尺寸的限制，具备快速制造大型整体结构件的能力，这就使检测设备扫查区域增大，从而降低了检测效率。适用于相关结构件的检测设备及方法的研究成为难点。

（2）金属增材制造技术具备制造构型拓扑、结构梯度的结构件的能力，但结构的复杂性往往导致常规检测手段检测盲区大等问题，给检测技术的研究带来很大挑战。

（3）相对于大型整体结构，金属增材制造技术同样适用于制造具有精密结构的结构件，其尺寸精度非常高，要求无损检测技术能够对结构件各个尺寸进行精密测量，这同样是一个挑战。

金属增材制造产品的缺陷特征与组织特征有其独特性，主要表现为明显的各向异性[26]，且缺陷类型与分布情况也与传统金属制件存在差异，所以不能直接照搬传统技术产品的检测技术和验收标准，而应该对金属增材制造产品开展全新的检测技术和验收标准研究，这也是广大科研人员需要攻克的一个难点。

10.2　金属增材结构的检测标准应用分析

随着金属增材制造技术的成熟，人们对其相关的标准化需求也越来越迫切。2009 年，美国材料与试验协会（ASTM）成立了专门的增材制造技术委员会 ASTM F42，约 215 个成员单位参与相关的工作，并且已经发布并实施了 10 项标准；2011 年，国际标准化组织（ISO）也成立了增材制造技术委员会，目前已发布 5 项相关标准[30-31]，这两个组织所做的工作对增材制造技术的标准化起到了极大的推动作用。我国于 2016 年 4 月 21 日，在北京成立了全国增材制造标准化技术委员会，负责增材制造技术标准的制定工作。

目前已经公开发布的与增材无损检测相关的标准只有 AMS 4999A《退火 Ti-6Al-4V 钛合金直接沉积产品》，该标准对 TC4 钛合金增材制造产品的无损检测验收要求作出了较为明确的规定，但对于无损检测技术并未作详细说明。国内目前正在积极开展增材制造制件无损检测技术标准的制定工作，但尚未形成完整的标准体系，本节金属增材结构的无损检测标准参考 NB/T 47013.3—2015《承压设备无损检测 第 3 部分：超声检测》，本节以下内容节选自该标准。

10.2.1　范围

（1）NB/T 47013 的本部分规定了承压设备采用 A 型脉冲反射式超声检测仪检测工件缺陷的超声检测方法和质量分级要求。

（2）本部分适用于金属材料制承压设备用原材料或零部件和焊接接头的超声检测，也适用于金属材料制在用承压设备的超声检测。

（3）本部分规定了承压设备厚度的超声测量方法。

（4）与承压设备有关的支承件和结构件的超声检测，也可参照本部分使用。

10.2.2　规范性引用文件

下列文件对于本文件的应用是必不可少的。凡是注日期的引用文件,仅注日期的版本适用于本文件。凡是不注日期的引用文件,其最新版本(包括所有的修改单)适用于本文件。

GB/T 11259　无损检测　超声检测用钢参考试块的制作与检验方法
GB/T 12604.1　无损检测　术语　超声检测
GB/T 27664.1　无损检测　超声检测设备的性能与检验　第 1 部分:仪器
GB/T 27664.2　无损检测　超声检测设备的性能与检验　第 2 部分:探头
JB/T 8428　无损检测　超声试块通用规范
JB/T 9214　无损检测　A 型脉冲反射式超声检测系统工作性能测试方法
JB/T 10062　超声探伤用探头性能测试方法
NB/T 47013.1　承压设备无损检测　第 1 部分:通用要求

10.2.3　术语和定义

1. 底波降低量 BG/BF

锻件检测时,在靠近缺陷处的完好区域内第一次底面回波波幅 BG 与缺陷区域内的第一次底面回波波幅 BF 的比值,用 dB 值来表示。

2. 密集区缺陷

锻件检测时,在显示屏扫描线上相当于 50 mm 声程范围内同时有 5 个或 5 个以上的缺陷反射信号,或是在 50 mm×50 mm 的检测面上发现在同一深度范围内有 5 个或 5 个以上的缺陷反射信号,其反射波幅均大于等于某一特定当量平底孔直径的缺陷。

3. 基准灵敏度

将对比试块人工反射体回波高度或被检工件底面回波高度调整到某一基准时的灵敏度。

4. 扫查灵敏度

在基准灵敏度基础上,根据表面状况、检测缺陷要求及探头类型等适当提高 dB 数(增益)进行实际检测的灵敏度。

5. 缺陷自身高度

缺陷在工件厚度方向上的尺寸。

6. 回波动态波形

探头移动距离与相应缺陷反射体回波波幅变化的包络线。

7. 工件厚度 t

(1)对于平板对接接头,焊缝两侧母材厚度相等时,工件厚度 t 为母材公称厚度;焊缝两侧母材厚度不等时,工件厚度 t 为薄侧母材公称厚度。

(2)对于插入式接管角接接头,工件厚度 t 为筒体或封头公称厚度;对于安放式接管与筒体(或封头)角接接头,工件厚度 t 为接管公称厚度。

(3)对于 T 型焊接接头,工件厚度 t 为腹板公称厚度。

10.2.4　一般要求

10.2.4.1　检测人员

(1)超声检测人员的一般要求应符合 NB/T 47013.1 的有关规定。

(2)超声检测人员应具有一定的金属材料、设备制造安装、焊接及热处理等方面的基本知识,应熟悉被检工件的材质、几何尺寸及透声性等,对检测中出现的问题能作出分析、判断和处理。

10.2.4.2　检测设备和器材

1. 仪器和探头产品质量合格证明

超声检测仪器产品质量合格证中至少应给出预热时间、低电压报警或低电压自动关机电压、发射脉冲重复频率、有效输出阻抗、发射脉冲电压、发射脉冲上升时间、发射脉冲宽度(采用方波脉冲作为发射脉冲的)和接收电路频带等主要性能参数;探头应给出中心频率、带宽、电阻抗或静电容、相对脉冲回波灵敏度及斜探头声束性能[包括探头前沿距离(入射点)、K 值(折射角 β)等]等主要参数。

2. 检测仪器、探头和组合性能

1)检测仪器

采用 A 型脉冲反射式超声检测仪,其工作频率按 -3 dB 测量应至少包括 0.5 ~10 MHz 频率范围,超声仪器各性能的测试条件和指标要求应满足附录 A(附录 A 见 NB/T 47013.3—2015)的要求并提供证明文体,测试方法按 GB/T 27664.1 的规定。

2)探头

圆形晶片直径一般不应大于 40 mm,方形晶片任一边长一般不应大于 40 mm,其性能指标应符合附录 B(附录 B 见 NB/T 47013.3—2015)的要求并提供证明文件,测试方法按 GB/T 27664.2 的规定。

3)仪器和探头的组合性能

(1)仪器和探头的组合性能包括水平线性、垂直线性、组合频率、灵敏度余量、盲区(仅限直探头)和远场分辨力。

（2）以下情况时应测定仪器和探头的组合性能：

①新购置的超声检测仪器和（或）探头；

②仪器和探头在维修或更换主要部件后；

③检测人员有怀疑时。

（3）水平线性偏差不大于 1%，垂直线性偏差不大于 5%。

（4）仪器和探头的组合频率与探头标称频率之间偏差不得大于 ±10%。

（5）仪器-直探头组合性能还应满足以下要求：

①灵敏度余量应不小于 32 dB；

②在基准灵敏度下，对于标称频率为 5 MHz 的探头，盲区不大于 10 mm；对于标称频率为 2.5 MHz 的探头，盲区不大于 15 mm；

③直探头远场分辨力不小于 20 dB。

（6）仪器-斜探头组合性能还应满足以下要求：

①灵敏度余量应不小于 42 dB；

②斜探头远场分辨力不小于 12 dB。

（7）在达到所探工件的最大检测声程时，其有效灵敏度余量应不小于 10 dB。

（8）仪器和探头组合频率的测试方法按 JB/T 10062 的规定，其他组合性能的测试方法参照 JB/T 9214 的规定。

3. 试块

1）标准试块

（1）标准试块是指具有规定的化学成分、表面粗糙度、热处理及几何形状的材料块，用于评定和校准超声检测设备，即用于仪器探头系统性能校准的试块。本部分采用的标准试块为 20 号优质碳素结构钢制 CSK-IA、DZ-I 和 DB-P Z20-2。

（2）CSK-IA 试块的具体形状、尺寸如图 10-14 所示，DZ-I 和 DB-P Z20-2 的具体形状和尺寸见 JB/T 92140。

（3）标准试块的制造应满足 JB/T 8428 的要求，制造商应提供产品质量合格证，并确保在相同测试条件下比较其所制造的每一标准试块与国家标准样品或类似具备量值传递基准的标准试块上的同种反射体（面）时，其最大反射波幅差应小于等于 2 dB。

2）对比试块

（1）对比试块是指与被检件或材料化学成分相似，含有意义明确参考反射体（反射体应采用机加工方式制作）的试块，用以调节超声检测设备的幅度和声程，以将所检出的缺陷信号与已知反射体所产生的信号相比较，即用于检测校准的试块。

（2）对比试块的外形尺寸应能代表被检工件的特征，试块厚度应与被检工件的厚度相对应。如果涉及不同工件厚度对接接头的检测，试块厚度的选择应由较大工件厚度确定。

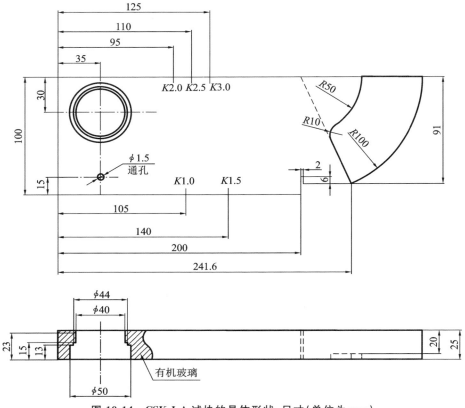

图 10-14　CSK-ⅠA 试块的具体形状、尺寸（单位为 mm）

（3）对比试块应采用与被检材料声学性能相同或相似的材料制成,当采用直探头检测时,不得有大于或等于 $\phi 2$ mm 平底孔当量直径的缺陷。

（4）不同被检工件超声检测用对比试块人工反射体的形状、尺寸和数量应符合本部分相关章节的规定。

（5）对比试块的尺寸精度在本部分有明确要求时应提供相应的证明文件,无明确要求时参照 JB/T 8428 的规定。

4. 耦合剂

（1）耦合剂透声性应较好且不损伤检测表面,如机油、化学浆糊、甘油和水等。

（2）耦合剂污染物含量的控制:

①镍基合金上使用的耦合剂含硫量不应大于 250 mg/L。

②奥氏体不锈钢或钛材上使用的耦合剂卤素（氯和氟）的总含量不应大于250 mg/L。

5. 超声检测设备和器材的校准、核查、运行核查和检查的要求

（1）校准、核查和运行核查应在标准试块上进行,应使探头主声束垂直对准反射体的反射面,以获得稳定和最大的反射信号。

（2）校准或核查。

①每年至少对超声仪器和探头组合性能中的水平线性、垂直线性、组合频率、盲区（仅限直探头）、灵敏度余量、分辨力及仪器的衰减器精度，进行一次校准并记录。

②每年至少对标准试块与对比试块的表面腐蚀与机械损伤，进行一次核查。

（3）运行核查。

①模拟超声检测仪每 3 个月或数字超声检测仪每 6 个月至少对仪器和探头组合性能中的水平线性和垂直线性，进行一次运行核查并记录。

②每 3 个月至少对盲区（仅限直探头）、灵敏度余量和分辨力进行一次运行核查并记录。

（4）检查。

①每次检测前应检查仪器设备器材外观、线缆连接和开机信号显示等情况是否正常。

②使用斜探头时，检测前应测定入射点（前沿距离）和折射角（K 值）。

（5）校准、运行核查和检查时的注意事项。校准、运行核查和检查时，应将影响仪器线性的控制器（如抑制或滤波开关等）均置于"关"的位置或最低水平。

10.2.4.3　检测工艺文件

检测工艺文件包括工艺规程和操作指导书。

工艺规程除满足 NB/T 47013.1 的要求外，还应规定表 10-1 和相关章节所列相关因素的具体范围或要求。相关因素的变化超出规定时，应重新编制或修订工艺规程。

表 10-1　超声检测工艺规程涉及的相关因素

序号	相关因素的内容
1	工件形状包括规格、材质等
2	检测面要求
3	检测技术（直探头检测、斜探头检测、直接接触法、液浸法等）
4	探头折射角及在工件中的波形（横波、纵波）；探头标称频率、晶片尺寸和晶片形状
5	检测仪器类型
6	耦合剂类型
7	校准（试块及校准方法）
8	扫查方向及扫查范围
9	扫查方式（手动或自动）
10	缺陷定量方法
11	计算机数据采集（用到时）；自动报警和/或记录装置（用到时）
12	人员资格要求；检测报告要求

应根据工艺规程的内容及被检工件的检测要求编制操作指导书。其内容除满足 NB/T 47013.1 的要求外,至少还应包括:

(1)检测技术要求:检测技术(直探头检测、斜探头检测、直接接触法、液浸法等)和检测波形等;

(2)检测对象:承压设备类别,检测对象的名称、规格、材质和热处理状态、检测部位等;

(3)检测设备器材:仪器型号、探头规格、耦合剂、试块种类,仪器和探头性能检测的项目、时机和性能指标等;

(4)检测工艺相关技术参数:扫查方向及扫查范围、缺陷定量方法、检测记录和评定要求、检测示意图等。

操作指导书在首次应用前应进行工艺验证,验证方式可在相关对比试块上进行,验证内容包括检测范围内灵敏度、信噪比等是否满足检测要求。

10.2.4.4　安全要求

检测场所、环境及安全防护应符合 NB/T 47013.1 的规定。

10.2.4.5　检测实施

1. 检测准备

(1)在承压设备的制造、安装及在用检验中,超声检测时机及检测比例的选择等应符合相关法规、标准及有关技术文件的规定。

(2)所确定的检测面应保证工件被检部分能得到充分检测。

(3)焊缝的表面质量应经外观检查合格。检测面(探头经过的区域)上所有影响检测的油漆、锈蚀、飞溅和污物等均应予以清除,其表面粗糙度应符合检测要求。表面的不规则状态不应影响检测结果的有效性。

2. 扫查覆盖

为确保检测时超声声束能扫查到工件的整个被检区域,探头的每次扫查覆盖应大于探头直径或宽度的 15% 或优先满足相应章节的检测覆盖要求。

3. 探头的移动速度

探头的扫查速度一般不应超过 150 mm/s。当采用自动报警装置扫查时,扫查速度应通过对比试验进行确定。

4. 扫查灵敏度

扫查灵敏度的设置应符合相关章节的规定。

5. 灵敏度补偿

(1)耦合补偿:在检测和缺陷定量时,应对由对比试块与被检工件表面粗糙度不同引起的耦合损失进行补偿。

(2)衰减补偿:在检测和缺陷定量时,应对由对比试块与被检工件材质衰减不同引起的灵敏度下降和缺陷定量误差进行补偿。

（3）曲面补偿：在检测和缺陷定量时，对检测面是曲面的工件，应对由工件和对比试块曲率半径不同引起的耦合损失进行补偿。

6. 仪器和探头系统的复核

（1）发生以下情况时应对系统进行复核：

①探头、耦合剂和仪器调节发生变化时。

②怀疑扫描量程或扫查灵敏度有变化时；

③连续工作 4 h 以上时；

④工作结束时。

（2）扫描量程的复核。

如果任意一点在扫描线上的偏移量超过扫描线该点读数的 10％或全扫描量程的 5％，则扫描量程应重新调整，并对上一次复核以来所有的检测部位进行复检。

（3）扫查灵敏度的复核。

复核时，在检测范围内如发现扫查灵敏度或距离-波幅曲线上任一深度人工反射体回波幅度下降 2 dB，则应对上一次复核以来所有的检测部位进行复检；如回波幅度上升 2 dB，则应对所有的记录信号进行重新评定。

10.3　承压设备用原材料或零部件的超声检测方法和质量分级

10.3.1　范围

本章规定了承压设备用原材料或零部件的超声检测方法和质量分级。

10.3.2　承压设备用原材料或零部件的超声检测工艺文件

原材料或零部件的超声检测工艺文件除了应满足 10.2.4.3 节的要求之外，还应包括表 10-2 所列的相关因素。

表 10-2　原材料或零部件超声检测工艺规程涉及的相关因素

序号	相关因素的内容
1	产品形式（板材、管材、锻件等）
2	检测时机（如热处理前或后）
3	检测范围
4	质量验收等级

10.3.3　承压设备用板材超声检测方法和质量分级

10.3.3.1　范围

（1）本条适用于板厚 6～250 mm 的碳素钢、低合金钢制承压设备用板材的超声检测方法和质量分级。

（2）铝及铝合金板材、钛及钛合金板材、镍及镍合金板材、铜及铜合金板材的超声检测方法参照本条执行，质量分级按本条。

（3）奥氏体不锈钢和奥氏体-铁素体双相不锈钢板材超声检测方法可参照本条执行，质量分级按本条。

10.3.3.2　检测原则

（1）板材一般采用直探头进行检测。

（2）在检测过程中对缺陷有疑问或合同双方技术协议中有规定时，可采用斜探头进行检测。

（3）可选板材的任一轧制表面进行检测。若检测人员认为有需要或技术条件有要求时，也可对板材的上、下两轧制表面分别进行检测。

10.3.3.3　探头选用

1. 直探头

（1）直探头选用应按表 10-3 的规定进行。

（2）当采用液浸法检测板厚小于或等于 20 mm 的板材时，也可选用单晶直探头进行检测。

（3）双晶直探头性能应符合附录 C（附录 C 见 NB/T 47013.3—2015）的要求。

表 10-3　承压设备用板材超声检测直探头选用

板厚/mm	采用探头	标称频率/MHz	探头晶片尺寸（推荐）/mm
6～20	双晶直探头	4～5	圆形晶片直径 ϕ10～30 方形晶片边长 10～30
>20～60	双晶直探头或单晶直探头	2～5	
>60	单晶直探头	2～5	

2. 斜探头

斜探头的选用应按附录 D（附录 D 见 NB/T 47013.3—2015）的规定进行。

10.3.3.4　对比试块

（1）用双晶直探头检测厚度不大于 20 mm 的板材时，可以采用图 10-15 所示的阶梯平底试块。

（2）检测厚度大于 20 mm 的板材时，对比试块形状和尺寸应符合表 10-4 和图

10-16 的规定。对比试块人工反射体为 $\phi5$ mm 平底孔,反射体个数至少为 3 个。

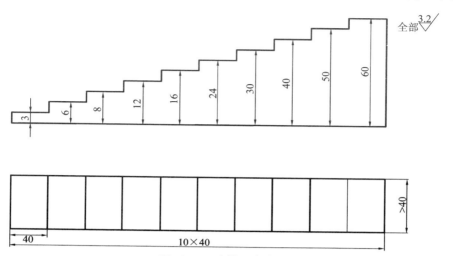

图 10-15　阶梯平底试块

表 10-4　承压设备用板材超声检测用对比试块(单位:mm)

试块编号	板材厚度 t	检测面到平底孔的距离 S	试块厚度 T	试块宽度 b
1	>20~40	10、20、30	40	30
2	>40~60	15、30、45	60	40
3	>60~100	15、30、45、60、80	100	40
4	>100~150	15、30、45、60、80、110、140	150	60
5	>150~200	15、30、45、60、80、110、140、180	200	60
6	>200~250	15、30、45、60、80、110、140、180、230	250	60

注:①板材厚度大于 40 mm 时,试块也可用厚代薄。

　　②为减小单个试块尺寸和重量,声学性能相同或相似的试块上的平底孔可加工在不同厚度试
　　　块上。

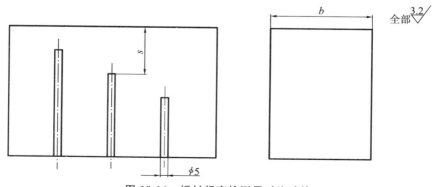

图 10-16　板材超声检测用对比试块

10.3.3.5 灵敏度的确定

(1)板厚小于等于 20 mm 时,用图 10-15 所示阶梯平底试块调节,也可用被检板材无缺陷完好部位调节,此时用与工件等厚部位试块或被检板材的第一次底波调整到满刻度的 50%,再提高 10 dB 作为基准灵敏度。

(2)板厚大于 20 mm 时,按所用探头和仪器在 ϕ5 mm 平底孔试块上绘制距离-波幅曲线,并以此曲线作为基准灵敏度。

(3)如能确定板材底面回波与不同深度 ϕ5 平底孔反射波幅度之间的关系,则可采用板材无缺陷完好部位第一次底波来调节基准灵敏度。

(4)扫查灵敏度一般应比基准灵敏度高 6 dB。

10.3.3.6 检测

(1)耦合方式。

耦合方式可采用直接接触法或液浸法。

(2)灵敏度补偿。

检测时应根据实际情况进行耦合补偿和衰减补偿。

(3)扫查方式。

①在板材边缘或剖口预定线两侧范围内应作 100% 扫查,扫查区域宽度见表 10-5。

表 10-5 板材边缘或剖口预定线两侧区域宽度(单位为 mm)

板厚	区域宽度
<60	50
≥60~100	75
≥100	100

②在板材中部区域,探头沿垂直于板材压延方向,间距不大于 50 mm 的平行线进行扫查,或探头沿垂直和平行板材压延方向且间距不大于 100 mm 格子线进行扫查。探头扫查示意图如图 10-17 所示。

③根据合同、技术协议书或图样的要求,也可采用其他形式的扫查。

④双晶直探头扫查时,探头的移动方向应与探头的隔声层垂直。

(4)斜探头检测按附录 D(附录 D 见 NB/T 47013.3—2015)的规定进行。

10.3.3.7 缺陷的判定和定量

(1)在检测基准灵敏度条件下,发现下列两种情况之一即作为缺陷:

①缺陷第一次反射波(F_1)波幅高于距离-波幅曲线,或用双晶探头检测板厚小于 20 mm 板材时,缺陷第一次反射波(F_1)波幅大于或等于显示屏满刻度的 50%;

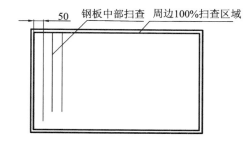
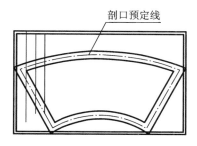
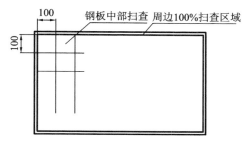
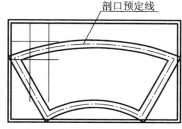

图 10-17　探头扫查示意图

②底面第一次反射波(B_1)波幅低于显示屏满刻度的 50%，即 $B_1 < 50\%$。

（2）缺陷的定量。

①双晶直探头检测时缺陷的定量：

a. 使用双晶直探头对缺陷进行定量时，探头的移动方向应与探头的隔声层垂直；

b. 板材厚度小于或等于 20 mm 时，移动探头使缺陷波下降到基准灵敏度条件下显示屏满刻度的 50%，探头中心点即为缺陷的边界点；

c. 板材厚度大于 20～60 mm 时，移动探头使缺陷波下降到距离-波幅曲线，探头中心点即为缺陷的边界点；

d. 确定 10.3.3.7 节（1）②中缺陷的边界范围时，移动探头使底面第一次反射波上升到基准灵敏度条件下显示屏满刻度的 50% 或上升到距离-波幅曲线，此时探头中心点即为缺陷的边界点；

e. 缺陷边界范围确定后，用一边平行于板材压延方向矩形框包围缺陷，其长边作为缺陷的长度，矩形面积则为缺陷的指示面积。

②单晶直探头检测时缺陷的定量。

使用单晶直探头除按以上方法对缺陷进行定量外，还应记录缺陷的反射波幅或当量平底孔直径。

10.3.3.8　缺陷尺寸的评定方法

1. 缺陷指示长度的评定规则

用平行于板材压延方向矩形框包围缺陷，其长边作为该缺陷的指示长度。

2. 单个缺陷指示面积的评定规则

(1)一个缺陷按其指示的矩形面积作为该缺陷的单个指示面积。

(2)多个缺陷其相邻间距小于相邻较小缺陷的指示长度时,按单个缺陷处理,缺陷指示面积为各缺陷面积之和。

10.3.3.9　板材质量分级

(1)板材质量分级见表 10-6 和表 10-7。在具体进行质量分级要求时,表 10-6 和表 10-7 应独立使用。

表 10-6　承压设备用板材中部检测区域质量分级(单位为 mm)

等级	最大允许单个缺陷指示面积 S 或当量平底孔直径 D	在任一 1 m×1 m 检测面积内缺陷最大允许个数	
		单个缺陷指示面积或当量平底孔直径评定范围	最大允许个数
I	双晶直探头检测时:$S \leqslant 50$ 或单晶直探头检测时:$D \leqslant \phi5+8$ dB	双晶直探头检测时:$20 < S \leqslant 50$ 或单晶直探头检测时:$\phi5 < D \leqslant \phi5+8$ dB	10
II	双晶直探头检测时:$S \leqslant 100$ 或单晶直探头检测时:$D \leqslant \phi5+14$ dB	双晶直探头检测时:$50 < S \leqslant 100$ 或单晶直探头检测时:$\phi5+8$ dB $< D \leqslant \phi5+14$ dB	10
III	$S \leqslant 1\ 000$	$100 < S \leqslant 1\ 000$	15
IV	$S \leqslant 5\ 000$	$1\ 000 < S \leqslant 5\ 000$	20
V	超过 IV 级者		

注:使用单晶直探头检测并确定 10.3.3.7 节(1)②所示缺陷的质量分级(I 级或 II 级)时,与双晶直探头要求相同。

(2)在检测过程中,检测人员如确认板材中有白点、裂纹等缺陷存在时,应评为 V 级。

(3)在板材中部检测区域,按最大允许单个缺陷指示面积和任一 1 m×1 m 检测面积内缺陷最大允许个数确定质量等级。如整张板材中部检测面积小于 1 m×1 m,缺陷最大允许个数可按比例折算。

(4)在板材边缘或剖口预定线两侧检测区域,按最大允许单个缺陷指示长度、最大允许单个缺陷指示面积和任一 1 m 检测长度内最大允许缺陷个数确定质量等级。如整张板材边缘检测长度小于 1 m,缺陷最大允许个数可按比例折算。

表 10-7　承压设备用板材边缘或剖口预定线两侧检测区域质量分级(单位为 mm)

等级	最大允许单个缺陷指示长度 $L_{\max}$	最大允许单个缺陷指示面积 S 或当量平底孔直径 D	在任一 1 m 检测长度内最大允许缺陷个数	
			单个缺陷指示长度 L 或当量平底孔直径评定范围	最大允许个数
I	≤20	双晶直探头检测时:S≤50	双晶直探头检测时:10<L≤20	2
		或单晶直探头检测时:D≤ϕ5+8 dB	或单晶直探头检测时:ϕ5<D≤ϕ5+8 dB	
II	≤30	双晶直探头检测时:S≤100	双晶直探头检测时:15<L≤30	3
		或单晶直探头检测时:D≤ϕ5+14 dB	或单晶直探头检测时:ϕ5+8 dB<D≤ϕ5+14 dB	
III	≤50	S≤1 000	25<L≤50	5
IV	≤100	S≤2 000	50<L≤100	6
V	超过 IV 级者			

注:使用单晶直探头检测并确定 10.3.3.7 节(1)②所示缺陷的质量分级(Ⅰ级或Ⅱ级)时,与双晶直探头要求相同。

10.3.4　承压设备用碳钢和低合金钢锻件超声检测方法和质量分级

10.3.4.1　范围

(1)本条适用于承压设备用碳钢和低合金钢锻件的超声检测方法和质量分级。

(2)本条不适用于内外半径之比小于 65% 的环形和筒形锻件的周向斜探头检测。

10.3.4.2　检测原则

(1)检测一般应安排在热处理后,孔、台等结构机加工前进行,检测面的表面粗糙度 $Ra \leqslant 6.3\ \mu m$。

(2)锻件一般应使用直探头进行检测,对筒形和环形锻件还应增加斜探头检测。

(3)检测厚度小于或等于 45 mm 时,应采用双晶直探头进行。检测厚度大于 45 mm 时,一般采用单晶直探头进行。

(4)锻件检测方向厚度超过 400 mm 时,应从相对两端面进行检测。

10.3.4.3 探头选用

1. 直探头

(1)探头标称频率应在 1～5 MHz 范围内。

(2)双晶直探头晶片面积不小于 150 mm²;单晶直探头晶片有效直径应在 $\phi10～\phi40$ mm范围内。

2. 斜探头

(1)探头与被检工件应保持良好的接触,遇有以下情况时,应采用曲面试块调节检测范围和基准灵敏度。

①在凸表面上纵向(轴向)扫查时,探头模块宽度大于检测面曲率半径的1/5。

②在凸表面上横向(周向)扫查时,探头模块长度大于检测面曲率半径的1/5。

(2)探头标称频率主要为 2～5 MHz,探头晶片面积为 80～625 mm²。

10.3.4.4 对比试块

(1)对比试块应符合 10.2.4.2 节(3.2)的规定。

(2)对比试块可由以下材料之一制成:

①被检材料的多余部分(尺寸足够时);

②与被检材料同钢种、同热处理状态的材料;

③与被检材料具有相同或相似声学特性的材料。

(3)单晶直探头对比试块。

单晶直探头检测采用 CS-2 对比试块调节基准灵敏度,其形状和尺寸应符合图10-18和表 10-8 的规定。如确有需要也可采用其他对比试块。

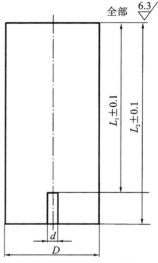

图 10-18　CS-2 对比试块

表 10-8　CS-2 对比试块尺寸(单位为 mm)

试块编号	试块规格	d	L_1	L_2	D	试块编号	试块规格	d	L_1	L_2	D
1	25/2	2	25	50	≥35	8	75/3	3	75	100	≥60
2	25/3	3	25	50	≥35	9	75/4	4	75	100	≥60
3	25/4	4	25	50	≥35	10	100/2	2	100	125	≥70
4	50/2	2	50	75	≥50	11	100/3	3	100	125	≥70
5	50/3	3	50	75	≥50	12	100/4	4	100	125	≥70
6	50/4	4	50	75	≥50	13	125/2	2	125	150	≥80
7	75/2	2	75	100	≥60	14	125/3	3	125	150	≥80

续表

试块编号	试块规格	d	L_1	L_2	D	试块编号	试块规格	d	L_1	L_2	D
15	125/4	4	125	150	≥80	25	300/2	2	300	325	≥120
16	150/2	2	150	175	≥85	26	300/3	3	300	325	≥120
17	150/3	3	150	175	≥85	27	300/4	4	300	325	≥120
18	150/4	4	150	175	≥85	28	400/2	2	400	425	≥140
19	200/2	2	200	225	≥100	29	400/3	3	400	425	≥140
20	200/3	3	200	225	≥100	30	400/4	4	400	425	≥140
21	200/4	4	200	225	≥100	31	500/2	2	500	525	≥155
22	250/2	2	250	275	≥110	32	500/3	3	500	525	≥155
23	250/3	3	250	275	≥110	33	500/4	4	500	525	≥155
24	250/4	4	250	275	≥110						

（4）双晶直探头对比试块。

①工件检测厚度小于 45 mm 时，应采用 CS-3 对比试块。

②CS-3 对比试块的形状和尺寸应符合图 10-19 和表 10-9 的规定。

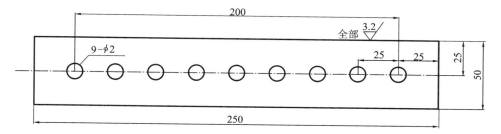

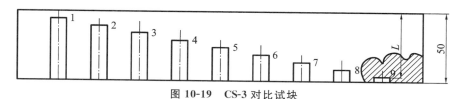

图 10-19　CS-3 对比试块

表 10-9　CS-3 对比试块尺寸（单位为 mm）

试块序号	孔径	检测距离 L								
		1	2	3	4	5	6	7	8	9
1	$\phi2$	5	10	15	20	25	30	35	40	45
2	$\phi3$									
3	$\phi4$									

（5）工件检测面曲率半径小于或等于 250 mm 时，应采用曲面对比试块（试块

曲率半径在工件曲率半径的 0.7~1.1 倍范围内)调节基准灵敏度,或采用 CS-4 对比试块来测定因曲率不同而引起的声能损失,其形状和尺寸如图 10-20 所示。

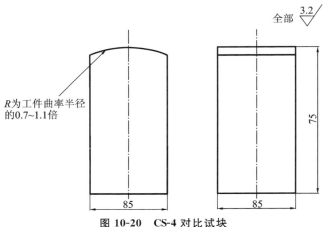

图 10-20　CS-4 对比试块

(6)对比试块 CS-2、CS-3、CS-4 制造要求等见 JB/T 8428 和 GB/T 11259 的规定。

10.3.4.5　灵敏度的确定

(1)单晶直探头基准灵敏度的确定。

使用 CS-2 或 CS-4 试块,依次测试一组不同检测距离的 $\phi 2$ mm 平底孔(至少 3 个),制作单晶直探头的距离-波幅曲线,并以此作为基准灵敏度。当被检部位的厚度大于或等于探头的 3 倍近场区长度,且检测面与底面平行时,也可以采用底波计算法确定基准灵敏度。

(2)双晶直探头基准灵敏度的确定。

使用 CS-3 试块,依次测试一组不同检测距离的 $\phi 2$ mm 平底孔(至少 3 个)。制作双晶直探头的距离-波幅曲线,并以此作为基准灵敏度。

(3)扫查灵敏度一般应比基准灵敏度高 6 dB。

10.3.4.6　检测

(1)耦合方式。

耦合方式一般可采用直接接触法。

(2)灵敏度补偿。

检测时应根据实际情况进行耦合补偿、衰减补偿和曲面补偿。

(合 3)工件材质衰减系数的测定:

①在工件无缺陷完好区域,选取三处检测面与底面平行且有代表性的部位,调节仪器使第一次底面回波幅度(B_1)或第 n 次底面回波幅度(B_n)为满刻度的 50%,记录此时仪器增益或衰减器的读数,再调节仪器增益或衰减器,使第二次底面回波幅度或第 m 次底面回波幅度(B_2 或 B_m)为满刻度的 50%,两次增益或衰减

器读数之差即为(B_1-B_2)或(B_n-B_m)(不考虑底面反射损失)。

②工件厚度小于 3 倍探头近场区长度($t<3N$)时,衰减系数(满足$n>3N/t$,$m>n$)按式(10-1)计算

$$\alpha = [(B_n-B_m)-20\lg(m/n)]/2(m-n)t \qquad (10\text{-}1)$$

式中:α为衰减系数,dB/m(单程);(B_n-B_m)为两次底波增益或衰减器的读数之差,dB;t为工件检测厚度,m;N为单晶直探头近场区长度,m;m、n为底波反射次数。

③工件厚度大于或等于 3 倍探头近场区长度($t \geqslant 3N$)时,衰减系数按式(10-2)计算

$$\alpha=[(B_1-B_2)-6]/2t \qquad (10\text{-}2)$$

式中:(B_1-B_2)为两次底波增益或衰减器的读数之差,dB;其余符号意义同②。

④工件上三处衰减系数的平均值即作为该工件的衰减系数。

(4)扫查方式。

①直探头检测。

a.移动探头从两个相互垂直的方向在检测面上作 100%扫查。主要检测方向如图 10-21 所示;

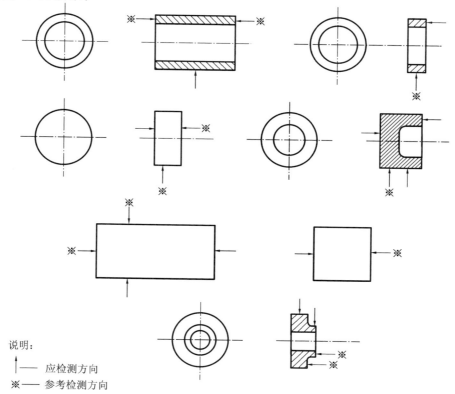

说明:

↑—— 应检测方向

※—— 参考检测方向

图 10-21　检测方向(垂直检测法)

b. 双晶直探头扫查时,探头的移动方向应与探头的隔声层垂直;

c. 根据合同、技术协议书或图样的要求,也可采用其他形式的扫查,如一定间隔的平行线或格子线扫查。

②斜探头检测。

斜探头检测应按附录 E(附录 E 见 NB/T 47013.3—2015)的要求进行。

10.3.4.7 缺陷当量的确定

(1)当被检缺陷的深度大于或等于所用探头的 3 倍近场区时,可采用 AVG 曲线或计算法确定缺陷的当量。对于 3 倍近场区内的缺陷,可采用距离-波幅曲线来确定缺陷的当量。也可采用其他等效方法来确定。

(2)当采用计算法确定缺陷当量时,若材质衰减系数超过 4 dB/m,应进行修正。

(3)当采用距离-波幅曲线来确定缺陷当量时,若对比试块与工件材质衰减系数差值超过 4 dB/m,应进行修正。

10.3.4.8 质量分级等级评定

(1)缺陷的质量分级见表 10-10。

表 10-10　锻件超声检测缺陷质量分级(单位为 mm)

等级	Ⅰ	Ⅱ	Ⅲ	Ⅳ	Ⅴ
单个缺陷当量平底孔直径	$\leqslant \phi 4$	$\leqslant \phi 4 + 6$ dB	$\leqslant \phi 4 + 12$ dB	$\leqslant \phi 4 + 18$ dB	$> \phi 4 + 18$ dB
由缺陷引起的底波降低量 BG/BF	$\leqslant 6$ dB	$\leqslant 12$ dB	$\leqslant 18$ dB	$\leqslant 24$ dB	> 24 dB
密集区缺陷当量直径	$\leqslant \phi 2$	$\leqslant \phi 3$	$\leqslant \phi 4$ dB	$\leqslant \phi 4 + 4$ dB	$> \phi 4 + 4$ dB
密集区缺陷面积占检测总面积的百分比/%	0	$\leqslant 5$	$\leqslant 10$	$\leqslant 20$	> 20

注:①由缺陷引起的底波降低量仅适用于声程大于近场区长度的缺陷。
　　②表中不同种类的缺陷分级应独立使用。
　　③密集区缺陷面积指反射波幅大于或等于 $\phi 2$ 当量平底孔直径的密集区缺陷。

(2)当检测人员判定反射信号为白点、裂纹等危害性缺陷时,锻件的质量等级为Ⅴ级。

10.4　奥林巴斯相控阵超声检测方法与检测实例

10.4.1　相控阵超声检测

相控阵超声检测技术是指通过电子系统控制换能器阵列中的各个阵元,按照一定的延迟时间规则发射和接收超声波,从而动态控制超声束在工件中的偏转和聚焦以实现材料的无损检测方法。

与传统超声相比,相控阵超声具有一系列显著特点,其主要优点如下。

(1)检测快,检测效率高。通过局部晶片单元组合实现声场控制,可实现高速电子扫描,配置机械夹具,不需要大范围移动探头,即可对试件进行全方位和多角度的高速检测。

(2)缺陷的检出能力有所提高。可对声束角度、焦柱位置、焦点尺寸及位置等参数进行精确的动态控制,提高了对复杂结构件和盲区位置的缺陷的检出能力。

(3)检测灵敏度有所提高。由于相控阵超声检测设备的实际声场强度远大于常规的超声波检测设备的,因此,对声衰减特性相同的材料可以使用较高的检测频率,从而提高对微小缺陷的检出能力。

(4)适应能力强。在不改动或较少改动的情况下,同一组探头可以适应不同管径、不同壁厚工件检测的需要。

(5)一台相控阵设备即可实现传统超声的 B 扫描和 C 成像检测,检测结果形象直观,且便于保存。

相位延时是实现超声相控阵原理的基本环节,在相控发射中,需要精确控制相位延时,以实现动态聚焦、相位偏转、声束形成等各种相控效果;理论分析显示,只有尽力提高相位延时的精度、分辨率和稳定性,才能显著地抑制旁瓣,提高声束的横向和纵向分辨力,改善成像清晰度。

10.4.2　相控阵检测设备

10.4.2.1　检测仪器

检测仪器为 FPX-1664PR 相控阵整合型仪器+FocusPC 软件。

10.4.2.2　相控阵探头

相控阵探头是由多个晶片组成的,一般为 16 晶片、32 晶片、64 晶片和 128 晶片,就像是将许多小的常规超声探头集成进一个探头中,如图 10-22 所示。

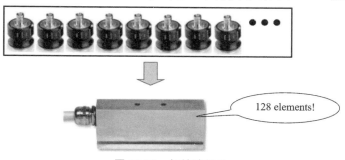

128 elements!

图 10-22　相控阵探头

10.4.2.3 相控阵楔块

相控阵楔块与相控阵探头相连,产生横波和纵波,用于声束的偏转和聚焦,保护探头。图 10-23 所示为相控阵楔块,图 10-24 所示为相控阵探头与楔块。

SA2-0L

SA00-N60S

SA00-N55S

SA31-N55S

SA32-N55S

图 10-23　相控阵楔块

图 10-24　相控阵探头与楔块

10.4.2.4 相控阵波束

相控阵探头由一系列独立晶片组成,每一个晶片都有自己的接头、延时电路和数模转换器,每个晶片在声学上都是独立的。通过预先计算好的延时对每个晶片进行激发,来得到所需的波形。

1. 相控阵波束发射

相控阵波束发射过程中通过软件施加精确延时产生带角度波束。图 10-25 所示为相控阵探头波束偏转(发射)。

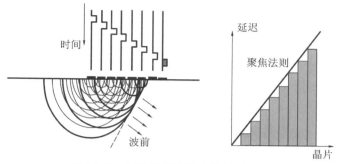

图 10-25　相控阵探头波束偏转(发射)

2. 相控阵波束接收

相控阵波束接收过程中通过软件施加精确延时,只有符合延时法则的信号保持同相位,并在合计后产生有效信号。图 10-26 所示为相控阵波束形成(接收)。

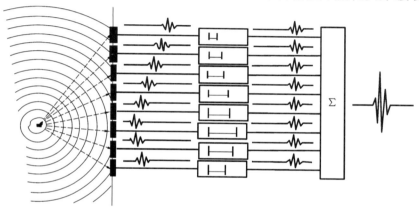

图 10-26　相控阵波束形成(接收)

3. 形成的不同声束类型

相控阵的聚焦形式主要包括:0 度线性、扇形聚焦、线性聚焦。图 10-27 所示为相控阵波束聚焦类型。

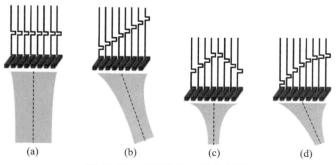

(a)　　　　　(b)　　　　　(c)　　　　　(d)

图 10-27　相控阵波束聚焦类型

(a)无延迟;(b)角度扇扫;(c)聚焦;(d)偏转聚焦

10.4.2.5 相控阵声束及图像显示

常规超声单个晶片声场范围小,只能以 A 扫脉冲波形进行判断,相控阵宽的覆盖范围能够形成 A/B/C/D 多维图像,检测结果更直观。图 10-28 所示为超声视图。图 10-29 所示为 A＋S＋C 图像。

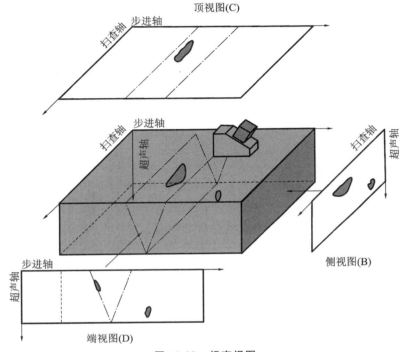

图 10-28 超声视图

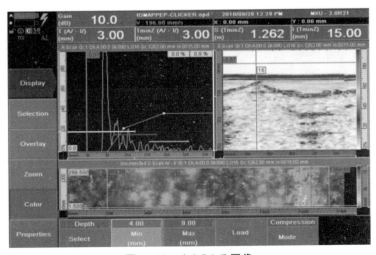

图 10-29 A＋S＋C 图像

10.4.3　检测流程

根据检测工件及检测需求来选择试块、探头和楔块，之后的检测流程如图
10-30所示。

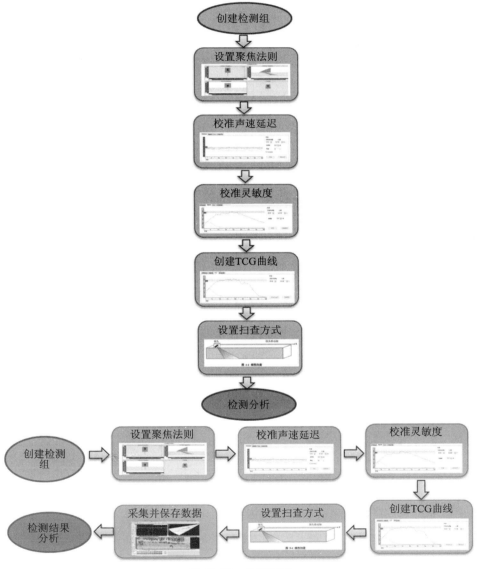

图 10-30　检测流程

10.4.3.1　创建组

在 FocusPC 中，一个组是使用一个常规或相控阵探头生成一条或多条超声声

速所需的所有参数的定义好的配置。一个组可以使用同一个探头发射脉冲和接收信号,也可以使用两个不同的探头,分别发射脉冲和接收信号,而且一个探头可以被多组使用。

10.4.3.2　设置聚焦法则

为创建的组选择扫查类型、声速角度、晶片激活方式、聚焦类型、探头、楔块、工件厚度、工件材料、超声波类型等参数。

10.4.3.3　校准相控阵组

相控阵技术要求对所有超声声速进行校准和验证。校准是为了获得一个设置文件,该文件可以为校准试块中的已知反射体的位置和波幅给出正确结果。

1. 校准声速延迟

对相控阵声速延迟进行校准的目的是:调整每条声速的延迟,以使所有声速获得的某个已知反射体的缺陷指示都出现在正确的深度处。每个组都必须执行这种校准程序。

2. 校准灵敏度

对相控阵灵敏度进行校准的目的是:调整每条声速的增益,以使所有声速得到的已知反射体的波幅都出现在同一水平。

3. 创建 TCG 曲线

时间校正增益(TCG)功能通过以下方式发挥作用:在数据采集过程中,更改接收器增益,以补偿超声波在材料中的衰减。TCG 曲线可以定义被添加到组增益中的增益值。为了建立一条 TCG 曲线,需要一个校准试块,该试块要有处于不同深度但尺寸相同的反射体。

10.4.3.4　进行数据采集

FocusPC 提供多种扫查类型:单线扫查、自行运转扫查、双向扫查、单向扫查、螺旋扫查、角度扫查和自定义扫查。

1. 单线扫查

单线扫查等同于一个线性扫查。在采集过程中,使用一个位置编码器确定扫查的位置。线性扫查是沿着一条直线路径进行的一维扫查,如图 10-31 所示。所需提供的设置仅是扫查轴方向上的边限值及每行扫查之间的间距。

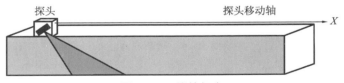

图 10-31　线性扫查

2. 自行运转扫查

在自行运转扫查过程中,数据采集以数字转换器选项卡的 PRF 框中设定的频率进行。在 FocusPC 中,仅会在一个位置上记录数据,即扫查轴和步进轴的原点。

3. 双向扫查

双向扫查是一种二维表面扫查(也称为光栅扫查),在双向扫查过程中,要使用两个编码器来确定扫查轴和步进轴上的位置。

双向扫查使用两个轴:一个是扫查轴,即扫查的机械轴;另一个是步进轴,即在扫查行之间移动的机械轴。在每次沿扫查轴的扫查结束时,会将一个增量值添加到步进轴上。双向扫查的数据采集过程沿着扫查轴前后两个方向进行,如图 10-32 所示。用户必须提供检测表面的边限值,以及每行扫查之间的间距。

4. 单向扫查

单向扫查是一种二维表面扫查(也称为光栅扫查),在采集过程中使用两个编码器来确定位置。

单向扫查使用两个轴:一个是扫查轴,即扫查的机械轴;另一个是步进轴,即在扫查行之间移动的机械轴。在每次沿扫查轴的扫查结束时,会将一个增量值添加到步进轴上。单向扫查的数据采集过程仅沿着扫查轴一个方向进行,如图 10-33 所示。通常在使用沿扫查方向出现较大反弹(空转)的扫查机械装置时,使用单向扫查。

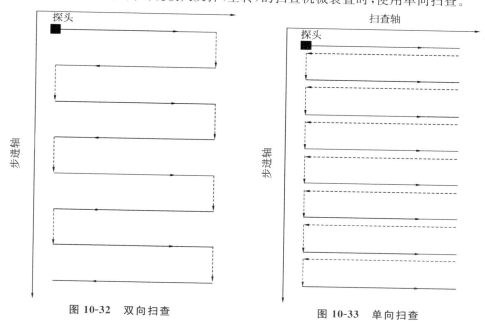

图 10-32　双向扫查　　　　　　　图 10-33　单向扫查

5. 螺旋扫查

螺旋扫查与双向扫查相似。但是,进行螺旋扫查的检测机械装置,围绕着一个圆柱体做螺旋运动。

6. 角度扫查

角度扫查相当于一个二维表面扫查,但扫查轴和步进轴不对应于机械轴的方向,这点同双向扫查和单向扫查不同。进行角度扫查时,扫查轴和步进轴会与机械轴的方向形成一定角度。两个位置编码器用于确定采集过程中的位置。图10-34 所示为角度扫查。

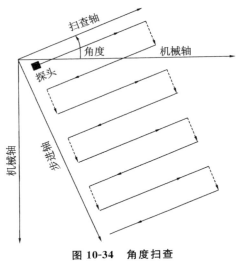

图 10-34　角度扫查

7. 自定义扫查

选择自定义扫查类型,就会自动打开 Load custom program file(加载自定义程序文件)对话框。该对话框用于选择并加载一个在.gal 文件中预先定义的特殊类型的扫查。

8. 数据采集与分析

使用定义好的配置对工件进行扫查,保存并分析检测数据,如图10-35 所示。

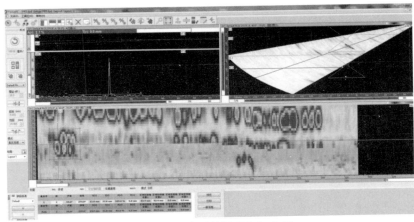

图 10-35　检测数据采集与分析

10.4.4　激光增材制造钛合金样件超声检测实例

10.4.4.1　检测样件

检测样件为激光增材制造钛合金样件,其厚度为 6～250 mm,如图 10-36 所示。

图 10-36　超声检测样件

10.4.4.2　检测面要求

待检测面需进行机械加工,以保证表面光滑(表面粗糙度 $Ra \leqslant 6.3\ \mu\mathrm{m}$)。

10.4.4.3　检测技术

检测技术条件为:直探头,直接接触法,探头折射角:0°,纵波检测,探头标称频率:当待测件厚度≤60 mm 时,5 MHz;当待测件厚度＞60 mm 时,2.5 MHz。

10.4.4.4　检测仪器

检测仪器为奥林巴斯 FPX-1664PR 相控阵整合型仪器设备＋相控阵探头＋楔块。

10.4.4.5　耦合剂

在探头与楔块之间按同一方向涂抹黄油,楔块与待测表面间采用机油耦合。需要注意的是,当待测表面比较粗糙时,可选用黏度稍大的耦合剂。

10.4.4.6　试块

参考标准 JB/T 8428—2015 设计并制备了 $\phi 2$ 横孔的 3D 打印试块,如图10-37 所示。

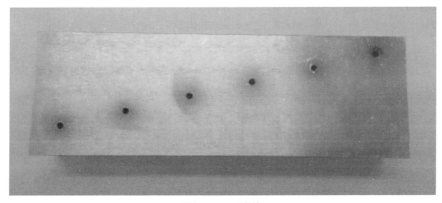

图 10-37　试块

10.4.4.7　校准

激光沉积制造零件各方向上的声速不同,进行校准时应对 3 个方向均进行校准,声速校准按 GB/T 23900 进行。

10.4.4.8　扫查方式及范围

采用手动扫查方式,为确保检测时超声声束能扫查到工件的整个被检区域,探头的每次扫查覆盖应大于探头直径或宽度的 15%,探头的扫查速度一般不应超过 150 mm/s。如果任意一点在扫描线上的偏移量超过扫描线上该点读数的 10% 或全扫描量程的 5%,则应重新调整扫描量程,并对自上一次复核以来所有的检测部位进行复检。

10.4.4.9　检测结果与检测报告

对横梁进行 100% 的超声波探伤检测,发现 0 处超标缺陷,如图 10-38、图 10-39所示。所有检验区域均符合工业应用要求。检测报告如图 10-40 所示。

图 10-38　检测样件:横梁(短)

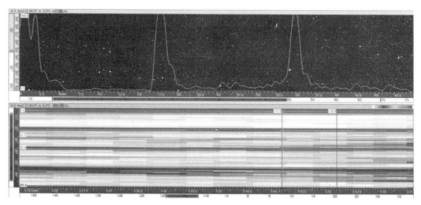

图 10-39　局部区域检测结果

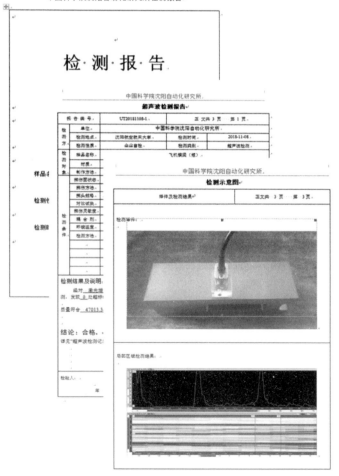

图 10-40　检测报告

参 考 文 献

[1] KOBRYN P A, MOORE E H, SEMIATIN S L. The effect of laser power and traverse speed on microstructure, porosity, and build height in laser-deposited Ti-6Al-4V[J]. Scripta Materialia, 2000, 43(4):299-305.

[2] WU X H, LIANG J, MEI J F, et al. Microstructures of laser-deposited Ti-6Al-4V[J]. Materials & Design, 2004, 25 (2): 137-144.

[3] MAJUMDAR J D, PINKERTON A, LIU Z, et al. Microstructure characterization and process optimization of laser assisted rapid fabrication of 316L stainless steel[J]. Applied Surface Science, 2005,247(1/2/3/4): 320-327.

[4] 张凤英,陈静,谭华,等. 钛合金激光快速成形过程中缺陷形成机理研究[J]. 稀有金属材料与工程, 2007,36(2): 211-215.

[5] 王黎,魏青松,贺文婷,等. 粉末特性与工艺参数对 SLM 成形的影响[J]. 华中科技大学学报(自然科学版), 2012, 40(6):20-23.

[6] 尚晓峰,韩冬雪,于福鑫.钛合金激光快速成形缺陷原因分析[J].工艺与检测, 2011(3):103-105.

[7] THIJS L, VERHAEGHE F, CRAEGHS T, et al. A study of the microstructural evolution during selective laser melting of Ti-6Al-4V[J]. Acta Materialia, 2010, 58(9):3303-3312.

[8] SZOST B A, TERZI S, MARTINA F, et al. A comparative study of additive manufacturing techniques: residual stress and microstructural analysis of CLAD and WAAM printed Ti-6Al-4V components[J]. Materials & Design, 2016, 89: 559-567.

[9] ZHANG B, Li Y T, BAI Q. Defect formation mechanisms in selective laser melting: a review[J]. Chinese Journal of Mechanical Engineering, 2017, 30 (3):515-527.

[10] GONG H J, RAFI K, Gu H F, et al. Analysis of defect generation in Ti-6Al-4V parts made using powder bed fusion additive manufacturing processes[J]. Additive Manufacturing, 2014, 1:87-98.

[11] LI L J. Repair of directionally solidified superalloy GTD-111 by laser-engineered net shaping [J]. Journal of Materials Science, 2006, 41 (23): 7886-7893.

[12] ABOULKHAIR N T, EVERITT N M, ASHCROFT I, et al. Reducing porosity in AlSi10Mg parts processed by selective laser melting[J]. Additive Manufacturing, 2014, 1:77-86.

[13] WEINGARTEN C，BUCHBINDER D，PIRCH N，et al. Formation and reduction of hydrogen porosity during selective laser melting of AlSi10Mg [J]. Journal of Materials Processing Technology，2015，221:112-120.

[14] MAYER H，PAPAKYRIACOU M，ZETTL B，et al. Influence of porosity on the fatigue limit of die cast magnesium and aluminium alloys[J]. International Journal of Fatigue，2003，25(3):245-256.

[15] KOBAYASHI M，DORCE Y，TODA H，et al. Effect of local volume fraction of microporosity on tensile properties in Al-Si-Mg cast alloy[J]. Materials Science and Technology，2010，26(8):962-967.

[16] LI R，LIU J H，SHI Y S，et al. 316L stainless steel with gradient porosity fabricated by selective laser melting[J]. Journal of Materials Engineering and Performance，2010，19(5):666-671.

[17] LIU Q C，ELAMBASSERIL J，SUN S J，et al. The effect of manufacturing defects on the fatigue behaviour of Ti-6Al-4V specimens fabricated using selective laser melting[J]. Advanced Materials Research，2014，892:1519-1524.

[18] LIMA M S F D，SANKARÉ S. Microstructure and mechanical behavior of laser additive manufactured AISI 316 stainless steel stringers[J]. Materials & Design，2014，55:526-532.

[19] GU D D，HAGEDORN Y C，MEINERS W，et al. Densification behavior，microstructure evolution，and wear performance of selective laser melting processed commercially pure titanium[J]. Acta Materialia，2012，60(9):3849-3860.

[20] 杨健，陈静，杨海欧，等. 激光快速成形过程中残余应力分布的实验研究[J]. 稀有金属材料与工程，2004，33(12):1304-1307.

[21] 杨健，黄卫东，陈静，等. 激光快速成形金属零件的残余应力[J]. 应用激光，2004，24(1):5-8.

[22] 张升，桂睿智，魏青松，等. 选择性激光熔化成形 TC4 钛合金开裂行为及其机理研究[J]. 机械工程学报，2013，49(23):21-27.

[23] CARTER L N，ESSA K，ATTALLAH M M. Optimisation of selective laser melting for a high temperature Ni-superalloy[J]. Rapid Prototyping Journal，2015，21(4):423-432.

[24] KEMPEN K，VRANCKEN B，BULS S，et al. Selective laser melting of crack-free high density M2 high speed steel parts by baseplate preheating [J]. Journal of Manufacturing Science and Engineering，2014，136(6):1-6.

[25] 《超声波探伤》编写组. 超声波探伤[M]. 北京:电力工业出版社，1980.

[26] 杨平华，史丽军，梁菁，等. TC18 钛合金增材制造材料超声检测特征的试验研究[J]. 航空制造技术，2017，524(5):38-42.

[27] 韩立恒，巩水利，锁红波，等. A-100 钢电子束熔丝成形件超声相控阵检测应用初探[J]. 航空制造技术，2016(8):66-70.

[28] CERNIGLIA D，SCAFIDI M，PANTANO A，et al. Inspection of additive-manufactured layered components[J]. Ultrasonics，2015，62:292-298.

[29] LOPEZ A，BACELAR R，PIRES I，et al. Non-destructive testing application of radiography and ultrasound for wire and arc additive manufacturing [J]. Additive Manufacturing，2018，21:298-306.

[30] 景绿路. 国外增材制造技术标准分析[J]. 航空标准化与质量，2013(4):44-48.

[31] 肖承翔，李海斌. 国内外增材制造技术标准现状分析与发展建议[J]. 中国标准化，2015(3):73-75.